普通高等教育智能建筑系列教材

安全防范系统应用技术

主　编　吴桂峰
副主编　李新兵
参　编　曹晴峰　李　喆
主　审　陈志新

机 械 工 业 出 版 社

本书内容包括：安全防范系统概述、视频安防监控系统、入侵报警系统、其他几种常用的安全防范子系统、消防报警系统和消防联动控制设计。本书理论体系严谨，内容深入浅出，并紧密联系工程实际，具有先进、系统和实用的特点，突破了传统教材局限于建筑安全防范的范围，并突出介绍了交通安全方面的高清电子警察系统，以及基于网络技术的安全防范系统在平安城市中的应用。

本书读者对象为高等院校建筑电气与智能化、电气工程及其自动化等专业师生及有关安全防范工程技术人员和管理人员。

为方便教师教学，本书配有免费电子课件，欢迎选用本书作为教材的教师登录 www. cmpedu. com 注册后下载。

图书在版编目（CIP）数据

安全防范系统应用技术/吴桂峰主编 . —北京：机械工业出版社，2016. 3（2023. 12 重印）
普通高等教育智能建筑系列教材
ISBN 978-7-111-53287-3

Ⅰ. ①安…　Ⅱ. ①吴…　Ⅲ. ①智能化建筑-安全防护-高等学校-教材
Ⅳ. ①TU89

中国版本图书馆 CIP 数据核字（2016）第 058331 号

机械工业出版社（北京市百万庄大街 22 号　邮政编码 100037）
策划编辑：贡克勤　责任编辑：贡克勤　吉　玲
版式设计：霍永明　责任校对：薛　娜
封面设计：张　静　责任印制：刘　媛
涿州市般润文化传播有限公司印刷
2023 年 12 月第 1 版第 7 次印刷
184mm×260mm · 15. 25 印张 · 376 千字
标准书号：ISBN 978-7-111-53287-3
定价：35. 00 元

电话服务　　　　　　　　　　网络服务
客服电话：010-88361066　　机　工　官　网：www. cmpbook. com
　　　　　010-88379833　　机　工　官　博：weibo. com/cmp1952
　　　　　010-68326294　　金　书　网：www. golden-book. com
封底无防伪标均为盗版　　机工教育服务网：www. cmpedu. com

智能建筑系列教材编委会

序

20世纪，电子技术、计算机网络技术、自动控制技术和系统工程技术获得了空前的高速发展，并渗透到各个领域，深刻地影响着人类的生产方式和生活方式，给人类带来了前所未有的方便和利益。建筑领域也未能例外，智能化建筑便是在这一背景下走进了人们的生活。智能化建筑充分应用各种电子技术、计算机网络技术、自动控制技术和系统工程技术，并加以研发和整合成智能装备，为人们提供安全、便捷、舒适的工作条件和生活环境，并日益成为主导现代建筑的主流。近年来，人们不难发现，凡是按现代化、信息化运作的机构与行业，如政府、金融、商业、医疗、文教、体育、交通枢纽、法院、工厂等，他们所建造的新建筑物，都已具有不同程度的智能化。

智能化建筑市场的拓展为建筑电气工程的发展提供了宽广的天地。特别是建筑电气工程中的弱电系统，更是借助电子技术、计算机网络技术、自动控制技术和系统工程技术在智能建筑中的综合利用，使其获得了日新月异的发展。智能化建筑也为设备制造、工程设计、工程施工、物业管理等行业创造了巨大的市场，促进了社会对智能建筑技术专业人才需求的急速增加。令人高兴的是众多院校顺应时代发展的要求，调整教学计划，更新课程内容，致力于培养建筑电气与智能建筑应用方向的人才，以适应国民经济高速发展的需要。这正是这套建筑电气与智能建筑系列教材的出版背景。

我欣喜地发现，参加这套建筑电气与智能建筑系列教材编撰工作的有近20个姐妹学校，不论是主编者或是主审者，都是这个领域有突出成就的专家。因此，我深信这套系列教材将会反映各姐妹学校在为国民经济服务方面的最新研究成果。系列教材的出版还说明了一个问题，时代需要协作精神，时代需要集体智慧。我借此机会感谢所有作者，是你们的辛劳为读者提供了一套好的教材。

吴启迪

写于同济园

2002年9月28日

前　言

在当前社会主义市场经济体制下，公共安全形势日益严峻，安全防范工作在为经济发展保驾护航方面的作用越来越明显，中央综治委明确提出了“科技创安”是安全防范的发展方向。如何规范技术防范，提高技术防范水平，科技创安已成为当前安全防范方面亟待解决的重大问题。在科学技术迅猛发展的今天，“技术防范”在安全防范技术中的地位和作用越来越重要，先进的科学技术和高级技术人才是安全防范得以实施的两个关键要素。随着建筑电气与智能化专业正式列入本科专业招生目录，建筑自动化的发展十分迅速，建筑电气与智能化专业的发展也很显著，与之对应的建筑电气与智能化专业的教材建设进程持续加快。

全书共分六章。其中，第一章介绍了安全防范系统的基本概念以及应用情况和发展趋势；第二、三章重点介绍了近年来所使用的视频安防监控系统和入侵报警系统的结构、原理和应用；第四章介绍了其他几种常用的安全防范子系统的内容和基本功能；第五章讲述了消防报警系统；第六章讨论了消防联动控制设计。读者通过学习本书，能全面了解安全防范系统在我国各个领域的应用，对如何实现安全防范系统提供设计思路和方法，并掌握安全防范系统的最新动态，为今后从事这类工作的设计、工程施工奠定理论和应用基础。本书作为教材参考学时为40~50学时。

本书由扬州大学吴桂峰任主编，李新兵任副主编。具体分工如下：吴桂峰编写第一章、第二章的第四节、第三章、第五章的第五节，李新兵编写第五章第一~四节、第六章，曹晴峰和李喆共同编写第二章第一~三节、第四章。全书由吴桂峰统稿。

本书由北京建筑大学陈志新教授担任主审。在编写过程中，得到扬州大学陈虹教授的大力支持和关心，还得到了研究生王旭、江小燕和刘桂言的帮助，他们的精美制图为本书增色不少。对此均表示衷心的感谢。另外，本书获得教育部在线教育研究中心在线教育研究基金资助，以及扬州大学出版基金资助。

本书引用的方案范例，大量取自安防工程系统集成商和产品商的实际工程案例。正是这些成功案例的经验积累为笔者提供了珍贵的原始信息，从而为本书的撰写奠定了基础。本书在编写过程中也参考了大量专题文献和内部资料，有的未知初始来源，所以没有一一列于书后，在此谨向有关著作者表示诚挚的谢意。

安全防范技术方兴未艾，计算机控制系统层出不穷，自动控制技术、信息技术、计算机技术和图像显示技术随着社会的进步不断发展，因此，希望本书能起到抛砖引玉的作用。由于作者水平有限，书中不妥之处或错误在所难免，恳请读者和同行批评指正。

编　者

目 录

序
前言
第一章 安全防范系统概述 …… 1
第一节 安全防范的基本知识 …… 1
第二节 安全防范系统 …… 4
思考题与习题 …… 16
第二章 视频安防监控系统 …… 17
第一节 视频安防监控系统的概念 …… 17
第二节 视频安防监控系统的组成与结构 …… 26
第三节 视频安防监控系统常用的模式 …… 45
第四节 视频安防监控系统的应用 …… 54
思考题与习题 …… 74
第三章 入侵报警系统 …… 75
第一节 入侵报警系统的组成 …… 75
第二节 探测器的原理与应用 …… 90
第三节 报警控制主机及其功能 …… 107
第四节 报警监控中心及信号传输 …… 111
第五节 误报警原因分析及对策 …… 117
思考题与习题 …… 119
第四章 其他几种常用的安全防范子系统 …… 121
第一节 出入口控制系统 …… 121
第二节 停车库（场）安全管理系统 …… 139
第三节 电子巡查系统 …… 147
第四节 可视对讲系统 …… 151
思考题与习题 …… 159
第五章 消防报警系统 …… 160
第一节 火灾自动报警系统概述 …… 160
第二节 火灾探测器 …… 165
第三节 火灾报警控制器 …… 181
第四节 灭火控制 …… 190
第五节 智能消防系统 …… 209
思考题与习题 …… 214
第六章 消防联动控制设计 …… 216
第一节 消防联动控制系统概述 …… 216
第二节 消防联动系统设计 …… 222
思考题与习题 …… 236
参考文献 …… 237

第一章　安全防范系统概述

第一节　安全防范的基本知识

所谓安全，就是没有危险、不受侵害、不出事故；所谓防范，就是防备、戒备，而防备是指做好准备以应付攻击或避免受害，戒备是指防备和保护。综合上述解释，可以给安全防范如下定义：做好准备和保护，以应付攻击或者避免受害，从而使被保护对象处于没有危险、不受侵害、不出现事故的安全状态。显而易见，安全是目的，防范是手段，通过防范的手段达到或实现安全的目的，就是安全防范的基本内涵。

一、安全防范的基本概念

广义的安全防范涉及所谓的大公共安全，其理念就是为社会公共安全提供时时安全、处处安全的综合性安全服务。进而构建社会公共安全服务保障体系，这种体系是由政府发动、政府组织、社会各界联合实施的综合安全系统工程（硬件、软件）和管理服务体系。公众所需要的综合安全，不仅包括以防盗、防劫、防入侵、防破坏为主要内容的狭义“安全防范”，而且包括防火安全、交通安全、通信安全、信息安全以及人体防护、医疗救助等诸多内容。

二、安全防范的基本手段与要素

安全防范是社会公共安全的一部分，安全防范行业是社会公共安全行业的一个分支。就防范手段而言，安全防范包括人力防范、实体（物）防范和技术防范三个范畴。其中人力防范和实体防范是传统防范手段，它们是安全防范的基础。随着科学技术的不断进步，这些传统的防范手段也不断融入新科技的内容。技术防范的概念是在近代科学技术（最初是电子报警技术）用于安全防范领域并逐渐形成的一种独立防范手段的过程中所产生的一种新的防范概念。由于现代科学技术的不断发展和普及，“技术防范”的概念也越来越普及，越来越为警察执法部门和社会公众所认可和接受，成为使用频率很高的一个新词汇，技术防范的内容也随着科学技术的进步而不断更新。在科学技术迅猛发展的今天，可以说几乎所有的高新技术都将或迟或早的移植、应用于安全防范工作中。因此，技术防范在安全防范技术中的地位和作用将越来越重要，它已经带来了安全防范的一次新的革命。

安全防范的三个基本要素是探测（Detection）、延迟（Delay）和反应（Response）。探测是指感知显性和隐性风险事件的发生并发出警报；延迟是指延长和推延风险事件发生的进程；反应是指组织力量为制止风险事件的发生所采取的快速行动。探测、延迟和反应三个基本要素紧密联系、缺一不可。要求探测准确无误、延迟时间长短合适、反应迅速。总时间应符合：$T_{\text{反应时间}} \leqslant T_{\text{探测时间}} + T_{\text{延迟时间}}$。

1. 探测功能

探测功能就是对入侵行为的发现能力。为了发现入侵行为，探测系统必须能够探测发生的不正常行为，并且探测器应能重复感知，进而引发报警。来自探测器的信息应该报警显示。判断报警的真伪，决定探测是否有效。

探测功能有时是通过警卫力量或值班人员来实现的。警卫定点值班或巡逻，对感知入侵来说是很重要的。在重点区域如果采用人工值班制，值班人员可以起到探测的作用。

反应与探测有关的信息包括：报警是真还是假；引起报警的详细原因，也就是“为什么、是谁、在哪儿和有多少”。

2. 延迟功能

延迟可以减慢入侵者行动的速度。延迟可以通过设置障碍物，安装锁具以及采用动态延迟方法来实现。如果警卫力量处于受到良好保护的固定位置，也应作为延迟因素给予考虑。

延迟功能的有效性，是通过测量被探测到的入侵者绕过每个具有延迟功能的障碍物所需要的时间来实现的。虽然入侵者可能在被探测之前即受到阻碍延迟，但这种延迟对安全防范来说，通常是无价值的，因为这种延迟是在入侵行为被探测发现之前，不能提供对入侵做出反应的附加时间。

3. 反应功能

反应功能是由反应力量成功阻止入侵者的侵入行动所构成。反应功能的有效性是从入侵报警开始，到制止住入侵行动所花费的时间来度量的。反应功能由“阻碍”和制止两步来完成。

在安全防范的三种基本手段中，要实现防范的最终目的，都要围绕探测、延迟、反应这三个基本防范要素开展工作、采取措施，以预防和阻止风险事件的发生。当然，三种防范手段在实施防范的过程中，所起的作用有所不同。

基础的人力防范手段（人防）是利用人们自身的传感器（眼、耳等）进行探测，发现妨害或破坏安全的目标，做出反应；用声音警告、恐吓、设障、武器还击等手段来延迟或阻止危险的发生，在自身力量不足时还要发出求援信号，以期待做出进一步的反应，制止危险的发生或处理已发生的危险。

实体防范（物防）的主要作用在于推迟危险的发生，为“反应”提供足够的时间。现代的实体防范，已不是单纯物质屏障的被动防范，而是越来越多地采用高科技手段，一方面使实体屏障被破坏的可能性变小，增大延迟时间；另一方面也使实体屏障本身增加探测和反应的功能。

技术防范手段可以说是人力防范手段和实体防范手段的延伸和加强，是对人力防范和实体防范在技术手段上的补充和加强。它要融入人力防范和实体防范之中，使人力防范和实体防范在探测、延迟、反应三个基本要素中不断地增加高科技含量，不断提高探测能力、延迟能力和反应能力，使防范手段真正起到作用，达到预期的目的。

三、安全防范技术与安全技术防范

安全防范技术是用于安全防范的专门技术，在国外，安全防范技术通常分为三类：物理防范技术（Physical Protection）、电子防范技术（Electronic Protection）和生物统计学防范技术（Biometric Protection）。这里的物理防范技术主要指实体防范技术，如建筑物和实体屏障以及与其匹配的各种实物设施、设备和产品（如门、窗、柜、锁等）；电子防范技术主要是指应用于安全防范的电子、通信、计算机与信息处理及其相关技术，如电子报警技术、视频监控技术、出入口控制技术、计算机网络技术以及其相关的各种软件、系统工程等。生物统计学防范技术是法庭科学的物证鉴定技术和安全防范技术中的模式识别相结合的产物，主要是指利用人体的生物学特征进行安全技术防范的一种特殊技术门类，现在应用较广的有指纹、掌纹、眼纹、声纹等识别控制技术。

安全防范技术涉及社会的方方面面。社会上的重要单位和要害部门，如党政机关、军事设施、国家的动力系统、广播电视系统、通信系统、国家重点文物单位、银行、仓库、百货大楼等，这些单位的安全保卫工作极为重要，所以也是安全防范技术工作的重点。

党政机关，存放着大量的政治、经济、军事、文化、外交和科学技术等重大决策性文件和资料，是绝对机密的材料，它关系到国民经济的发展，这些机密同党和国家的命运息息相关，一旦被盗、被窃，将会给党和国家的利益造成重大损失，甚至危及国家安全。

党政机关又是党政领导人的工作场所，他们的安全直接关系到党和国家的前程，所以公安保卫部门把确保党和国家领导人的安全作为一项重要的任务。用人防和现代化的防范技术来保证其人身安全，主要做好外围防线的周界防范，出入口的人防与技防，档案库、资料库、办公室的防入侵、防盗、防火等防范的系统工程。

在军事单位、国防科研和生产单位，存有或正在研制各种性能先进的武器装备或战略性武器，如核武器、导弹、飞机以及配套的电子或机械产品，其研究、生产及其成果直接关系到国防现代化和国家的安危，其本身就是一项机密，一旦泄密将会造成不可弥补的严重后果。这些单位的周界、出入口、生产线和库房、资料档案室是安全防范的重点。

国家的重点建设项目，这些项目技术先进，机械化、自动化程度高，经济效益好，是国民经济发展的重要组成部分。它的发展直接影响了我国的财政收入，对满足人民群众日益增长的物质生活和文化生活的需要，起着重要的作用。这些重点建设项目规模大、投资大、施工日期长，所以建设的全过程也是保卫工作的全过程，所有的原材料、设计图、资料、档案、重点关键设备、资金等全是防范的对象。

国家的重要文物单位、场所，保存了我国几千年的文化历史遗产，反映了我国历史发展阶段的社会制度、社会生产、社会生活的真实面貌，是研究历史最形象的实物，具有永久的保存价值。许多艺术品、工艺品反映了各文明对历史的贡献，这些文物的价值很难用金钱来衡量。随着市场经济的不断深入，文物的盗窃和反盗窃斗争日趋激烈。坚决执行国家颁布的“博物馆安全保卫工作的规定”，保护文物安全，反盗窃、反破坏是我们安防工作重点之一。

银行、金融系统、金库，历来是犯罪分子选择作案的重要场所。这些单位是制造、发行、储存货币和金银的地方，如果被盗、被破坏，不仅国家在经济上遭受重大损失，也会影响国家建设和市场的稳定。储蓄所，尤其是地处偏远的储蓄所，是现金周转的主要场所，建立电视监控、报警、通信相结合的安全防范系统是行之有效的保卫手段，实践证明取得了明显的防范效果。

大型商店、库房是国家物资的储备地，它是国民经济的重要组成部分，这里商品集中、资金集中，是国家财政收入的重要组成部分，每天有数以万计的人员流动。犯罪分子往往把这里作为作案的重要场所，因此这些场所的防盗、防火是安防工作的重点。

居民区的安全防范关系到社会的稳定，是社会安全防范的重点，决不能掉以轻心。社会治安的好坏，直接影响每个公民的人身安全和财产安全，直接影响了每个公民建设社会主义的积极性。安定团结是建设有中国特色的社会主义不可缺少的基础条件，所以加强防火、防盗的职能，安装防撬、防砸的保险门，建立装有门窗开关报警器为主的社区安防系统是行之有效的防范手段。

安全技术防范是以安全防范技术为先导，以人力防范为基础，以技术防范和实体防范为手段，所建立的一种具有探测、延迟、反应有序结合的安全防范服务保障体系。是以预防损失和预防犯罪为目的的一项公安业务和社会公共事业。对于执法部门而言，安全技术防范就是利用安全防范技术开展安全防范工作的一项公安业务；而对于社会经济部门来说，安全技术防范就是利用安全防范技术为社会公众提供一种安全服务的产业。既然是一种产业，就要有产品的研制与开发，就要有系统的设计与工程的施工、服务和管理。

第二节　安全防范系统

一、安全防范系统的定义

安全防范系统是以维护社会公共安全为目的，运用安全防范产品和其他相关产品所构成的入侵报警系统、视频安防监控系统、出入口控制系统、BSV 液晶拼接墙系统、门禁消防系统、防爆安全检查系统等，或由这些系统为子系统组合或集成的电子系统或网络。

我国安全防范系统的工作范围涉及入侵和反劫报警、视频监控、出入口控制、防爆安检、安防工程、实体防护和人体生物特征识别应用等多个专业技术领域。全国安防标委会（全称全国安全防范报警系统标准化技术委员会，代号为 SAC/TC100），是经国家标准化管理委员会批准成立的全国性专业标准化技术工作组织。国际安全防范标准化组织已将防火、防入侵、防盗、防破坏、防暴、治安、交通和通信联络等各分系统集成为统一的公共安全防范系统中，这一公共安全防范系统涉及建筑消防与安防、居民小区消防与安防、城市交通安全及治安联防等方面。我国全国安防标委会将入侵防盗报警、防火、防暴及安全检查技术领域称为“安全防范技术。”

二、安全防范系统的分类

安全防范系统应该说是跨学科跨行业的系统工程，目前就具体的安防工程而言，安全防范系统现阶段被归类为以下 4 大类：

1. 被动式防范系统

被动式防范系统包括视频安防监控系统和入侵报警系统。视频安防监控系统应能根据建筑物的使用功能及安全防范管理的要求，对必须进行视频安防监控的场所、部位、通道等进行实时、有效地视频探测、视频监视，图像显示、记录与回放，且具有视频入侵报警功能。与入侵报警系统联合设置的视频安防监控系统，应有图像复核功能或有图像复核加声音复核功能。其结构图见图 1-1。

入侵报警系统根据报警方式不同分为自动报警和人工报警两种。所谓自动报警是指在建筑物内外的重要地点和区域布设探测装置，一旦非法入侵发生，系统会自动检测到入侵事件并及时向有关人员报警；而人工报警是指在电梯、楼道、现金柜台等处安装报警按钮，当人

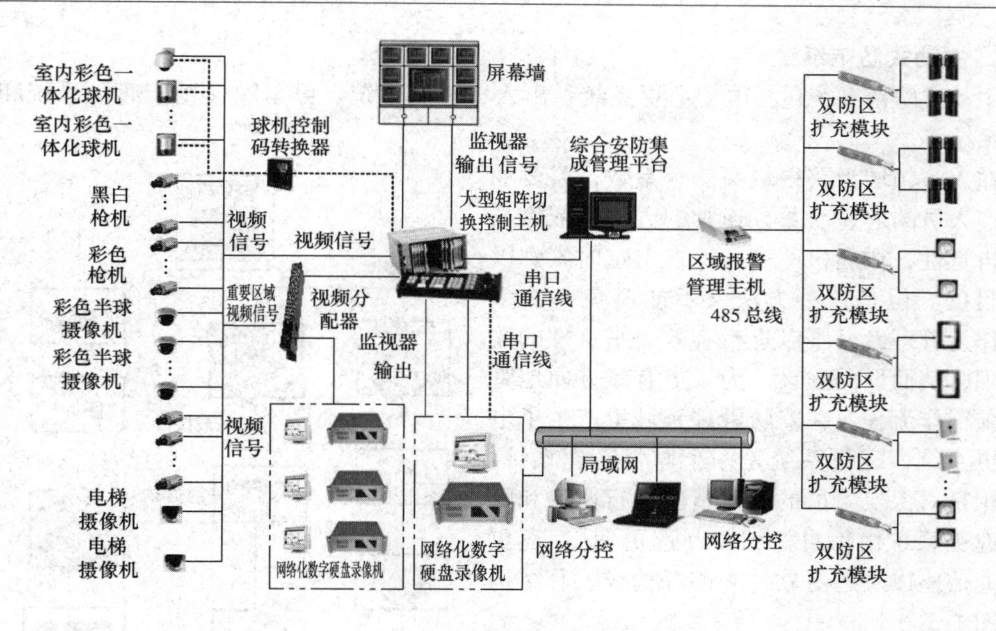

图 1-1　视频监控系统结构图

们发现非法入侵或受到威胁时可手动报警。探测器是防盗报警系统的重要组成部分，安装在墙上、门窗上的振动探测器、玻璃破碎报警器和门磁开关等可有效探测罪犯的入侵，安装在楼内的运动探测器和红外探测器可感知人员在建筑物内的活动，用来保护财物、文物等珍贵物品。防盗报警的另一任务就是一旦有入侵报警发生，系统会自动记录入侵的时间、地点，并启动视频监视系统对入侵现场进行录像。其结构图见图 1-2。

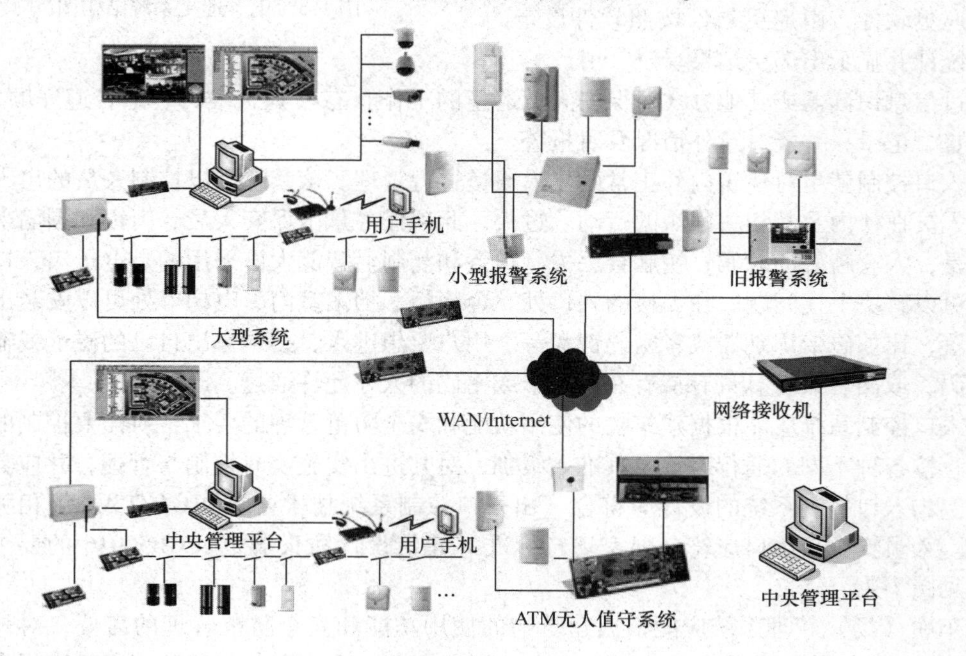

图 1-2　入侵报警系统结构图

2. 主动式防范系统

主动式防范系统包括电子巡更系统、出入口控制系统、停车库（场）管理系统和访客对讲系统等。

在人防领域为获得较高安全系数，需要加强巡逻人员的巡逻次数，通常的方法是依靠员工的自觉性，在巡检巡逻的地点上定时签到以达到目的。但是这种方法又不能避免一次多签。作为管理者又难以进行有效公平合理的监督管理，从而形同虚设。为了更有效方便地管理此项工作流程，在安防管理领域里产生了电子巡更系统，巡更系统是一个监督管理系统，其作用是对保安人员的巡逻情况进行监督和管理。巡更系统由信息标识器（巡更钮）、巡更器、通信座以及巡更软件 4 部分构成。其结构图见图 1-3。

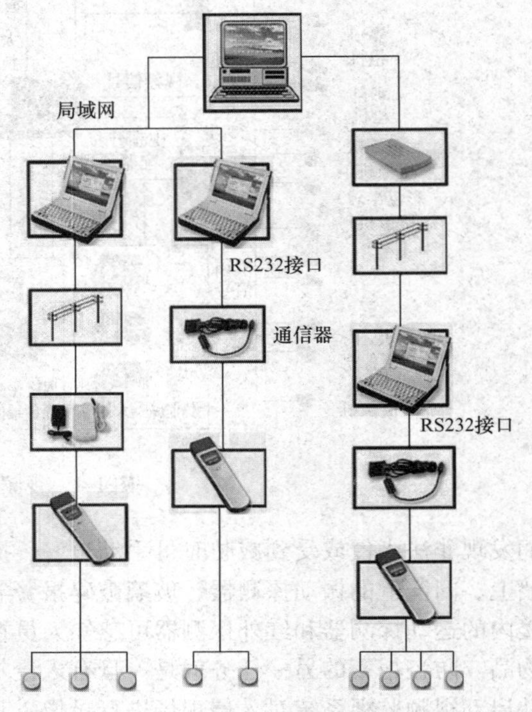

图 1-3　电子巡更系统结构图

在实际应用中，电子巡更系统应能根据建筑物的使用功能和安全防范管理的要求，按照预先编制的保安人员巡查程序，巡更人员携带巡更器按照约定的线路到固定的巡更地点读取预埋在巡更地点的巡更钮的资料，巡更器记录并保存巡更钮数据及巡检时间，再将这些资料上传到巡更软件，由巡更软件按照软件设定的判定、统计并显示出巡更结果。

通过信息识读器或其他方式对保安人员巡逻的工作状态（是否准时、是否遵守顺序等）进行监督、记录，并能对意外情况及时报警。

出入口控制就是对建筑内外正常的出入通道进行管理。该系统可以控制人员的出入，还能控制人员在楼内及其相关区域的行动。过去，此项任务是由保安人员、门锁和围墙来完成的。但是，人有疏忽的时候，钥匙会丢失、被盗和复制。智能大厦采用的是电子出入口控制系统，可以解决上述问题。在大楼的入口处、金库门、档案室门、电梯等处可以安装出入口控制装置，比如磁卡识别器或者密码键盘等。用户要想进入，必须拿出自己的磁卡或输入正确的密码，或两者兼备。只有持有有效磁卡或密码的人才允许通过。

出入口控制系统应能根据建筑物的使用功能和安全防范管理的要求，对需要控制的各类出入口，按各种不同的通行对象及其准入级别，对其进出实施实时控制与管理，并应具有报警功能。出入口控制系统的设计应符合《出入口控制系统技术要求》GA/T394 等相关标准的要求。人员安全疏散口应符合国家现行标准《建筑设计防火规范》GB50016 的要求。其结构图见图 1-4。

停车库（场）管理系统应能根据建筑物的使用功能和安全防范管理的需要，对停车库（场）的车辆通行道口实施出入控制、监视、行车信号指示、停车管理及车辆防盗报警等综合管理。其结构图见图 1-5。

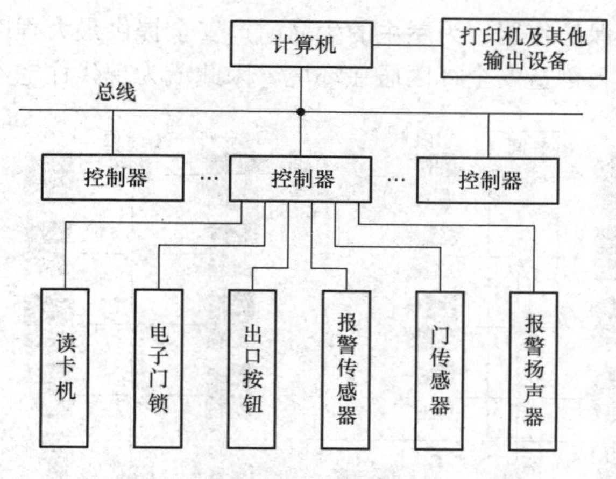

图 1-4　出入口控制系统结构图

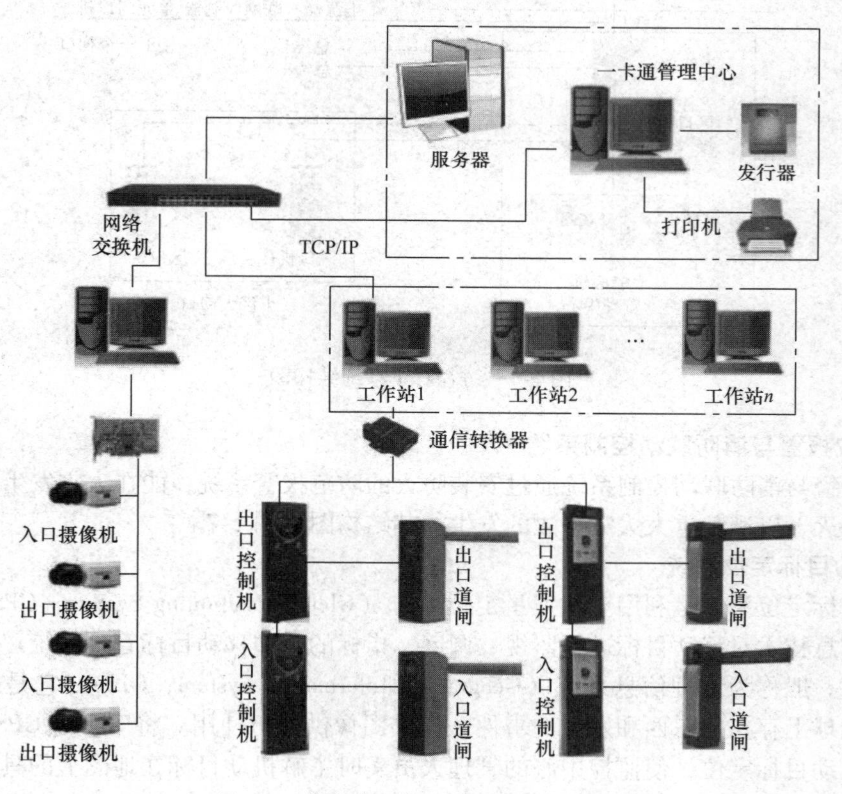

图 1-5　停车库（场）管理系统结构图

访客对讲系统是指为来访客人和被访住户之间提供双向通话或可视通话，并由住户控制防盗门的开关。访客对讲系统提供访客与住户之间双向可视通话。达到图像、语音双重识别从而增加安全可靠性。

住户家内所安装的红外报警探测器、煤气探测器、紧急按钮等设备连接到访客对讲系统的保全型室内机上，可视对讲系统就升级为一个安全技术防范网路。其结构图见图 1-6。

访客对讲系统可以与住宅小区物业管理中心或小区警卫进行通信，从而起到防盗、防灾、防煤气泄漏等安全保护作用，为屋主的生命财产安全提供最大程度的保障。可提高住宅的整体管理和服务水平，创造安全社区居住环境，因此成为现代住宅不可缺少的配套设备。

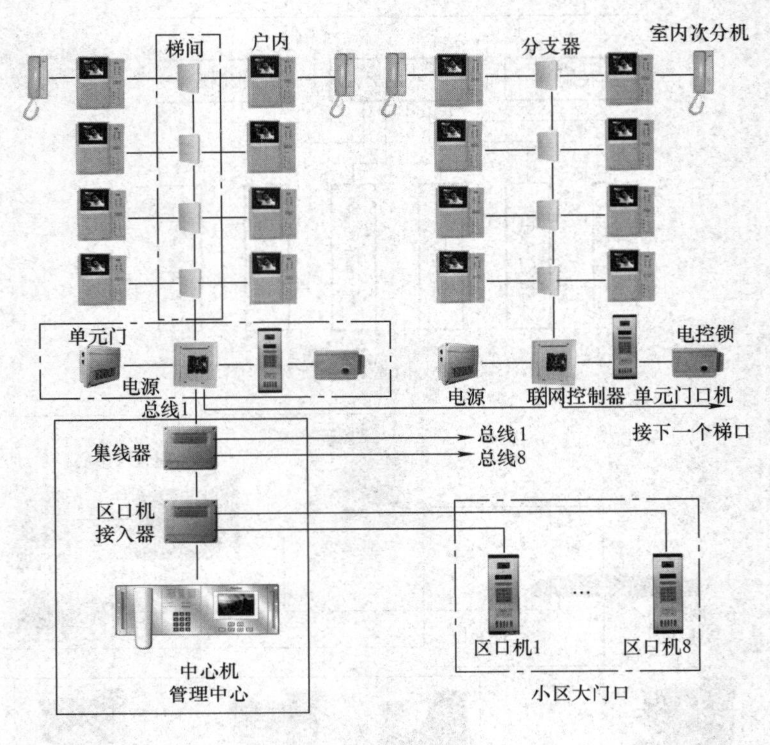

图 1-6　访客对讲系统结构图

3. 火灾报警与消防联动控制系统

火灾报警与消防联动控制系统通过安装防火的防范报警系统，能在火灾发生的萌芽状态及时得到扑灭，以避免重大火灾事故的发生。其结构图见图 1-7。

4. 机动目标定位系统

机动目标定位系统是利用全球卫星定位系统（Global Positioning System，GPS）、无线通信、地理信息技术对移动目标进行监视、调度、指标的新型移动目标管理系统。其中的地理信息技术，一般称为地理信息系统（Geographic Information System，GIS），它是基于计算机工具，把地球上存在的东西和发生的事件，提供图像供分析使用。将 GIS 与 GPS 结合起来，就能够给机动目标定位，使监控中心的管理人员实时了解机动目标在地图上的具体位置。其结构图如图 1-8。

安全防范系统集成实施的子系统包括门禁系统、楼宇对讲系统、监控系统、防盗报警系统、一卡通系统、停车管理系统、消防系统、多媒体显示系统、远程会议系统等。一个完整的安全防范系统通常应具备以下功能：

（1）图像监控功能

视像监控：采用各类摄像机、切换控制主机、多屏幕显示、模拟或数字记录装置、照明装置，对内部与外界进行有效的监控。监控部位包括要害部门、重要设施和公共活动场所。

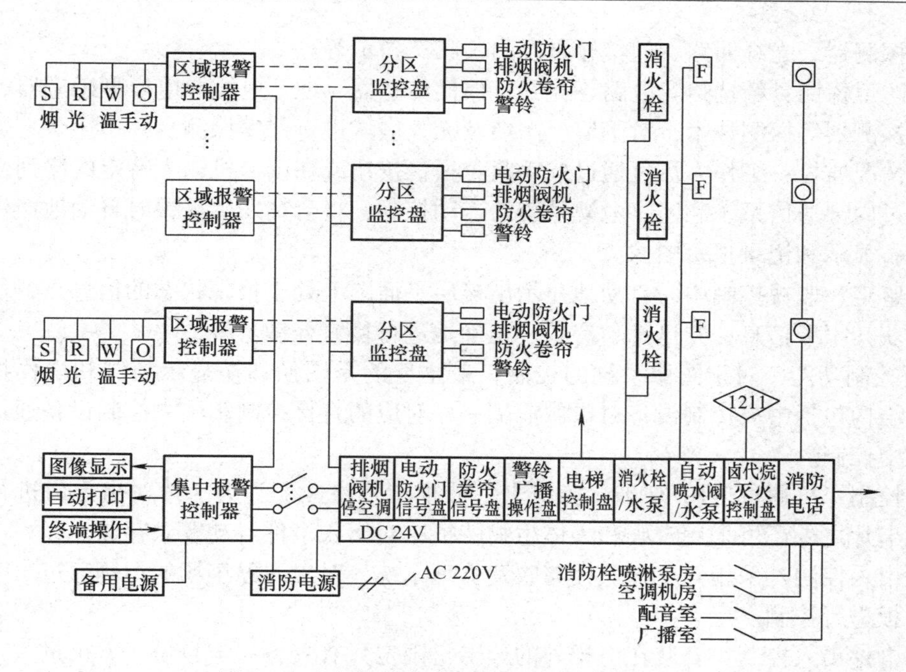

图 1-7　火灾报警与消防联动控制系统结构图

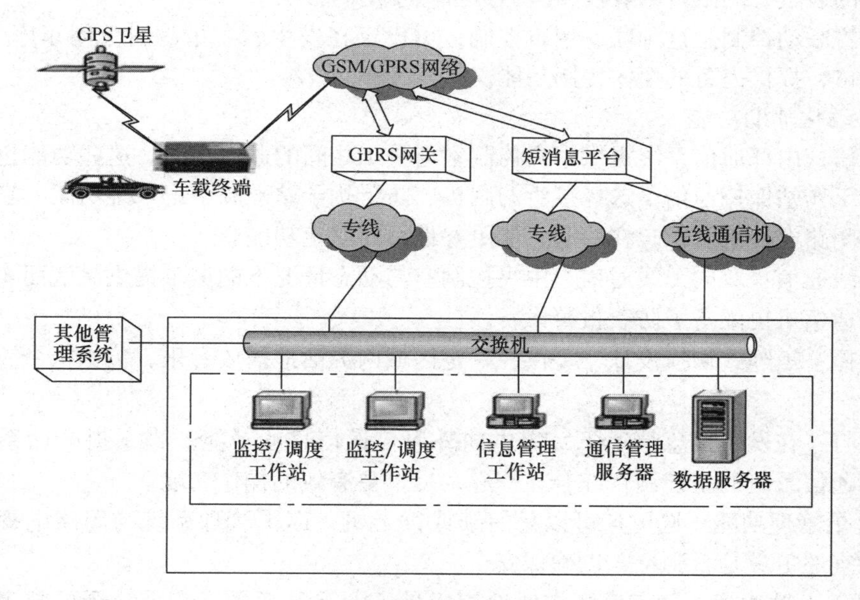

图 1-8　机动目标定位系统结构图

影像验证：在出现报警时，显示器上显示出报警现场的实况，以便直观地确认报警，并做出有效的报警处理。

图像识别系统：在读卡机读卡或以人体生物特征作凭证识别时，可调出所存储的员工相片加以确认，并通过图像扫描比对鉴定来访者。

（2）探测报警功能

内部防卫探测：所配置的传感器包括双鉴移动探测器、被动红外探测器、玻璃破碎探测器、声音探测器、光纤回路、门接触点及门锁状态指示等。

周界防卫探测：精选拾音电路、光纤、惯性传感器、地下电缆、电容型感应器、微波和主动红外探测器等探测技术，对围墙、高墙及无人区域进行保安探测。

危急情况监控：工作人员可通过按动紧急报警按钮或在读卡机输入特定的序列密码发出警报。通过内部通信系统和闭路电视系统的连动控制，将会在发生报警时自动地产生声响或打出电话，显示和记录报警图像。

图形鉴定：监视控制中心自动地显示出楼层平面图上处于报警状态的信息点，使值班操作员及时获知报警信息，并迅速、有效、正确地进行接警处理。

（3）控制功能　对于图像系统的控制，最主要的是图像切换显示控制和操作控制，控制系统的结构包括中央控制设备对摄像前端一一对应的直接控制和中央控制设备通过解码器完成的集中控制。

门禁控制：可通过使用IC卡、感应卡、威根卡、磁性卡等类卡片对出入口进行有效的控制。除卡片之外还可采用密码和人体生物特征，对出入事件自动登录存储。

车辆出入控制：采用停车场监控与收费管理系统，对出入停车场的车辆通过出入口栅栏和防撞挡板进行控制。

专用电梯出入控制：安装在电梯外的读卡机限定只有具备一定身份者方可进入，而安装在电梯内部的装置，则限定只有授权者方可抵达指定的楼层。

响应报警联动控制：这种联动逻辑控制，可设定在发生紧急事故时关闭车库、控制室、主门等进出口，提供完备的保安控制功能。

（4）自动化辅助功能

内部通信：内部通信系统提供中央控制室与员工之间的通信功能。这些功能包括召开会议、与所有工作站保持通信、选择接听的副机、防干扰子站及数字记录等功能，它与无线通信、电话及闭路电视系统综合在一起，能更好地行使鉴定功能。

双向无线通信：双向无线通信为中央控制室与动态情况下的员工提供灵活而实用的通信功能，无线通信机也配备了防袭报警设备。

有线广播：矩阵式切换设计，提供在一定区域内灵活地播放音乐、传送指令、广播紧急信息。

电话拨打：在发生紧急情况下，提供向外界传送信息的功能。当手提电话系统有冗余时，与内部通信系统的主控制台综合在一起，提供更有效的操作功能。

（5）巡更管理功能　巡更点可以是门锁或读卡机，巡更管理系统与闭路电视系统结合在一起，检查巡更员是否到位，以确保安全。

（6）员工考勤功能　读卡机能方便地用于员工上下班考勤，该系统还可与工资管理系统联网。

（7）资源共享与设施预订功能　综合保安管理系统与楼宇管理系统和办公室自动化管理系统联网，可提供进出口、灯光和登记调度的综合控制，以及有效地共享会议室等公共设施。

三、安全防范系统的基本结构

安全防范系统的基本结构通常由入侵探测器、信号传输信道和控制器组成。

入侵探测器是用来探测入侵者移动或其他动作的由电子及机械部件组成的装置。它通常由传感器和前置信号处理电路两部分组成。根据不同的防范场所，可选用不同的信号传感器，如气压、温度、振动、幅度传感器等，来探测和预报各种危险情况。如红外探测器中的红外传感器能探测出被测物体表面的热变化率，从而判断被测物体的运动情况而引起报警；振动电磁传感器能探测出物体的振动，把它固定在地面或保险柜上，就能探测出入侵者走动或撬挖保险柜的动作。前置信号处理电路将传感器输出的电信号放大处理后变成信道中传输的电信号，此信号常称为探测电信号。

信号传输信道种类极多，通常分有线信道和无线信道。有线信道常采用双绞线、电力线、电话线、电缆或光缆传输探测电信号，而无线信道则是将探测电信号调制到规定的无线电频段上，用无线电波传输探测电信号。

控制器通常由信号处理器和报警装置组成。由有线或无线信道送来的探测电信号经信号处理器做深入处理，以判断“有”或“无”危险信号，若有情况，控制器就控制报警装置，发出声光报警信号，引起值班人员的警觉，以采取相应的措施；或直接向公安保卫部门发出报警信号。

报警器材名目繁多，对报警器材进行合理分类，有利于掌握它的工作原理、构造和适用的场合。

报警器材通常按其传感器种类、工作方式、警戒范围来区分。

（1）按传感器种类分类　按传感器种类分类通常有：开关报警器，振动报警器，超声、次声报警器，红外报警器，微波、激光报警器，烟感、温感报警器等。

（2）按工作方式来分类　按工作方式分类有：主动和被动报警器。被动探测报警器，在工作时不需要向探测现场发出信号，依靠被测物体自身存在的能量进行检测。在接收传感器上平时输出一个稳定的信号，当出现情况时，稳定信号被破坏，经处理发出报警信号。而主动报警器因工作时，探测器要向探测现场发出某种形式的能量，经反向或直射在传感器上形成一个稳定信号，当出现危险情况时，稳定信号被破坏，信号经处理后，产生报警信号。

（3）按警戒范围分类　按警戒范围分类可分成点、线、面和空间控制报警器。

点控制报警器警戒的仅是某一点，如门窗、柜台、保险柜，当这一监控点出现危险情况时，即发出报警信号，通常由微动开关方式或磁控开关方式控制报警。磁控开关和微动开关报警器常用作点控制报警器。

线控制报警器警戒的是一条线，当这条警戒线上出现危险情况时，发出报警信号。如光电报警器或激光报警器，先由光源或激光器发出一束光或激光，被接收器接收，当光或激光被遮断，报警器即发出报警信号。主动红外、感应式报警器常用作线控制报警器。

面控制报警器警戒范围为一个面，当警戒面上出现危害时，即发出报警信号。如振动报警器装在一面墙上，当墙面上任何一点受到振动时即发出报警信号。振动式、感应式报警器常用作面控制报警器。

空间控制报警器警戒的范围是一个空间的任意处出现入侵危害时，即发出报警信号。如在微波多普勒报警器所警戒的空间内，入侵者从门窗、天花板或地板的任何一处入侵都会产生报警信号。声控和声发射式、超声波、红外、视频运动式、温感和烟感式报警常用作空间防范控制报警器。

也有按报警器材用途分类的，如防盗防破坏报警器、防火报警器、防爆炸报警器等。

有时还按探测电信号传输信道分类，分有线报警器和无线报警器。

四、安全防范系统的管理功能划分

安全防范系统管理划分为集成式安全防范管理系统、组合式安全防范管理系统和分散式安全防范管理系统三种类型。

（1）集成式安全防范管理系统　集成式安全防范管理系统应设置在禁区内（监控中心），应能通过统一的通信平台和管理软件将监控中心设备与各子系统设备联网，实现由监控中心对各子系统的自动化管理与监控。安全管理系统的故障应不影响各子系统的运行，某一子系统的故障应不影响其他子系统的运行。集成式安全防范管理系统应能对各子系统的运行状态进行监测和控制，应能对系统运行状况和报警信息数据等进行记录和显示。应设置足够容量的数据库。集成式安全防范管理系统应建立以有线传输为主、无线传输为辅的信息传输系统。应能对信息传输系统进行检验，并能与所有重要部位进行有线和（或）无线通信联络。集成式安全防范管理系统应设置紧急报警装置，并应留有向接处警中心联网的通信接口。集成式安全防范管理系统应留有多个数据输入、输出接口，应能连接各子系统的主机，应能连接上位管理计算机，以实现更大规模的系统集成。

（2）组合式安全防范管理系统　组合式安全防范管理系统应设置在禁区内（监控中心）。应能通过统一的管理软件实现监控中心对各子系统的联动管理与控制。安全管理系统的故障应不影响各子系统的运行，某一子系统的故障应不影响其他子系统的运行。组合式安全防范管理系统应能对各子系统的运行状态进行监测和控制，应能对系统运行状况和报警信息数据等进行记录和显示。可设置必要的数据库。组合式安全防范管理系统应能对信息传输系统进行检验，并能与所有重要部位进行有线和(或）无线通信联络。组合式安全防范管理系统应设置紧急报警装置。应留有向接处警中心联网的通信接口。应留有多个数据输入、输出接口，应能连接各子系统的主机。

（3）分散式安全防范管理系统　分散式安全防范管理系统相关子系统独立设置，独立运行。系统主机应设置在禁区内（值班室），系统应设置联动接口，以实现与其他子系统的联动。分散式安全防范管理系统各子系统应能单独对其运行状态进行监测和控制，并能提供可靠的监测数据和管理所需要的报警信息。分散式安全防范管理系统各子系统应能对其运行状况和重要报警信息进行记录，并能向管理部门提供决策所需的主要信息。分散式安全防范管理系统应设置紧急报警装置，应留有向接警中心报警的通信接口。

五、安全防范技术工程

安全防范工程是指用于维护社会公共安全和预防灾害事故为目的的报警、电视监控、通信、出入口控制、防爆、安全检查等工程。工程由建设单位提出委托，由持省市级以上公安技术防范管理部门审批、发放的设计、施工资质证书的专业设计、施工单位进行设计和施工。工程的立项、设计、招标、委托、施工、验收必须严格按照公安主管部门要求的程序进行。

安全防范工程按风险等级或工程投资额划分工程规模，分为三级。

一级工程：一级风险或投资额100万元以上的工程。

二级工程：二级风险或投资额超过30万元不足100万元的工程。

三级工程：三级风险或投资额30万元以下的工程。

建设单位要实施安全防范工程必须先进行工程项目的可行性研究，研究报告可由建设单位或设计单位编制，应该就政府部门的有关规定，对被防护目标的风险等级与防护级别、工程项目的内容和目的要求、施工工期、工程费用概算的社会效益分析等方面进行论证。而可行性研究报告经相应的主管部门批准后，才可进行正式工程立项。

建设单位应委托持有经省市级以上公安技术防范管理部门批准发放许可证的设计和施工单位进行设计和实施工程施工。工程应在主管部门和建设单位的共同主持下进行招标，以避免各种不正当竞争行为的出现。工程招标应由建设单位根据设计任务书的要求编制招标文件，发出招标广告或通知书。建设单位应组织投标单位勘察工作现场，解答招标文件中的有关问题。投标单位应密封报送标书。应当众开标、议标、审查标书，确定中标通知书。中标单位可接受建设单位根据设计任务书提出的委托，根据设计和施工的要求，提出项目建议和工程实施方案，经建设单位审查批准后，委托生效，即可签订合同。

合同的内容有：工程名称和内容、建设单位和设计施工单位各方责任、义务、工程进度的要求、工程费用和付款方式、工程验收方法、人员培训和维修、风险及违约责任、其他有关事项。

合同应附中标文件和委托书、设计任务书及双方认定的其他文件。工程设计应先经过初步设计和方案论证。

初步设计应具备以下内容：系统设计方案以及系统功能、器材平面布防图和防护范围、系统框图及主要器材配套清单、中心控制室布局及使用操作、工程费用的概算和建设工期。

工程项目在完成初步设计时应由建设单位主持组织方案论证，由业务主管部门、公安主管部门和设计、施工单位代表及一定数量的技术专家参加。

论证应对初步设计的各项内容进行审查，对其技术、质量、费用、工期、服务和预期效果做出评价。对有异议的评价意见，需有设计单位和建设单位直辖市处理意见后，方可上报审批。经建设单位和业务主管审批后，方可进入正式设计阶段。

正式设计应含技术设计、施工图设计、操作维修说明书及工程费用的预算书。设计文件和费用，除特殊规定的设计文件需经公安主管部门审查批准外，均由建设单位主持，对设计文件和预算进行审查，审查批准后工程进入实施阶段。工程施工后应首先依照工程设计文件所预选的器材及数量进行订货。按管线敷设图和有关施工规范进行管线敷设施工。按施工图的技术要求进行器材设备安装。按系统功能要求进行系统调试。系统调试开通，运行一个月以后，由建设单位记录试运行情况，试运行报告应包含下述内容：系统运行是否正常，系统功能是否符合设计要求，误报警、漏报警的次数及产生原因的分析，故障产生的次数，排除故障的时间，维修服务是否符合合同规定，同时应对有关人员进行相应的技术培训。

工程按合同内容全部完成，经试运行后，达到设计要求，并为建设单位认可，可视为竣工；少数非主要项目，未按合同规定全部建成，经建设单位与设计单位协商，对遗留问题有明确的处理办法，经试运行并为建设单位认可后，也可竣工，并由设计施工单位写出竣工报告。

工程的验收应分初验和验收两个阶段。施工单位应首先根据合同要求，由建设单位组织进行初验。初验包括对技术系统进行验收，器材设备进行验收，设备、管线安装敷设的验收以及工程资料的验收。在初验合格的基础上，再由有建设单位上级业务主管、建设单位主要负责人和技术专家组成的验收委员会或小组，对工程进行验收。验收小组分技术验收组、施工验收组和资料审查组，分别根据合同有关条款和内容进行审查和验收。最后根据审查结果写出工程验收结论。

六、安全防范技术的发展趋势

近年来，尤其随着现代化科学技术的飞速发展，犯罪向智能化、复杂化、高隐蔽性方向发展，促使防范技术手段在器件和系统功能上产生飞速发展。

器件上的探测器已由原先较简单、功能单一的初级产品发展成多种技术复合的高新产品。如微波—被动红外复合探测器，集微波和红外探测技术于一体。在控制范围内，只有两种报警技术的探测器都产生报警信号时，才输出报警信号。它既能保持微波探测器可靠性强、与热源无关的优点又集被动红外探测器无需照明和亮度要求、可昼夜运行的特点，大大降低探测器的误报率。这种复合型报警探测器的误报率是单一技术微波报警探测器误报率的几百分之一。又例如利用声音和振动技术的复合型双鉴式玻璃报警器，探测器只有在同时感受到玻璃振动和破碎时的高频声音，才发生报警信号，从而大大减弱因窗户的振动而引起的误报，提高了报警的准确性。

视频监控系统的飞速发展使安全防范技术更有效、更直观。微光、红外摄像机的成功，使安全防范实现全天候及昼夜工作，摄像机的微型化和智能化使探测器更隐蔽。长时间录像装置能24h、48h、72h长时间记录。多画面分隔器的出现，大大减少了系统设备的数量，使系统更可靠，而监控的范围也越来越大。一个大型的企业、几个分系统构成一个综合的安防系统，它既有入侵防盗的功能，又有防火、防爆和安全检查的功能。当某一被探测点发出报警信号时，能自动通过电话线向报警中心报警，而报警中心也能自动探知报警信号的性质、地点及其他情况。探测信号的传输也由常规的模拟量有线传输，转为数字量无线传输，大大降低了施工过程中的布线工作量，节约了材料和成本。报警控制器采用大容量的CPU，使信号和控制实现了计算机总线控制，大大降低了系统安装的工作量，提高了系统的可靠性。未来，采用更新的电子技术和计算机技术将进一步提高安防器材的稳定性和可靠度。安全防范系统的发展趋势是数字化、网络化、智能化。显然，要想网络化必先数字化，而要想实现真正的智能化，必须实现网络化。

1. 安全技术防范系统的数字化

由于数字信号具有频谱效率高、抗干扰性强、失真小等优点，因而可使传统的安全技术防范系统在图像数字化技术的基础上逐步转为以图像探测和数字图像处理为核心，并利用数字图像压缩技术和调制解调技术远程传输动态图像。

安全技术防范系统数字化的真正标志，应是系统中的视频、音频、控制与数据等信息流从模拟量转换为数字量。这样，才能从本质上改变安全技术防范系统从信息采集、数据传输、处理和系统控制等的方式和结构形态，实现安全技术防范系统中的各种技术设备和子系统间的无缝连接，从而能在统一的操作平台上实现管理和控制，为安全技术防范系统的网络化打下坚实的基础。

2. 安全技术防范系统的网络化

有了系统的数字化，有了网络技术的发展，我们能方便地使安全技术防范系统网络化。

安全技术防范系统的网络化有两种构成方式：

（1）采用网络技术的系统设计　这种构成方式的主要表现是安全技术防范系统的结构由集总式向集散式系统过渡。所谓集散式系统是采用多层分级的结构形式，它具有微内核技术的实时多任务、多用户及分布式操作系统。

一般，构成集散式安全技术防范系统的硬件和软件均采用标准化、模块化和系统化的设计。这样，有利于合理的设备配置和充分的资源共享，从而保证安全技术防范系统实现各子系统真正意义上的集成，在一个操作平台上进行系统地管理和控制。这种构成方式是安全技术防范系统结构的一个发展方向，而这个方向也促进了安全防范技术与其他技术之间的融合和集成。如安全技术防范系统与三表管理、有线电视、通信和信息系统的融合和集成等。

（2）利用网络来构成系统　这种构成方式是指利用公共信息网络来构成安全技术防范系统。即利用公共信息网络可随时随地建立一个专用的安全技术防范系统，并可随时随地改变和撤销它。

这种构成方式也预示着安全技术防范系统将发生巨大的变革，使安全技术防范系统由封闭结构向开放结构转化，使系统由固定设置向自由生成的方向发展。

3. 安全技术防范系统的智能化

智能化，实际是一个与时俱进的概念，它在不同的时期和不同的技术条件下具有不同的含义。因为不像自动化那样只是孤立地反映各种物理量和状态的变化，而是全面地从它们之间的相关性和变化过程的特征去进行分析和判断，从而得出真实的探测结果。安全技术防范系统的智能化是实现真实的探测，并实现图像信息和各种特征的自动识别（如视频移动探测，车辆与车牌的识别，人与物异常行为的探测与识别等），并使系统的联动机构和相关系统之间实现准确、可靠、有效、协调地动作。

安全技术防范系统的智能化要求，必须采用人性化的设计，即系统具有模仿人的思维方法的分析和判断功能。如对探测报警系统不是简单地探测环境物理量和状态的变化，而是还要分析时间、频率、频度、次序、空间分布等各种探测数据之间的关系，再做出是否报警的判断；又如，对运动探测中的自适应系统也不是简单地设定一个阈值，而是在把各种环境因素综合起来考虑的基础上，对目标进行分析。实际上，以目标分析为基础的探测是直接对目标进行识别与跟踪的技术，它以图像特征识别技术为基础。未来的安防系统是在网络化的基础上使整个网络系统硬件和软件资源共享，以及任务和负载共享，从而实现真正意义上的智能，能真正做到防患于未然。

4. 安防系统的集成化

安防产品的概念不再只是一个独立的前端或后端设备，更是一个完整的高度集成系统，甚至是几个不同安防子系统的集成系统，在安防数字化和网络化的不断发展的基础上，视频监控、报警、门禁、对讲、巡更等独立的安防子系统得到全面融合，实现不同的管理平台互联互通，系统的统一管理，各子系统的联动，无论单一或多个系统，集成化安防都可以提供整个安防业务的单人单机控制，通过最少的资源做更多的工作，极大地提升管理效率。

5. 物联网促进安防行业的发展

物联网是新一代互联网技术，广泛应用在智能交通、环境保护、政府工作、公共安全、平安家居、智能消防、工业监测等多个领域，其中任何一个概念都与安防有关。可以预见，视频监控、门禁、报警和其他安防业务，都会朝着物联网的方向发展。物联网的应用使得安防系统更加智能化，更多的事件可以通过智能化安防系统及时预防，把事件控制在发生前，提高安防产品的使用价值。

6. 安防节能标准化对节能减排具有重要意义

节能减排已成为全球共识，安防行业节能与否将成为检测安防产品的一个新的技术要求，专家预测，产品节能性能要求将出现在安防产品的标准中。除了对产品进行节能设计外，利用风能、太阳能为安防监控设备提供电源已经在工程中得到应用。供电方式的转变、安防产品节能降耗，对节能减排有着更为重要的意义。

思考题与习题

1. 安全防范包括哪三个范畴?
2. 安全防范的三个基本要素是什么?
3. 安全防范技术与安全技术防范的区别是什么?
4. 安全防范系统的定义是什么?
5. 简述视频安防监控系统的工作原理。
6. 简述入侵报警系统的工作原理。
7. 简述出入口控制系统的工作原理。
8. 简述电子巡更系统的工作原理。
9. 简述停车库（场）管理系统的工作原理。
10. 简述访客对讲系统的工作原理。
11. 简述火灾报警与消防联动控制系统的工作原理。
12. 简述安全防范技术系统的发展趋势。

第二章　视频安防监控系统

第一节　视频安防监控系统的概念

视频安防监控系统是安全技术防范体系中的重要组成部分，它是一种先进的、防范能力极强的综合系统，它可以通过遥控摄像机及其辅助设备（镜头，云台等）直接观看被监视场所的一切情况，可以把被监控场所的图像内容、声音内容同时传递到监控中心，使被监控场所的情况一目了然。同时，闭路视频安防监控系统还可以与防盗报警等其他安全技术防范体系联动运行，使防范能力更加强大。

因为图像（视频信号）本身具有信息量大的特点，它统观全局，一目了然，判断事件具有极高的准确性，故视频（电视）监控在安全防范中的地位和作用日益突出。视频安防监控系统已经成为安全防范体系中不可或缺的组成部分。从早期安全防范系统把它当作一种报警复核手段，到充分发挥它实时监控的作用，成为安全防范系统技术集成的核心，并不断地开发所具有的探测功能，成为未来安防系统的主导技术。

一、视频技术的特点

（一）视频信息的主要作用

视频信息（图像）既具有空间分辨能力，又具有时间分辨能力；视频信息包含景物空间完整的亮度信息，既有探测对象的信息，又包括景物（防范）空间环境的信息；视频信息既可以观察目标静态的信息，又可以观察目标动态的信息；视频技术可以把不可视的信息转化为可视的图像信息表现出来。

（二）视频监控技术的特点

视频监控本身是一种主动的监控手段；可以作为其他技术系统有效的辅助手段；视频监控可以完整、真实地记录信息；视频监控可以与其他技术系统实现资源共享；视频监控是安全防范系统技术集成、功能集成的核心；视频监控是对安全防范区域的日常业务工作影响最小的技术系统。

视频监控信息量大，空间和时间的分辨均带有目标个体的特征。实时性强，电视技术产生实时的图像，可实现对异常情况的最快的响应（不用其他手段复核），又能对反应的效果给出最真实、迅速地评价。被动的工作方式，不易被发现、不干扰其他系统，是一种无侵犯性的方式。易于与其他技术集成，不产生图像的系统往往要求与图像系统集成。技术发展快，其技术、产品的选择范围大，配套、标准完备。

（三）视频监控的应用范围

视频监控是安防行业中最主要的模块，它的普及应用比其他板块都多得多，传统的视频监控业务无论在地理覆盖还是用户群覆盖上，范围都非常狭窄，当前视频监控的发展呈现出一些与过去不同的特点，逐渐向大地域、多领域延伸，应用范围更广阔、更全面。

1. 从个别行业到多重领域

过去，我国的视频监控应用主要集中在政府部门和金融、公安、交通、电力等特殊部门及行业。其中，政府部门和金融行业分别占据了很大的市场份额。然而，随着社会信息化的进步，越来越多的行业和领域对视频监控的需求大量增加，即便是公安这样的传统用户也在“平安城市”方面对城市监控提出了全新的格局和功能要求。视频监控已经从银行、交通等个别领域向多领域延伸，由传统的安防监控向管理监控和生产经营监控发展。

此外，视频监控仅用于企业行业的情况也逐渐被打破，公众家庭也成为视频监控应用的新市场。在公众家庭市场，视频监控主要应用于住宅的安全防范和财产的监控。用户可以通过在家中安装摄像头，利用家庭网关作为视频服务器，用户在远程通过 Internet 实时监控家庭安全。虽然离数字家庭的全面实现还比较远，但随着 IPv6 技术和信息家电技术的发展、移动监控设备的进一步优化，视频监控技术很可能最先在数字家庭中得到推广。

2. 从本地监控到跨省跨区

视频监控需求市场不断扩大，除了传统行业，企业和个人市场也正在兴起，我国经济最活跃的中小企业和个人用户，对视频监控的应用前景都已经明显呈现出来。与此同时，用户的要求也越来越高，其中最突出的就是要求实现对大量视频数据实时、无地域、无阻碍传输，从而达到资源共享，为各级管理人员和决策者提供方便、快捷、有效的服务。

尤其是对一些大集团公司来说，这些企业都是跨省区的，分支机构遍布全国，各分公司之间的活动也非常频繁，如果让各地人员来回奔波，显然降低了工作效率，浪费了企业资源，提高了经营成本。而通过视频监控，就可以实现身处异地也能及时、直观地掌握公司情况，因此这些客户对连接全省乃至全国的视频监控系统需求也十分迫切。许多大型企业集团，在扩容视频专网时，都要求能够跨省跨区联通，这表明了有实力、国际化的企业集团，都希望通过扩大视频监控系统的覆盖面，提高效率、降低成本。可以预见，突破本地网的限制，实现省内或者跨省联网，将是视频监控平台发展的重要趋势。

二、视频监控在安全防范中的应用

视频监控主要应用在防范区域的实时监控、探测信息的复核、图像信息的记录、指挥决策系统、视频探测和安全管理等领域。

视频安防监控系统应对需要进行监控的建筑物内（外）的主要公共活动场所、通道、电梯（厅）、重要部位和区域等进行有效的视频探测与监视、图像显示、记录与回放。

（一）系统控制功能应符合下列规定

1）系统应能手动或自动操作，对摄像机、云台、镜头、防护罩等的各种功能进行遥控，控制效果平稳、可靠。

2）系统应能手动切换或编程自动切换，对视频输入信号在指定的监视器上进行固定或时序显示，切换图像显示重建时间应能在可接受的范围内。

3）系统应具有与其他系统联动的接口。当其他系统向视频系统给出联动信号时，系统能按照预定工作模式，切换出相应部位的图像至指定监视器上，并能启动视频记录设备，其联动响应时间不大于 4s。

4）辅助照明联动应与相应联动摄像机的图像显示协调同步。

5）同时具有音频监控能力的系统应具有视频音频同步切换的能力。

6）需要多级或异地控制的系统应支持分控的功能。

7）前端设备对控制终端的控制响应和图像传输的实时性应满足安全管理要求。

（二）图像记录功能应符合下列规定

1）记录图像的回放效果应满足资料的原始完整性，视频存储容量和记录/回放带宽与检索能力应满足管理要求。

2）系统应能记录下列图像信息：①发生事件的现场及其全过程的图像信息；②预定地点发生报警时的图像信息；③用户需要掌握的其他现场动态图像信息。

3）系统记录的图像信息应包含图像编号/地址、记录时的时间和日期。

4）对于重要的固定区域的报警录像应提供报警前的图像记录。

5）根据安全管理需要，系统应能记录现场声音信息。具有视频移动报警的系统，应能任意设置视频警戒区域和报警触发条件。

（三）视频安防监控系统的基本特点

视频安防监控系统有如下基本特点：①实时性；②高灵敏；③监视空间大；④便于隐蔽和遥控；⑤方便、经济；⑥可将非可见光图像信息转换为可见光图像信息；⑦长期有效性。

三、视频安防监控系统的发展历程

视频监控随着技术的进步经历了三代。

（一）模拟时代（第一代视频安防监控系统）

在20世纪90年代初以前，主要是以模拟设备为主的闭路视频安防监控系统，称为第一代模拟监控系统。模拟时代的视频是以模拟方式进行模拟处理的。采用同轴电缆进行传输，并由控制主机进行模拟处理。图像信息采用视频电缆，以模拟方式传输，一般传输距离不能太远，主要应用于小范围内的监控，监控图像一般只能在控制中心查看。主要由摄像机、视频矩阵、监视器、录像机等组成，利用视频传输线将来自摄像机的视频连接到监视器上，利用视频矩阵主机，采用键盘进行切换和控制，录像采用使用磁带的长时间录像机；远距离图像传输采用模拟光纤，利用光端机进行视频的传输。

传统的模拟闭路视频安防监控系统有很多局限性：有线模拟视频信号的传输对距离十分敏感；有线模拟视频监控无法联网，只能以点对点的方式监视现场，并且使得布线工程量极大；有线模拟视频信号数据的存储会耗费大量的存储介质（如录像带），查询取证时十分烦琐。第一代模拟视频安防监控系统（Close Circuit Television，CCTV）结构图见图2-1。

（二）半数字时代（第二代视频安防监控系统）

半数字时代的视频是以模拟方式采用同轴电缆进行传输由多媒体控制主机或硬盘录像主机（Digital Video Recorder，DVR）进行数字处理与存储。这其实是半模拟－半数字的监控系统，目前在一些小型的、要求比较简单的场所应用比较广泛。只是随着技术的发展，工控机变成了嵌入式的硬盘录像机，该机性能较好，可无人值守，还有网络功能。

第二代半数字视频监控时代（DVR）主要对磁带录像机（Video Cassette Recorder，VCR）即模拟视频磁带录像机进行了改造。因为模拟视频磁带录像机需要手动换带、倒带、检索。还需要有人24小时值班，其磁带不容易保存。磁带存储空间小。在进入计算机时代后所呈现的缺点更加令人难以忍受。因此，视频安防监控系统首先对磁带录像机进行了数字化。第二代半数字视频安防监控系统（DVR）结构见图2-2。

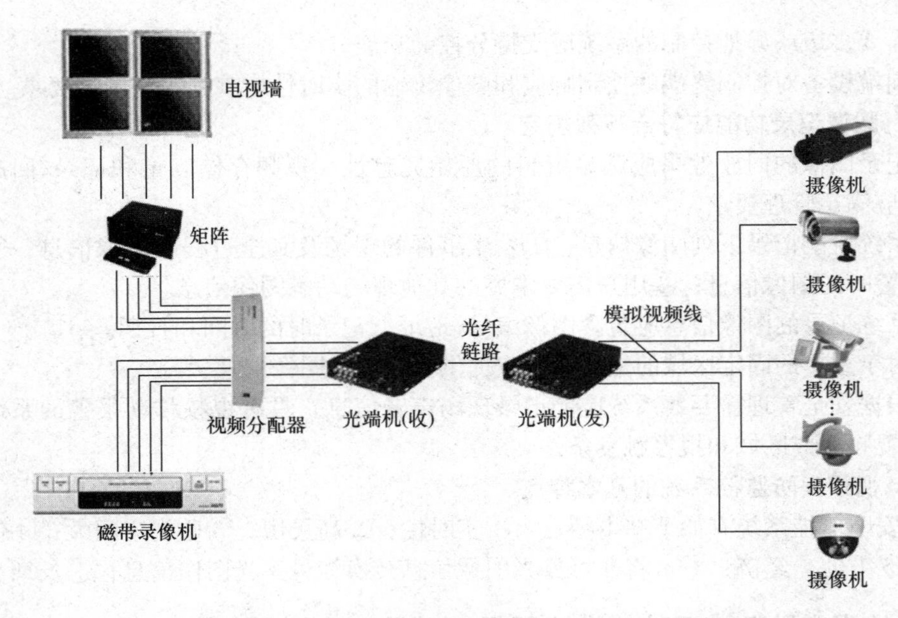

图 2-1　第一代模拟视频安防监控系统（CCTV）结构图

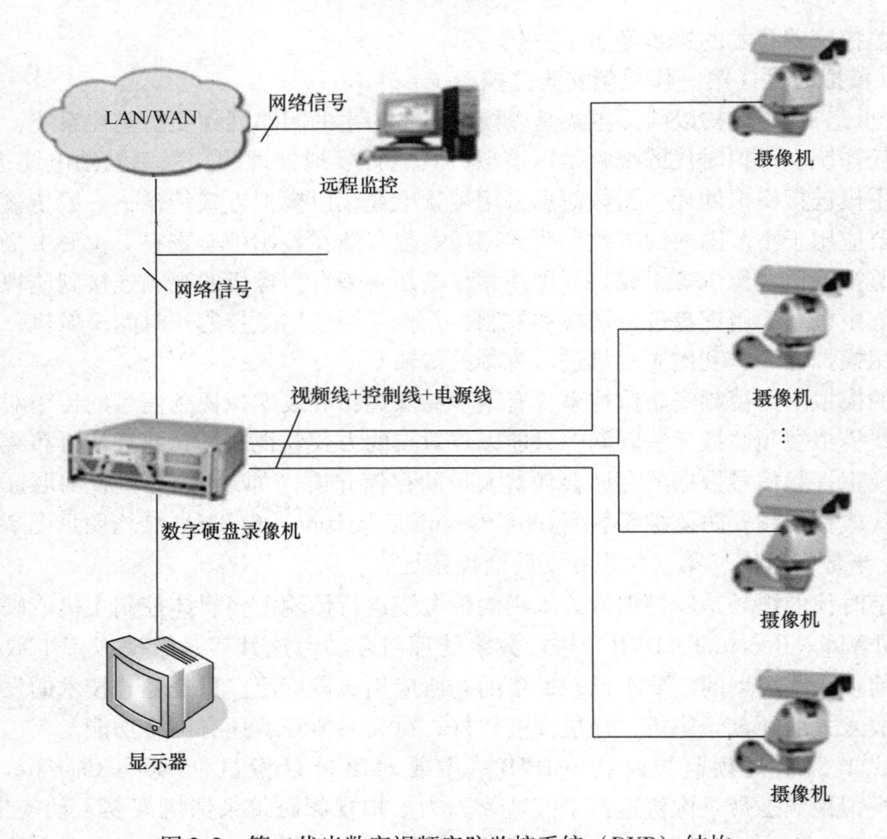

图 2-2　第二代半数字视频安防监控系统（DVR）结构

第二代半数字视频安防监控系统有“模拟摄像机 + 矩阵 + 磁带录像机”结构和“模拟

摄像机+矩阵+磁带录像机+光端机”结构。分别以DVR为中心或“DVR+矩阵”结构或“DVR+矩阵+光端机”结构在各个领域得到了广泛应用。系统在远端有若干个摄像机、各种检测和报警探头与数据设备，获取图像信息，通过各自的传输线路汇接到多媒体监控终端上，然后再通过通信网络，将这些信息传到一个或多个监控中心。监控终端机可以是一台PC，也可以是专用的工业控制机。这类监控系统功能较强，便于现场操作，但稳定性不够好，结构复杂，视频前端较为复杂，可靠性不高，功耗大，费用高，需要有多人值守。同时，软件的开放性也不好，传输距离明显受限。PC也需专人管理，特别是在环境或空间不适宜的监控点，这种方式不理想。

“模拟-数字”监控系统（DVR）的延伸——数字视频编码器（Digital Video Server，DVS）是以视频网络服务器和视频综合管理平台为核心的数字化网络视频安防监控系统。基于嵌入式技术的网络数字监控系统不需处理模拟视频信号的PC，而是把摄像机输出的模拟视频信号通过嵌入式视频编码器直接转换成IP数字信号。嵌入式视频编码器具备视频编码处理、网络通信、自动控制等强大功能，直接支持网络视频传输和网络管理，这类系统可以直接连入以太网，省掉了各种复杂的电缆，具有方便灵活、即插即看等特点，使得监控范围达到前所未有的广度。

除了编码器外，还有嵌入式解码器、控制器、录像服务器等独立的硬件模块，它们可单独安装，不同厂家设备可实现互连。DVS是目前比较主流的监控系统，性能优于第一代和DVR，比第三代有价格优势，技术也相对成熟。“模拟-数字”监控系统（DVR）的延伸——DVS结构见图2-3。

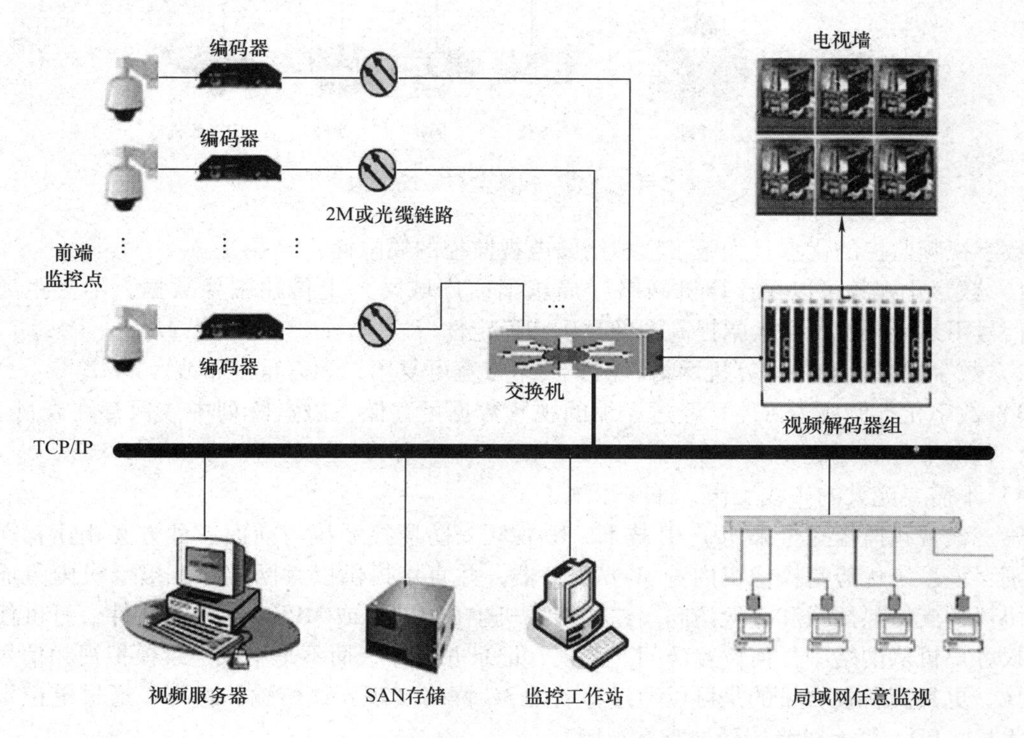

图2-3 “模拟-数字”监控系统（DVR）的延伸——DVS结构

（三）全数字时代（第三代视频安防监控系统）

全数字时代的视频信号为数字信号，并以网络为传输媒介，基于 TCP/IP 协议，采用流媒体技术实现视频在网上的多路复用传输。视频安防通过设在网上的网络虚拟（数字）矩阵控制主机（IPM）来实现对整个监控系统的指挥、调度、存储、授权控制等功能。此外报警、门禁、巡更等前端设备输出的数字信号也可由多网合一的方式通过网络复用进行传输并在同一平台上进行管理与控制。全数字视频监控系统结构见图 2-4。

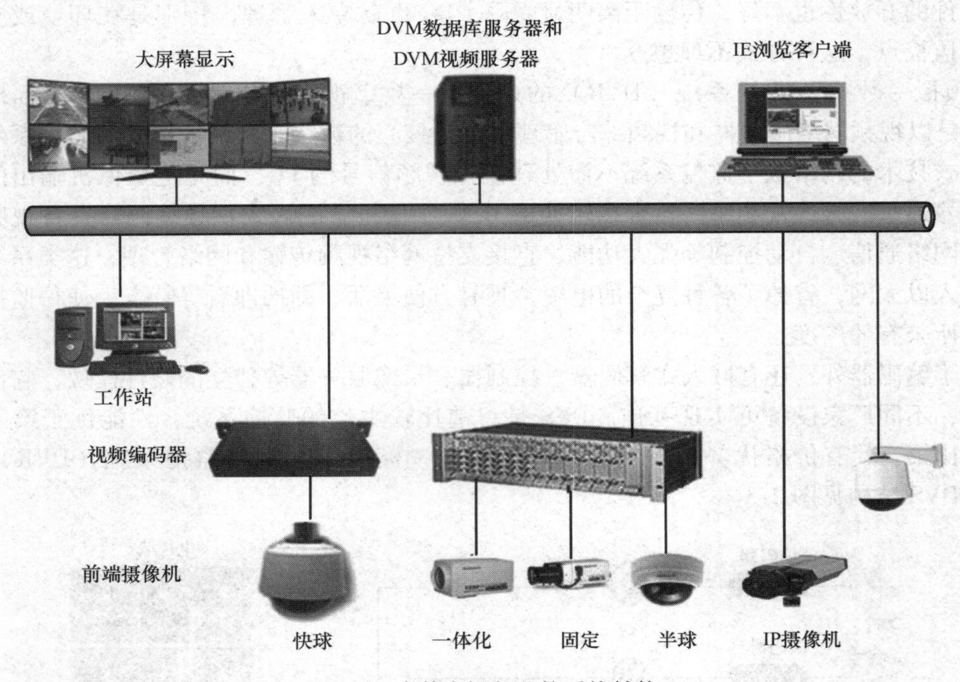

图 2-4　全数字视频监控系统结构

数字视频监控的优点是克服了模拟闭路电视监控的局限性：

1）数字化视频可以在计算机网络（局域网或广域网）上传输图像数据，不受距离限制，信号不易受干扰，可大幅提高图像品质和稳定性。

2）数字视频可利用计算机网络联网，网络带宽可复用，无需重复布线。

3）数字化存储成为可能，经过压缩的视频数据可存储在磁盘阵列中或保存在光盘、U 盘中，查询十分简便快捷。

4）不需要庞大的布线工作，减少了施工量。

第三代视频监控完全采用了 IP 技术。IP 视频安防监控系统与前面三种方案相比存在显著区别：该系统优势是摄像机内置 Web 服务器，并直接提供以太网端口，摄像机内集成了各种协议，支持热插拔和直接访问。这些摄像机生成 JPEG 或 MPEG-4 数据文件，可供任何经授权客户机从网络中任何位置访问、监视、记录并打印，而不是生成连续模拟视频信号形式图像。更具高科技含量的是可以通过移动的 3G 网络实现无线传输，你可以通过笔记本电脑、手机、PDA 等无线终端随处查看视频。

第三代视频监控使用广泛，其解决方案如公共安全远程监控系统结构见图 2-5，金融行业监控系统解决方案见图2-6，矿山（园区）远程监控系统解决方案见图2-7，校园远程监控系统解决方案见图2-8。

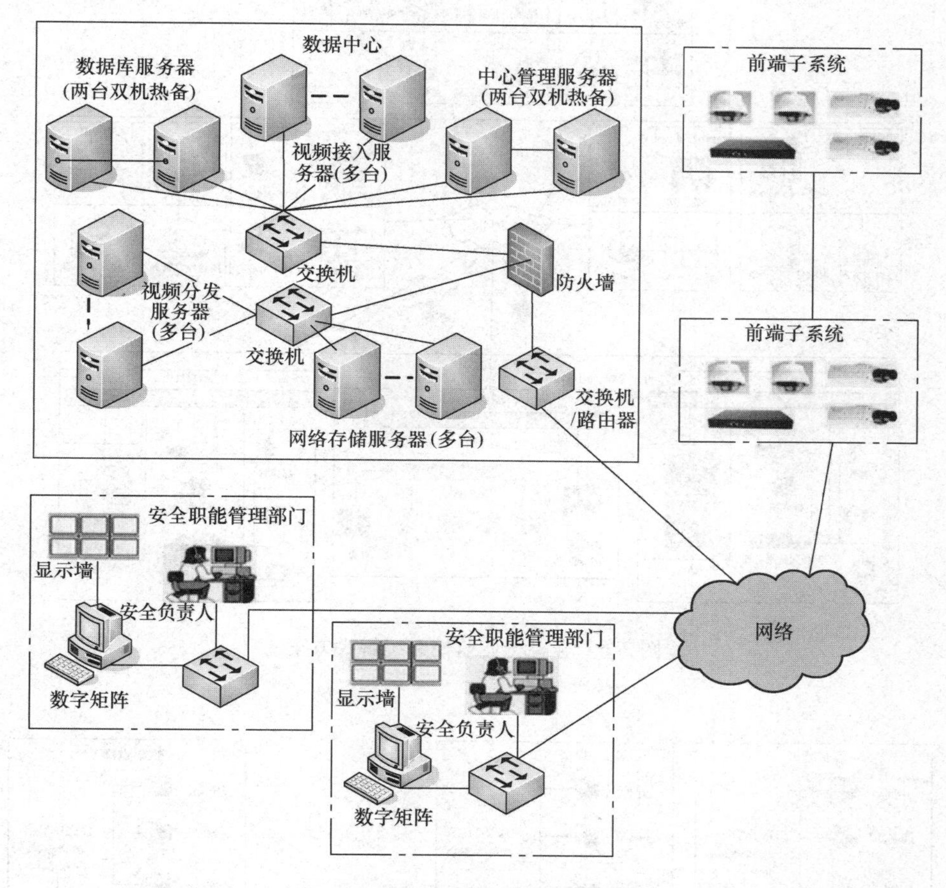

图2-5　公共安全远程监控系统结构

以网络为传输媒介的全数字时代视频安防监控系统从根本上改变了视频安防监控系统从信息采集、传输处理、系统控制的方式和结构形式，也标志着监控正在走向前端一体化、传输网络化、处理数字化和系统集成化等阶段。

1）前端一体化：监控系统前端一体化意味着摄像机、光纤收发器、云台、解码器、电源等不同设备，利用多种技术的整合集成。

2）传输网络化：视频安防监控系统的网络化意味着系统的结构将由集总式向集散式系统发展，集散式系统采用多层分级的结构形式，将使整个网络系统硬件和软件资源以及任务和负载得以共享，这也是系统集成与整合的重要基础。

3）处理数字化：信息处理数字化意味着信息流的数字化、编码压缩、开放式的协议，具有微内核技术的实时多任务、多用户、分布式操作系统，以实现抢先任务调度算法的快速响应。硬件和软件采用标准化、模块化和系列化的设计。系统设备的配置具有通用性强、开放性好、系统组态灵活、控制功能完善、数据处理方便、人机界面友好以及系统安装、调试和维修简单化，系统运行互为热备份，容错可靠等功能。

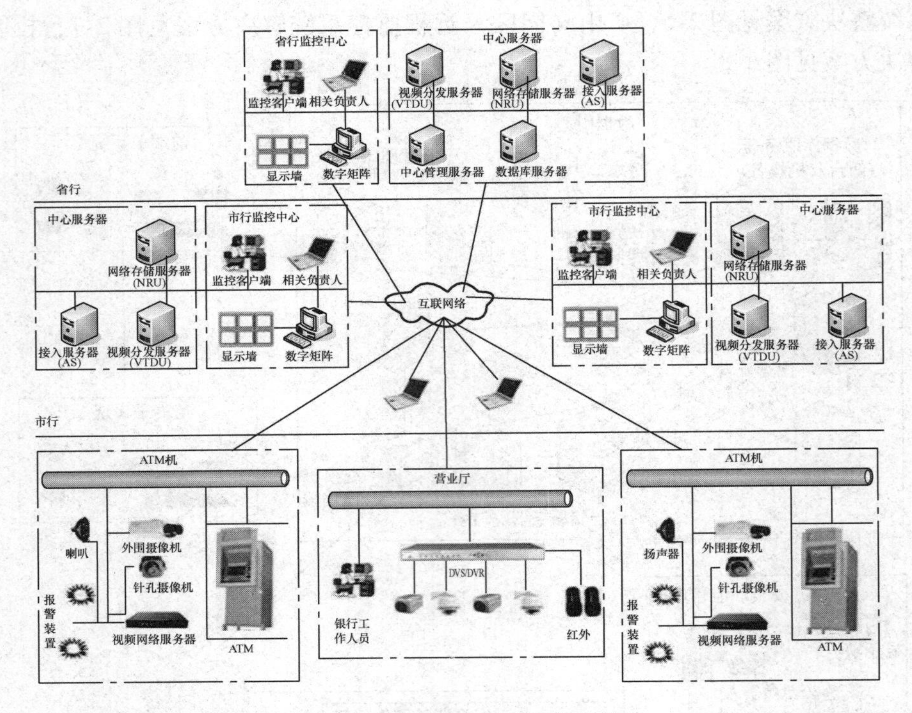

图 2-6 金融行业监控系统解决方案

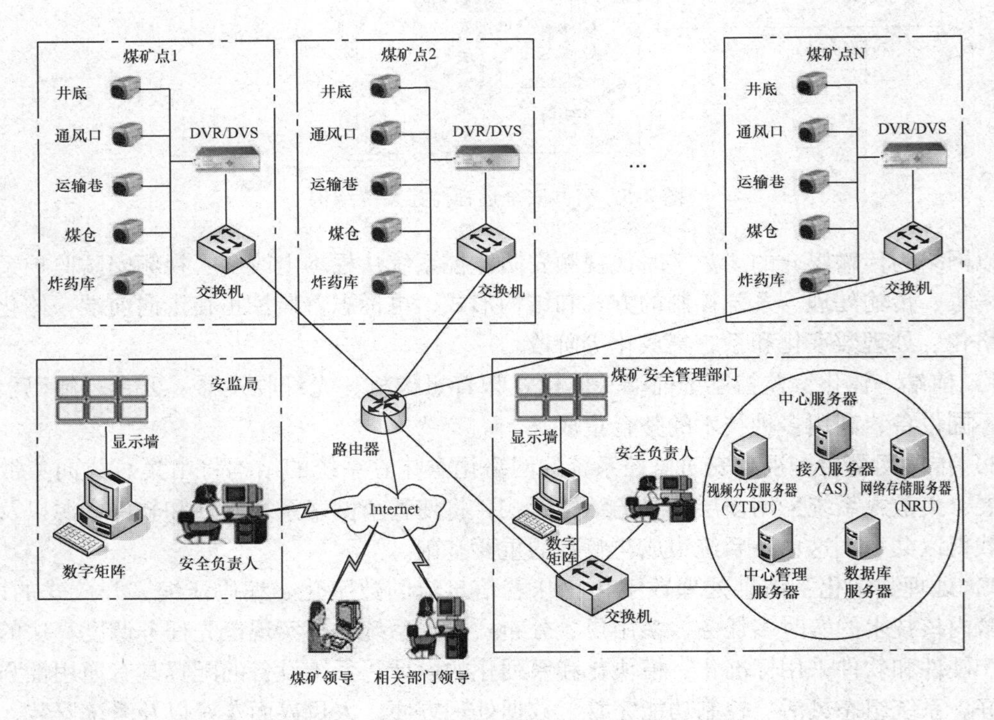

图 2-7 矿山（园区）远程监控系统解决方案

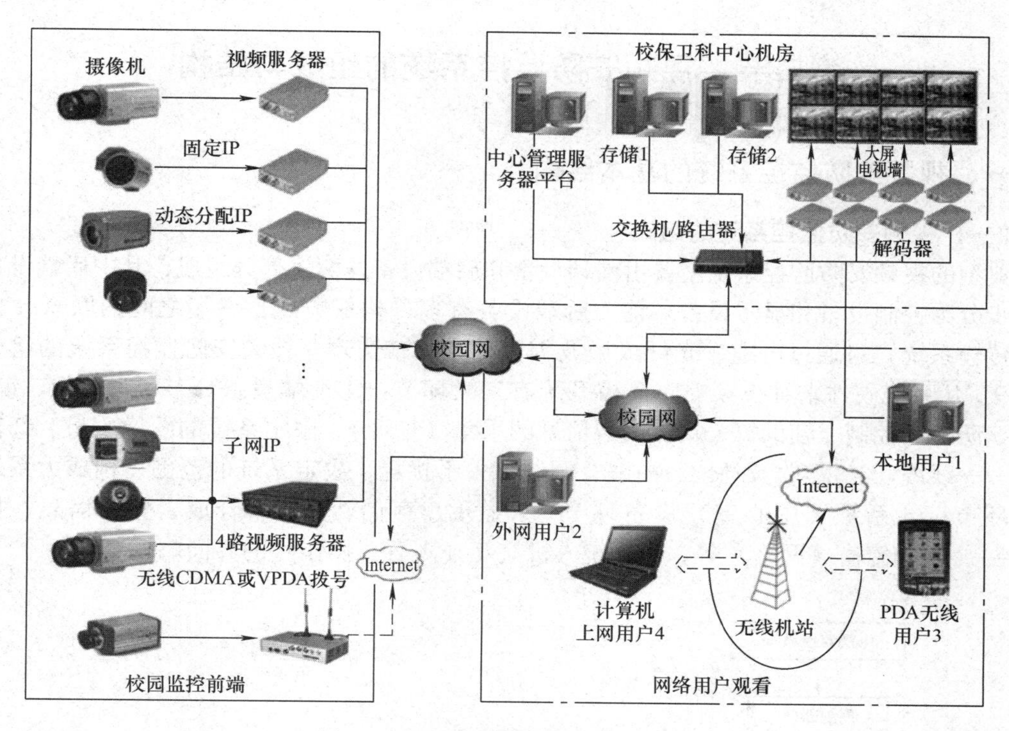

图 2-8　校园远程监控系统解决方案

4）系统集成化：系统集成化正是由于构建系统的各子系统均实现了网络化和数字化，特别是使视频安防监控系统与弱电系统中其他各子系统间实现无缝连接，从而实现了在统一的操作平台上进行管理和控制。

全数字时代视频安防监控系统其传输媒介可以使用无线通信。无线监控比较常用的有：模拟微波视频传输、数字微波视频传输、无线网桥或者采用电信和移动的通信网络 CDMA 和 TD-SCDMA（这种方式价格昂贵，而且图像不实时，每秒也就几帧图像，延时大概有十几秒钟，图像大小约为 352×288），前面两种方式是目前比较常用的。

模拟微波传输就是把视频信号直接调制在微波的信道上（微波发射机，HD-630），通过天线（HD-1300LXB）发射出去，监控中心通过天线接收微波信号，然后再通过微波接收机（RECORD8200）解调出原来的视频信号。如果需要控制云台镜头，就在监控中心加相应的指令控制发射机（HD-2050），监控前端配置相应的指令接收机（HD-2060），这种监控方式图像非常清晰，没有延时，没有压缩损耗，造价便宜，施工安装调试简单，适合一般监控点不是很多，需要中继也不多的情况下使用。

数字微波传输既涉及信号发射端，也涉及信号接收端。发射端先把视频编码压缩（HD-6001D），然后通过数字微波（HD-9500）信道调制，再通过天线发射出去。接收端则相反，天线接收信号，微波解扩，视频解压缩，最后还原模拟的视频信号。也可微波解扩后通过计算机安装相应的解码软件，解压视频。这种方式还支持录像、回放、管理、云镜控制、报警控制等功能。这种监控方式有一些模拟微波不可比的优点，如监控点多、抗干扰能力强等优点，适合监控点比较多的情况下使用。

第二节　视频安防监控系统的组成与结构

一、视频安防监控系统的基本结构

(一) 视频安防监控系统的组成

典型的视频安防监控系统主要由前端设备和后端设备这两大部分组成，其中后端设备可进一步分为控制设备和显示设备。前、后端设备有多种构成方式，它们之间的联系（也可称作传输系统）可通过电缆、光纤或微波等多种方式来实现。视频安防监控系统的组成见图 2-9。从系统硬件来看视频安防监控系统有三大环节：①前端设备环节——摄像、镜头、方位、防护、控制、辅助等，负责图像信息的采集（信源），限定系统的图像质量。②传输环节——线缆、光发/收及补偿、中继、调制、去干扰等，决定系统的范围，构成大系统的关键环节；③系统（中心室）设备环节——显示、存储、分配、合成、叠加信息、控制（遥控）、远程传输（网络）等，是系统人机交互（观看、操作）的界面。

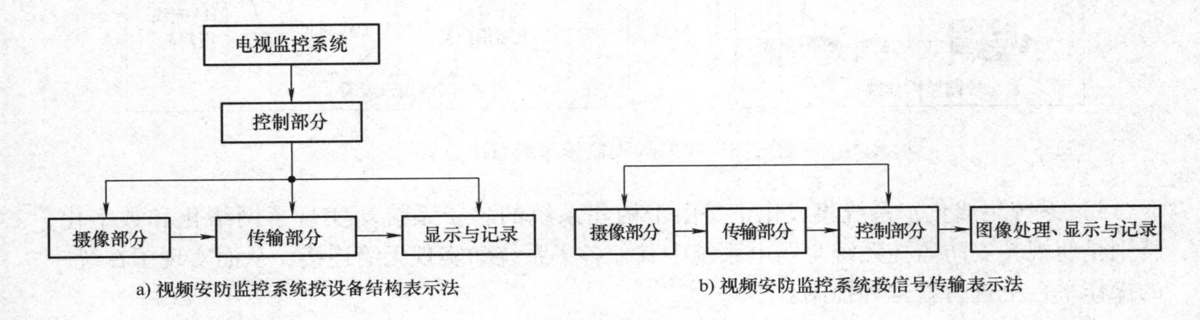

a) 视频安防监控系统按设备结构表示法　　b) 视频安防监控系统按信号传输表示法

图 2-9　视频安防监控系统的组成

1. 摄像部分

摄像部分是视频安防监控系统的前沿部分，是整个系统的“眼睛”。其核心是电视摄像机，它是光电信号转换的主体设备。不同的系统可根据不同的需求选择不同的摄像机及镜头、滤色片等。摄像部分的作用是把系统所监视的目标，转换成监测电信号，再经系统的传输部分送到控制中心进行控制、处理，还原成原来监视的图像信号。在摄像机上加装电动的(可遥控的) 可变焦距（变倍）镜头，使摄像机所能观察的距离更远、更清楚；有时还把摄像机安装在电动云台上，通过控制台的控制，可以使云台带动摄像机进行水平和垂直方向的转动，从而使摄像机能覆盖的角度和面积更大。

2. 传输部分

传输部分就是系统的图像信号通路。其作用是将摄像机输出的视频（有时包括音频）电信号馈送到控制中心或其他监控点。控制中心的控制信号同样通过传输部分送到现场，以控制现场摄像机、镜头、云台和防护罩的工作。一般来说，传输部分的信号主要包括图像信号、声音信号以及对摄像机、镜头、云台、防护罩等进行控制的控制信号。传输的方式有两种：有线传输和无线传输。

（1）有线传输

近距离系统信号的传输一般以基带传输方式直接传送视频图像信号，同时传送对摄像机、镜头、云台和防护罩的控制信号。一些大型、远距离传输的视频安防监控系统，为降低系统传输过程中信号的损耗，通常采用光缆传输。

有线传输组成部分包括以下环节：

1）馈线：馈线分传输馈线及控制馈线两类。传输馈线有同轴电缆、非屏蔽双绞线、光缆等，控制馈线由 KVV 控制电缆传输，也可以用同轴电缆、非屏蔽双绞线。

2）视频电缆补偿器：补偿长距离视频信号传输过程中由于视频电缆结构造成的高频信号衰耗。

3）视频放大器：用于系统干线上，补偿长距离传输过程中的视频信号衰减。

4）中继器、集线器：在数字视频安防监控系统中，用于信号远距离传输和分配。视频安防监控系统工程设计规范中规定：线缆传输中，同轴电缆作为传输模拟视频信号的主要线缆，应合理规划选型。300m 以内的视频信号传输距离，推荐选用 SYV75－5 的同轴电缆。若为内部近距离一般为 30m 内的视频设备间互连，推荐采用 SYV75－3－2 的同轴电缆。更远距离的视频信号传输，一般可以采用 SYV75－7 的同轴电缆，也可采用有源方式传输，如双绞线缆或光缆。在安全防范工程技术规范（GB 50348—2004）中规定：室内距离不超过 500m 时，宜选用外导体内径为 7mm 的同轴电缆，且采用防火的聚氯乙烯外套。

（2）无线传输

无线传输主要用在远距离传输，以及现场环境无法敷设线缆的视频安防监控系统中。远距离传输是将前端的视频信号调制成高频载波，再放大经高频无线天线发送。控制中心用高频接收机接收前端发送机发出的高频电信号，经解调还原成视频电信号。对前端摄像机、镜头、云台和防护罩的控制电信号也被调制成高频载波经天线发送，安装在现场的接收机接收到高频控制电信号后，经解调后去控制现场被控设备。

3. 控制部分

控制部分的作用是在控制中心通过有关设备对系统的现场设备（摄像机、云台、灯光、防护罩等）进行远距离遥控。控制部分是整个系统的“心脏”和“大脑”，是实现整个系统功能的指挥中心。控制部分主要由总控制台（有些系统还设有副控制台）组成。总控制台的主要功能有：视频信号放大与分配、图像信号的校正与补偿、图像信号的切换、图像信号（或包括声音信号）的记录、摄像机及其辅助部件（如镜头、云台、防护罩等）的控制（遥控）等。模拟视频安防监控系统常使用集中控制器控制，数字视频安防监控系统通常使用计算机控制。

4. 图像处理与显示部分

图像处理是指对系统传输的图像信号进行分配、切换、记录、重放、加工和复制等功能。显示部分使用显示器或监视器进行图像显示。

（1）视频控制/切换器

能对多路视频信号进行自动或手动切换，输出相应的视频信号，使一个监视器能监视多台摄像机信号，并根据需要，在输出的视频信号上添加字符、时间等。

（2）显示器、监视器和录像机

模拟视频安防监控系统主要由摄像机、视频矩阵、监视器、录像机等组成，利用视频传输线将来自摄像机的视频连接到监视器上，利用视频矩阵主机，采用键盘进行切换和控制。

显示部分一般由几台或多台监视器（或带视频输入的普通电视机）组成。它的功能是将传送过来的图像一一显示出来。在电视监视系统中，特别是在由多台摄像机组成的视频安防监控系统中，一般都不是一台监视器对应一台摄像机进行显示，而是几台摄像机的图像信号用一台监视器轮流切换显示。视频安防监控系统的结构图见图2-10。

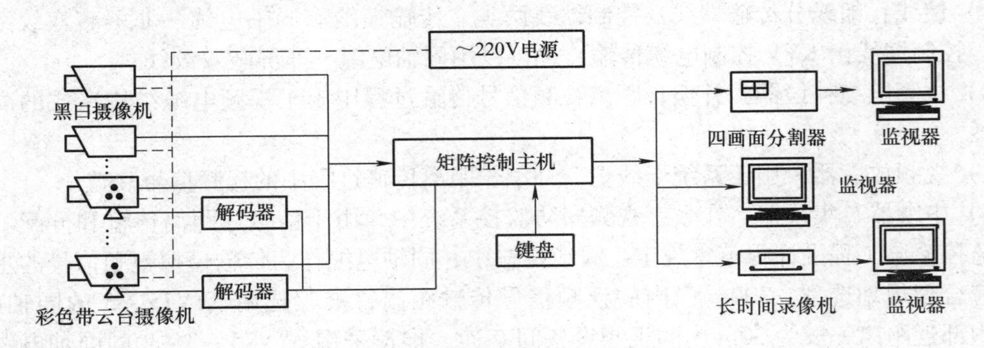

图2-10 视频安防监控系统的结构图

数字视频安防监控系统的远端有若干个摄像机、各种检测和报警探头与数据设备等，主要功能是获取图像信息，并通过各自的传输线路汇接到多媒体监控终端上，然后再通过通信网络，将这些信息传到一个或多个监控中心。监控终端机可以是一台PC，也可以是专用的工业控制计算机。

（二）视频安防监控系统组成方式

1. 摄像机加监视器和录像机的简单系统（单头单尾）

由一台摄像机和一台监视器组成的方式，用在连续监控小范围的一个固定目标场合，见图2-11。

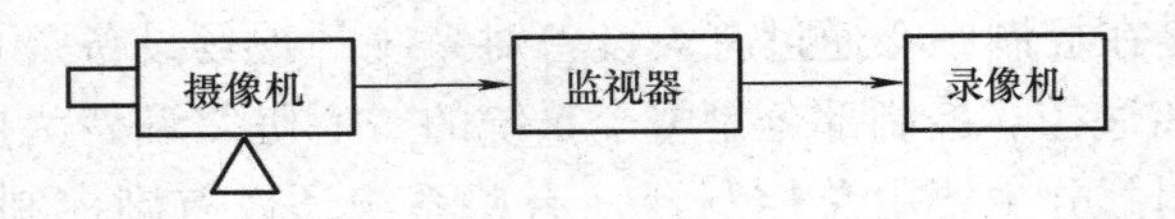

图2-11 一台摄像机和一台监视器组成的方式

根据需要可增加控制器实现一些控制功能，如控制镜头焦距、光圈、云台，远程开关摄像机等，增大被监控范围，见图2-12。

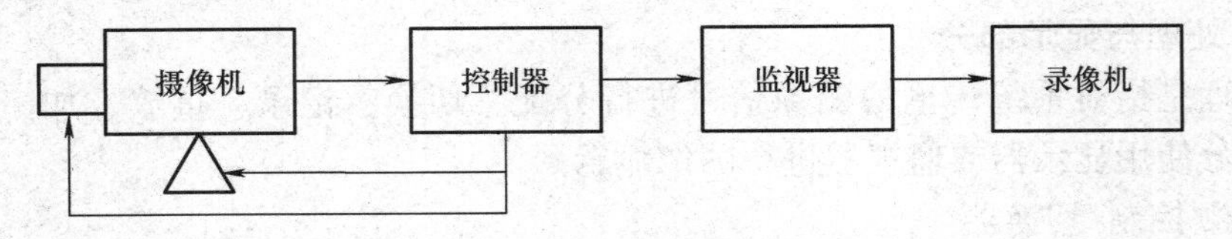

图2-12 一台摄像机和一台控制器与监视器组成的方式

2. 一台摄像机加多台监视录像系统（单头多尾）

如果现场有一台摄像机，且同时需要多台监视器，就采用图2-13所示形式。

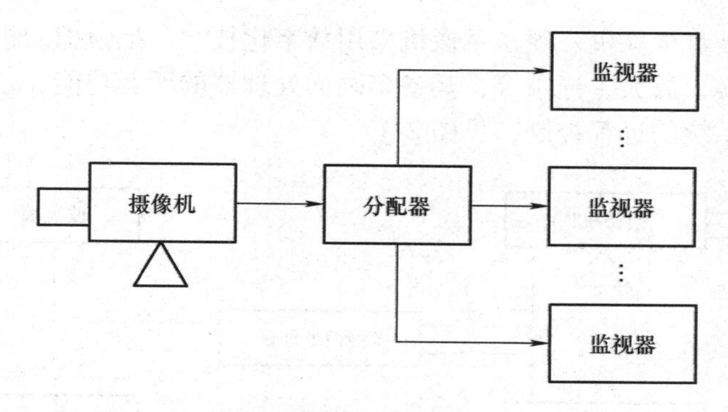

图 2-13　一台摄像机加多台监视器组成的方式

3. 多台摄像机加一台监视器（多头单尾）

在有多台摄像机且需要同时调看现场画面的时候，可以采用多台摄像机加一台监视器的方法，见图 2-14 所示形式。

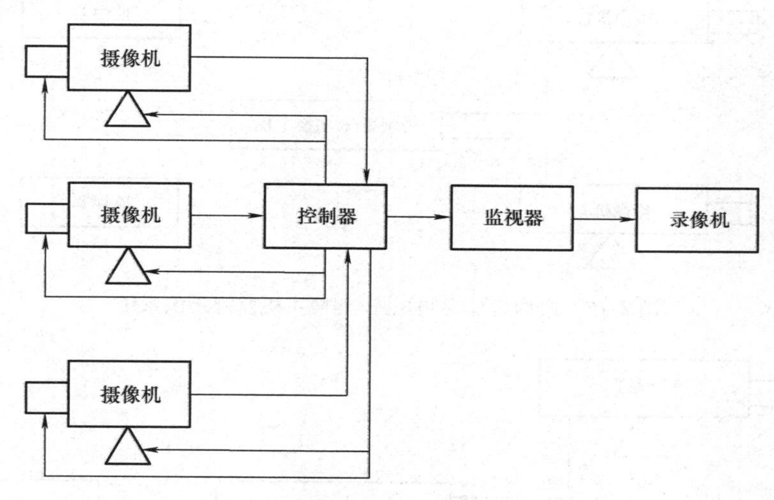

图 2-14　多台摄像机和一台监视器组成的方式

4. 多台摄像机加多台监视器（多头多尾）

在有多台摄像机且需要同时调看多个现场的摄像机画面，则应采用带有视频切换功能的多画面处理器。根据需要通过切换多画面处理器，任何一台摄像机的图像可以输出到任何一台监视器上，并能通过终端录像机实时记录单画面或多画面。

有的多画面处理器还带有报警输入接口，能接受报警探测器发送的报警电信号并联动相应区域的摄像机工作，自动把报警区域的视频图像突现在监视器上，并启动录像机，及时记录下现场图像信息，见图 2-15。

5. 摄像机加视频矩阵/切换主机监视录像系统

如果现场的摄像机不是几台，而是几十台、几百台，而且需要同时调看多个现场的摄像机画面，则需要视频矩阵/切换主机，见图 2-16。

6. 摄像机加硬盘录像监视系统

假如现场有多台摄像机，而且需要同时记录所有摄像机摄取的实时视频图像，则应采用带视频切换功能的硬盘录像机。硬盘录像机采用数字化技术，把模拟的视频图像转换成数字信号后再压缩、切换、放大、记录等，具备多画面处理器的所有功能，还可实现多台硬盘录像机的联网，实现系统的远程控制，见图 2-17。

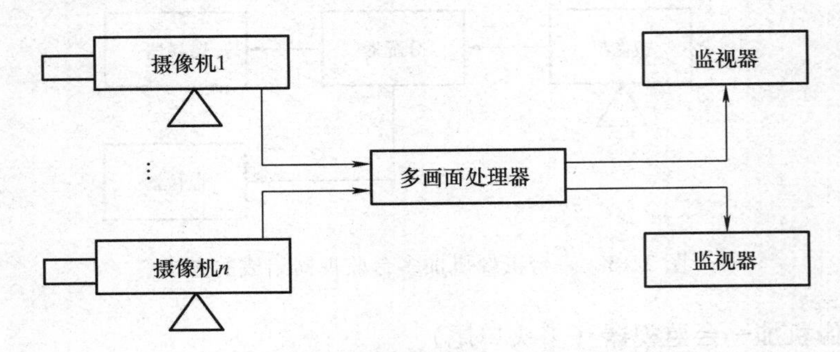

图 2-15 摄像机加多画面处理器监视录像系统

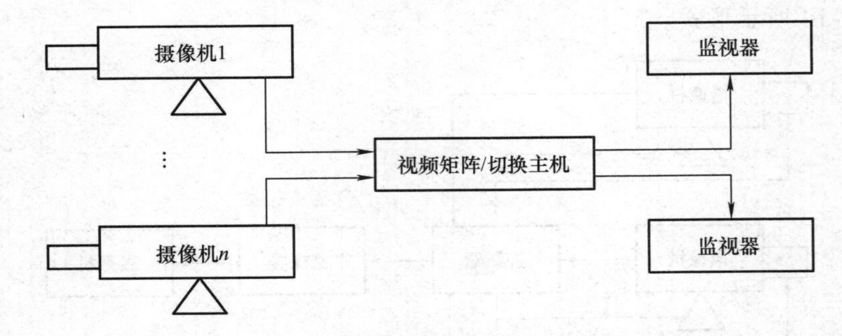

图 2-16 摄像机加视频矩阵/切换主机监视录像系统

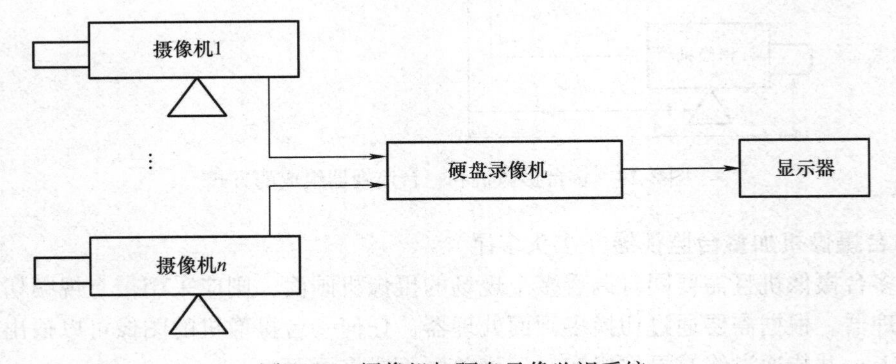

图 2-17 摄像机加硬盘录像监视系统

7. 网络摄像机加视频服务器监视录像系统

网络摄像机是传统摄像机与网络视频技术相结合的新一代产品，除了具备一般传统摄像机所有的图像捕捉功能外，机内还内置了数字化压缩控制器和基于 WEB 的操作系统，使得视频数据经压缩加密后，通过局域网、Internet 或无线网络送至终端用户。而远端用户可在自己的 PC 上使用标准的网络浏览器，根据网络摄像机自带的独立 IP 地址，对网络摄像机进行访问，实时监控目标现场的情况，并可对图像资料实时编辑和存储。另外，还可以通过网络来控制摄像机的云台和镜头，进行全方位地监控，见图 2-18。

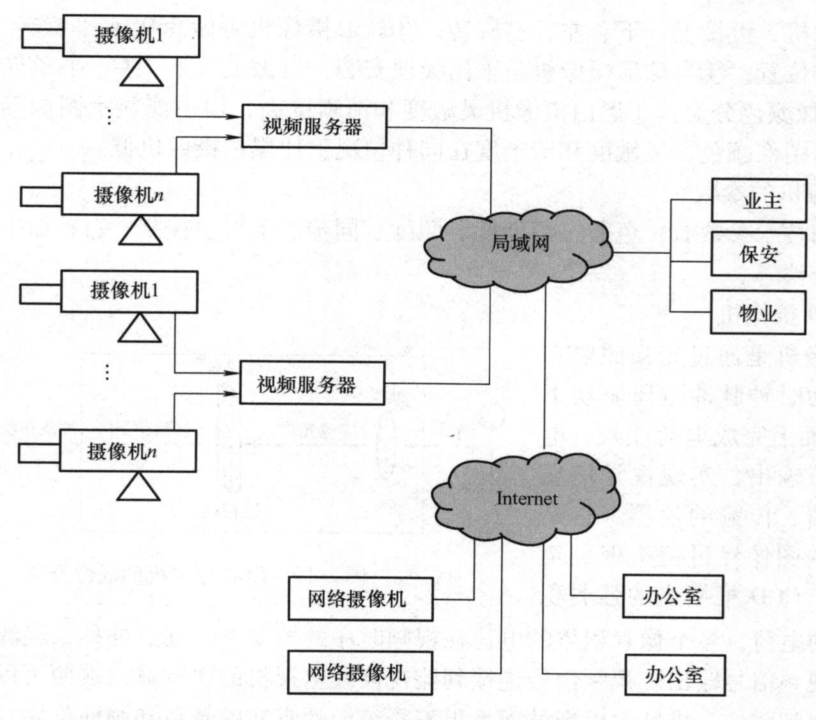

图 2-18　网络摄像机加视频服务器监视录像系统

二、视频安防监控系统的设备与使用方法

（一）前端设备与使用方法

1. 摄像机

摄像部分的主体是摄像机，其功能是观察和收集信息。摄像机的性能及其安装方式是决定系统质量的重要因素。在闭路视频安防监控系统中，摄像机（camera）又称摄像头。严格来说，摄像机是摄像头和镜头的总称，大部分需分开购买，用户根据目标物体的大小和摄像头与物体的距离，通过计算得到镜头的焦距。

（1）摄像机分类

根据摄像机的性能、功能、使用环境、结构和图像颜色等进行分类。

1）按性能分类：①普通摄像机：工作于室内正常照明或室外白天；②暗光摄像机：工作于室内无正常照明的环境里；③微光摄像机：工作于室外月光或星光下；④红外摄像机：工作于室内、室外无照明的场所。

2）按功能分类：①视频报警摄像机：在监视范围内如有目标在移动时，就能向控制器发出报警信号；②广角摄像机：用于监视大范围的场所；③针孔摄像机：用于隐蔽监视局部范围。

3）按使用环境分类：①室内摄像机：摄像机外部无防护装置，对使用环境有要求；②室外摄像机：在摄像机外安装防护罩。内设降温风扇、遮阳罩、加热器、雨刷等。适应室外温、湿度等环境的变化。

4）按结构组成分类：①固定式摄像机用来监视固定目标；②可旋转式摄像机是一种带

旋转云台摄像机，可做上、下、左、右旋转；③球形摄像机可做360°水平旋转，90°垂直旋转，预置旋转位置；④半球形摄像机是采用吸顶安装，可做上、下、左、右旋转。

5）按图像颜色分类：①黑白摄像机灵敏度和清晰度高，但不能显示图像颜色；②彩色摄像机能显示图像颜色，灵敏度和清晰度在同种情况下比黑白摄像机低。

（2）摄像机的参数

摄像机的技术参数有：色彩、清晰度、照度、同步、动增益控制、自动白平衡、电子亮度控制、光补偿等。

（3）CCD 摄像机

CCD 摄像机是通过光强照射在加有外加驱动时钟脉冲电压驱动下的 CCD 光敏面上完成电荷注入、电荷转移、电荷输出，实现视觉信息的获取、保留、传输的仪器。它是将被摄物体的图像经过镜头聚焦至 CCD 芯片上，CCD 根据光的强弱积累相应比例的电荷，各个像素积累的电荷在视频时序的控制下，逐点外移，经滤波、放大处理后，形成视频信号输出。视频信号连接到监视器或电视机的视频输入端便可以看到与原始图像相同的视频图像。借助它可把外面世界五彩缤纷的真实的景色和画面传输并呈现在人们面前的电视机屏幕上，见图 2-19。甚至可以由装在卫星上的 CCD 摄像机并借助无线电传播方式看到遥远的外层宇宙空间天体和外星球表面的情况。

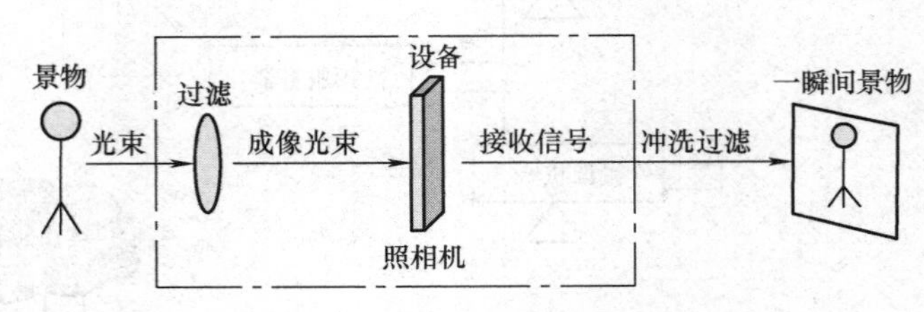

图 2-19 CCD 摄像机的成像方法

随着科学技术的不断进步和发展，目前，根据不同用途分成线阵 CCD 和面阵 CCD 摄像机两类；根据不同的需要又分为黑白和彩色两种。根据光波的波段可分为紫外、可见和红外 CCD 摄像机等。与传统的光电测控器相比，CCD 摄像机有一系列的优点：体积小、重量轻、分辨率高、耗电量小、寿命长，又有不怕强光直照、不怕振动和冲击、可靠性强等特点，所以 CCD 摄像机应用领域极其广泛，涉及航天航空、卫星侦察、军事、保安监控、天文观测、通信、交通、机械电子、计算机、机器人视觉、广播、电影电视、医学窥镜、显微手术、远程会诊以及人们工作生活的各个方面。

（4）CCD 摄像机的结构

整套 CCD 摄像机由 CCD 电荷耦合器、镜头、控制电路、自动光圈驱动电路、电源等组成。CCD 摄像机的结构见图 2-20。

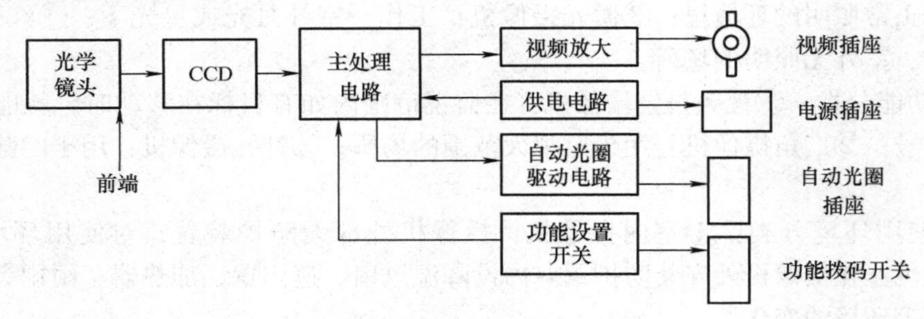

图 2-20 CCD 摄像机的结构

主机包括五部分：摄像头、视频信号处理单元、同步信号发生器、编码器和供电系统。

1）摄像头：内部光学系统、摄像器件、预放电路和电子快门。①内部光学系统：色温滤色镜和分光系统组成。②摄像器件：摄像管或 CCD。CCD 的尺寸一般有 2/3 英寸和 1/2 英寸两种。③预放电路：要求放大信号噪声低、增益高（90dB）、频带宽。④电子快门：用于室外高亮度情况下拍摄快速运动的物体。有的摄像机还具有清晰度扫描开关，用于拍摄计算机屏幕。（如 DXC-537 摄像机）

2）视频信号处理单元：包括各种电子补偿、电子校正电路和调整、控制电路。如黑斑校正、孔阑校正、彩色校正、杂散光校正、γ 校正、黑白切割、电缆补偿等以及光圈自动调整、黑白平衡调整、黑电平调整、重合调整、增益控制等。

3）同步信号发生器：产生一个同步信号，保证整个系统同步工作。摄像机需要的同步信号可由内部同步信号发生器供给，也可用外部输入的同步信号或用一个外同步信号来控制该机的内同步信号，因而摄像机的同步有内同步、外同步或同步锁相三种不同方式。

4）编码器：将红绿蓝三种信号编码成彩色全电视信号，以适用于传输和适应与黑白电视相兼容的需要。三种不同的彩色电视 PAL、NTSC、SECAM 各有其不同的编码器，到达接收机后使用相应的解码器还原出三基色图像。输出信号的方式：VIDEO OUT；Y/C；RGB；Y、B－Y、R－Y。

5）供电系统：输入到摄像机中的电源都是 12V 直流电，而摄像机中各个部件所需电压不尽相同，因此，摄像机中都有一套供电系统，负责把 12V 电压转换成其他各种不同的电压，以供不同之需。

（5）摄像机评价和主要技术指标

1）摄像机的基本评价

①功能：AGC、白平衡、EI、背景补偿、自动转换等；②性能：主要技术指标和 CCD 的规格（成像面、像素、型号）；③与外设的接口：镜头接口、自动光圈输出、PC 接口、适应电源等；④环境适应性：对气候环境及防护设备的要求；⑤其他功能：一体机、自动转换等；⑥价格：经济的因素也是很重要的。

2）摄像机的主要技术指标：分辨率、灰度鉴别等级、信噪比（S/N）、灵敏度、动态范围、几何失真、色彩还原性等。

（6）视频安防监控系统常用的摄像机类型

视频安防监控系统要求摄像机在各种环境条件（公开、隐蔽、光照、气候），特别是非正常条件下均能获得良好的图像，主要解决低照度和大动态范围条件下的图像获取。通常从提高摄像器件性能、改变信息获取方法、人为制造适用环境等方面对通用摄像机加以改造，形成了具有安全监控特点的安防摄像机：高灵敏度摄像机、黑白/彩色自动转换机、主动红外摄像机、宽动态摄像机、远红外摄像机、微光摄像机。

2. 摄像机的镜头

摄像机镜头是摄像机的最关键设备，它的质量（指标）优劣直接影响摄像机的整机指标，因此，摄像机镜头的选择是否恰当既关系到系统质量，又关系到工程造价。

镜头相当于人眼的晶状体，如果没有晶状体，人眼看不到任何物体；如果没有镜头，那么摄像头所输出的图像就是白茫茫的一片，没有清晰的图像输出，这与家用摄像机和照相机的原理是一致的。当人眼的肌肉无法将晶状体拉伸至正常位置时，也就是人们常说的近视眼，眼前的景物就变得模糊不清；摄像头与镜头的配合也有类似现象，当图像变得不清楚时，可以调整摄像头的后焦点，改变 CCD 芯片与镜头基准面的距离（相当于调整人眼晶状体的位置），可以将模糊的图像变得清晰。由此可见，镜头在闭路监控系统中的作用是非常重要的。工程设计人员和施工人员都要经常与镜头打交道：设计人员要根据物距、成像大小计算镜头焦距，施工人员经常进行现场调试，其中一部分就是把镜头调整到最佳状态。其中镜头将景物成像在焦平面（摄像器件的成像面）是摄像光电转换的前提，因此也是摄像机最重要的外围设备。

3. 云台控制器

摄像机云台是一种安装在摄像机支撑物上的工作台，用于摄像机与支撑物的联结，云台可以水平和垂直运动，使摄像机能够以支撑点为中心，在垂直和水平两个方向的一定角度之内自由活动。这个在支撑点上能够固定摄像机并带动它做自由转动的机械结构就称为云台。云台内部两个电动机的工作原理完全相同，将电动机两公共端相连引出至接线端子，将两电动机其余引线引出至接线端子。电源采用交流 220V/24V，将电源一端与公共端相连，另一端分出多个接头与云台接线端子一一对应，并且受控于解码器。

（1）云台的分类

云台按照运动功能分为水平云台和全方位（全向）云台。按使用环境分为室内型和室外型，主要区别是室外型密封性能好、防水、防尘、负载大。按安装方式分为侧装和吊装，即把云台安装在天花板上还是安装在墙壁上。按外形分为普通型和球型，球型云台是把云台安置在一个半球形或球形防护罩中，除了防止灰尘干扰图像外，还隐蔽、美观、快速。按照工作电压分为交流定速云台和直流高变速云台。按照承载重量分为轻载云台、中载云台和重载云台。按照负载安装方式分为顶装云台和侧装云台。根据使用环境分为通用型和特殊型，通用型是指使用在无可燃、无腐蚀性气体或粉尘的大气环境中，又可分为室内型和室外型。最典型的特殊型应用是防爆云台。

（2）云台的内部结构

全方位云台内部有两个电动机，分别负责云台的上下和左右各方向的转动。其工作电压的不同也决定了该云台的整体工作电压，一般有交流 24V、交流 220V 及直流 24V。当接到上、下动作电压时，垂直电动机转动，经减速箱带动垂直传动轮盘转动；当接到左、右动作电压时，水平电动机转动并经减速箱带动云台底部的水平齿轮盘转动。

云台都有水平、垂直的限位栓，分别由两个微动开关实现限位功能。当转动角度达到预先设定的限位栓时，微动开关动作切断电源，云台停止转动。限位装置可以位于云台外部，调整过程简单，也可以位于云台内部，通过外设的调整机构进行调整，调整过程相对复杂。但外置限位装置的云台密封性不如内置限位装置的云台。

室外云台与室内云台大体一致，只是由于室外防护罩重量较大，使云台的载重能力必须加大。同时，室外环境的冷热变化大，易遭到雨水或潮湿环境的侵蚀。因此室外云台一般都设计成密封防雨型。另外，室外云台还具有高转矩和限流保护电路以防止云台冻结时强行起动而烧毁电动机。在低温的恶劣条件下还可以在云台内部加装温控型加热器。

（3）通用型云台的性能指标

1）云台的转动速度：云台的转动速度是衡量云台档次高低的重要指标。云台水平和垂直方向是由两个不同的电动机驱动的，因此云台的转动速度也分为水平转速和垂直转速。由于载重的原因，垂直电动机在起动和运行保持时的扭矩大于水平方向的扭矩，再加上实际监控时对水平转速的要求要高于垂直转速，因此一般来说云台的垂直转速要低于水平转速。

交流云台使用的是交流电动机，转速固定，一般为水平转速为4°/s～6°/s，垂直转速为3°/s～6°/s。有的厂家也生产交流型高速云台，可以达到水平15°/s，垂直9°/s，但同一系列云台的高速型载重量会相应降低。

直流型云台大都采用的是直流步进电动机，具有转速高、可变速的优点，十分适合需要快速捕捉目标的场合。其水平最高转速可达40°/s～50°/s，垂直可达10°/s～24°/s。另外直流型云台都具有变速功能，所提供的电压是直流0～36V的变化电压。变速的效果由控制系统和解码器的性能决定，以使云台电动机根据输入的电压大小做相应速度的转动。常见的变速控制方式有两种，一种是全变速控制，就是通过检测操作员对键盘操纵杆控制的位移量决定对云台的输入电压，全变速控制是在云台变速范围内实现平缓的变速过渡。另外一种是分档递进式控制，就是在云台变速范围内设置若干档，各档对应不同的电压（转速），操作前必须先选择所需转动的速度档，再对云台进行各方向的转动操作。

2）云台的转动角度：云台的转动角度尤其是垂直转动角度与负载（防护罩/摄像机/镜头总成）的安装方式有很大关系。云台的水平转动角度一般都能达到355°，因为限位栓会占用一定的角度，但会出现少许的监控死角。当前的云台都改进了限位装置使其可以达到360°甚至365°（有5°的覆盖角度），以消除监控死角。用户使用时可以根据现场的实际情况进行限位设置。例如安装在墙壁上的壁装式，即使云台具有360°的转动角度，实际上只需要监视云台正面的180°角度，即使转动到后面方向的180°也只能看到安装面（墙壁），没有实际的监控意义。因此壁装式只需要监视水平180°的范围，角装式只需监视270°的范围。这样避免云台过多地转动到无需监控的位置，也提供了云台的使用效率。

顶装式云台的垂直转动角度一般为+30°～－90°，侧装的垂直转动角度可以达到±180°，不过正常使用时垂直转动角度在+20°～－90°即可。

3）云台的载重量：云台的载重量是指垂直方向承受的最大负载能力。摄像机的重心（包括防护罩）到云台工作面距离为50mm，该重心必须通过云台回转中心，并且与云台工作面垂直，这个中心即为云台的最大负载点，云台的承载能力是以此点作为设计计算的基准。如果负载位置安装不当，重心偏离回转中心，增大了负载力矩，实际的载重量将小于最大负载量的设计值。因此云台垂直转动角度越大，重心偏离也越大，相应的载重量就越小。

云台的载重量是选用云台的关键，如果云台载重量小于实际负载的重量不仅会使操作功能下降，而且云台的电动机、齿轮也会因长时间超负荷而损坏。云台的实际载重量从3～50kg不等，同一系列的云台产品，侧装时的承载能力要大于顶装，高速型的承载能力要小于普通型。

4）回差：也称为齿轮间隙，是考察云台转动精度的重要指标。

5）云台的可靠性：一般以平均故障（间隔）时间、平均修理时间、平均无故障时间及为动开关的极限次数等指标衡量。

随着遥控设备的发展，电动式云台得到了广泛的应用。电动式云台的机械转动部分受到两个伺服电动机及传动机械的推动，当伺服电动机转动时。通过传动机械驱动云台在一定角度范围内转动，安装在云台上的电视摄像机也随之做上下左右的转动。云台的转动速度取决于伺服电动机的转速及传动机械的传动比。而云台的转动方向及转动角度可由不同控制信号加以控制。对电动云台的遥控，可以采用电缆传输的有线控制方式，也可以用无线控制方式，必要时也可以使用自动跟踪云台。

云台根据其回转的特点可分为只能左右旋转的水平旋转云台和既能左右旋转又能上下旋转的全方位云台。一般来说，水平旋转角度为0°~350°，垂直旋转角度为+90°。恒速云台的水平旋转速度一般在3°/s~10°/s，垂直速度为4°/s左右。变速云台的水平旋转速度一般在0°/s~32°/s，垂直旋转速度在0°/s~16°/s左右。在一些高速摄像系统中，云台的水平旋转速度高达480°/s以上，垂直旋转速度在120°/s以上。

摄像机云台的使用环境指标：室内使用的云台的要求不高，云台的使用环境的各项指标主要针对室外使用的云台。其中包括使用环境温度限制、湿度限制、防尘防水的IP防护等级。一般室外环境使用的云台温度范围为-20℃~+60℃，如果使用在更低温度的环境下，可以在云台内部加装温控型加热器使温度下限达-40℃或更低。湿度指标一般为95%不凝结。防尘防水的IP等级应达到IP66以上。IP防护等级的高低反映了设备的密封程度，主要指防尘和防止液体的侵入，它是一种国际标准，符合1997年的BS5490标准和1976年的IECS529标准。IP后的第一个数值表示抗固体的密封保护程度，第二位表示抗液体保护程度，第三位表示抗机械冲击碰撞。

4. 解码器

解码器是与监控系统配套使用的一种重要前段控制设备。在主机的控制下，可使前端设备产生相应的动作。国外称其为接收器/驱动器或遥控设备，是为可控设备提供驱动电源或为可控设备提供相应的电源接口（包括~220V/24V，-12V）。并与控制设备如矩阵进行通信。

通常，解码器可以控制云台的上、下、左、右旋转，控制变焦镜头的变焦、聚焦，并对光圈以及防护罩雨刷器、摄像机电源、灯光等设备的控制；还可以提供若干个辅助功能开关，以满足不同用户的实际需要。完成的控制动作有：①前端摄像机的电源开关控制；②云台左右、上下旋转运动控制；③云台快速定位；④镜头光圈变焦变倍、焦距调准；⑤摄像机防护装置（雨刷、除霜、加热）控制。高档次的解码器还带有预置位和巡游功能。同时可将后端控制器输出的控制信息转化为前端设备的实际动作。

按照云台供电电压分为交流解码器和直流解码器。交流解码器为交流云台提供交流230V或24V电压驱动云台转动；直流解码器为直流云台提供直流12V或24V电源，如果云台是变速控制的还要要求直流解码器为云台提供0~33V或36V直流电压信号，来控制直流云台的变速转动。

按照通信方式分为单向通信解码器和双向通信解码器。单向通信解码器只接收来自控制器的通信信号并将其翻译为对应动作的电压/电流信号驱动前端设备；双向通信的解码器除了具有单向通信解码器的性能外还向控制器发送通信信号，因此可以实时将解码器的工作状态传送给控制器进行分析，另外可以将报警探测器等前端设备信号直接输入到解码器中由双向通信来传送现场的报警探测信号，减少线缆的使用。

按照通信信号的传输方式可分为同轴传输和双绞线传输。一般的解码器都支持双绞线传输的通信信号，而有些解码器还支持或同时支持同轴电缆传输方式，也就是将通信信号经过调制与视频信号以不同的频率共同传输在同一条视频电缆上。

每台摄像机图像需经过单独的同轴电缆传送到切换与控制主机中，以达到对镜头和云台的控制。除近距离和小系统采用多芯电缆作直接控制外，一般由主机通过总线方式（通常是双绞线）先送到称之为解码器的装置，由解码器先对总线信号进行译码，即确定对哪台摄像单元执行何种控制动作，再经电子电路功率放大，驱动指定云台和镜头做相应动作使用通用的 RS485 通信接口，兼容多种常用的控制协议，自带 120Ω 匹配电阻。云台解码器地址采用二进制。

（二）传输设备与传输方法

在监控系统中，监控图像的传输是整个系统的一个至关重要的环节，选择何种介质和设备传送图像和其他控制信号将直接关系到监控系统的质量和可靠性。

传输设备由视频同轴电缆、光纤、平衡电缆、电源线、控制线、信号放大设备等组成，用于将前端信号传至后端，并为前端摄像机和解码器提供电源和控制信号。一般根据视频安防监控系统的规模大小、覆盖面积、信号传输距离、信息容量、对系统的功能及质量指标等不同要求以及传输信号的种类可以采用不同的传输方式。由于图像信号的信息量大，带宽宽，监视时直观性强，因此传输的重点就是视频图像信号的传输。

1. 同轴电缆传输

模拟视频安防监控系统一般多指中短距离的中小型系统，几乎都采用同轴电缆传输视频图像信号。视频基带是指视频信号本身的频带宽度（0～6MHz）。将视频信号采用调幅或调频的方式调制到高频载波上，然后通过电缆传输，在终端接收后再解调出视频信号，这种方式称为调制传输方式，它可以较好地抑制基带传输方式中常有的各种干扰，并可实现一根电缆传送多路视频信号。但是在实际的监控系统中，由于摄像机布置地点比较分散，并不能发挥频分复用的优势，而且增加的调制、解调设备还会增加系统成本，因此在传输距离不远的情况下，仍然以基带传输为主。而高频传输方式大多出现在有线电视系统中，见图 2-21。

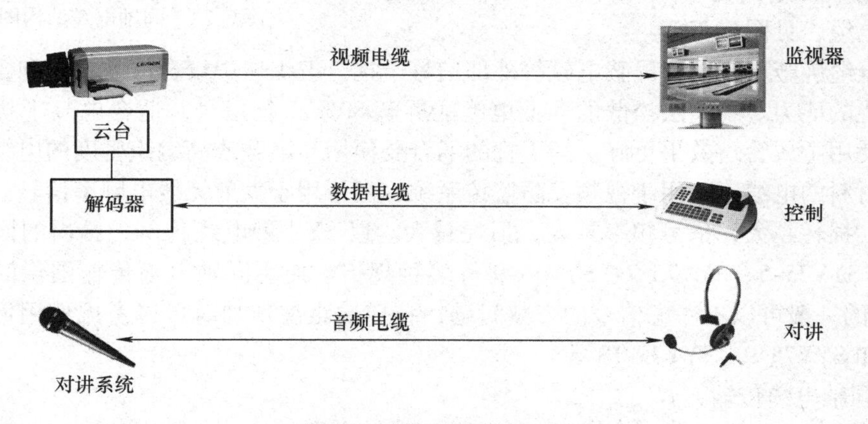

图 2-21　同轴电缆传输方式

在视频安防监控系统中，需要传输的信号主要有两种：一个是视频信号，另一个是控制信号。其中视频信号的流向是从前端的摄像机流向控制中心；而控制信号则是从控制中心流向前端的摄像机（包括镜头）、云台等受控对象。流向前端的控制信号，一般是通过设置在前端的解码器解码后再去控制摄像机和云台等受控对象。同轴视控传输技术是利用一根视频电缆便可同时传输来自摄像机的视频信号以及对云台、镜头的控制信号，这种传输方式节省材料和成本、施工方便、维修简单化，在系统扩展和改造时更具灵活性。同轴视控技术实现方法有两种：

第一种是采用频率分割，即把控制信号调制在与视频信号不同的频率范围内，然后同视频信号复合在一起传送，再在现场做解调将两者区分开。由于采用频率分割技术，为了完全分割两个不同的频率，需要使用带通滤波器、带通陷波器和低通滤波器、低通陷波器，这样就影响了视频信号的传输效果。由于需将控制信号调制在视频信号频率的上方，频率越高，衰减越大，这样传输距离受到限制。常用方法是采用双调制的方式，将视频信号和控制信号调制在不同的频率点，再在前、后端解调。

第二种是利用视频信号场消隐期间来传送控制信号，类似于电视图文传送。将控制信号直接插入视频信号的消隐期，视频信号中的消隐期部分在监视器上不显示，故对图像显示不会产生干扰，不影响图像的传输质量，通过前端视频信号的预放大和接收端信号的加权放大，可以大大延伸视频信号的传输距离，如采用 75-5 的视频电缆，实现 2000m，75-7 电缆实现 3500m，75-9 电缆实现 5000m 的视频传输和反向控制。

（1）同轴电缆

同轴电缆是由两个同轴布置的导体组成，传输的信号完全封闭在外导体内部，从而具有高频损耗低、屏蔽及抗干扰能力强、使用频带宽等显著特点。同轴电缆从外至内结构为铜单线多根铜线绞合的内导体、绝缘介质、软铜线或镀锡丝编织层和聚氯乙烯护套。同轴电缆的特性阻有 50Ω 和 75Ω 等。主要型号有 SYV 型，其绝缘层为实心聚乙烯；SBYFV 型，其绝缘层为泡沫聚乙烯；SYK 型，其绝缘层为聚乙烯耦芯。视频安防监控系统中常用的是 SYV 和 SBYFV 型 75Ω 阻抗的同轴电缆，见图 2-22。

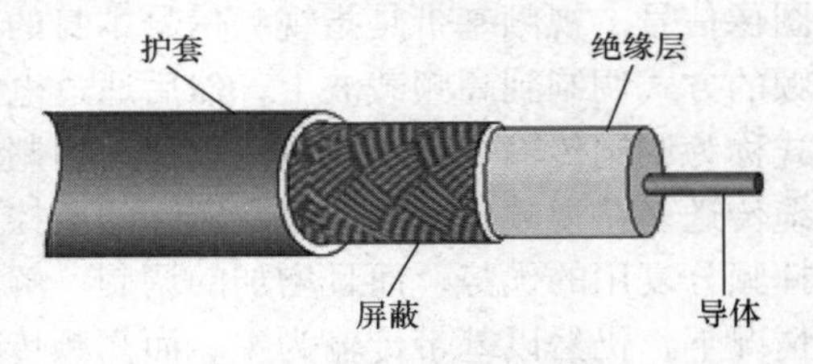

图 2-22　同轴电缆结构图

同轴电缆屏蔽层铜网能屏蔽电磁等外部信号干扰，编织层中绞合线的多少和含铜量决定了其抗干扰的能力。编织层松散的商业电缆能屏蔽 80% 干扰信号，适合电气干扰较低的场合，如果使用金属管道效果更好。高干扰的场合要使用高屏蔽或高编织密度的电缆。铝箔屏蔽或包箔材料的电缆不适用于视频安防监控系统，但可用于发射无线电频率信号。同轴电缆越细越长，损耗越大，信号频率越高，损耗越大。以 SYV 型电缆为例，国内的同轴电缆有 SYV75-3、SYV75-5、SYV75-7、SYV75-9 等多种规格。使用同轴电缆传输图像时，距离在 300m 以下的一般可以不考虑信号的衰减问题，在传输距离增加时可以考虑使用低损耗的同轴电缆，如 SYV75-9、SYV75-18 等。

（2）同轴电缆传输方式

1）通过同轴电缆传输视频基带信号：视频基带信号也就是通常讲的视频信号，它的带宽是 0～6MHz，一般来讲，信号频率越高衰减越大，设计时只需考虑保证高频信号的幅度就能满足系统的要求，视频信号在 5.8MHz 的衰减如下：SYV75-3 96 编国标视频电缆衰减 30dB/1000m，SYV75-5 96 编国标视频电缆衰减 19dB/1000m，SYV75-7 96 编国标视频电缆衰减 13dB/1000m。如对图像质量要求很高，周围无干扰的情况下，75-3 电缆只能传输 100m，75-5 传输 160m，75-7 传输 230m；实际应用中，存在一些不确定的因素，如选择的摄像机不同、周围环境的干扰等，一般来讲，75-3 电缆可以传输 150m、75-5 可以传输 300m、75-7 可以传输 500m；对于传输更远距离，可以采用视频放大器（视频恢复器）等设备，对信号进行放大和补偿，可以传输 2～3km；另外，通过一根同轴电缆还可以实现视频信号和控制信号的共同传输，即同轴视控传输技术。

2）通过同轴电缆传输射频信号：视频信号是指将视频信号调制到一定的频率上进行传输，也就是采用有线电视的传输方式，通常所讲的“一线通”、“共缆传输”、“宽频传输”等就是采用的此技术。

采用该技术特别适合于监控点较多和相对集中、距离较远的系统，采用该系统的优点是布线简单，抗干扰能力强，但调试相对麻烦，因为是一根电缆传输多路信号，而且有的还要经过放大器放大，如果调试不好就会产生相互干扰（交调）；另外，可靠性相对于光缆、视频电缆稍差，因为共缆系统是以串联为主，接头多，特别是靠近机房的部分，如果出问题将影响前面所有的信号（视频直传方案是一对一，一根电缆出问题只会影响一路信号）。

（3）电缆补偿器

电缆补偿器又称为电缆均衡器，通过电缆校正电路来进行高频特性的补偿，以使信号传输通道的总频率特性基本上是平坦的。电路主要由 RC 电路组成，每一组 RC 串联电路都有一个中心频率，将电缆衰减曲线分成几段，对应于各段都用一组 RC 电路进行补偿。一般加入一级补偿器可以使传输线路延长 500m，对于不同规格的电缆适当增加电缆补偿器可使有效传输距离增至 2km 左右。

（4）同轴电缆基带传输易出现的干扰

基带传输的一个缺点就是抗干扰能力差，同轴电缆的屏蔽层对频率越低的电磁波的屏蔽作用越差，因此易受到广播干扰和低频电磁波的干扰。抑制广播干扰的最好办法是电缆埋地铺设，或采用铅包电缆，也可以采用具有外屏蔽层的对称平衡电缆作为传输线。当只能采用同轴传输时，应使电缆线屏蔽层单端接地，同时在接收端设置对称输入的电缆补偿器。低频干扰主要是指 50Hz 工频干扰。这种干扰使图像产生水平黑色滚条，严重时使图像无法观看并失步。形成 50Hz 干扰的主要原因是地电位差。在用电设备多、设备功率大的地方会因三相不平衡或接地方式不同而形成较大的地电流，这个电流通过具有地电阻的大地时就会在两地之间形成电压降，如果电缆两端接地，就会通过信号源内阻在电缆上形成电流，产生干扰。抑制这种干扰的办法是将同轴电缆由内部导体环绕绝缘层以及绝缘层外的金属屏蔽网和最外层的护套组成，内导线和圆柱导体及外界之间用绝缘材料隔开。这种结构的金属屏蔽网可防止中心导体向外辐射电磁场，也可用来防止外界电磁场干扰中心导体的信号。

2. 双绞线传输方式

利用双绞线传输视频信号是近几年才兴起的技术，所谓的双绞线一般是指超五类网线，采用该技术与传统的同轴电缆传输相比，其优势越来越明显。双绞线传输装置主要有发送中继器和接收中继器组成，可以将图像传输到 1～2km。

双绞线电缆（下称双绞线）是将一对或一对以上的双绞线封装在一个绝缘外套中而形成的一种传输介质，是目前局域网最常用到的一种布线材料。为了降低信号的干扰程度，电缆中的每一对双绞线一般是由两根绝缘铜导线相互扭绕而成，双绞线也因此得名。双绞线一般用于星型网的布线连接，最大网线长度为 100m，如果要加大网络的范围，在两段双绞线之间可安装中继器，最多可安装 4 个中继器，如安装 4 个中继器连 5 个网段，最大传输范围可达 500m。

目前，局域网中常用到的双绞线一般都是非屏蔽的五类4对（即8根导线）的电缆线。这些双绞线的传输速率都能达到100Mbit/s。

双绞线传输方式具有以下优点：

1）传输距离远、传输质量高：双绞线收发器中采用了先进的处理技术，极好地补偿了双绞线对视频信号幅度的衰减以及不同频率间的衰减差，保持了原始图像的亮度、色彩以及实时性，在传输距离达到1km或更远时，图像信号基本无失真。由于将视频信号进行了放大提升，传输距离可以达到1500m，有些厂家的产品可以保证900m内达到与现场一样的效果。

2）布线方便、线缆利用率高：一对普通电话线就可以用来传送视频信号。另外，建筑物内广泛铺设的五类非屏蔽双绞线中任取一对就可以传送一路视频信号，无需另外布线。即使是重新布线，五类缆也比同轴缆容易施工，为工程应用带来极大的方便。一根普通超五类网线，内有4对双绞线，可以同时传输4路视频信号或3路视频信号和1路控制信号。此外，一根五类缆内有4对双绞线，如果使用一对线传送视频信号，另外的几对线还可以用来传输音频信号、控制信号、供电电源或其他信号，提高了线缆利用率，同时避免了各种信号单独布线带来的麻烦，减少了工程造价。

3）抗干扰能力强：双绞线能有效抑制共模干扰，即使在强干扰环境下，双绞线也能传送极好的图像信号。而且使用一根缆内的几对双绞线分别传送不同的信号，相互之间不会发生干扰。双绞线传输采用差分传输方法，其抗干扰能力大于同轴电缆。

4）可靠性高、使用方便：利用双绞线传输视频信号，在前端要接入专用发射机，在控制中心要接入专用接收机。这种双绞线传输设备价格便宜，使用起来也很简单，无需专业知识，也无太多的操作，一次安装，长期稳定工作。

5）价格便宜，取材方便：由于使用的是目前广泛使用的普通五类非屏蔽电缆或普通电话线，购买容易，而且价格也很便宜。

3. 光缆传输方式

当需要长距离传输视频及控制信号时，采用光缆传输。传输距离在几十千米内无需加中继器。用光缆代替同轴电缆进行视频信号的传输，给视频安防监控系统增加了高质量、远距离传输的有利条件。其传输特性和多功能是同轴电缆线所无法比拟的。先进的传输手段、稳定的性能、高的可靠性和多功能的信息交换网络还可为以后的信息高速传输奠定良好的基础。视频信号光缆传输示意图见图2-23。

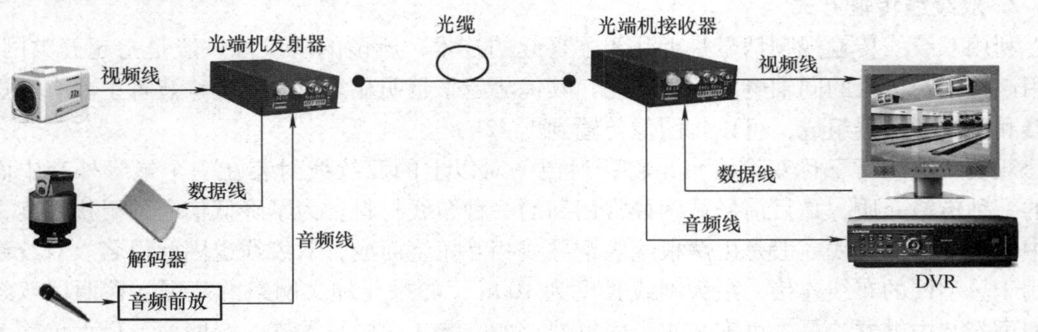

图2-23 视频信号光缆传输示意图

光缆是由一组光纤组成的用来传播光束的、细小而柔韧的传输介质。光缆具有很大的带宽不仅是目前而且是今后若干年后将会继续使用传输媒介。光纤传输的信息是光束，而非电气信号。因此，光纤传输的信号不受电磁的干扰。

与传统电缆相比，光纤具有损耗小、传输距离长的优点。目前使用的石英光纤在0.8～1.8pm 波长范围内的损耗比所有传统的电传输线低。由于光纤传输损耗低，所以其中继距离达到几十千米至上百千米，而传统的电传输线中继距离仅为几千米。

光纤具有抗干扰性好、保密性强、使用安全等特点。光纤是非金属介质材料，具有很强的抗电磁干扰能力，这是传统的电通信所无法比拟的。光信号束缚在光纤芯子中传输，在芯子外很快衰减，这样不会产生光纤间的串光现象，所以其保密性好且能保证同一光缆中不同光纤间光信号的传输质量。光纤具有抗高温和耐腐蚀的性能，因而可以抵御恶劣的工作环境。

（1）光缆传输的优缺点

1）传输距离长，现在单模光纤每千米衰减可做到0.2～0.4dB，是同轴电缆每千米损耗的1%。

2）传输容量大，通过一根光纤可传输几十路以上的信号。如果采用多芯光缆，则容量成倍增长。这样，用几根光纤就完全可以满足相当长时间内对传输容量的要求。

3）传输质量高，由于光纤传输不像同轴电缆那样需要相当多的中继放大器，因而没有噪声和非线性失真叠加。加上光纤系统的抗干扰性能强，基本上不受外界温度变化的影响，从而保证了传输信号的质量。

4）抗干扰性能好，光纤传输不受电磁干扰，适合应用于有强电磁干扰和电磁辐射的环境中。

5）主要缺点是造价较高，施工技术难度较大。

（2）光纤光端机的选用

1）光纤的分类：目前常用的光纤按模式分为多模光纤和单模光纤两大类。多模光纤用于视频图像传输时，只能满足最远3～5km 的传输距离，并且对视频光端机的带宽（针对模拟调制）和传输速率（针对数字式）有较大的限制，一般适用于短距、小容量、简单应用的场合。单模光纤有着优异的特性和低廉的价格，已经成为当前光通信传输的主流，但其设备价格比多模光端机高。

2）模拟光端机：将要传输的信号进行幅度或频率调制然后将调制好的电信号转化成光信号。在接收端将光信号还原成电信号，再把这信号进行解调，还原出图像、语音或数据信号。

3）数字光端机：将所要传输的图像、语音以及数据信号进行数字化处理，多路低速的数字信号转换成一路高速信号，并将这一信号转换成光信号。在接收端将光信号还原成电信号，还原的高速信号分解出原来的多路低速信号，最后再将这些数据信号还原成图像、语音以及数据信号。

4. 信号传输方式

传输系统将视频安防监控系统的前端设备和终端设备联系起来。它将前端设备产生的图像视频信号、音频监听信号和各种报警信号送至中心控制室的终端设备，并把控制中心的控制指令送到前端设备。

（1）视频基带传输方式

视频基带传输方式是指从摄像机至控制台间直接传送图像信号，这种传输方式的优点是传输系统简单，在一定距离范围内失真小、信噪比高，不必增加调制器、解调器等附加装置，见图2-24。

（2）视频平衡传输方式

视频平衡传输是解决远距离传输的一种比较好的方式。传输方式的原理是：由于把摄像机输出的全电视信号由发送机变为一正一反的差分信号，因而在传输过程中产生的幅频和相频失真，经远距离传输后再合成就会把失真抵消掉，在传输中产生的其他噪声和干扰也因一正一反的原因，在合成时被抵消掉。正因如此，传输线采用普通双绞线即可满足要求，减少了传输系统造价，见图2-25。

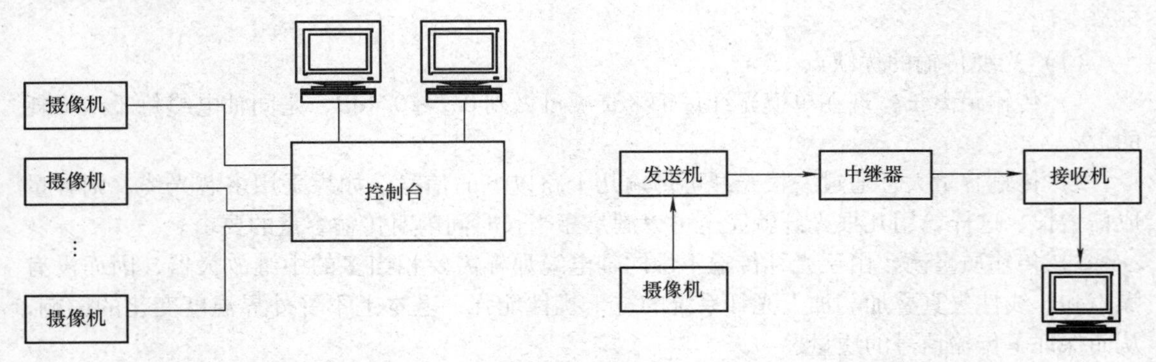

图2-24　视频基带传输方式　　　　图2-25　视频平衡传输方式

（3）图像信号射频传输方式

在视频安防监控系统中，当传输距离很远又同时传送多路图像信号时，有时也采用射频传输方式，也就是将视频图像信号经调制器调制到某一频段上传送。射频传输的优点是：传输距离远，失真小，适合远距离传送彩色图像信号，一条传输线（特性阻抗75Ω同轴电缆）可以传送多路射频图像信号，见图2-26。

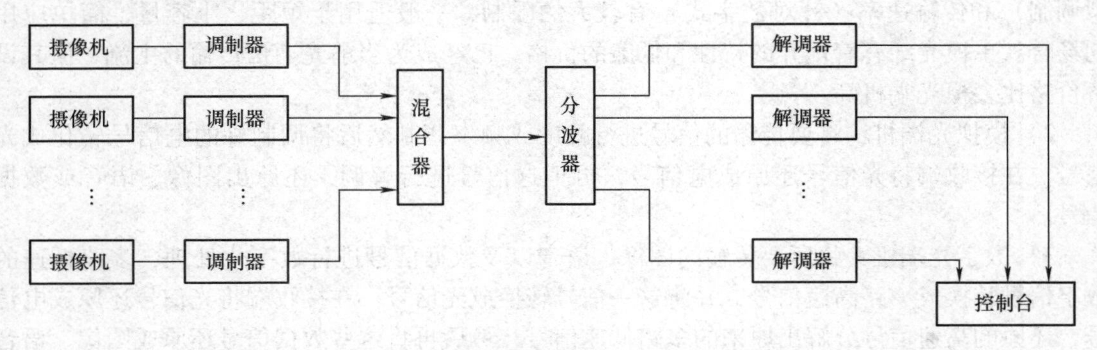

图2-26　图像信号射频传输方式

（4）光缆传输系统信号传输方式

用光缆代替同轴电缆进行电视信号传输，给视频安防监控系统增加了高质量、远距离传输的有利条件，其传输特性优越和多功能特性是同轴电缆所无法比拟的。光缆传输的主要优点有：传输距离长、容量大、质量高、保密性能好、敷设方便，如图 2-27 所示。

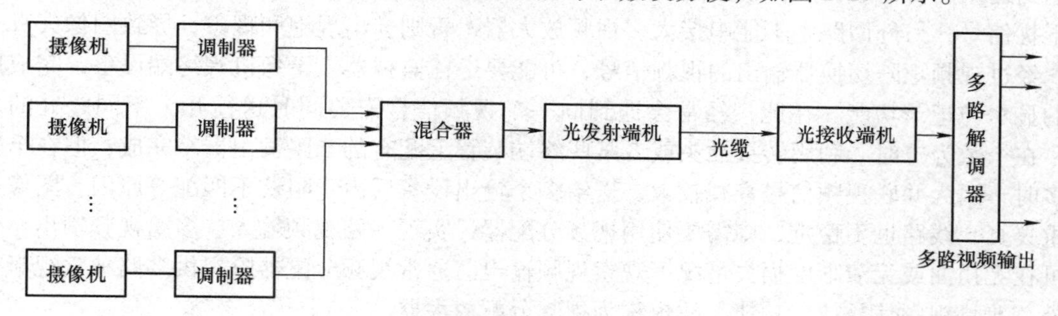

图 2-27　光缆传输系统信号传输方式

（三）控制设备与应用

视频安防监控系统控制设备主要包括视频切换器、云台镜头控制器、操作键盘、电源和与之配套的控制台、监视器柜等；显示记录设备主要包括监视器、录像机和多画面分割器等。

1. 监视器

监视器是监控系统的标准输出，有了监视器我们才能观看前端送过来的图像。一般来说，监视器尺寸越大，观看距离应越远；尺寸越小，观看距离越近。小于或大于合理的观看距离都会造成图像感觉上的不清楚，眼睛也容易疲劳。一般 14 英寸监视器的最佳观看距离是 1.0 ~ 1.5m，而 21 英寸监视器的最佳观看距离为 1.6 ~ 3.0m。

（1）监视器

监视器的功能是把摄像机输出的全电视信号还原成图像信号。按照使用的阴极射线管（CRT）不同可以分为高档 CRT 监视器（600 ~ 800 线）、高质量 CRT 监视器（370 ~ 500 线）、图像监视器（300 ~ 370 线）和收监两用 CRT 监视器（小于 300 线）。专业监视器的功能与电视机基本相同，但由于监视器的特殊使用要求和标准，所以线路结构和技术指标有较大差别。

（2）大屏幕投影设备

随着信息时代的到来，计算机多媒体技术的迅猛发展，网络技术的普遍应用，大到指挥监控中心、网管中心的建立，小到临时会议、技术讲座的进行，都渴望获得大画面、多彩色、高亮度、高分辨率的显示效果，而传统的 CRT 显示器很难满足人们这方面的要求。近年来迅速发展起来的大屏幕投影机技术成为解决彩色大画面显示的有效途径，应用范围进一步拓展，市场也因需求的增长日渐活跃。

到目前为止，投影机主要通过三种显示技术实现，即 CRT 投影技术、LCD 投影技术以及近些年发展起来的 DLP 投影技术。

按照投影方式的不同分为前投式、背投式和组合拼接式三种。投影设备的显示屏幕一般远远大于 CRT 显示器，因此在监控系统中常常用做主监视器使用。

2. 视频放大器

视频放大器是放大视频信号，用以增强视频的亮度、色度和同步信号。当视频传输距离比较远时，最好采用线径较粗的视频线，同时可以在线路内增加视频放大器增强信号，使强度达到远距离传输的目的。视频放大器在增强视频的亮度、色度和同步信号时也会放大线路内干扰信号。另外回路中不能串接太多视频放大器，否则会出现饱和现象，导致图像失真。

经过视频矩阵切换器输出的视频信号，可能要送往监视器、录像机等终端设备，完成成像的显示与记录功能。在此，经常会遇到同一个视频信号需要同时送往几个不同之处的要求，在个数为二时，利用转接插头或者某些终端装置上配有的二路输出器来完成；但在个数较多时，因为并联视频信号衰减较大，送给多个输出设备后由于阻抗不匹配等原因，图像会严重失真，线路也不稳定，则需要使用视频分配器，实现一路视频输入、多路视频输出，使之可在无扭曲或无清晰度损失情况下观察视频输出。通常视频分配器除提供多路独立视频输出外，兼具视频信号放大功能，故也称为视频分配放大器。

3. 视频切换器

多路视频信号要送到同一处监控，可以一路视频对应一台监视器，但监视器占地大，价格贵，如果不要求时时刻刻监控，可以在监控室增设一台切换器，把摄像机输出信号接到切换器的输入端，切换器的输出端接监视器，切换器的输入端分为2、4、6、8、12、16路，输出端分为单路和双路，而且还可以同步切换音频（视切换器型号而定）。切换器有手动切换和自动切换两种工作方式。手动方式是想看哪一路就把开关拨到哪一路；自动方式是让预设的视频按顺序延时切换，切换时间可以通过一个旋钮进行调节，一般在1~35s。切换器价格便宜（一般只有三五百元），连接简单，操作方便，但在一个时间段内只能看输入中的一个图像。要在一台监视器上同时观看多个摄像机图像，就需要用画面分割器。

4. 矩阵切换系统

矩阵切换系统具备下述功能：①分区控制：对键盘、监视器、摄像机进行授权。②分组同步切换：将系统中全部或部分摄像机分成若干组，每一组摄像机可以同步地切换到一组监视器上。③分组同步切换：将系统中全部或部分摄像机分成若干组，每一组摄像机可以同步地切换到一组监视器上。④任意切换：是指摄像机的任意组合，而且任一台摄像机画面的显示时间独立可调，同一台摄像机的画面可以多次出现在同一组切换中，随时将任意一组切换调到任意一台监视器上。⑤任意切换定时自动启动：任意一组万能切换可编程在任意一台监视器上定时自动执行。⑥报警自动切换：具有报警信号输入接口和输出接口，当系统收到报警信号时将自动切换到报警画面及启动录像机设备，并将报警状态输出到指定的监视器上。⑦报警状态自动输出系统：可将报警状态自动输出到打印机和监视器上。⑧报警处理：报警显示分时序显示方式、固定显示方式和双监视显示方式，时序显示方式显示多个报警点，每一点的显示时间独立可调；固定显示方式只显示第一个报警点，直到确认为止。双监视显示方式多个报警点分组时序显示在一组监视器上。报警复位分手动复位、延时自动复位、报警信号消失自动复位三种。⑨多个控制键盘输入接口。⑩RS-485输出接口及控制输出接口。

5. 画面分割器

画面分割器有四分割、九分割、十六分割几种，可以在一台监视器上同时显示4、9、16个摄像机的图像，也可以送到录像机上记录。四分割是最常用的设备之一，其性能价格比也较好，图像的质量和连续性可以满足大部分要求。九分割和十六分割价格较贵，而且分割后每路图像的分辨率和连续性都会下降，录像效果不好。另外还有六分割、八分割、双四分割设备，但图像比率、清晰度、连续性并不理想，市场使用率更小。大部分分割器除了可以同时显示图像外，也可以显示单幅画面，可以叠加时间和字符，设置自动切换，连接报警器材。

6. 录像机

监控系统中最常用的记录设备是民用录像机和长延时录像机，因其操作简单易学，录像带也容易保存和购买。与家用录像机不同，延时录像机可以长时间工作，可以录制24h（用普通VHS录像带）甚至上百小时的图像，可以连接报警器材，收到报警信号自动启动录像。

硬盘录像机（Digital Video Recorder，DVR），是一套进行图像存储处理的计算机系统，具有对图像/语音进行长时间录像、录音、远程监视和控制的功能。硬盘录像机把模拟的图像转化成数字信号，因此也称数字录像机。它以MPEG图像压缩技术实时地存储于计算机硬盘中，存储容量大，安全可靠。检索图像方便快速。可以通过扩展增加硬盘，增大系统存储容量。可以连续录像几十天以上。DVR集录像、画面分割、云台镜头控制、报警控制、网络传输功能于一身，用一台设备就能取代模拟监控系统一大堆设备的功能，而且在价格上也逐渐占有优势。DVR采用的是数字记录技术，在图像处理、图像储存、检索、备份以及网络传递、远程控制等方面远远优于模拟监控设备。DVR代表了视频安防监控系统的发展方向，是目前视频安防监控系统的首选产品。

第三节　视频安防监控系统常用的模式

一、模拟闭路视频安防监控系统

模拟闭路视频安防监控系统采用模拟摄像机，使用同轴电缆进行图像信号传输，后端采用矩阵控制主机进行摄像机的切换和控制，录像机采用VCR（录像带）录像机。模拟闭路视频安防监控系统的终端完成整个系统的控制与操作功能，可分成控制、显示与记录几个部分。

控制部分是实现整个系统的指挥中心。控制部分主要由总控制台（有些系统还设有副控制台）组成。总控制台主要的功能有：视频信号放大与分配、图像信号的处理与补偿、图像信号的切换、图像信号（或包括声音信号）的记录、摄像机及其辅助部件（如镜头、云台、防护罩等）的控制（遥控）等。

显示部分一般由多台监视器（或带视频输入的普通电视机）组成。它的功能是将传输过来的图像显示出来。通常使用的是黑白或彩色专用监视器，一般要求黑白监视器的水平清晰度应大于600线，彩色监视器的清晰度应大于350线。

总控制台上设有录像机，可以随时把发生情况的被监视场所的图像记录下来，以便备查或作为取证的重要依据。

闭路电视常用控制设备有视频矩阵切换器、双工多画面视频处理器、多画面分割器和视频分配器。

（一）模拟闭路视频安防监控系统控制功能

1）电源控制：摄像机应由安保控制室引专线统一供电，并由安保控制室操作通断。

2）输出各种遥控信号：云台控制上、下、左、右；镜头控制变焦、聚集、光圈；录像控制定点录像、时序录像；防护罩控制雨刷、除霜、风扇、加热。

3）对视频信号进行时序、定点切换、编程。

4）察看和记录图像，应有字符区分并作时间年月日的显示。

5）接收电梯楼层叠加信号。

6）实现同步切换：电源同步或外同步。

7）接收安全防范系统中各子系统信号，根据需要实现联动控制或系统集成。

8）内外通信联系。

9）模拟闭路视频安防监控系统与安全报警系统联动时，应能自动切换、显示、记录报警部位的图像信号及报警时间。模拟闭路视频安防监控系统案例见图2-28。

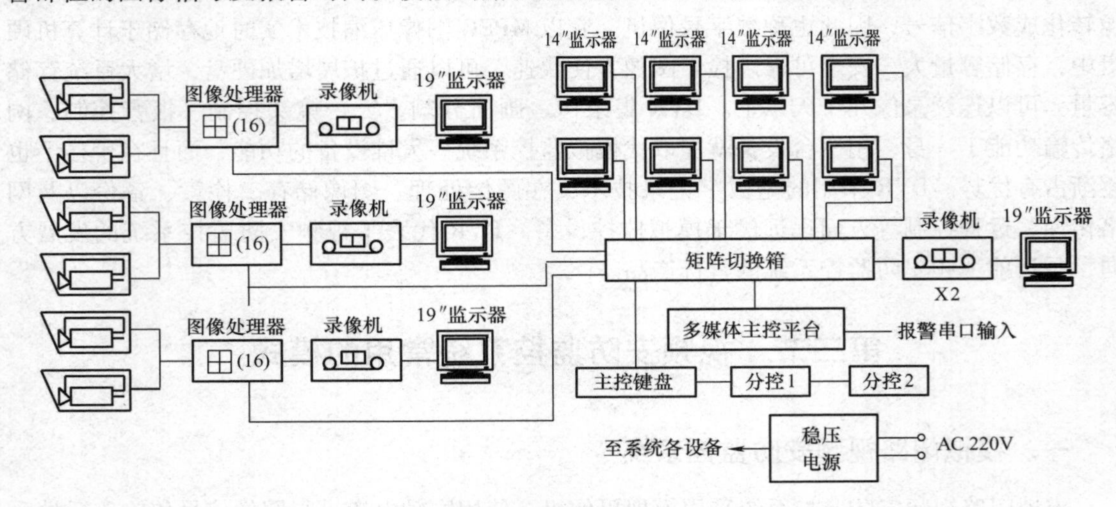

图2-28 模拟闭路视频安防监控系统案例

（二）系统配置、基本要求与实例

1）对建筑物主要出入口、主要公共场所、通道、电梯及重点部位和场所安装摄像机，通过摄像、传输、显示监视、图像记录、控制，对重要部位和重点区域的图像进行长时间录像。

2）确定摄像机布局和数量，选定敷线路径和安保控制室地点、面积、制定系统图设计，提出拟选用的主要设备和器材型号、性能、数量与产地。

3）使用系统主机——视频矩阵切换器，确保其输入、输出容量应有扩展余地，根据需要可设置安保分控中心键盘，系统主机对输入的图像进行任意编程，自动或手动切换，在画面上应有摄像机编号、部位/地址和时间、日期显示。

4）组成网络系统独立运行。并与防范入侵报警系统，出入口控制系统联动。

5）实现中央监控室对模拟闭路视频安防监控系统的集中管理和集中监控。

6）系统应具有实时控制、同步切换、电梯楼层叠加显示、双工多画面视频处理及图像长时间录像等功能。

二、模拟和数字混合视频安防监控系统

模拟与数字混合闭路视频安防监控系统是模拟闭路视频安防监控系统从模拟系统过渡到数字系统的一个混合系统，既降低了系统的建设成本，又考虑了系统的先进性。视频安防监控系统结合模拟和数字的共同特点，发挥其各自的优势，并互补各自的缺陷，矩阵键盘控制

图像切换、联网，硬盘录像机保证效果的录像。

这种混合系统大体上分为两类：一类是前端采用模拟摄像机、通过同轴电缆传送后接入到硬盘录像机上，硬盘录像机可连接监视器。在数字设备方面，设计使用最新的高清晰嵌入式硬盘录像机对现场图像进行 24 小时不间断录像。使用系统总控主机，通过专用软件以电子地图操作方式来实现数字图像预览，录像回放，前端设备远程控制，录像机参数设置，检测系统状态检测等各种控制功能。在模拟设备方面则使用先进的智能视频矩阵系统以及大屏幕监视器。并配合视频分配器、视频切换器等模拟设备，全面实现各种复杂的图像切换，分割显示功能。另一类是前端采用模拟摄像机，通过编码器将模拟信号变为数字信号接入局域网，在局域网的另一端再将数字信号还原为模拟信号接入矩阵控制主机或硬盘录像机，方便不便于布线但又有局域网的场合使用。

（一）前端系统

根据应用范围和现场实际情况，系统可选用全方位球型一体化高速摄像机、枪式固定定焦摄像机两种，全方位球型一体化高速摄像机内置摄像机、变焦镜头和云台解码器，不仅外形美观功能完善且使用方便；枪式固定定焦摄像机是最简单的一种组合，由彩色摄像机、定焦镜头和室外防护罩组成。模拟和数字混合视频监控前端系统示意图见图 2-29。

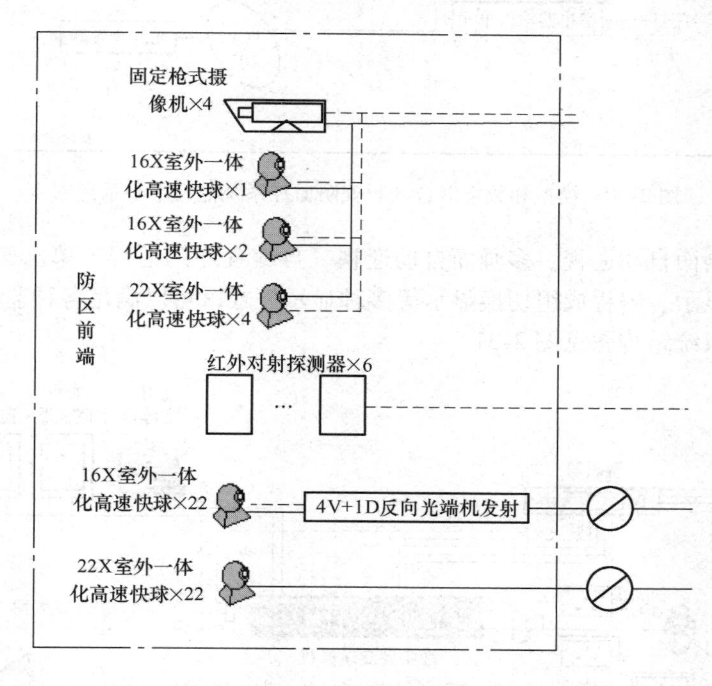

图 2-29　模拟和数字混合视频监控前端系统示意图

（二）传输系统

当系统传输距离（一般在 600mm 左右）采用同轴电缆以及视频放大器来传输 4 路视频和 1 路音频信号，通过控制电缆来传输对前端的控制信号。当超过以上距离时，系统需通过光纤进行传输。光端机可通过 1 根光纤传输 40km 的视频和反向数据信号，因为光端机的发射端可直接安装到球机中，无需外接电源。接收机可用机架安装。

（三）监控中心

系统的所有功能完成、功能设置及功能实现都通过监控中心配置的设备来完成，因此，监控中心的配置成为系统的关键。监控中心采用矩阵主机切换图像，硬盘录像机录像及分割图像，采用矩阵键盘切换控制图像等。切换所有的图像显示在监视器组成的电视墙中，见图 2-30。另外，监控中心的操作台上也配置有专业监视器。这些监视设备组成系统后端的显示单元，以实现模拟图像实时监视的功能。

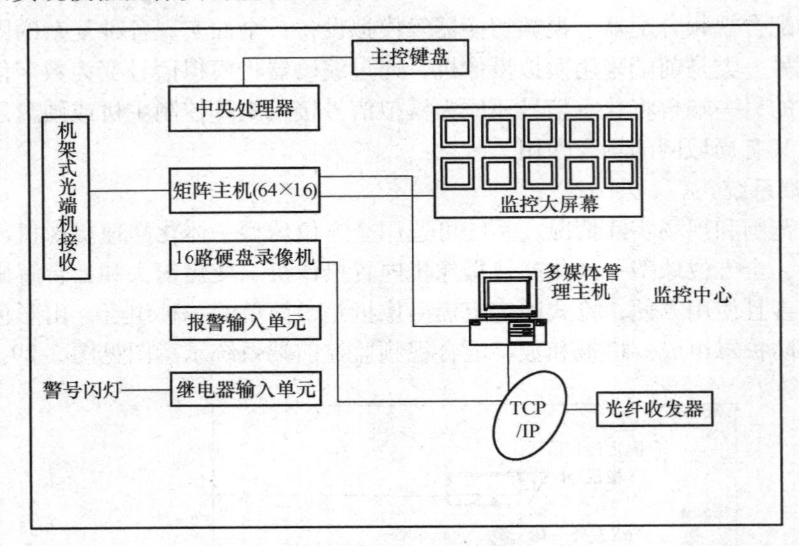

图 2-30　模拟和数字混合视频安防监控系统监控中心示意图

系统具有单画面自动巡视、多画面自动巡视、自编程序列巡视、单画面手动切换显示、多画面手动切换显示、编程成组切换显示等多种显示模式，可以满足各种监控显示需求。小型视频安防监控系统结构图见图 2-31。

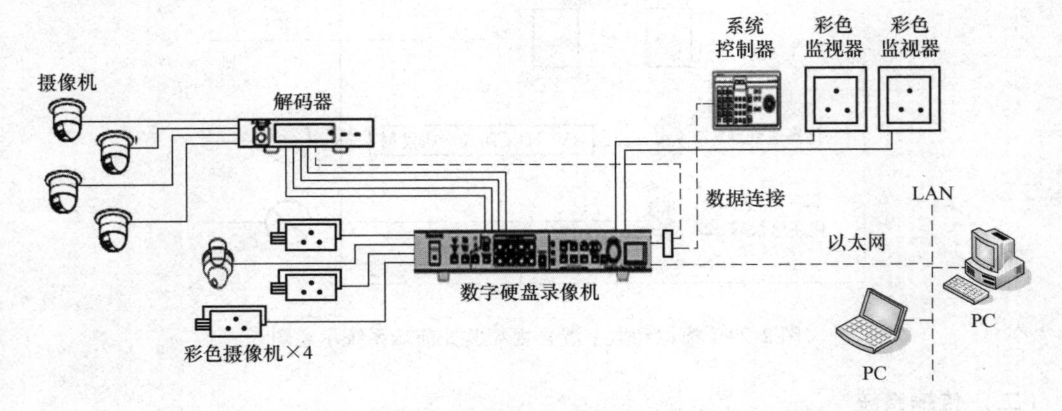

图 2-31　小型模拟和数字混合视频安防监控系统结构图

在采用中规模的应用时，使用一台数字硬盘录像机，代替模拟的控制矩阵，能够完成 16 路摄像机的图像存储、切换显示在 4 个监视器上。由于数字硬盘录像机自带画面分割器，因此，4 个监视器的画面图可以做成主监视器加分监视器。因为硬盘录像机有网络功能，所以也可以在网上远程登录与查看。中型视频安防监控系统结构图见图 2-32。

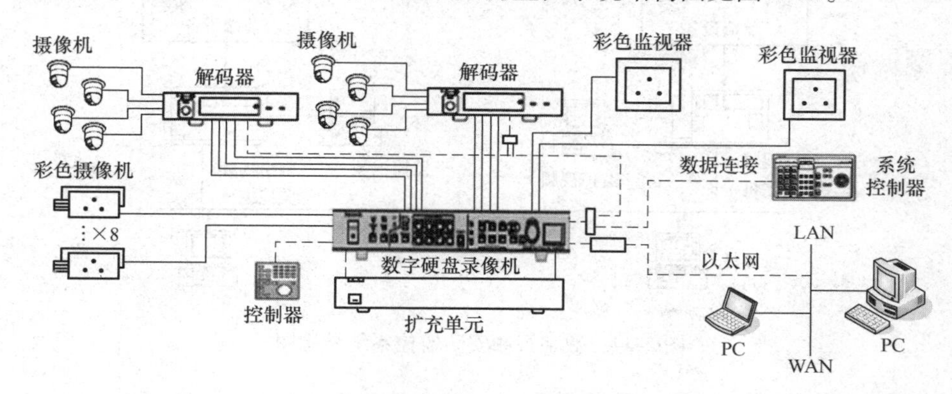

图 2-32　中型模拟和数字混合视频安防监控系统结构图

大规模的应用，使用多台多回路数字硬盘录像机完成高达 128 路摄像机的图像存储，选用大型可扩展控制矩阵，将图像切换显示在多个监视器上。大规模模拟和数字混合视频安防监控系统结构图见图 2-33。

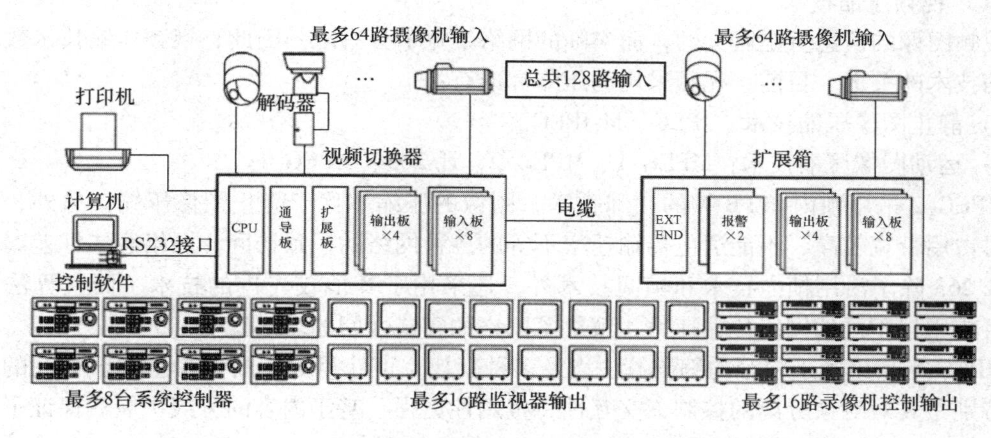

图 2-33　大规模模拟和数字混合视频安防监控系统结构图

三、数字视频安防监控系统

前端一体化、视频数字化、监控网络化、系统集成化是视频安防监控系统公认的发展方向，而数字化是网络化的前提，网络化又是系统集成化的基础，所以，视频监控发展最显著的两个特点就是数字化和网络化。图 2-34 是常见的数字视频安防监控系统结构图。

（一）数字视频安防监控系统

数字视频安防监控系统前端部分采用高清网络摄像机，除摄像机外，还有云台、视频编码设备、报警探头等报警设备。系统前端的作用是根据要求实时采集现场的视音频信号、告警信号，并将模拟视音频信号及告警信号编码成数字信号，将压缩编码后的视频码流，通过 IP 网络发送到中心服务平台，将视频码流分发给 PC 客户端，同时由前端保存历史录像资料或可通过中心平台的存储系统保存前方图像。通过 IP 数据网络，监控中心值班人员及部门

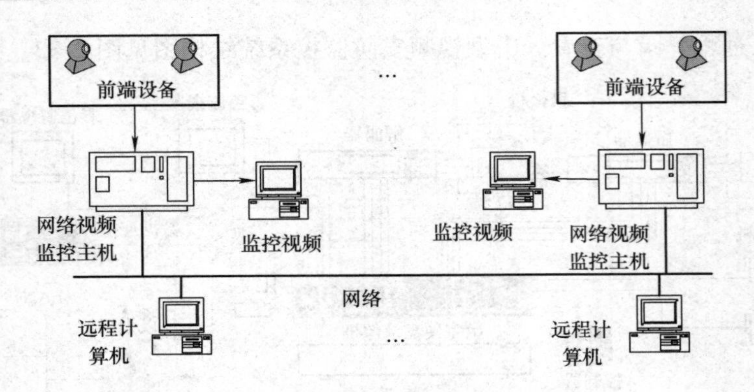

图 2-34 数字视频安防监控系统结构图

领导即可实时观看监控图像或点播回放历史图像。

数字视频安防监控系统的功能有：视频监视、报警、录像回放、资料查询、电视墙投放、系统管理、电子地图、Web 浏览等。

数字视频安防监控系统的关键技术包括视频压缩技术、存储技术和网络传输技术。

（1）视频压缩技术

视频图像的信息量是巨大的，而实际的网络带宽十分有限。因此，视频压缩技术数字化是压缩技术的关键。目前，视频采用的压缩标准有：

1）静止图像压缩技术：JPEG、M-JPEG。

2）运动图像压缩技术：MPEG-1、MPEG-2、H. 263、MPEG-4。

MPEG-2 采用帧内和 PB 帧的帧间技术，图像的压缩率优于静止图像压缩。另外，网络传输时占用带宽较高，不能适应传输速率不等的各种网络的一致访问，网络容错性差。

H. 263 除了沿用帧内技术和帧间技术外，还采用了其他较先进的技术。而且算法可扩展，可应用于不同的网络传输速率，解决了网络的容错性问题。

MPEG-4 采用基于内容的编码算法以及多种变换，可获得更小的硬盘空间，更高的清晰度。特别是其对对象分离的控制，交互性、重用性更强，基于内容的分级扩展，保证了最佳的画面质量。

（2）存储技术

存储技术是网络视频安防监控系统非常重要的指标。这些监控数据需进行更长时间的存储、调度，并为日后的历史资料检索、回放等提供服务。用户可以通过系统提供的软件检索界面，对某路或某个时间段的历史监控录像进行检索、回放。数字化的监控系统的存储架构是将数据进行集中并通过现有的 SAN（Storage Area Network）作为视频服务器的存储部分，每个节点可以通过交换机直接访问所有的数据而不需要经过其他节点。因此，所有的数据对所有的节点来说已经是共享的了，数据的读取可以不通过节点之间的内部高速互联网络，这种方式的好处就可以将节点从数据存储管理的负担中解脱出来，实现数据处理和数据存储的分离，同时不占用节点间的内部通信带宽，见图 2-35。

（3）网络传输技术

根据网络视频传输的实际需求和特点，在实现传输协议的基础上，实现音视频数据的网络传输，保证数字网络视频的质量，为整个系统的广泛应用奠定基础。

IP 网络监控系统是集图像、语音数字压缩处理技术和网络通信传输技术相结合的视听网络监控一体化解决方案。它将远端现场的视频、音频信号数字化，并进行相应的压缩处理，同时具有 IP 网络传输和控制功能，允许网上用户通过网络对远端的摄像机图像进行浏览、播放和控制。

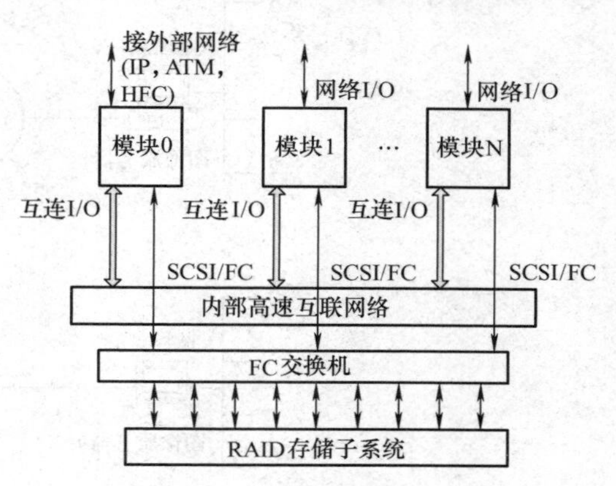

图 2-35　集中式存储模型

视频安防监控系统以用户的 IP 网络为基础，利用用户的综合布线系统分布监控点，可以采用 DLP 墙或 PC 监视器观看监视画面。系统集成度高，前端设备直接把视频信号、控制信号转换为 IP 数据包，在 IP 网络上传输数字视频信号（可通过网桥和路由器完成跨局域网的访问），系统可靠性强，操作简单，应用范围广。

利用光缆线路，可以在已建成的局域网上利用一定的带宽传送视频图像至视频监控中心，监控中心使用一台网络交换机与监控服务器相连。

（二）基于嵌入式视频服务器的网络化数字视频安防监控系统

网络数字监控就是将传统的模拟视频信号转换为数字信号，通过计算机网络来传输，通过智能化的计算机软件来处理。数字视频安防监控系统——嵌入式视频 Web 服务器方式，视频服务器内置一个嵌入式 Web 服务器，采用嵌入式实时多任务操作系统。摄像机送来的视频信号数字化后由高效压缩芯片压缩，通过内部总线送到内置的 Web 服务器，网络上用户可以直接用浏览器观看 Web 服务器上的摄像机图像，授权用户还可以控制摄像机、云台、镜头的动作或对系统配置进行操作。

1. 嵌入式视频 Web 服务器监控系统与其他监控系统的比较

1）嵌入式视频 Web 服务器直接连入网络，布控区域广阔，没有线缆长度和信号衰减的限制，同时网络是没有距离概念的，彻底抛弃了地域的概念，扩展了布控区域。

2）系统具有几乎无限的无缝扩展能力。可组成非常复杂的监控网络。

3）性能稳定可靠，无需专人管理。

4）当监控中心需要同时观看较多个摄像机图像时，对网络带宽就会有一定的要求。

2. 网络化数字视频安防监控系统的实施方法

1）若是可控的监视点，移动云台和镜头经解码器与网络摄像机相连，然后，网络摄像机与交换机或计算机相连。

2）若是固定监视点，则可直接将网络摄像机连接网络，再由主机通过监控软件进行监控。

3）系统将传统的视频、音频及控制信号数字化，以 IP 包的形式在网络上传输，实现了视频/音频的数字化、系统的网络化、应用的多媒体化以及管理的智能化。常见的网络化数字视频安防监控系统见图 2-36。

3. 网络化数字视频安防监控系统的特点

低成本：普通网络图像解决方案通常都需要附加软件、硬件和工作站，有时还有视频电

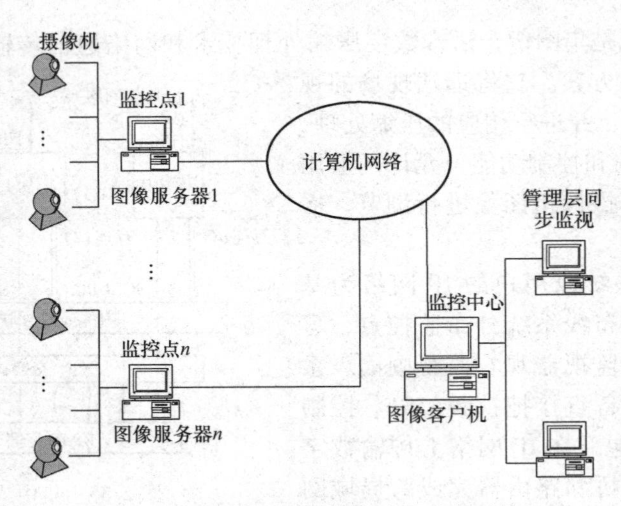

图 2-36 网络化数字视频安防监控系统

缆系统。有了网络摄像机，宽带网络立刻成了监控图像的线路，不需要其他设备的投入。

即插即看的解决方案：网络摄像机具备了所有需要用来建立远程监控系统的构件。它采用标准的内置软件。只要接入以太网，分配一个地址，就可用浏览器观察远程传输过来的图像。

高性能：网络摄像机令人称道的是它的视频监控能力和其独特的高性能处理芯片，能够在 10Mbit/s 网络上以 30 帧/s 的速度传送高质量的动态图像，并支持多用户同时访问。当触发报警时，它可以自动存储报警前后一定时间段内的活动图像。

免维护：网络摄像机本身独立工作，远端机房可以实现无人值守。

外围设备的接入灵活：网络摄像机可以方便地接入其他安全防范设备，如温度、湿度、烟感、入侵等报警器；同时可以连动灯光、警号、锁具等动作设备，这使得它可以方便地组成一套功能强大的安全防范系统。

4. 组网方法

高性能的硬件产品和功能强大的管理软件共同组成了网络视频安防监控系统。网络化数字视频安防监控系统与传统的视频监控有着本质的区别，实现了真正的数字化网络传输图像和声音，具有强大的可扩展性，在网络可以到达的任意地点，都可以安装前端设备以达到视频传输的目的。与模拟监控系统相比，大大减少了扩容系统所需要的费用。

数字视频安防监控系统将四画面分割、多画面混合、远程访问、视频图像的记录全部集成在一个产品中。视频摄像机只需要直接连到数字视频服务器的接口即可，比模拟系统需要安装多个设备和通过电缆互连进行配置要容易许多。

数字视频安防监控系统提供远程访问能力，用户能够通过一个网络连接到他们的数字视频服务器，进而通过 PC 观看到所需的视频图像。连接的网络既可以是局域网也可以是广域网，还可以是一个通过电话线的拨号网络（一个 Modem 连接到单台计算机或连接到 Internet）。数字视频安防监控系统的另一个优点是取消了硬盘录像机，直接将视频图像记录在视频服务器中的计算机硬盘上，其最大优点是既能够提高存储图像的清晰度又能够快速检索到所存储的图像。

（三）无线视频安防监控系统

无线视频监控解决方案通过 CDMA1X 数据网络传输视频监控信息，无需铺设网络电缆，可迅速方便地在各种需要的地方部署数字摄像设备，建立新的视频安防监控系统或对现有的视频安防监控系统进行扩展，具有很强的灵活性和可扩充性。视频数据通过 CDMA1X 无线网络进行传输，可以提供高质量视频监控，并且监控范围更加广泛。

无线视频安防监控系统主要由视频信息采集系统、无线传输系统、监控管理系统三部分组成。

前端的视频信息采集系统——网络摄像机，作为整个系统的“眼睛”，采用了灵活的配置模式，如普通或电动镜头，可远程调整、控制摄像头的焦距、聚焦、光圈等（视所用镜头而定）；红外夜视功能，可自动感知周围环境光线，在夜间或光线较暗时仍能保证视频的清晰度；全方位云台，可载摄像机水平旋转 360°，俯仰 50°，有效避免出现监控死角（视所用云台而定）。

摄像机内置有 WiFi 模块，可自动搜索监控服务器，并与之建立连接。此种设计便于增加或减少监控点或防区。当要在现有防区增加监控点时，只需在增加的监控点部署网络摄像机，新部署的摄像机在自动搜索监控服务器并与之建立连接后，即可将增加的监控点加入到现有的防区中。当要增加新的防区时，也只需在新防区部署网络摄像机，在网络摄像机与监控服务器成功建立连接后，新防区即部署完毕，并入现有防区监控体系。整个过程无需做复杂的配置。

在监控中心，视频采集终端负责采集视频信号、报警信号，并执行远程控制命令，如控制云台的转动和摄像机镜头等。视频采集终端通过 CDMA1X 通信设备与视频服务器进行通信，交换视频、报警和控制数据。

根据各监控点的具体情况，在各移动监控点安装相应的摄像头（可选择带云台的摄像头），用于各监控点实时视频信号。云台可以由控制中心的计算机控制。用户可对摄像机进行水平 360°，垂直 90°及变焦控制。

为充分保证每个监控点的带宽，可采用 H. 264 的编码标准，该标准带宽占用较低，并可实现图像的优质传输和存储，而且传输距离较远，适用于广阔区域的监控。

在监控中心，无线传输系统负责将采集系统的采集信息，使用 CDMA1X 无线网络，采用单点对多点方式建立覆盖监控领域的无线网络，传输高质量的 H. 264 视频流。采用 H. 264 压缩技术的视频流能够保证稳定持续传输，并且不受山川、河流、桥梁道路等复杂地形限制。

监控管理中心负责接收各移动监控点通过 CDMA1X 网络传输过来的视频信息。在调度中心的视频服务器负责管理移动设备的视频采集终端，并为局域网上的监控终端提供视频服务。控制中心可以通过监视器显示各现场监控点的图像信息，并进行数码录像，用户登录管理，控制信号的协调，视频数据可同时存入存储服务器，进行录像的存储、检索、回放、备份、恢复等。监控人员可以通过计算机访问存储服务器查询回放视频录像。

现场传回的视频图像转化为数字信号存储在硬盘录像机上，可方便快捷地实现资料的存储、更新、查询、备份，为今后取证提供依据。

第四节　视频安防监控系统的应用

一、高清电子警察系统

电子警察系统由前端数码摄像机、车辆检测器、数据传输和数据处理部分组成，采用了先进的车辆检测、模式识别、图像处理、通信传输等技术，具有自动拍摄违章车、图像远程传输、车牌识别、统计、分析和违章处罚等一系列功能。电子警察系统采用纯视频检测方式，自动对视频流图像中的运动物体进行实时逐帧检测、锁定、跟踪，根据车辆运动轨迹判断车辆是否违章。无需破坏路面埋设线圈；采用视频检测识别红绿灯信号，无需接入红绿灯信号，消除施工困难；采用200万CCD高清晰网络摄像机作为图像采集主体，单台摄像机覆盖单向2~3车道；采用LED冷光灯作为夜间补光灯，大大降低了对人眼的刺激；采用DSP嵌入式控制主机，有独立的操作系统，设备稳定。系统结构简单，便于安装维护，立杆上只需一根网线和电源线即可，每方向设备为摄像机、补光灯和控制器。

（一）系统原理

高清电子警察系统具有先进的视频检测功能，可以对图像中的红绿信号灯颜色做逐帧识别，同时自动匹配对应车道，对过往车辆进行轨迹跟踪并做行为判断，如有违章车辆则进行抓拍、车牌识别、录像、存储等一系列处理，并将处理结果上传到后台。例如：如果控制主机识别出直行方向为红灯的时候，那么对应的直行车道有车行驶过停车线都默认为闯红灯。同时抓拍3张图片作为处罚证据，分别为压线前一张，压线中一张，压线后一张。控制器具备卡口功能，即在绿灯期间记录过往车辆。工作流程见图2-37。系统采用国际领先的计算机智能跟踪算法技术，对全景中每一辆车都能进行实时跟踪并记录其运动轨迹，并判断车辆运行是否违章。由于采用了车辆跟踪技术，系统可以准确地抓拍左侧或者右侧混行车道的直行闯红灯行为，而对正常行驶时左拐或者右拐的车辆则不会误拍。

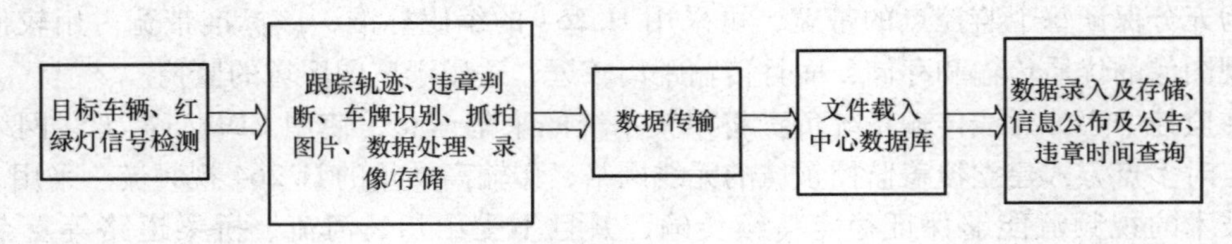

图2-37　高清电子警察系统工作流程

（二）视频电子警察系统功能

它具有如下功能：①实现闯红灯车辆抓拍；②采用计算机通信技术和数据库技术；③图像清晰、检索方便；④操作简便；⑤查询方便；⑥24小时不间断工作；⑦牌照清晰；⑧电子警察自动识别、抓拍违章车辆，不需要人工，大大节省警力；⑨显示画面高速刷新。

（三）系统组成

系统前端有路口设备完成数据采集功能，通过网络连接后端设备服务器与客户端实现数据处理及应用功能。系统组成框图见图2-38。

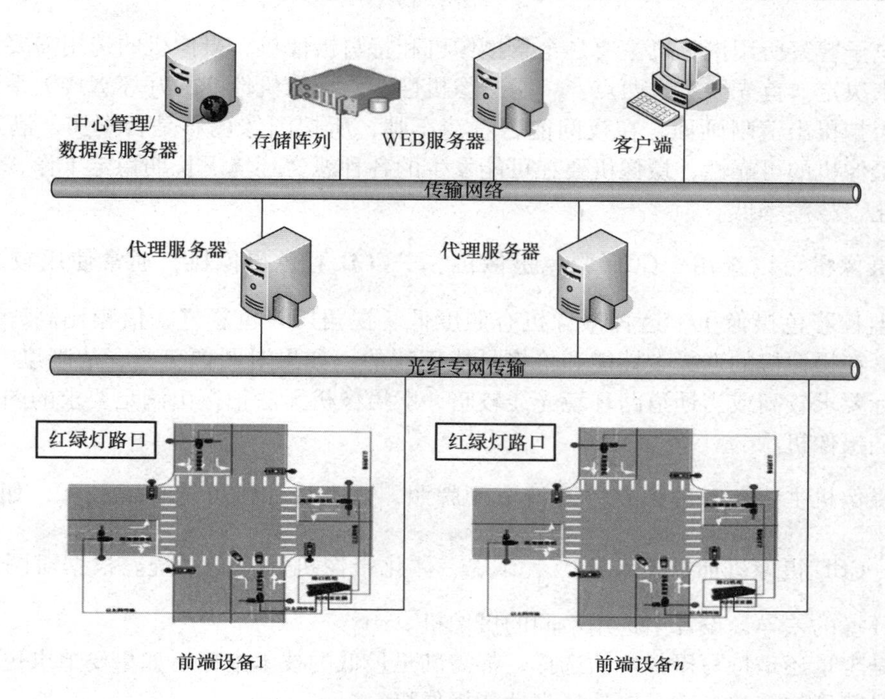

图 2-38　视频电子警察系统组成框图

1. 路口前端设备

该部分主要由视频捕获设备（高清摄像机、标清摄像机、补光灯）、红绿灯检测器和前端主机组成，完成红绿灯状态检测、机动车违章行为检测、违章图片抓拍、补光灯控制/结果、违章记录本地储存，相关信息网络上传等任务。根据实际需求，在被监控路口的每一个方向均安装1套设备，如果需要的检测功能相对单一，也可以考虑多个方向共用前端主机，从而大大节约硬件成本。前端设备示意图见图 2-39。

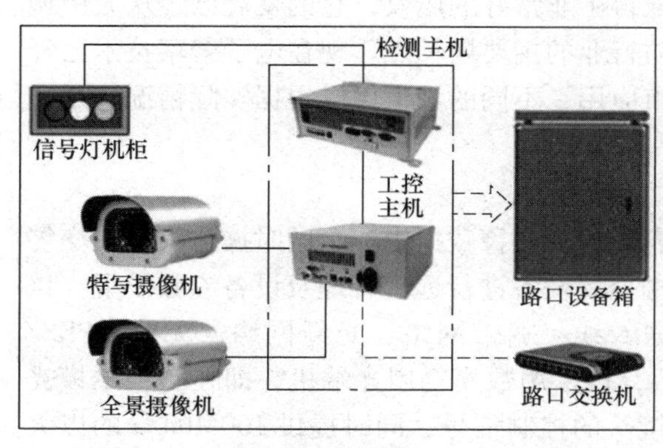

a) 标清摄像机方式

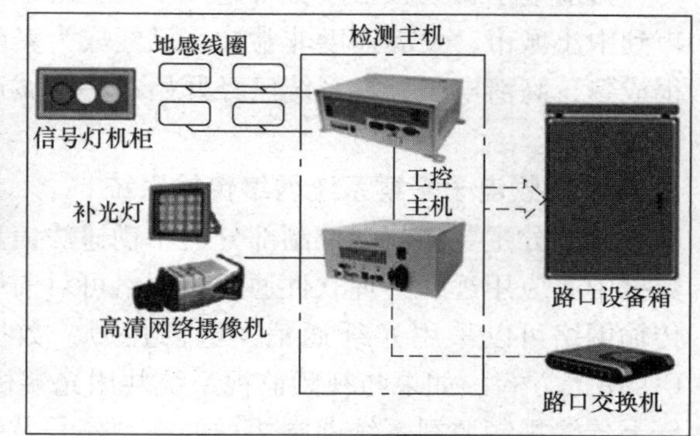

b) 高清网络摄像机方式

图 2-39　视频电子警察前端设备示意图

2. 摄像系统

作为电子警察的眼睛，摄像机是视频电子警察最常用的拍摄工具，其性能稳定，图像传输方便。电子警察所用摄像机主要是全景摄像机和特写摄像机，摄像机的选用需要根据实际应用环境来决定。首先要考虑两点：一是摄像机性能，摄像机性能的好坏直接关系到在各种条件下能否拍摄出清晰画面，在夜间能否看清车牌，所拍图像色彩是否真实，满足使用要求；二是摄像机的可靠性，摄像机要在可能发生的各种恶劣环境下长期稳定工作，保证图像质量不恶化，故障率低。

全景摄像机可以选用$\frac{1}{3}$CCD 彩色摄像机、$\frac{1}{2}$CCD 彩色摄像机，通常使用较多的是$\frac{1}{2}$CCD 道路监控彩色摄像机，这种摄像机有照度低、视角广、色彩好、信噪比高、背光补偿好等特点。在摄像机的选择上性能和价格是成正比的，如果对图像色彩、清晰度、信噪比、照度等指标要求较高或当地道路环境光线较暗一般摄像机无法拍摄出满足要求的图像，就需要选用高档摄像机。

特写摄像机主要在车牌识别中看清车辆牌照，这类摄像机可选种类较多，如：$\frac{1}{2}$CCD 摄像机，$\frac{1}{3}$CCD 摄像机加补光系统，$\frac{1}{4}$CCD 一体化摄像机加补光系统。根据对图像质量要求和应用环境的差异，设计上选用不同的摄像机。

无论是全景还是特写摄像机的选择，都需满足最低的技术指标。如果要追求更好的视频效果或满足特殊的需求，就需要选择高性能摄像机。

针对复杂应用环境设计的智能车牌识别摄像机，它主要由带有 RS485 或 RS232 接口的一体化摄像机、$\frac{1}{2}$CCD 摄像机、低功耗 LED 补光灯、智能控制板组成。

智能车牌识别摄像机能分析的图像整体亮度和车牌区域亮度智能地调整摄像机的光圈、快门、增益等曝光参数。它可以动态跟踪光线的变化，无论何时、何种光线条件下都能采集到尽量清晰的有利于识别的图像。环境光较弱时摄像补光单元可自动开启补光灯进行主动补光。

目前电子警察在很多城市近几年的应用中取得了非常好的成效，它的发展已经从大中城市到中小城市，发展速度非常快并已经成为安防行业的主要增长点。现在电子警察技术已经很成熟，高清电子警察系统已经开始在一些城市应用，不同的城市可以根据实际情况选用适合的方案。

3. 视频电子警察系统网络传输系统

该部分主要将前端控制部分的车辆违法信息传输到交警数据中心，同时操作人员在交警数据中心应用远程管理软件通过该网络可对前端控制设备进行远程管理及设备参数设置。该传输网络可以采用光纤通信、电话拨号、数据专线、宽带网络、光纤网络、无线 GPRS/CDMA等方式。如果与视频监视系统共用光端机，可采用数模复用光端机，即在一根单模光纤上传输视频监视系统前端快球的视频信号及镜头的控制信号，同时提供 100Mbit/s 的以太网口用以传输闯红灯电子警察自动监控系统前端控制部分的违法车辆信息。

1）路口局域网：路口局域网是将路口多个方向的高清网络摄像机、处理机汇集起来，若网络摄像机、处理机距离汇集点较近，则直接通过超五类线与汇集点交换机连接，若网络摄像机、处理机距离汇集点较远，则部署多台交换机，将交换机互联。交换机选型为 100Mbit/s 的交换机，必要时选配光纤模块。

2）路口与中心互联：路口汇集点安装1台光纤收发器，借助铺设到点光纤，通过光纤汇聚到中心。为了给高清全景视频预留传输带宽，该光纤收发器传输带宽为1000Mbit/s。

3）无线传输网（备份）：电子警察业务处理机可配置CDMA、3G无线传输模块，当有线传输线路出现故障时，电子警察业务处理机可启动无线传输，通过CDMA或3G传输链路将数据传回中心。常用视频电子警察系统网络结构图见图2-40。

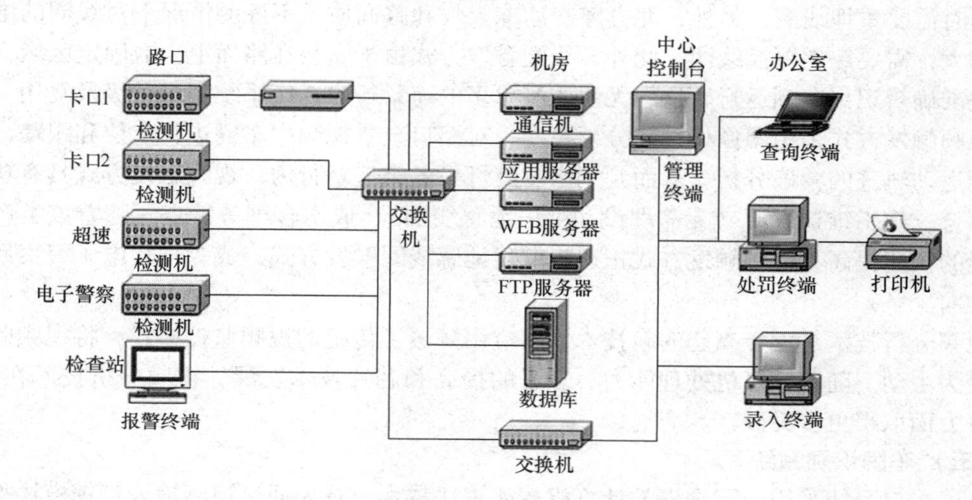

图2-40　视频电子警察系统网络结构图

4. 中心管理系统

中心系统完成对路口的设备、数据通信管理和数据处理工作，可以直观观察各前端节点情况。中心系统模块主要包括：数据查询、处理、发布模块，抓拍数据维护模块，机动车监控模块，设备管理监控模块，监控报警模块，用户管理监控模块。整个系统的模块结构见图2-41。

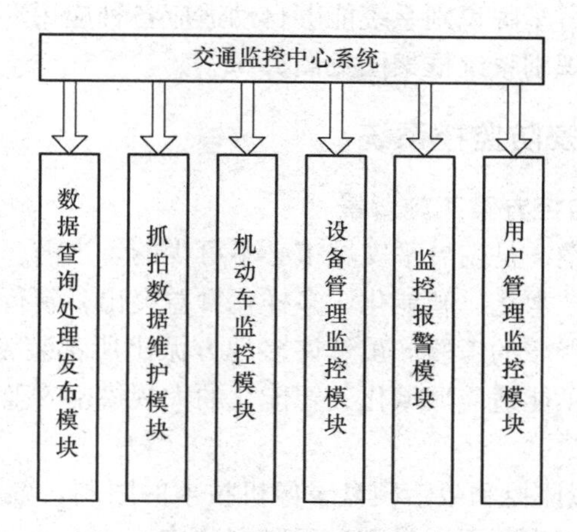

图2-41　中心管理系统的模块结构

（四）视频触发方式

目前闯红灯电子警察抓拍的触发方式主要有两种，即地感线圈触发方式和视频触发方式。地感线圈需要在车道上切割环行线槽，然后埋设感应线圈（或感应棒）。车辆通过时感应线圈会发出信号给相应设备，对车辆的检测比较准确。很多公司为达到高清效果会采用线圈检测+数码摄像机或工业高清摄像机这种方式，表面上看达到了所谓高清效果，实则增加了系统的不稳定性，给业主从实用性及维护性方面增加更多的后期成本，违背了系统设计可靠、方便的原则。由于需要在地下埋设感应线圈，既加大了施工难度也提高了工程成本。路面变更时需要重埋线圈，另外，北方寒冷冰冻天气和路面质量不好的情况下对线圈的维护工作量较大，需要定期更换线圈。此外，线圈触发方式由于安装在路面上少数固定区域，故一般无法准确辨识出车辆运行轨迹，无法监测更多的违章行为，使系统很难升级及复用。

视频触发方式采用图像处理和分析技术，对路口全景视频中车辆进行定位和跟踪，实现对车辆运动轨迹的精确分析，从而判别出闯红灯等各类违章行为。视频触发方式具有功能强大、综合，施工维护方便（无需埋设和维护地感线圈）、成本合理等特点。随着该类产品检测性能的快速提高，视频触发方式正逐步取代地感线圈触发方式，成为现代电子警察系统的发展方向。

视频分析技术是近年兴起的新技术，其应用颠覆了传统的视频监控模式，将视频监控从被动变为主动。随着计算机处理能力、算法的提高和芯片技术发展，视频分析技术在检测、识别等方面取得更多突破。

（五）车牌识别系统

高清卡口系统采用国际领先的计算机智能算法技术，首先通过视频输入管理模块得到需要的最佳质量的视频图像，对获取的每一帧图像，利用最新的高效视频检测技术对行驶中的车辆的车牌进行定位和跟踪，从中自动提取车牌图像，然后经过车牌精定位、切分和识别模块准确地自动分割和识别字符，得到车牌的全部字符信息以及颜色和类别信息。另外通过车辆检测模块，可以鉴别出无牌车辆并输出结果。通过查询违法数据库得到车辆的违法信息，显示违法车辆的相关信息，同时现场报警。通过查询征稽数据库得到车辆的征稽信息，显示欠费车辆的相关信息，同时现场报警。另外，系统还采用独特的在线学习新技术，对各识别模块进行动态的调整，使得车牌识别系统能够自动适应各种应用环境的变化，从而大幅提高识别系统的应用性。车牌识别系统框架图见图2-42。

二、城市联网视频安防监控系统

（一）平安城市视频监控方案实施背景

平安城市视频监控方案，是发展平安城市必不可少的。当前，刑事犯罪的活动性、对抗性、隐蔽性和犯罪手段的技术化、智能化、多样化日益突出，新行业、新领域的犯罪也逐年增多，给公安工作带来了严峻的考验。虽然许多地方派出所都装备模拟视频安防监控系统，但在使用过程中发现其仍不能适应城域化、智能化的大规模治安监控的快速发展，主要体现在以下两个方面：

1）由于受到传统模拟监控和数字硬盘录像机技术的限制，各监控系统都只能做到本地监控，市局、区分局对各派出所无法做到远程联网监控。

2）原有监控系统的图像存储设备可靠性不够，容易造成图像资料丢失。

因此，需要建设一套数字化的智能综合安防监控系统，实现平安城市的目标。视频安防监控系统历经多次变革转换，已经全面步入数字化、网络化、高清化、智能化阶段。一些具

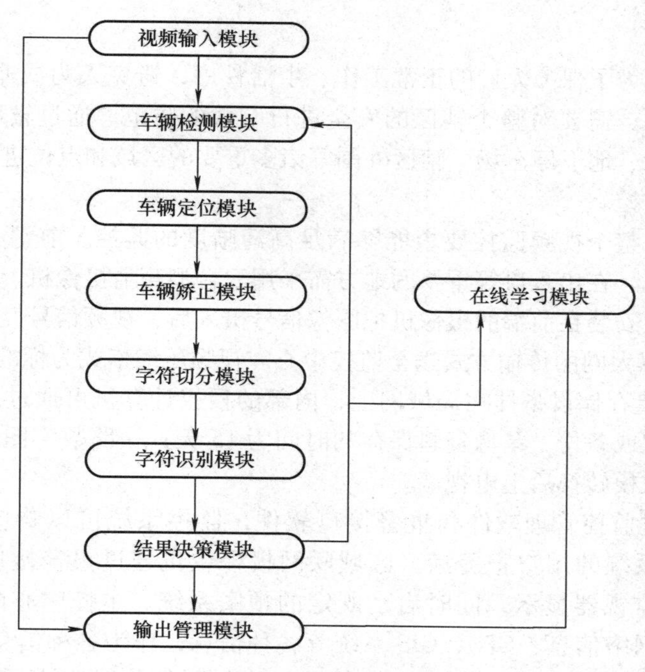

图 2-42　车牌识别系统框架图

备较强研发实力的视频监控厂商开发出了一系列的高清网络摄像机，这种高清化、数字化、网络化的摄像机开始逐步出现在视频监控领域，它们所带来的视觉上的震撼效果在以前的视频安防监控系统中是不可想象的。同时智能分析模块整合到高清视频安防监控系统中，高清摄像机给智能分析提供了比传统画质高出几倍的清晰图像源，使得智能分析的准确性以及功能性都得到更广泛的认同。城市视频安防监控系统作为一个复杂系统，其终极目标也是高清化、网络化、智能化，百万像素高清视频安防监控系统解决方案从此改变传统平安城市视频监控的系统结构模式。

公安机关通过对各娱乐场所、网吧实施隐蔽式远程图像监控管理，变被动式接警处理为主动式监管，不仅可以大大缓解警力不足的问题，且对于吸毒、聚众闹事等违法犯罪行为起到一定的震慑作用，而且，必要情况下图像资料的录像保存还可以作为公安机关对于犯罪认定和处理的有效依据。

城市高清网络视频安防监控系统主要包括音视频的采集、传输、存储、管理、共享等环节。整个解决方案可分为前端监控资源采集、监控资源接入、联网集中管理、图像资源存储以及图像资源共享平台建设等部分。

前端视频采集主要包括：道路卡口、红灯路口、宾馆酒店、娱乐场所、网吧、城市街道、派出所滞留室、其他公共区域等，在这些重点区域安装百万高清网络摄像机实施高清晰的现场监控、抓拍、智能分析，使相关管理部门充分把握现场的详细情况，提供高质量的画面给监控人员或者是后端智能分析系统，在完成传统事后分析功能的同时逐步实现事前预警提示。每个区域构建前端高清监控子系统完成对每个区域的详细记录，监控，同时通过视频光纤专网将各个子系统统一并入专网实现大规模集中城市高清视频监控，实现统一调度，资源共享，提升相关执法部门的工作效率，为城市的和谐繁荣构筑一道高清视频安全监控网。

视频监控区域：为了保障人们的正常工作、生活秩序，避免人为或非人为的财产损失，避免非法的人员闯入、需要对整个辖区的安全进行有效的防范。通过辖区出入口、重要通道、其他重要出入口、地下停车场、辖区外围等诸多重要的区域和点位进行全天候的、实时的、高清晰的视频监控。

点位分布要求：整个视频监控要求能够满足高清晰度的监控。前端必须采用目前最先进、最稳定的摄像机。在出入口等重要的地方需采用云台型高清摄像机。

视频压缩处理：安装在前端的摄像机把图像信号摄入后，视频信号经视频编码器转换为IP网络信号，通过以太网的传输方式送至监控中心。视频压缩格式为标准H.264，压缩分辨率不低于720P，海量存储设备挂在局域网上，内部的授权计算机可通过局域网远程查看录像资料，并可以截取或备份，录像资料保存的时间为15天；一路数字图像传输到数字解码器，数字图像经过数模转换后上电视墙。

报警联动：通过监控管理软件和报警接口软件，监控系统可以响应区域联网报警系统，区域联网报警系统的用户报警后，区域联网报警主机通过报警接口软件自动调用相关图像到大屏或主监视器显示，同时启动既定的预案系统。主控中心的大屏幕可以显示监控图像、计算机网络信息、GPS、GIS系统等各种信息，作为各种信息的综合显示平台。

联网监控：通过办公辖区局域网，上级部门和相关领导可以调用任意的图像、授权的用户可以联网调用录像资料等。系统将监控图像实时传输到监控中心和其他相关部门，通过对图像的浏览、记录等方式，使各级机关和其他相关职能部门直观地了解和掌握监控区域的治安动态。

平安城市视频远程集中监控系统拓扑图见图2-43、图2-44，网络拓扑图见图2-45。

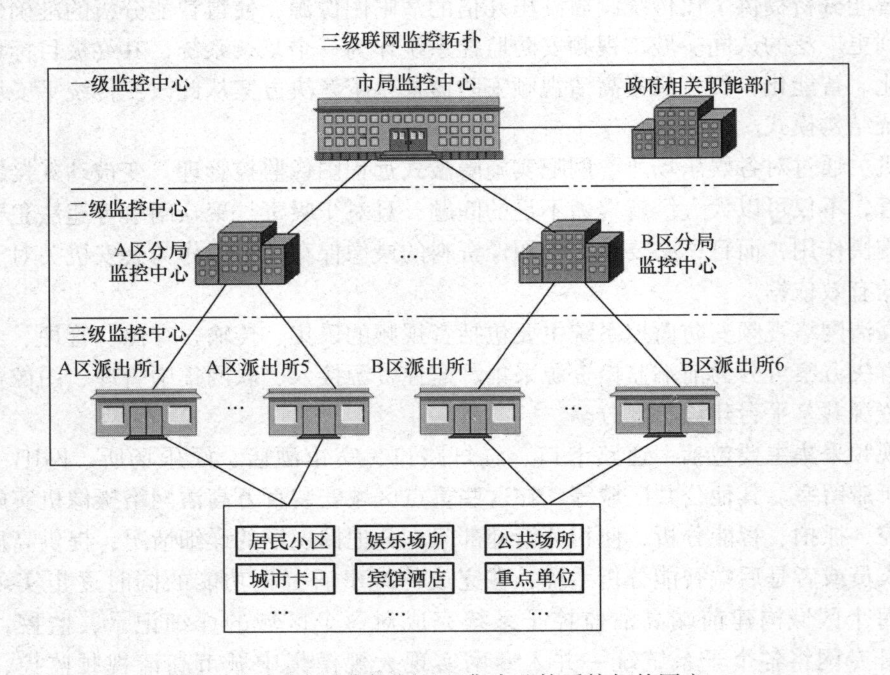

图2-43 平安城市视频远程集中监控系统拓扑图之一

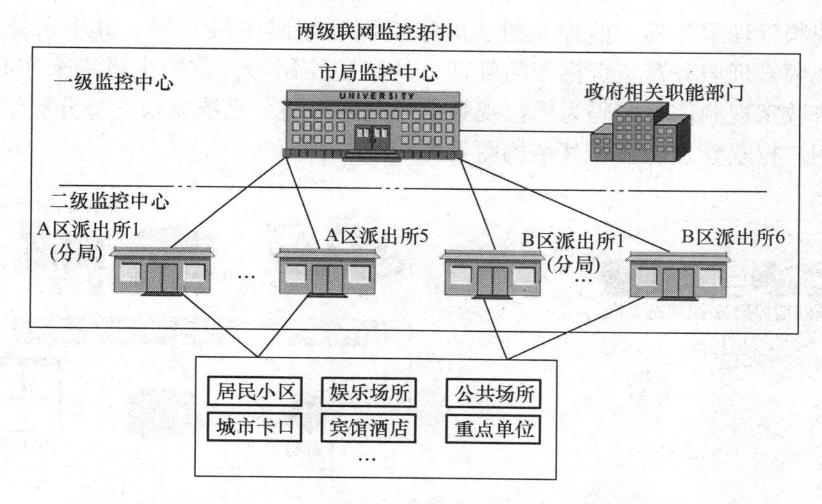

图 2-44　平安城市视频远程集中监控系统拓扑图之二

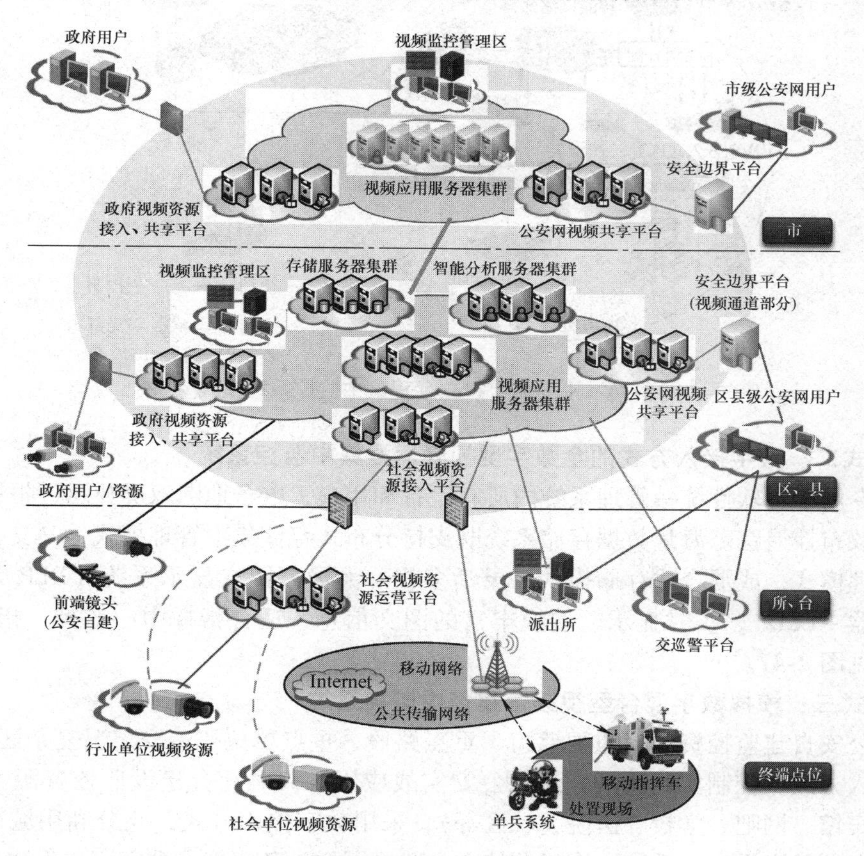

图 2-45　平安城市视频远程集中监控系统网络拓扑图

1. 模式一：模拟接入方式的模数混合型视频远程集中监控系统

整个系统基于 TCP/IP 网络进行传输，在各级系统间传输全部为数字视频信号。前端采用网络摄像机、网络快球等，或使用摄像机加网络视频服务器。各级监控中心可统一部署录像服务器、视频管理服务器、监控主机、虚拟矩阵（解码主机）等。其中录像服务器完成集中录像，视频管理服务器负责视频的管理、共享和控制等，监控主机用来实时监控浏览，解码主机则将数字视频信号解码为模拟视频信号上屏幕墙。系统完全支持分层组网架构，且具有灵活的用户权限管理能力。其结构图见图2-46。

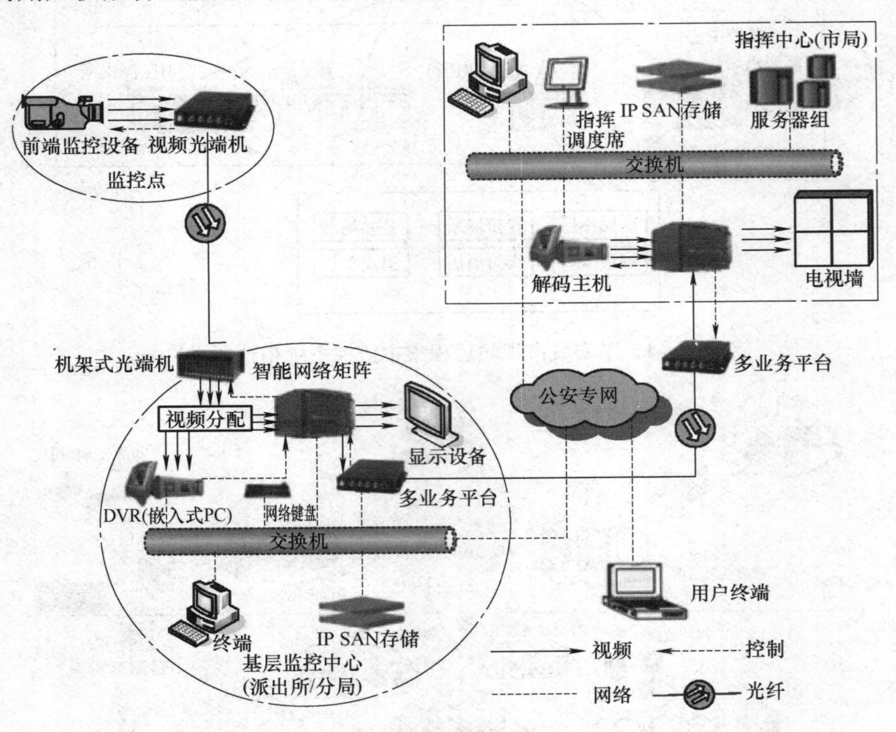

图2-46　平安城市视频远程集中监控系统模式一

2. 模式二：数字接入方式的全数字型视频远程集中监控系统

一套专用平台软件统一管理系统内所有设备和用户，电子地图双屏显示，报警联动多路视频，有效布控追踪。海量数据存储系统既支持分布式存储集中管理模式，又支持集中存储分布式管理模式，或混合式存储模式，灵活多样。大屏幕图文显示系统（DLP无缝拼接大屏+监视器+LED），实时显示、切换丰富的图文信息，适合指挥中心监控、指挥、调度。其结构图见图2-47。

3. 模式三：模拟数字混合型视频远程集中监控系统

针对公安自建监控资源（重要路口、重点路段、重点单位、治安情况复杂区域等），采用模拟接入方式，控制实时流畅，适合公安实战应用。针对社会建设监控资源（一般企事业单位、宾馆、网吧、学校、医院、社区等），采用数字接入方式，充分利用城市宽带网将社会监控资源纳入平安大系统中多级监控中心联网同样具备模拟、数字双备份联网控制。一套专用平台软件统一管理所有模拟、数字设备和信号，电子地图双屏显示，报警联动多路视频，有效布控追踪。图像资源集中存储，分布式管理，提升存储的稳定可靠性，并降低存储造价，极高的性价比大屏幕图文显示系统（DLP无缝拼接大屏+监视器+LED），实时显示、切换丰富的图文信息，适合指挥中心监控、指挥、调度，其结构图见图2-48。

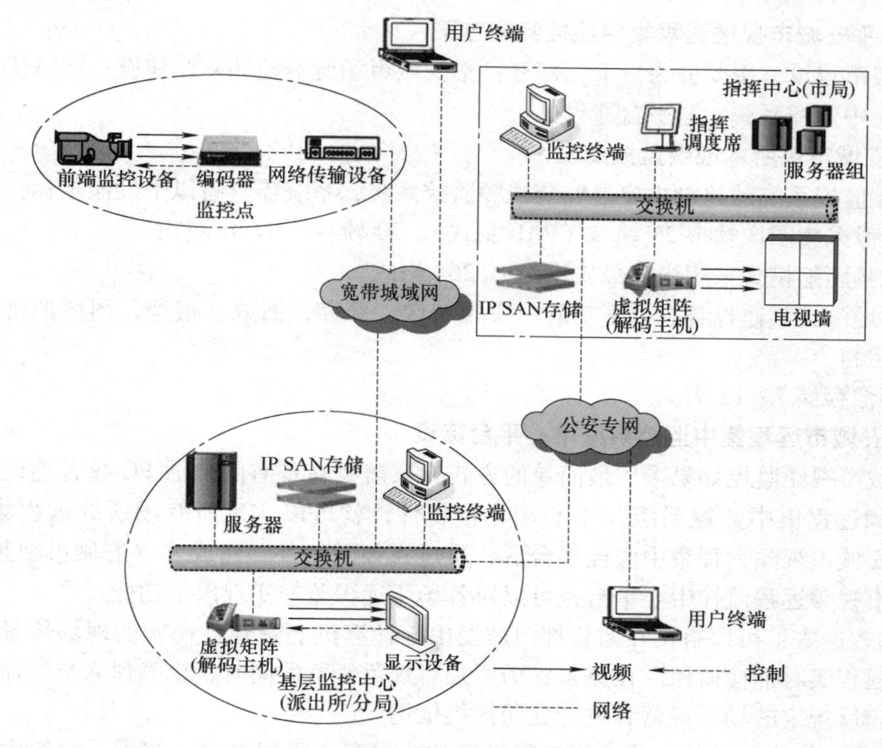

图 2-47　平安城市视频远程集中监控系统模式二

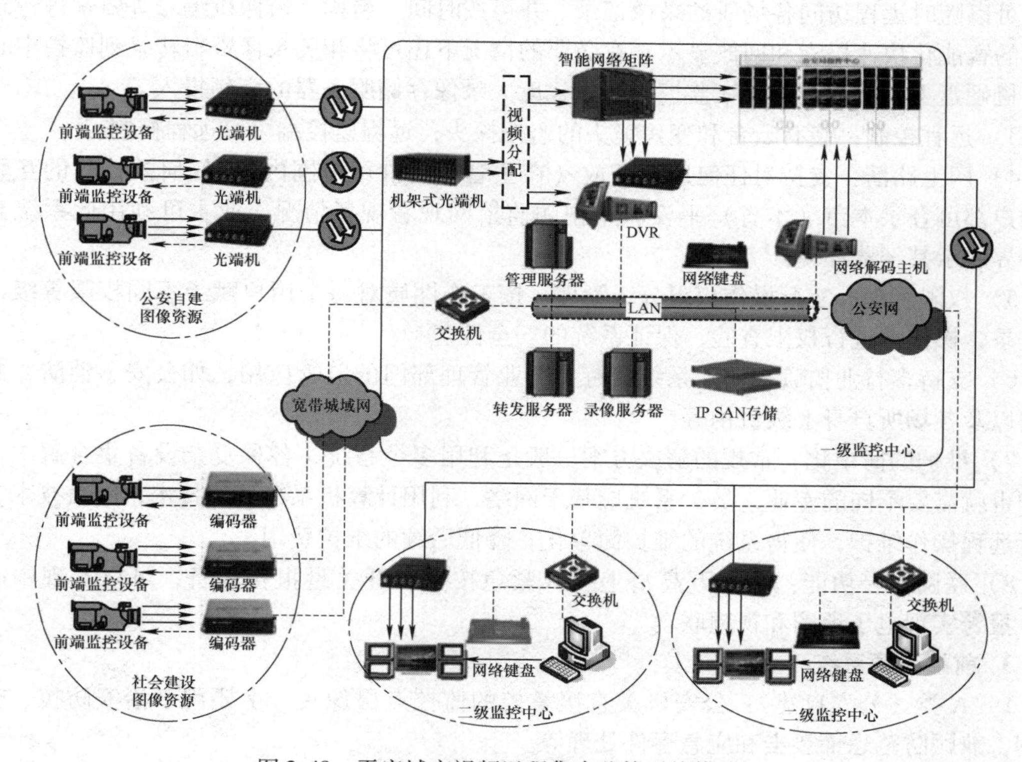

图 2-48　平安城市视频远程集中监控系统模式三

（二）平安城市视频远程集中监控实施方案

平安城市建设，主要分为以下三部分：平安城市场所本地端监控建设、网络传输、平安城市远程集中监控系统中心平台建设。

1. 平安城市场所本地端监控建设

本地端监控系统的建设主要是安装视频监控系统，系统需具备以下性能指标：

1）录像采集图像帧率25帧/s（PAL制式）、30帧/s（NTSC制式）。

2）视频压缩格式采用当前最先进的H.264格式。

3）本地端视频监控具有以下功能：实时录像、保存、回放、报警、图像加密、字符叠加、云台控制。

4）图像存储7~15天。

2. 平安城市远程集中监控系统中心平台建设

平安城市视频监控如果采用最简单的方式，只需要在现有的普通PC或者笔记本电脑上安装“视频远程集中监控系统”中心端平台软件，就可以实现所有场所的远程集中监控。安装好平安城市视频远程集中监控平台后，通过视频网软件，建成“平安城市视频监控网”和平安城市视频远程监控中心平台，可以对各场所远程监控实现以下功能：

1）远程巡查：可以直接在监管部门监控中心计算机上看到各场所的现场情景图像，对场所进行远程实时抽检监控。在监督各场所是否规范经营的同时，也确保人员生命和财产安全，并对违反规定的场所经营者进行处罚提供依据。

2）远程在线实时监控、历史视频录像回放、保存：采用点对点技术，监控中心的管理人员可以随时远程访问各场所的录像记录，并可按时间、名称、摄像机编号等要素进行录像资料的智能化快速检索和回放显示，在必要的情况下还可将相关录像资料转录到监控中心的计算机硬盘上，从而避免了在监控中心组建庞大录像存储服务器的高额投入。

3）远程控制：装有云台和变焦镜头的监控探头，远程监控端可以远程控制。

4）网上路演：支持对任何用户开放（在主管部门许可范围内），任何被授权的互联网络用户都可登录本市（本省）平安城市视频监控网观看现场情况，业主可利用此系统充分向外界展示其经营环境。

5）权限管理：实行操作权限分级管理，按工作性质对每个用户赋予不同权限等级，系统登录、操作均进行权限查验，保证系统的安全性。

6）支持多行业监管控制：系统支持多行业管理部门的监管应用，如公安、消防、文化部门以及各场所自身上级机构等。

7）维护的简单化：常规的解决方案一般是利用多个系统、各种复杂设备集合解决，其维护也就需要不同的专业人员。系统应基于网络，利用计算机系统处理技术，网络技术，可实行远程操作维护，使得系统的维护简单化，降低后续的维护费用。

8）联网报警功能：在百万高清上接入紧急按钮和开关量报警设备，可以实现中心报警。报警实现电子地图和视频联动。

3. 前端资源系统

1）A类（公安自建）：公安机关直接掌控的监控点摄像头，主要用于治安防控、交通管理，兼顾防范恐怖袭击和应急事件处理等。

A类一级为市公安局确定的核心监控区域及城市的交通枢纽、要害单位等。该区域为全市核心的监控和警卫目标，覆盖省市党政机关、政法机关、市区主要干道、交通枢纽、要害部位、人流密集地段、案件高发地段以及重点警卫单位。

A类二级为区级公安分局确定的重点监控区域及按属地原则区（县）辖内的重要公共场所。范围覆盖各区党政机关、政法机关、区属重要道路、人流聚集点、治安黑点、案件多发地段以及辖区内的重要公共场所。

A类三级为公安派出所确定的一般治安监控点、街道（镇）及各企事业单位、居民社区的治安监控区域。

2）B类（社会资源）：各党政机关、企事业单位、社会管理的监控点摄像头，主要用于城市综合管理、交通运政管理、安全生产、水利三防、环境保护和内部管理等。

B类一级为市直属各委、办、局确定的城市管理、交通运政、安全生产、水利三防、环境保护等应用的监控点。

B类二级为区（县级市）确定的用于各地区城市管理、安全生产等非治安防控目的的视频监控点。

B类三级为各单位大楼（院墙）内部的重要监控目标（如大厅、通道、电梯、机要室、仓库）以及周边需要监控的区域（如大门、门前广场等）。

4. 联网解决方案

传输网络承载联网系统信息和数据，连接监控资源、监控中心和用户终端及其他相关应用系统。传输网络从结构上可分为接入网络、监控中心互联网络。接入网络从功能上又可分为监控资源接入网络、用户终端接入网络。同时联网系统还需要与其他应用系统进行互联。传输网络结构图见图2-49。

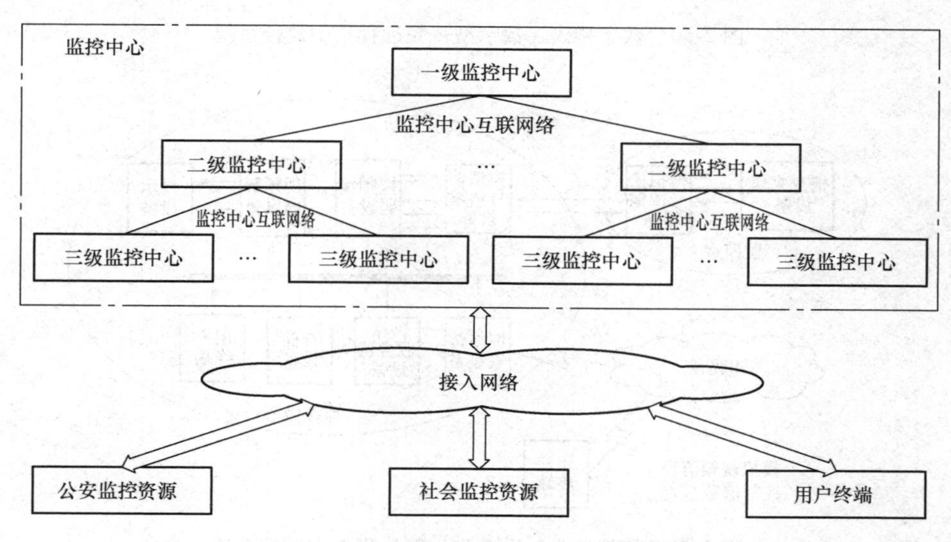

图2-49　视频远程集中监控系统传输网络结构

传输网络通常由传输介质、传输节点和传输接口构成，从逻辑上构成了联网系统的基础支撑。传输网络可使用公安专网、公共通信网络或专为联网系统建设的独立网络构建。当传输网络使用公共通信网络构建时，应采用VPN等方式进行相应的安全隔离。从安全性考虑，应优先使用公安专网或独立视频专网，如果使用运营商构建的公共通信网络，则必须使用

VPN 方式进行逻辑上的专网隔离，以保证逻辑上的专网专用。当使用非公安专网进行构建，需要接入公安专网时，必须考虑接入安全，应该使用公安主管部门认可的安全接入平台完成两个网络的隔离。

前端社会建设监控资源分为两大类；一类为新建系统；建议采用数字接入 - 数字型视频远程集中监控系统。适合监控点与监控中心之间使用 IP 网络传输，见图 2-50；或建议采用模拟接入 - 数字型视频远程集中监控系统，见图 2-51。适合监控点与监控中心之间采用专线传输情况下新建监控系统。

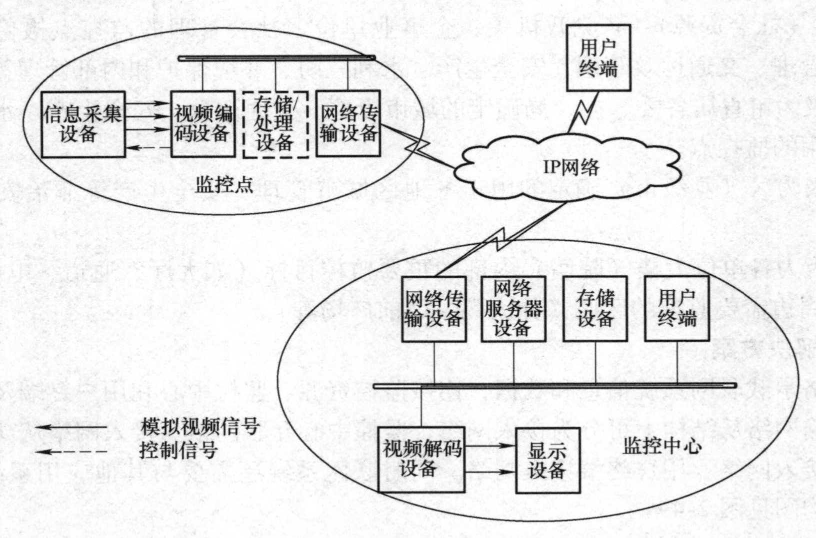

图 2-50　数字接入 - 数字型视频远程集中监控系统

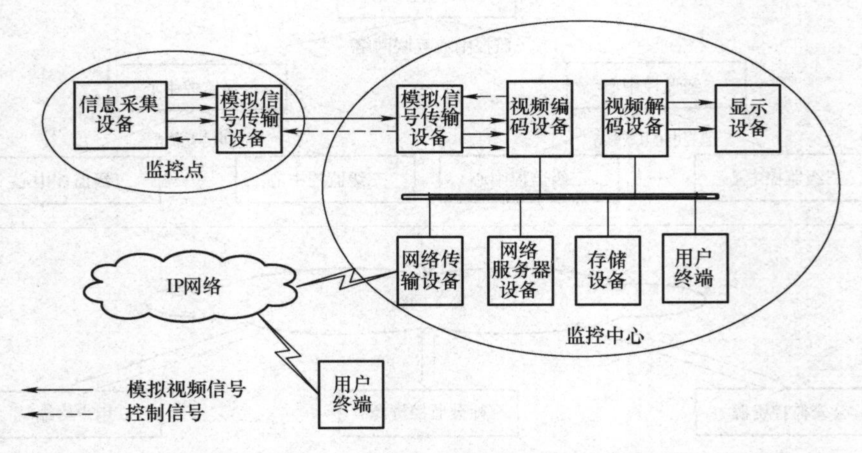

图 2-51　模拟接入 - 数字型视频远程集中监控系统

新建系统根据不同单位（宾馆、网吧、娱乐场所、金融行业、社区、医院、学校、一般企事业单位）选用 DVR、网络编码器、矩阵等主控设备；新建系统很容易纳入到联网平台管理软件中。

另一类为已建系统的整合；建议采用数字接入 - 模数混合型视频远程集中监控系统。适合监控点与监控中心之间使用 IP 网络传输的情况下改造原有模拟监控系统，见图 2-52；或建议采用模拟接入－模数混合型视频远程集中监控系统，适合监控点与监控中心之间采用专线传输情况下新建监控系统或者改造模拟监控系统，见图 2-53。

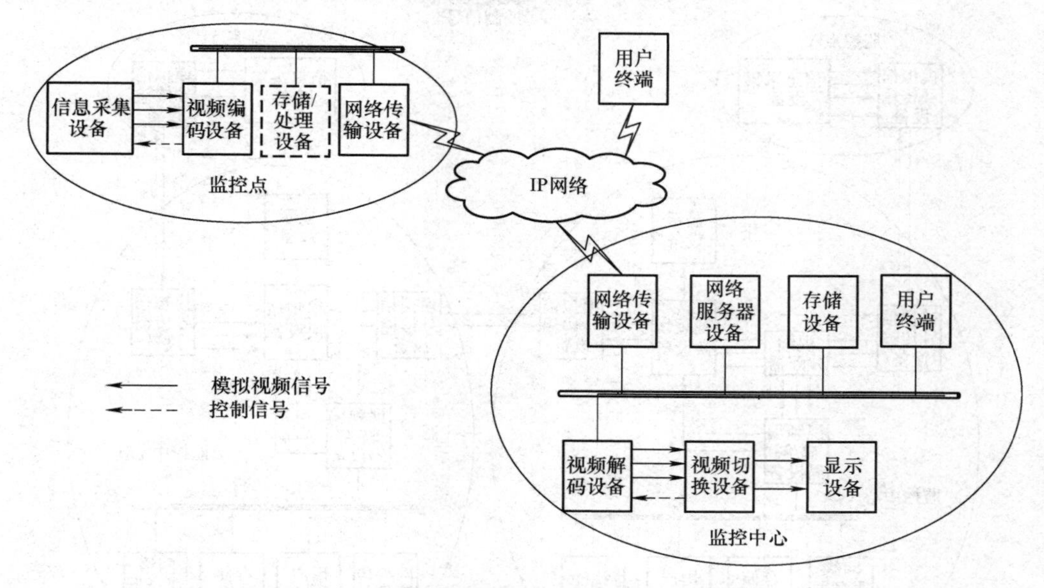

图 2-52　数字接入－模数混合型视频远程集中监控系统

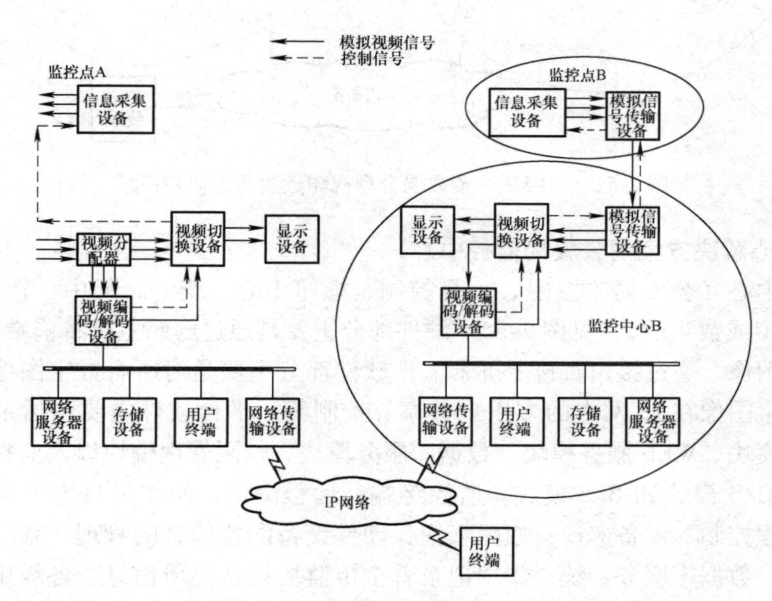

图 2-53　模拟接入－模数混合型视频远程集中监控系统

采用国内主流嵌入式 DVR（海康、大华等）为主控设备或国内主流网络编码产品（海康等）为主控设备，可以兼容到大系统中；采用其他的非主流 DVR 为主控设备或网络编码器为主控设备的，可以采取升级措施纳入到大系统中；采用主流矩阵为主控设备的，可以通过网络编码器将模拟信号以及控制信号上传到公安局监控中心，从而将模拟系统纳入到大系统中。建议采用双级联-模数混合型视频远程集中监控系统，适合监控点与监控中心之间采用专线传输情况下改造模拟监控系统，见图2-54。

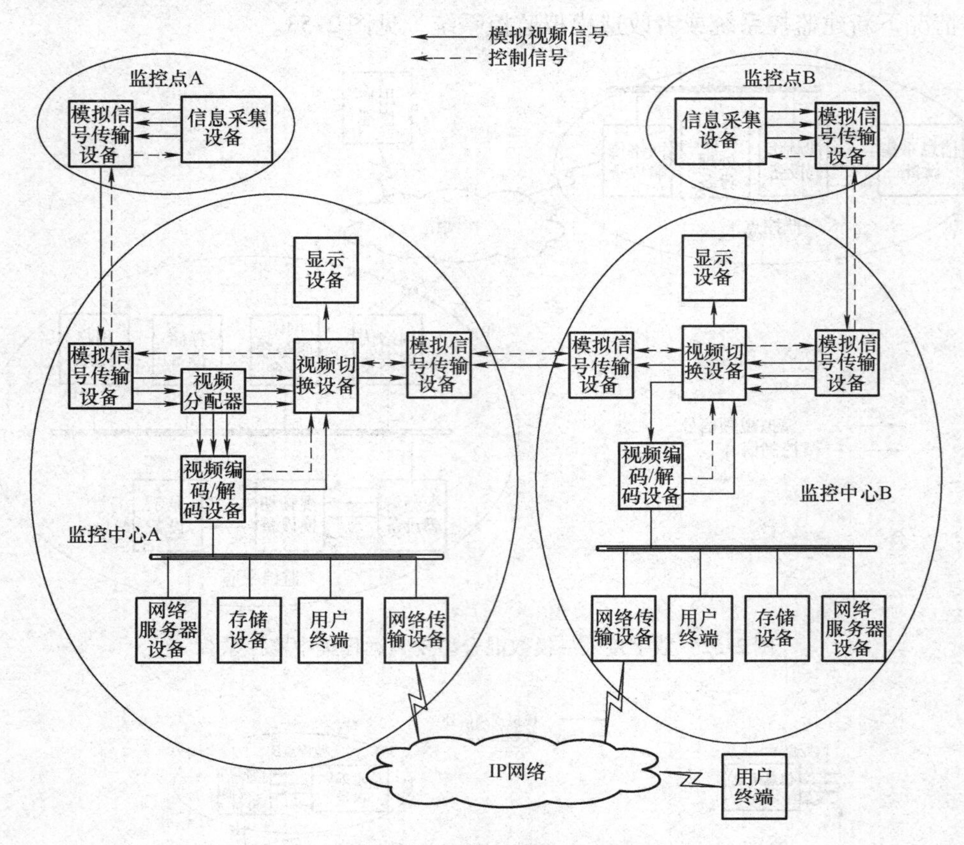

图2-54 双级联-模数混合型视频远程集中监控系统

5. 联网中心解决方案（公安局监控中心）

联网监控中心（公安局监控中心）是控制、枢纽中心，统一、集中、管理、控制所有前端系统（模拟或数字的），见图2-55。硬件部分主要是通过解码主机将前端上传的数字信号还原为模拟图像，通过接口直接上屏幕墙；软件部分主要是对所有数字图像的集中存储、管理，以及数字图像在IP网内的多用户共享、控制等；平台软件主要包括录像服务模块、代理转发服务模块、WEB服务模块、数据库服务模块、权限管理模块以及监控浏览模块等；平台软件支持C/S模式和B/S模式。监控终端：远程浏览、操作员日志记录、电子地图、远程配置、远程控制、设备巡检；权限管理：硬件设备配置信息的管理、系统用户的管理、云镜分级控制；数据库服务：统一集中记录着全市监控设备注册信息、各级用户注册信息、各级用户权限信息、设备分组信息、用户分组信息以及设备组和用户组对应关系等数据信息；WEB服务：将WEB服务器接入网络，网内多个授权用户不需要安装任何客户端软件，通过IE浏览器直接访问联网中心数字图像资源；流媒体转发：为本地公安内网和上级用户提供流媒体转发服务，对于多用户同时访问前端视频服务器图像的情况，可以大大缓解网络压力，减少前端设备数据处理量。

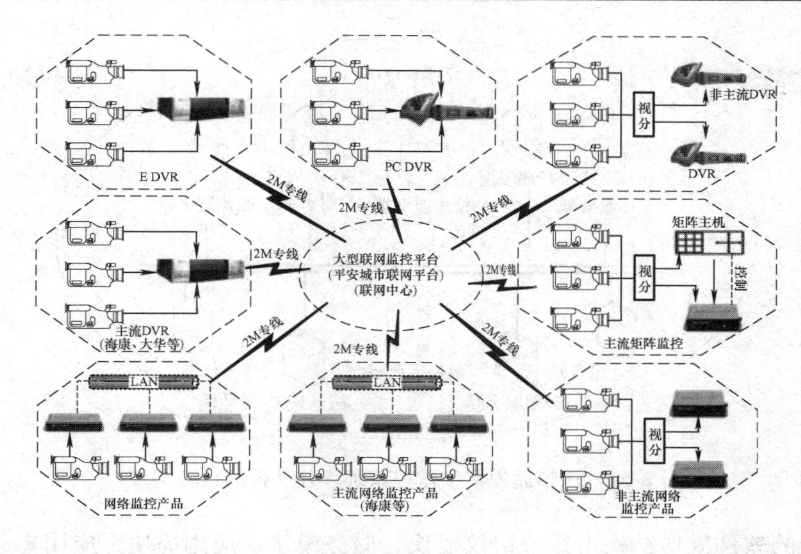

图2-55　视频远程集中监控系统联网监控中心（公安局监控中心）结构

6. 联网监控平台管理软件

视频远程集中监控系统联网管理平台的软件和硬件一般安装在各级监控中心，通过网络把所有监控资源（主要指监控前端和区域联网系统）以及其他系统如“三台合一”系统、卡口系统等来的视频音频、报警等信息汇集到监控中心，并经过监控中心管理平台处理后保存起来或传送到相关的用户终端。管理平台处理后的信息也可通过标准接口转发传送到“三台合一”系统、卡口系统等其他系统。其管理平台的体系架构见图2-56。

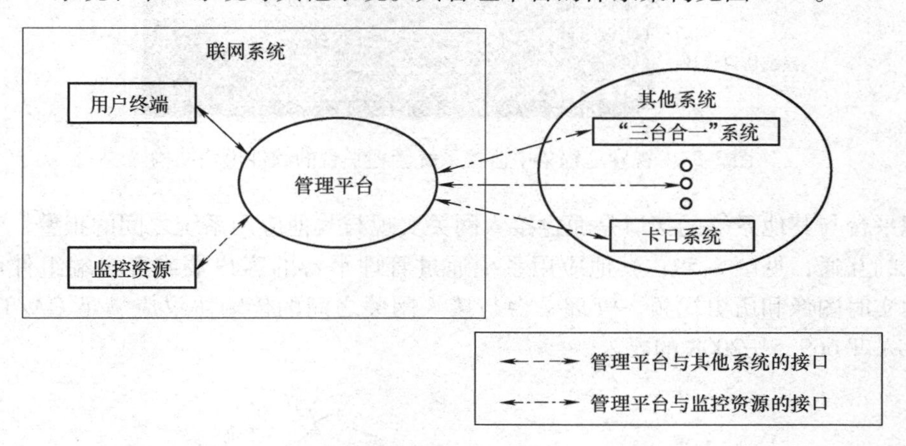

图2-56　视频远程集中监控系统管理平台的体系架构

管理平台的设备构成见图2-57。管理平台可由应用服务器、SIP服务器、GIS服务器、安全服务器、数据库服务器、媒体服务器、管理服务器、报警服务器、中心代理服务器、接入网关等构成。上述服务器均指逻辑服务器，每个逻辑服务器可对应一台或多台物理服务器，一台物理服务器也可部署成多个逻辑服务器。管理平台的每个域可根据实际应用情况由上述服务器中的全部或部分构成。

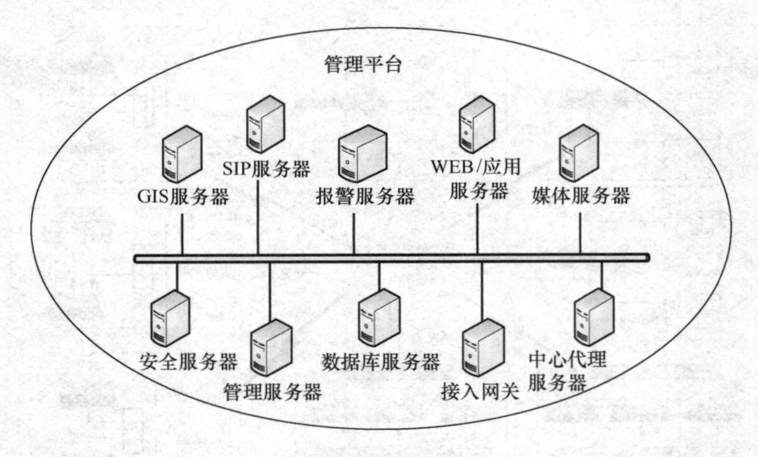

图 2-57 视频远程集中监控系统管理平台的设备构成

管理平台的软件模块结构由系统协议模块、服务模块、应用模块、应用集成模块和系统管理模块组成，见图 2-58。

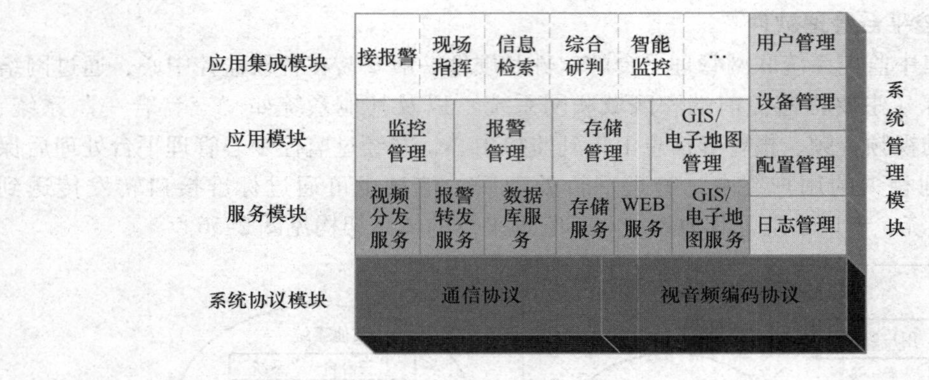

图 2-58 视频远程集中监控系统管理平台的软件模块结构

管理平台与其他系统的接口是通过接入网关实现与其他应用系统之间的报警、布控、图片等信息的互通，见图 2-59；其他应用系统通过管理平台的客户端或客户端组件可访问管理平台的实时图像和历史视频。管理平台与接入网关之间的传输协议应满足 GA/T 669.1—2008 和 GA/T 669.5—2008 的要求。

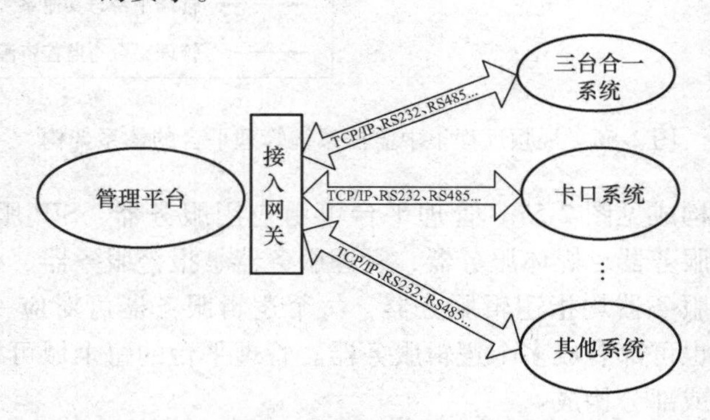

图 2-59 视频远程集中监控系统管理平台与其他系统的接口

7. 报警联网视频

1）在传统的视频监控基础上，在监控前端，如治安复杂区域、重要路口、广场、社区等，增加音频输入设备（拾音器等）、音频输出设备（扬声器或音柱）以及报警设备（紧急按钮或其他报警探头）。

2）数字非压缩光端机通过光纤将上述信号传输至公安局指挥中心，在指挥中心，音频输入设备（传声器）和音频输出设备（音箱）接入音视频报警矩阵。

3）指挥中心在视频监控的同时，可以对某个前端（治安复杂区域、重要路口、广场、社区等）喊话、指挥，或指挥中心同时对多个前端喊话（广播）。

4）同时，指挥中心的电子地图进行双屏显示，一屏多画面显示前端图像，一屏显示整个城区电子地图，电子地图上根据实际情况布置前端摄像探头和报警探头，前端一旦有警情，指挥中心即发出声光报警，提醒公安干警注意，同时报警探头关联的视频自动切换到大画面，指挥中心可以实施布控追踪或与前端实时双向对讲。监控平台示意图见图 2-60、图 2-61，视频远程集中监控系统总体构架见图 2-62。

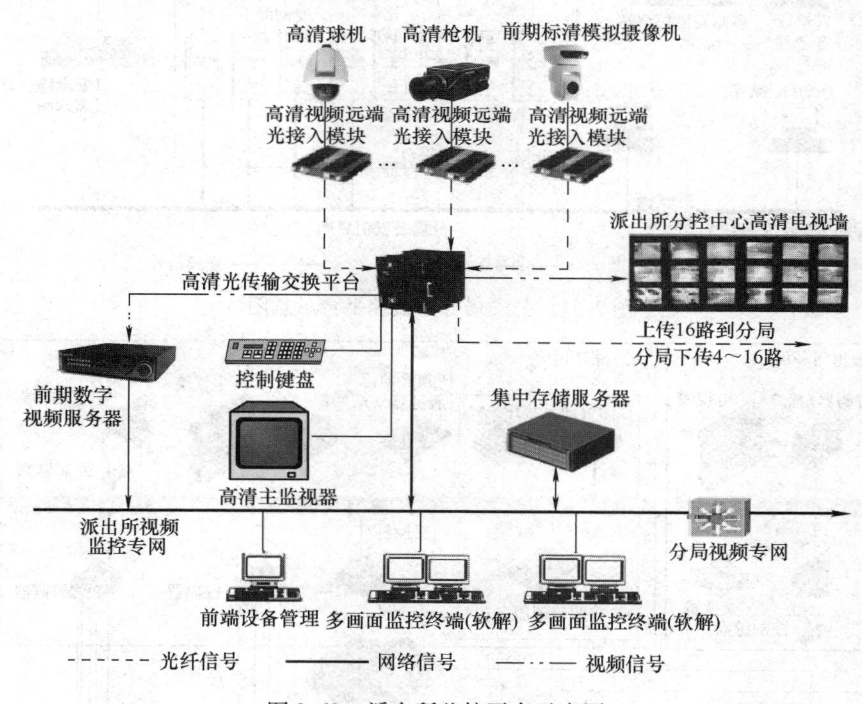

图 2-60　派出所监控平台示意图

8. 社会报警资源整合

1）上述报警信号（报警探头或紧急报警按钮）就目前实际情况来看，安装应慎重，数量不宜过多，否则，过多的警情误报不利于公安实际工作需要。报警资源整合方案见图 2-63。

2）实际上，目前各个城市公安机关联合一些报警运营商运作的基于电话网（PSTN）的报警业务已经比较成熟，报警运营商及公安机关为一些金融单位、重点企业、商业用户、家庭住户以及机关单位提供有偿报警服务，每个单位安装若干报警探头，报警信号通过电话线传输到报警中心，接警中心收到报警信号即实施处警措施，见图 2-64。

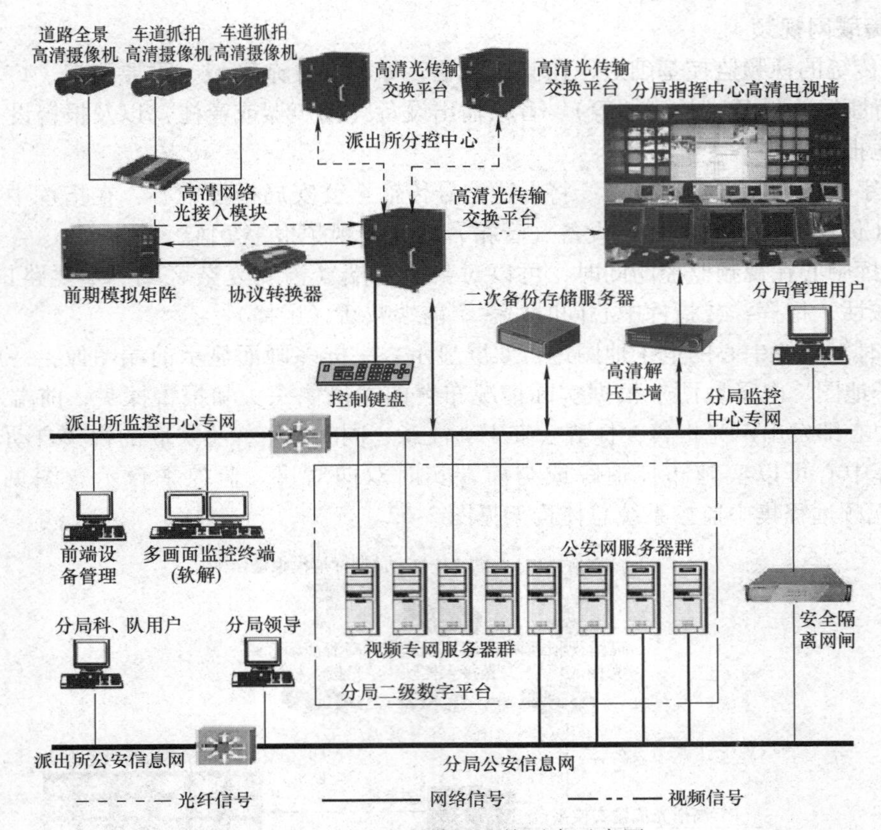

图 2-61　公安局分局监控平台示意图

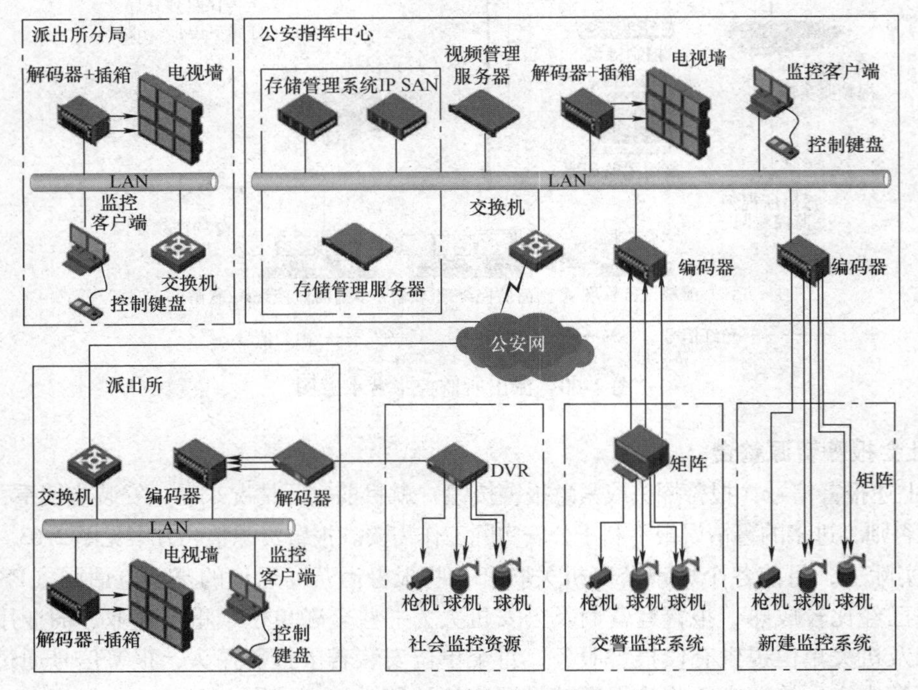

图 2-62　公安局指挥中心监控系统

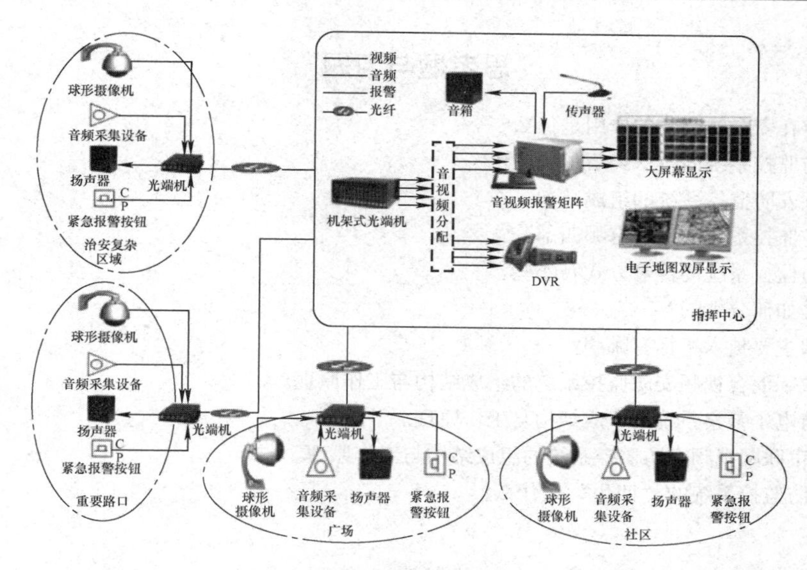

图 2-63　报警资源整合方案

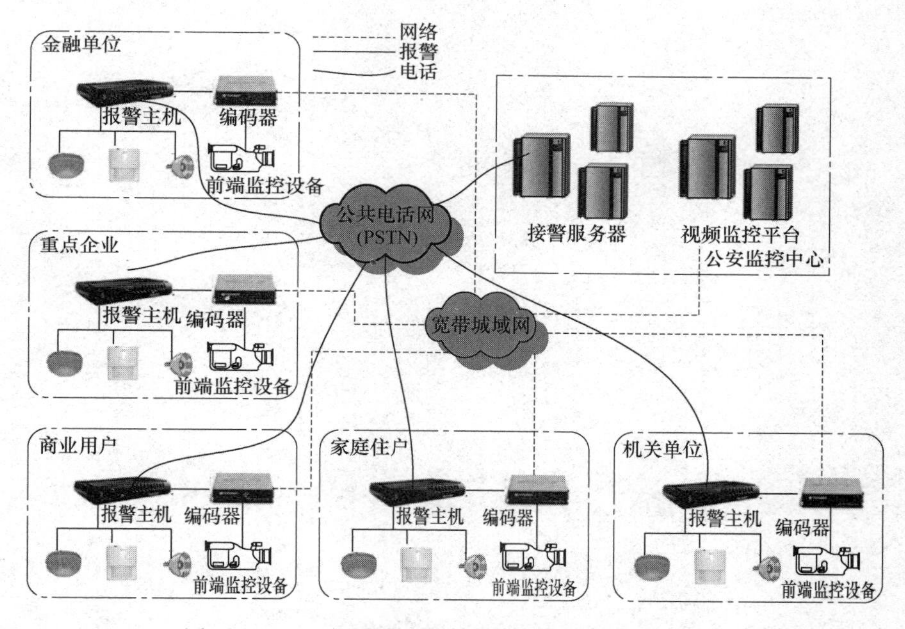

图 2-64　基于电话网（PSTN）和城域网的报警系统

3）这种传统的报警由于种种原因，误报率较高，往往浪费大量的人力物力以及警力，如果能够和视频监控有机地结合，做到报警时可以进行视频复核，则可大大节省人力物力和警力。

在传统报警单位安装基于网络编码器的视频监控，同时，将传统报警系统的报警信号接入网络编码器的报警输入端口，这样，在公安局监控中心，视频监控报警平台通过宽带城域网可以实时接收前端视频及报警信号，一旦前端发生警情，监控中心即发出声光报警，提醒公安干警注意，同时，报警探头关联的视频图像立即大画面切换。

思考题与习题

1. 视频监控在安全防范中的作用是什么?
2. 视频安防监控系统的技术经历了哪三代?
3. 讨论视频安防监控系统的组成结构。
4. 视频安防监控系统的设备有哪四部分?
5. 视频安防监控系统的传输方式有哪些?
6. 摄像机是如何分类的?
7. 摄像机的主要技术指标有哪些?
8. 模拟和数字混合视频安防监控系统的组成结构与工作原理。
9. 简述高清电子警察系统的组成结构与工作原理。
10. 简述城市联网视频安防监控系统的组成结构与工作原理。
11. 视频安防监控系统的“四化”是什么?

第三章　入侵报警系统

第一节　入侵报警系统的组成

一、入侵报警系统技术概述

传统报警指因使国家、公共利益、本人或者他人的人身、财产和其他权利免受损失而通过电话、网络、信件等方式向警方报告危急情况或发出危急信号。目前所指的报警是预防抢劫、盗窃或者其他非法活动事件的一种报警系统，一旦发生突发事件，就能通过声光警报或电子地图提示值班人员或者执法人员出事地点，便于迅速采取应急措施。因此，入侵报警系统是指用来探测入侵者的移动或其他行动的报警系统。当系统运行时，只要有入侵行为出现，就能发出报警信号。

在一些重要的区域，如机场、军事基地、武器弹药库、监狱、银行金库、博物馆、发电厂、油库等，为了防止非法入侵和各种破坏活动，传统的防范措施是在这些区域的外围周界处设置一些（如铁栅栏、围墙、钢丝篱笆网等）屏障或阻挡物，安排人员加强巡逻。在目前犯罪分子利用先进的科学技术，犯罪手段更加复杂化、智能化的情况下，传统的防范手段已难以适应要害部门、重点单位安全保卫工作的需要。人力防范往往受时间、地域、人员素质和精力等因素的影响，亦难免出现漏洞和失误。因此，安装入侵报警系统就成为一种必要措施。入侵报警系统一旦发现入侵者可立即发出报警。

入侵报警系统是新型现代化安全管理系统，它集自动识别技术、光学和现代安全管理措施为一体，涉及电子、机械、光学、计算机技术、通信技术等诸多新技术。它是实现安全防范管理的有效措施。适用各种机要部门，如银行、宾馆、机房、军械库、学校、办公室、智能化小区和工厂等。在数字技术和网络技术飞速发展的今天，周界报警技术得到了迅猛发展。周界报警系统早已超越了单纯的防范原理，它已经逐渐发展为一套完整的信息管理系统，它在环境安全、行政管理工作中发挥着巨大的作用。入侵报警系统工程设计规范（GB50394—2007）将入侵报警系统定义为：入侵报警系统（Intruder Alarm System，IAS）是利用传感器技术和电子信息技术探测并指示非法进入或试图非法进入设防区域（包括主观判断面临被劫持或遭抢劫或其他危急情况时，故意触发紧急报警装置）的行为、处理报警信息、发出报警信息的电子系统或网络。

入侵报警系统由入侵探测器、传输系统和报警控制器三部分组成。探测器将感应得来的信息通过线缆传输给控制器，进行信息处理后，驱动报警输出。

1）入侵探测器：入侵探测器是用来探测入侵者移动或其他动作的装置。它通常由传感器和前置信号处理电路两部分组成。根据不同的防范场所，选用不同的信号传感器，如气压、温度、振动、幅度传感器等。如红外探测器中的红外传感器能探测出被测物体表面的热变化率，从而判断被测物体的运动情况而引起报警；振动电磁传感器能探测出物体的振动，把它固定在地面或保险柜上，就能探测出入侵者走动或撬挖保险柜的动作。一般来说，门窗可以安装门磁开关，卧室、客厅安装红外微波探头和紧急按钮，窗户安装玻璃破碎传感器，厨房安装烟雾报警器，报警控制主机安装在房间隐蔽的地方以便布防和撤防。

前置信号处理电路将传感器输出的电信号放大处理后变成信道中传输的电信号，此信号常称为探测电信号。

2）报警控制器：报警控制器又叫警报接收与处理主机，也称入侵防盗主机，是报警系统的中枢。负责接收报警信号，控制延迟时间，驱动报警输出等工作。将某区域内的所有防入侵传感器组合在一起，形成一个防盗管区，一旦发生报警，则在防盗主机上可以一目了然地反映出区域所在。由有线或无线信道送来的探测电信号经信号处理器做深入处理，以判断“有”或“无”危险信号，若有情况，控制器控制报警装置，发出声光报警信号，引起值班人员的警觉，以采取相应的措施，或直接向公安保卫部门发出报警信号。

3）信号传输信道：信号传输信道种类极多，通常分有线信道和无线信道。有线信道常采用双绞线、电力线、电话线、电缆或光缆传输探测电信号，而无线信道则是将测控电信号调制到规定的无线电频段上，用无线电波传输探测电信号。报警控制器设置在值班中心，系统的主控部分向探测器提供电源，接收探测信号，启动报警装置。

入侵报警系统对探测系统工作状态的控制有 5 种工作状态：布防、撤防、旁路、24 小时监控、系统自检测试。

入侵报警系统分现场探测执行设备、区域控制器、报警控制中心三个层次。最底层是探测执行设备，负责探测人员的非法入侵，有异常情况时发出声光报警，同时向控制器发送信息。控制器负责下层设备的管理，同时向控制中心传送所负责区域内的报警情况。一个控制器和一些探测器、声光报警设备等就可以组成一个简单的报警系统。入侵报警系统拓扑结构见图 3-1。

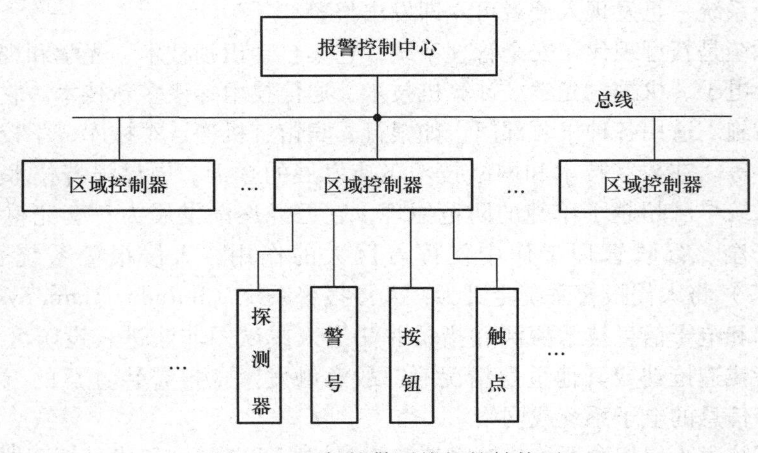

图 3-1 入侵报警系统拓扑结构图

入侵报警系统可以分为两大类：一类是独立和专门的报警系统，由报警探测器、报警控制主机和（或）报警监控中心三级组成；另一类则是非独立的报警系统，从属于视频监控系统或门禁控制系统，报警探测器的输出信号被送往视频监控系统或门禁控制系统的报警输入端口，完成对报警信号的接收、处理、复核、联动和上传。入侵报警系统拓扑结构图见图 3-2。

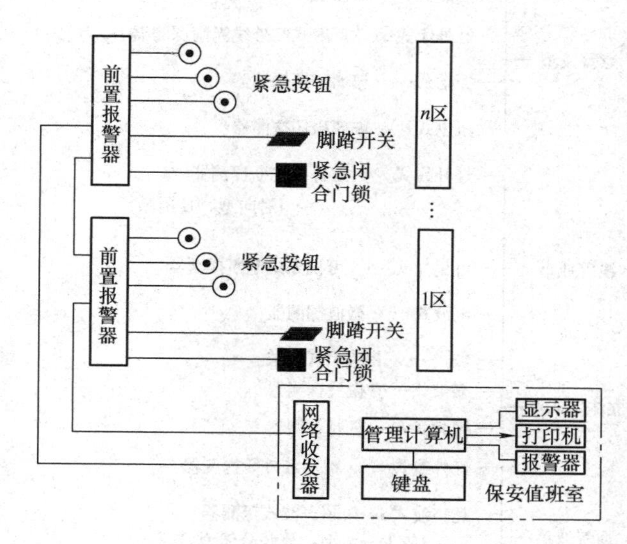

图 3-2　入侵报警系统拓扑结构图

二、入侵报警系统设备

1. 入侵探测器

入侵探测器是入侵报警系统中的前端装置，由各种探测器组成，是入侵报警系统的触觉部分，相当于人的眼睛、鼻子、耳朵、皮肤等，感知现场的温度、湿度、气味、能量等各种物理量的变化，并将其按照一定的规律转换成适于传输的电信号。

2. 分类

1）按用途或使用场所不同分：可分为户内型入侵探测器、户外型入侵探测器、周界入侵探测器和重点物体防盗探测器等，见图 3-3。

2）按探测器的探测原理不同或应有的传感器不同可分为：雷达式微波探测器、微波墙式探测器、主动红外式探测器、被动红外式探测器、开关式探测器、超声波探测器、声控探测器、振动探测器等。

3）按探测器的警戒范围分：①点控制型探测器。警戒范围是一个点，如开关式探测器。②线控制型探测器。警戒范围是一条线，如开主动红外探测器。③面控制型探测器。警戒范围是一个平面，如振动探测器。④空间控制型探测器。警戒范围是一个立体的空间，如被动红外探测器。

4）按探测器的工作方式分：①主动式探测器。主动式探测器在工作期间要向防范区域不断地发出某种形式的能量，如红外线、微波。②被动式探测器。被动式探测器在工作期间本身不需要向外界发出任何能量，而是直接探测来自被探测目标自身发出的某种能量，如红外线、振动等。

5）按探测器输出的开工信号不同分：①常开型探测器。在正常情况下，开关是断开的，电阻与之并联。当探测器被触发时，开关闭合，回路电阻为零，该防区报警；②常闭型探测器。在正常情况下，开关是闭合的，电阻与之串联。当探测器被触发时，开关断开，回

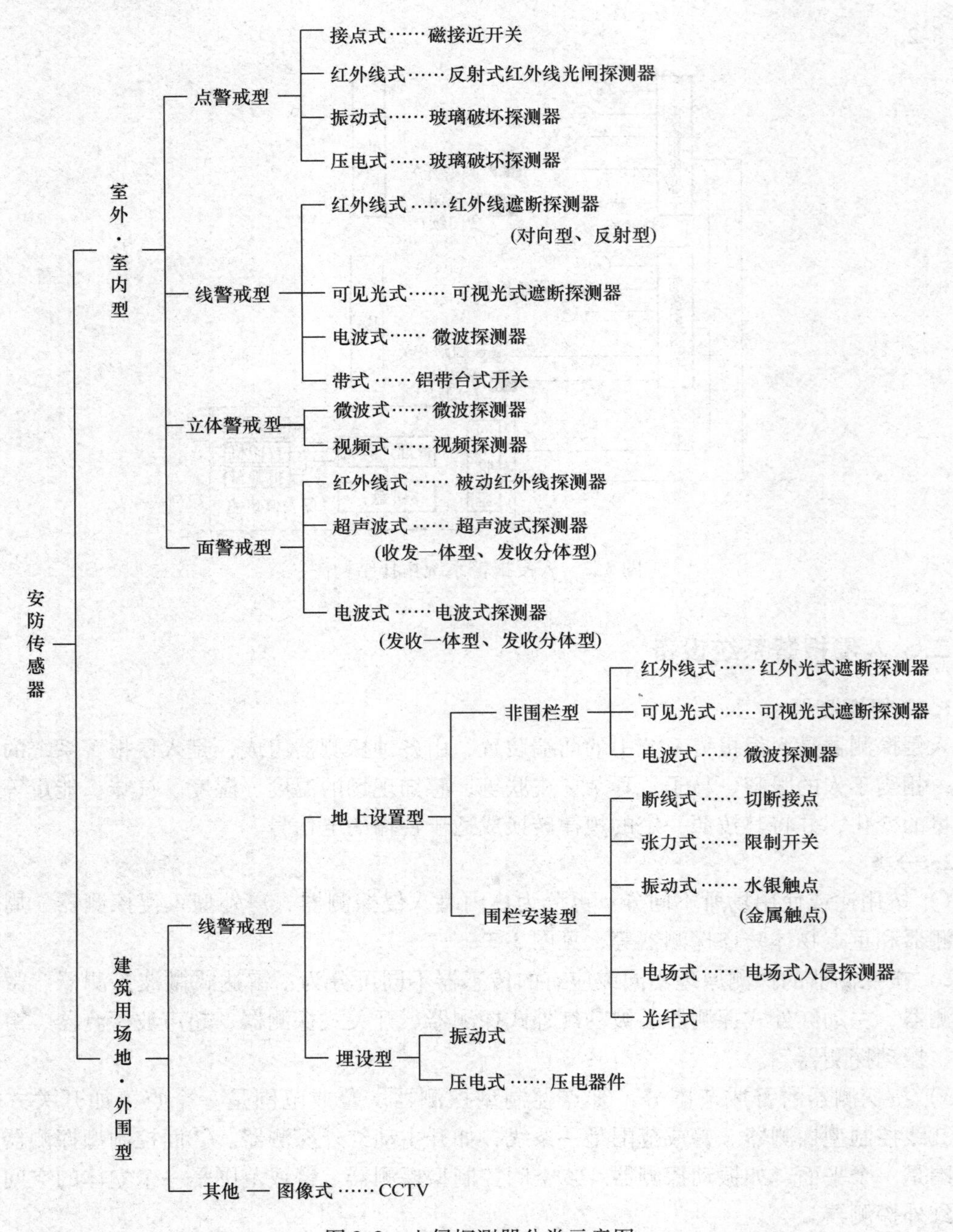

图 3-3 入侵探测器分类示意图

路电阻为无穷大，该防区报警。

6）按探测器与报警控制器各防区的连接方式不同分：①四线制。指探测器上有 4 个接线端。两个接探测器的报警开关信号输出，两个接供电输入线。如红外探测器、双鉴探测器、玻璃破碎探测器等。②两线制。探测器上有两个接线端。分两种情况：一是探测器本身不需要供电，如紧急报警按钮、磁控开关、振动开关等。只需与报警控制器的防区连接两根线，送出报警开关信号即可。二是探测器需要供电。在这种情况下，接入防区的探测器的报警开关信号输出线和供电输入线是共用的。如火灾探测器。③无线制。探测器、紧急报警装置通过其相应的无线设备与报警控制主机通信，其中一个防区内的紧急报警装置不得大于4个。④公共网络。探测器、紧急报警装置通过现场报警控制设备和网络传输接入设备与报警控制主机之间采用公共网络相连。公共网络可以是有线网络，也可以是有线－无线－有线网络。

3. 入侵探测器的功能

入侵报警探测器根据需要选用合适的探测器。入侵探测器应有防拆、防破坏等功能。入侵探测器还要有较强的抗干扰能力。探测器对于外界光源的辐射干扰信号应不产生误报；探测器应能承受常温气流和电磁波的干扰；还应能承受电火花的干扰。

4. 入侵探测器的性能指标

（1）探测范围

探测范围是指一只探测器警戒（监视）的有效范围。是确定入侵报警系统中采用探测器数量的基本依据。

不同种类的探测器其探测范围的单位和衡量方法也不同：

1）探测面积：是指一只入侵探测器有效探测的面积大小。点型入侵探测器是以有效探测的地面面积来表示其保护范围，单位是m^2。

2）探测空间：是指一只入侵探测器有效探测的空间范围。空间探测器通常用视角和最大探测距离两个量来确定其保护空间。

（2）可靠性

可靠性是入侵探测器最重要的性能指标，通常用其误报率来衡量。误报（错误报警）是指入侵探测器的漏报与监视警戒状态时的虚报。可靠性要求分为A、B、C、D四级。

1）漏报：入侵探测器的漏报是指保护范围内发生入侵，而入侵报警系统不报警的情况，这是入侵报警系统及其产品不允许的，应严格禁止。

2）虚报：虚报是指入侵探测器保护范围内没有发生入侵而入侵报警系统报警的情况。

3）误报率：误报的严重程度用误报率的大小来衡量，误报率越小越好。误报率是指在规定条件下，在规定的期限内发生误报的次数，通常以百万小时的误报次数来表示。即：误报率＝误报次数/百万小时。

（3）灵敏度

灵敏度是指入侵探测器响应入侵事件产生的物理量的敏感程度（压力、温度、辐射光、红外线等）。

（4）其他性能指标

1）稳定性：入侵探测器在一个周期时间内探测能力的一致性。

2）可维修性：入侵探测器的可以修复的难易程度。

3）寿命：入侵探测器耐受各种环境条件的能力，其中包括耐受各种规定气候条件下的能力，耐受各种机械干扰条件的能力，耐受各种电磁干扰的能力。

4）电气指标：功耗、工作电压、工作电流、工作时间。

三、入侵报警系统的防护区划分

入侵报警系统的设计应符合整体纵深防护和局部纵深防护的要求。纵深防护体系包括周界、监视区、防护区和禁区。周界可根据整体纵深防护和局部纵深防护的要求分为外周界和内周界。周界应构成连续无间断的警戒线（面）。周界防护应采用实体防护和电子防护措施；当周界有出入口时，应采取相应的防护措施。纵深防护体系：监视区可设置警戒线（面），宜设置视频安防监控系统。防护区应设置紧急报警装置、探测器，宜设置声光显示装置，利用探测器和其他防护装置实现多重防护。禁区应设置不同探测原理的探测器及紧急报警装置和声音复核装置，通向禁区的出入口、通道、通风口、天窗等还应设置探测器和其他防护装置，实现立体交叉防护。

入侵防范区域的划分应以能明确区分发生报警场所作为依据，而不能以安装报警探测器的数量或类型来划分。防区设置应有利于迅速判断入侵位置。防区范围不宜过大（一般直线距离不超过200m）。

防范区域的风险等级按保护区的区域性质决定，以入侵该区域后造成的社会和经济损害为依据，根据防范区域的风险等级、防范区域的性质而采取相应的防护措施级别，防护级别应等同于或高于相对应的风险等级。

1. 普通风险对象的防区划分

按其设防区域和部位的选择宜符合下列规定：

1）周界：建筑物单体、建筑物群体外层周界、楼外广场、建筑物周边外墙、建筑物地面层、建筑物顶层等。

2）出入口：建筑物、建筑物群周界出入口、建筑物地面层出入口、办公室门、建筑物内或楼群间通道出入口、安全出口、疏散出口、停车库（场）出入口等。

3）通道：周界内主要通道、门厅（大堂）、楼内各楼层内部通道、各楼层电梯厅、自动扶梯口等。

4）公共区域：会客厅、商务中心、购物中心、会议厅、酒吧、咖啡座、功能转换层、避难层、停车库（场）等。

5）重要部位：重要工作室、财务出纳室、建筑机电设备监控中心、信息机房、重要物品库、监控中心等。

2. 高风险对象的防区划分

1）优先选择防护体系，区分纵深层次、防护重点，划分不同等级的防护区。由于外界环境条件或资金限制不能采用整体纵深防护措施时，应采取局部纵深防护措施。

2）安全防范系统防护范围应包括陈列、存放文物的场所、文物出入通道等场所部位。

周界的防护应符合下列规定：①周界包括建筑物（群）外周界、室外周界和室内周界；②陈列室、库房、文物修复室等应设立室外或室内周界防护系统；③按照纵深防护原则，周界包括了建筑物外监视区的边界线、建筑物内不同防护区之间的边界线和警戒线。例如监视区与防护区、防护区与禁区、不同等级防护区之间的区域边界线；④监视区应设置视频安防监控装置；⑤文物卸运交接区应为禁区；⑥文物通道内应安装摄像机，对文物可能通过的地方都应能够跟踪摄像，不留盲区；⑦开放式文物通道应安装周界防护装置；⑧文物库房应设为禁区；⑨监控中心是安全防范系统的核心部位，是接警、处警的指挥中心，必须设为禁区。

盲区要求：在防护区域内，入侵探测器盲区边缘与防护目的的距离不得小于5m。

灯光照度：监视区应设置周界装置。警戒线需要灯光照明时，两灯之间距地面高度1m处的最低灯光照度，应在20～40lx范围内。

3. 入侵报警控制的防区布防类型

1）按防区报警是否设有延时分：①瞬时防区：触发立即报警；②延时防区：探测器被触发，超过设定时间再报警。

2）按探测器安装位置不同和防范功能不同分：①出入防区：大门、出入口；②周边防区：窗、阳台、围墙、围栏等；③内部防区：跟随报警和延时报警。④日夜防区：24小时警戒日夜两种工作状态；⑤24小时报警防区：24小时警戒即时报警；⑥火灾防区：属于24小时报警防区，接有感烟火灾探测器、感温火灾探测器及火灾手动报警按钮等。

3）按用户主人是否外出布防：①外出布防；②留守布防；③快速布防；④全防布防。

四、入侵报警系统的应用

1. 家庭报警系统

随着经济的发展，人民的生活日益改善，人们对家庭生命财产安全越来越重视，采取了许多措施来保护家庭的安全。随着农村城镇化和人员流动性增大，社会治安状况日趋复杂，传统的做法是安装防盗门、防盗网。家居防卫在实际使用中暴露出一些问题：①影响楼房美观，市容整洁；②影响火灾救援通道，不符合防火要求；③不能有效地防止坏人的入侵，给犯罪分子提供便利的翻越条件；④时间久了会有高空坠物的危险；⑤压抑。现在，全国各地都在开展建设安全文明小区的活动，而且很多地方都提出取消防盗网的口号，家庭电子入侵报警系统也就应运而生。

（1）家庭报警系统要求

由于大多数家庭都是双职工，白天家里通常没有人，发生报警后，必须要有专人来处理。另外，国内住宅区大多数是密集型分布，一个住宅区里往往有几百上千户，并且都有自身的保安队伍，因此当用户入侵报警系统报警时，除了在现场报警外，还需要向当地派出所或公安分局报警，也需要向住宅小区的保安中心进行联网报警，以便警情得到迅速处理。

（2）系统功能

住宅报警系统一般具有如下功能：匪情、盗窃、火灾、煤气和医疗等意外事故的自动识别报警；传感器短路、开路、并接负载及电话断线自动识别报警；报警主机与分机之间的双音频数据通信、现场监听及免提对讲；显示报警时间；遥控器密码学习及识别功能；户外遥控设置及解除警戒；主机隐蔽放置，关闭放音开关可无声报警；遇警及时挂断串接话机，优先上网报警；户外长距离扩频遥控，汽车被盗可及时报警；家中无人时，可把家庭报警系统设置在外出布防状态，使所有的探测器都工作起来。当窃贼试图破门而入或从阳台闯入，被动红外探测器和门磁将探测到动作，保安中心立刻接收到警情。如果主人有紧急情况，可按动键盘上的紧急按钮发出警报。厨房有煤气泄漏紧情发生时，煤气探头会探测到便同时向管理中心发出紧报。

管理主机通过四线总线连接楼栋门口主机，每个楼栋门口可通过四线总线连接达100个住户分机，每个住户分机可接 4 个防区，并通过住户分机键盘对自身的防区布防、撤防；或通过楼栋门口主机对自身的防区撤防。

（3）系统结构的特点

1）当有家庭报警时，管理机发出报警声并显示报警住户房号及报警设备类型；同时自动弹出报警住户电子平面图，处理完毕后计算机自动储存本次报警信息。

2）根据本住宅小区的特点，在各住户家中设置家庭入侵报警装置，每户设被动红外探测器 1 只；门磁开关 1 对；窗磁开关 2 对；煤气探头、紧急按钮各 1 只。

家庭报警系统的结构图见图 3-4 和图 3-5。

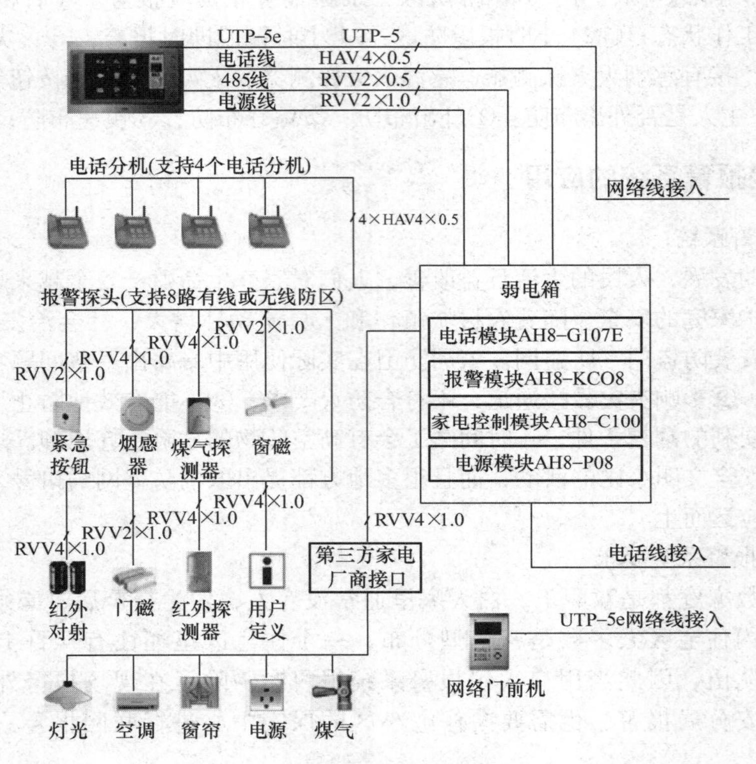

图 3-4　家庭报警系统的结构图（一）

2. 小区入侵报警系统

小区入侵报警系统对建筑物重要区域的出入口、周界等特殊区域及重要部位需要建立必要的入侵防范警戒措施，及时发现各种安全隐患和违章行为，便于有效处理及制止事态漫延，并为日后提供查询资料，以保障正常运营秩序及完善各项管理。

入侵报警系统由探测器、区域控制器和报警控制中心三部分构成。遇到不法之徒进行打劫时，按紧急按钮或相应的紧急装置，向保安监控中心求援，控制主机将原设定的地址代码及报警类别经电话线发到报警中心（即 110、派出所）。报警中心计算机检测到送来数据并进行识别，从数据库调出相关资料、显示警情信息和位置。小区入侵报警系统图见图 3-6。

控制中心的报警主机自动不定时检测前端各报警系统工作情况，如信号中断或控制系统有故障即可自动提示并打印出故障发生在某个区域的系统，系统可全天 24 小时无故障运行，

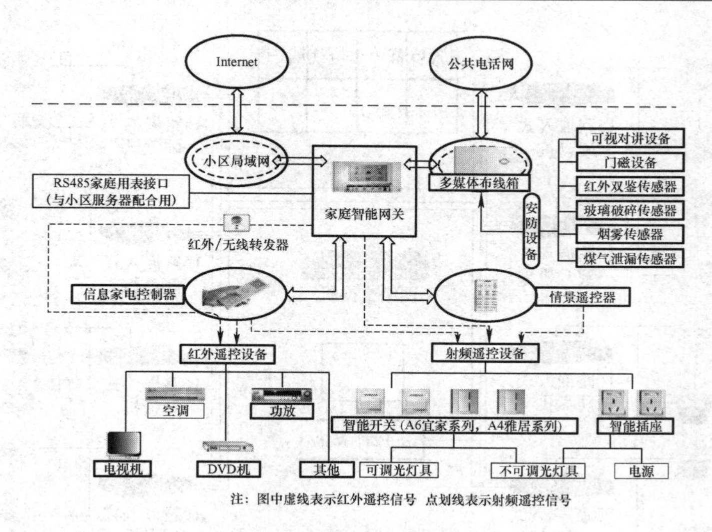

图 3-5　家庭报警系统的结构图（二）

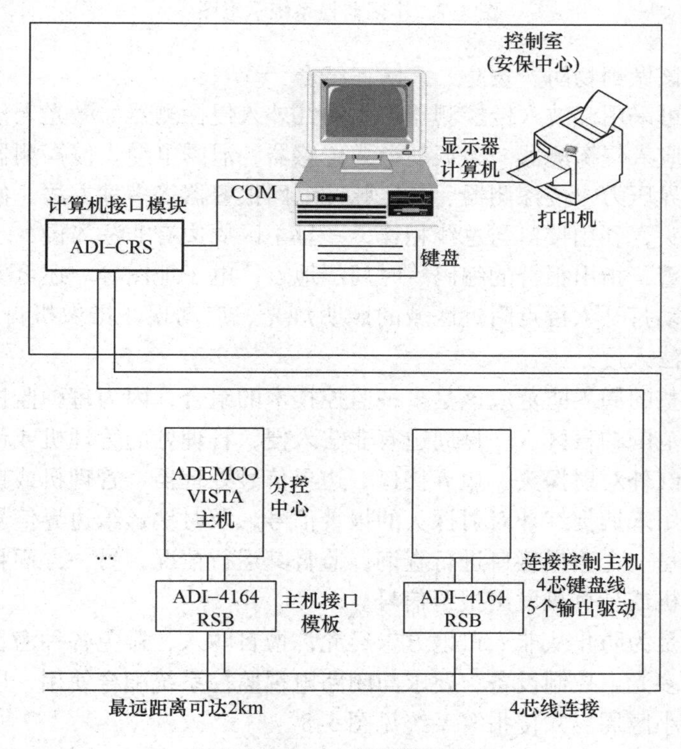

图 3-6　小区入侵报警系统图

确保社区的安全。报警信息联动闭路监控系统，将报警现场附近摄像机图像切换到监视器，并联动录像机进行录像。小区监控系统示意图见图 3-7。

为了对小区的周界进行安全防范，一般可以设立围墙、栅栏或采取值班人员守护的方法。但是围墙、栅栏有可能受到入侵者的破坏或翻越，而值班人员有可能出现工作疏忽或暂时离开岗位的可能，为了提高周界安全防范的可靠性，设立周界防卫系统是非常必要的。对

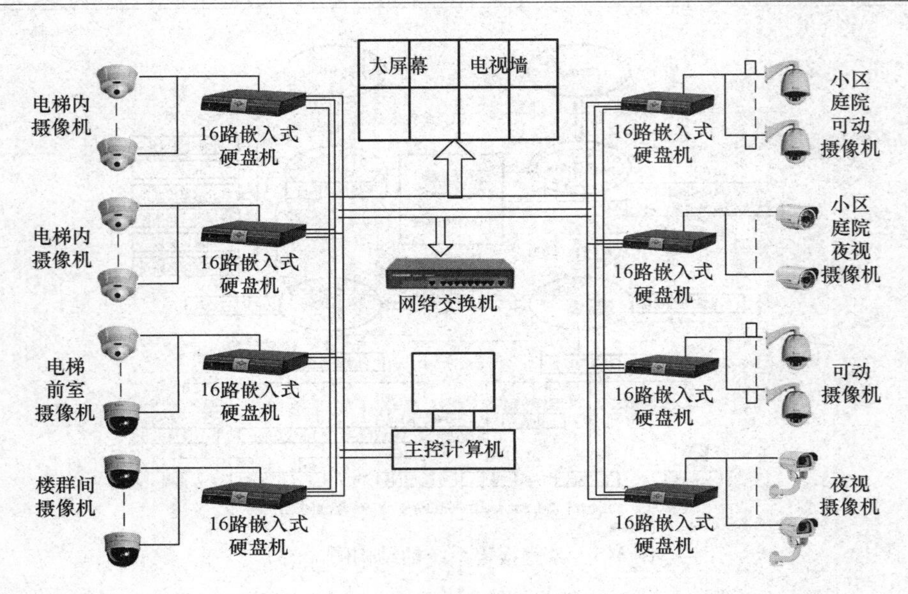

图 3-7 小区监控系统示意图

于周界防范系统应该做到物防、技防、人防三结合。

周界防范系统可采用微波入侵探测器、主动红外入侵探测器、激光入侵探测器、双鉴入侵探测器、电场感应入侵探测器、磁振动电缆传感器、泄露电缆入侵探测器、驻极体电缆入侵探测器、地下周界压力入侵探测器、高压脉冲电网报警器等多种方法。使用最广的是远距离主动红外对射探头，利用接口与总线相连，一旦小区周边有非法入侵，小区保安中心的监控主机就会发出报警，指出报警的编码、时间、地点、电子地图等。还可实现与闭路电视监控系统的联动，自动打开入侵点附近区域的照明灯光、启动现场摄像机自动录像，通过声、光警告，并阻止非法入侵。

一个周全、完整的周界防范应该是多种监控技术的组合，因为每种监控手段都难免有缺陷，由此造成监控范围的盲区。一旦周边有非法入侵，管理处的管理机或计算机就会发出报警。该系统主要由红外对射探头、边界接口、边界信号处理器、管理机或计算机组成。

边界接口主要用来捕捉红外对射探头的报警信号，及时地送给边界信号处理器，边界信号处理器一方面对每一个边界接口进行查询，监督其运行情况，另一方面将边界接口送来的报警信号传给管理机或计算机发出报警信号。

周边防范系统是为防止从非入口地方未经允许擅自闯入，避免各种潜在的危险。系统常采用主动式远红外多光束控制设备，要求与闭路电视监控系统配合使用，以达到性能好、可靠性高的要求。某小区周界入侵报警系统见图 3-8。

为了对社区、生活小区等进行安全防范，需设立 110 治安防盗联网报警系统。110 治安防盗联网报警系统可接受固定点报警，也可接受非固定点报警，具备电话调度功能，提供信息化、智能化的报警、接警、调警方案，可实现多警种联动。如 119、112、120 等指挥系统。提供反应快捷的报警、接警、处警等信息管理控制指挥功能。对及时侦察破案、发现犯罪提供有力的技术防范措施。能提高工作效率，有效打击犯罪，维护社会治安稳定。110 治安入侵报警系统见图 3-9。

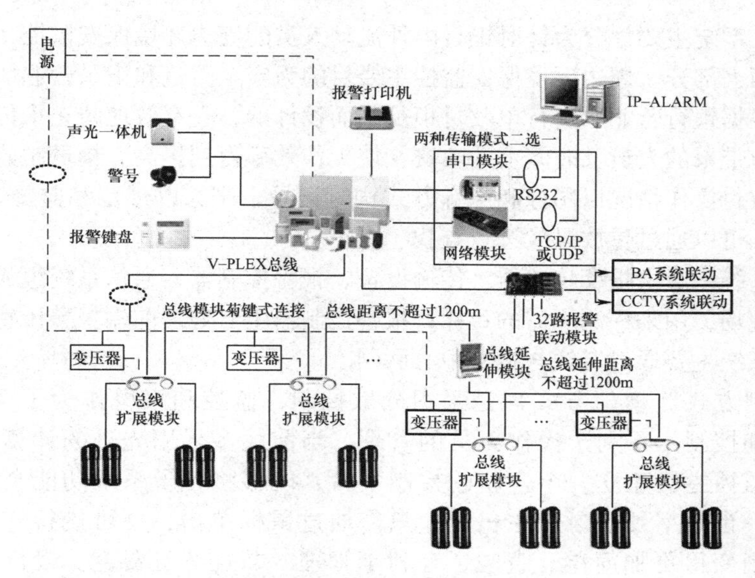

图 3-8　某小区周界入侵报警系统

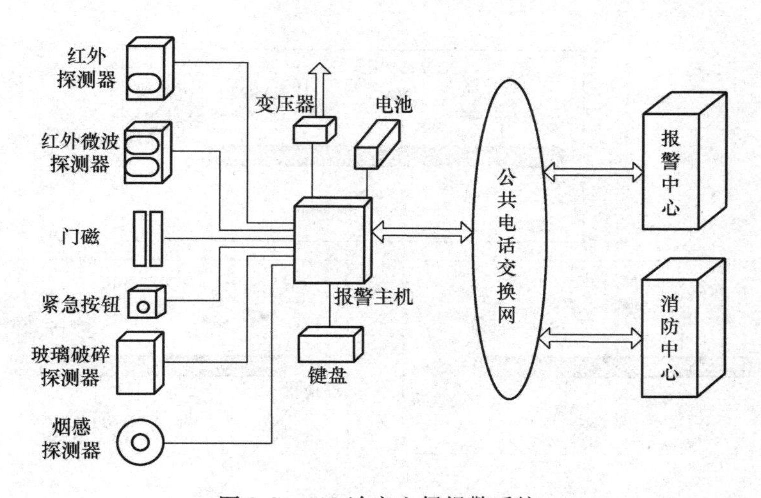

图 3-9　110 治安入侵报警系统

3. 高风险对象的入侵报警系统

银行属于国家的重点安全防范单位。它具有规模多样、重要设施繁多、出入人员复杂、管理涉及领域广等特点。它作为当今社会货币的主要流通场所、国家经济运作的重要环节，以其独特的功能和先进的技术广泛服务于国内各行各业中，其业务涉及大量的现金、有价证券及贵重物品。银行同时也一直是各种犯罪分子关注的焦点。目前，国内针对银行的犯罪活动日趋上升，犯罪手段和方式也逐渐多样化、暴力化、智能化。全面加强和更新现行的银行安全防范系统，以适应银行机制转轨和业务发展已变得迫在眉睫。

根据中华人民共和国公安部《安全防范工程程序与要求》和相关安全技术防范有关规定和要求，应严格贯彻以下几项设计施工原则：工程的安全性和可靠性；应用产品的可靠性和兼容性；系统未来的扩展性；集中控制、布局合理；施工方便、价格合理、外形美观。银行安全防范监控系统主要划分为针对银行内外流动人员的周边环境保安监控和针对客户交易的柜员制监控两大部分。周边环境保安监控主要目的为安全防范和记录营业情况；银行柜员制监控系统是根据银行营业所实行单收付柜员制而设计的，它有效地防止了传统的出纳、复核双柜员多环节带来的人员及时间上的浪费，使工作效率得到提高。柜员制监控系统可以将每一天的柜员收付操作情况以图像和声音方式实时记录下来，以规范和监督银行职员行为，一旦发生差错，可以通过重放录像进行查找、更正。

入侵报警系统一般由报警传感器、传输设备、报警控制器、通信系统组成。报警传感器置于被监控的现场，用来探测所需的目标；报警控制器主要处理前端报警传感器送出的报警电信号；通信系统主要通过有线与报警中心联网。

传统的控制方式（模拟方式）是采用分散控制，监控和报警作为子系统各成一体，独立进行操作和控制，不利于操作人员的管理。当前大多采用先进的计算机数字监控方式，通过数字监控主机建立一个全新的控制平台，能够将各子系统功能全部集中在该控制平台上，即一台数字硬盘录像主机上，只需通过鼠标单击，便可进行综合管理，这样不仅能够使控制变得更加简单、直观、有利于管理，并且节省资金。银行入侵报警系统网络图见图 3-10。

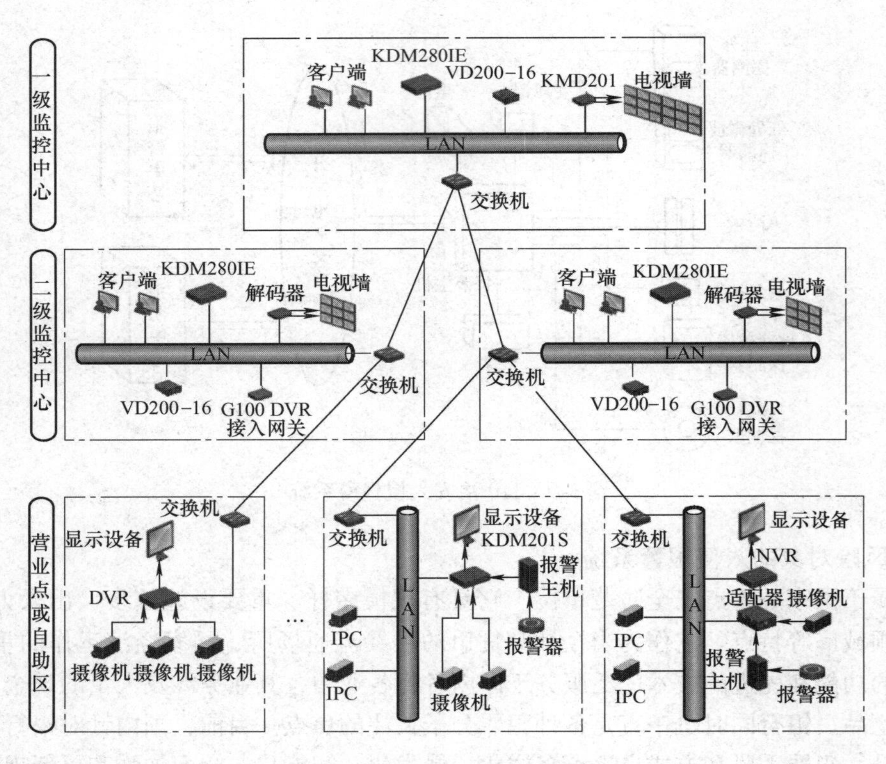

图 3-10 银行入侵报警系统网络图

系统由一套报警主机组成，该报警主机通过电话线与 110 报警中心联网，在营业大厅、营业内厅、ATM 室、机房安装防盗探测器，ATM 机安装振动探测器，现金柜台及非现金柜台安装紧急按钮。银行现金柜台监控系统平面图见图 3-11。

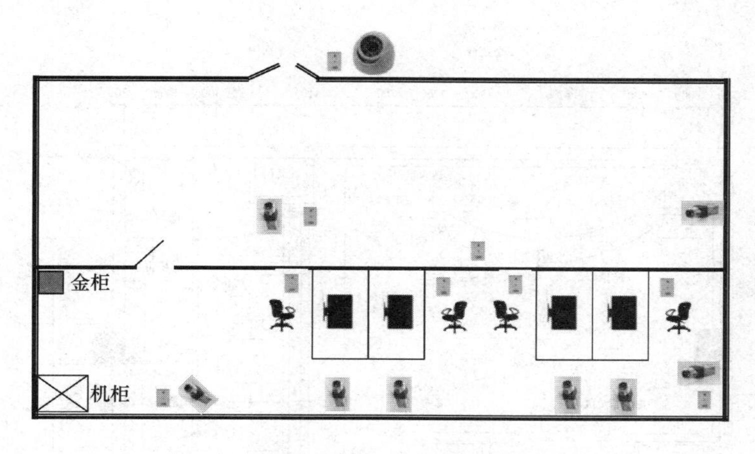

图 3-11　银行现金柜台监控系统平面图

根据该银行的实际情况：紧急按钮安装区域：现金区营业柜口、非现金区营业柜口、ATM 室、机房；防盗探测器安装区域：ATM 室、营业大厅、营业内厅、机房；振动探测器安装区域：ATM 机。报警控制键盘位于大门左侧，报警主机位于机房。

（1）柜员监控区

每个综合营业柜台安装一台彩色摄像机和一只监听头。摄像机安装在柜面的斜上方，用于监视柜台、柜员并兼顾柜台外的储户；监听头可将现场声音接收下来，与摄像机的画面一起同步地传送到录像机去记录。由于银行业务要求唱收唱付，因而声音与图像符合更进一步提高了差错复核的可靠性。

（2）报警点设计

入侵报警系统对保障银行的工作人员和财务安全起到十分重要的作用。根据要求，在重点防范部位，如地下层、金库、营业厅、重要凭证室、库房等应安装红外微波双鉴报警探头；现金柜营业柜下安装隐蔽式紧急报警器。当银行正常营业时间内出现紧急状况下报警时，一般是由工作人员触发紧急按钮，触发方式隐蔽，触发报警后现场警报。当下班无人值守时，各个待保护区域遭破坏时，双鉴探测器将提供室内空间保护，一旦这些对象遭到入侵和破坏都会触发报警，警报发生后，会立即发出声光警报信号，并打开灯光，录像主机自动启动录像，同时利用电话线把报警信息传送到公安局报警中心。这一系列工作都通过数字录像主机自动完成。

所有的探测器都具有防拆功能：①机房安装 1 只紧急按钮，设置为防区 1；②现金区营业柜口安装 5 只紧急按钮，设置为防区 2、防区 3；③非现金区营业柜口安装 4 只紧急按钮，设置为防区 4；④ATM 室安装 1 只紧急按钮，设置为防区 5；⑤ATM 机安装 1 只振动探测器，设置两个防区，为防区 6、防区 7；⑥ATM 室安装 1 只双鉴防盗探测器，设置两个防区，为防区 8、防区 9；⑦营业大厅安装 2 只吸顶防盗探测器，共用 1 个防拆防区 12，为防区 10 ~ 防区 12；⑧营业内厅安装 1 只双鉴防盗探测器，设置两个防区，为防区 13、防区 14；⑨机房安装 1 只双鉴防盗探测器，设置两个防区，为防区 15、防区 16；⑩共计 5 只防盗探测器、1 只振动探测器、12 只紧急按钮。探测器安装设计位置图见图 3-12。摄像机安装设计位置图见图 3-13。

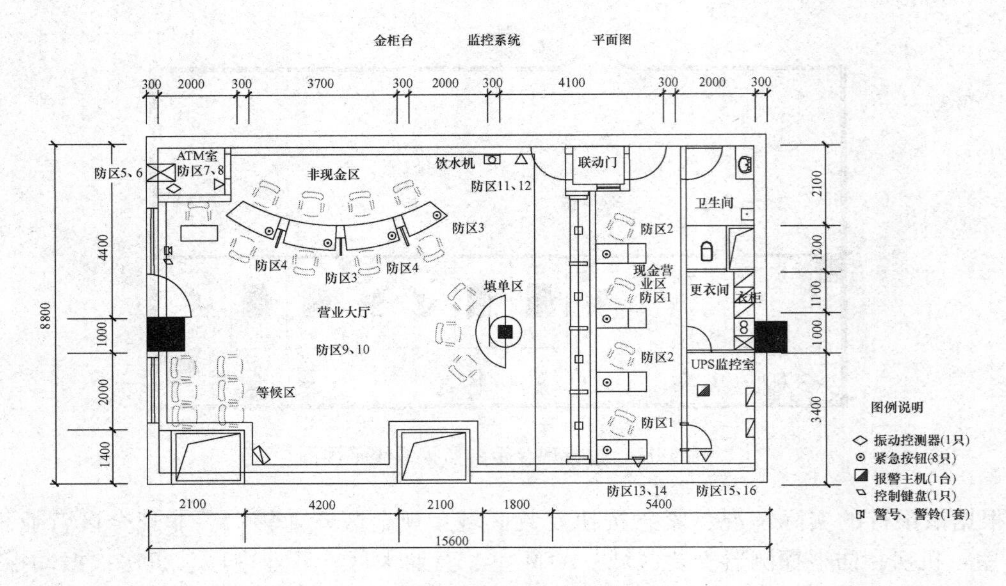

图 3-12 探测器安装设计位置图

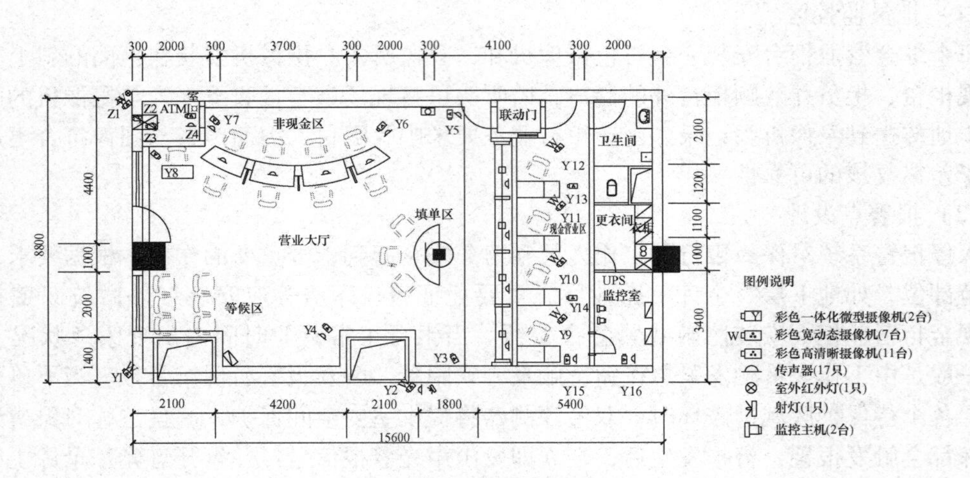

图 3-13 摄像机安装设计位置图

在现金区营业柜口、非现金区营业柜口、ATM 室、机房设有紧急按钮，遇到紧急情况时可按下按钮，现场声光报警。紧急按钮设置为全天 24 小时工作，其他探测器根据情况设定为延时、瞬时等。

（3）ATM 机

安装针孔摄像机。摄像机用以监控 ATM 业务操作情况，包括客户脸部特征以及 ATM 机出钞口情况。其中应对 ATM 机客户密码输入区域设置隐私遮挡区域。具体情况为两台 ATM 机内安装 4 台针孔摄像机和 4 台枪式摄像机。ATM 机监控安装设计位置图见图 3-14。

报警器系统开机后，一旦有人闯入探测区域或敲打 ATM 机，立刻发出声光报警声，值班室在收到报警信号后，控制键盘马上显示出报警的具体位置。系统与 110 报警中心联网，报警信号将同步传送到 110 报警中心联网。报警中心收到报警信号后迅速派工作人员前往处

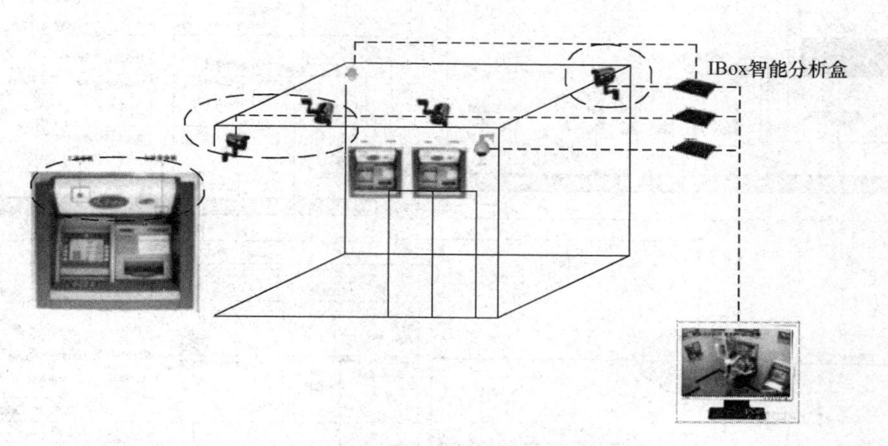

图 3-14　ATM 机监控安装设计位置图

警。110 报警中心将每天监测报警器的工作状态、供电及故障情况，记录报警系统的开/关机、故障及报警信息，确保报警系统的正常工作。报警系统带后备电池，保证系统在交流电停电后 12 小时仍能正常工作。系统防断电、防剪线，抗破坏能力强。

（4）现金库房

银行设有现金库房，为确保现金库房的安全，同时根据公安机关的要求，将采用两套报警系统实施安全管理。其中一套作为金库专用；另一套将金库和其他公共部分合并实施安全管理，并在库房内设置两种不同类型的探测器：一种采用双鉴探测器，另一种采用振动探测器。两套系统实行交叉监控，分别由专人管理，只有在两套系统同时撤防的状态下才能进入库房，否则均会报警，以确保金库安全的万无一失。金库房入侵报警方案设计图见图 3-15。

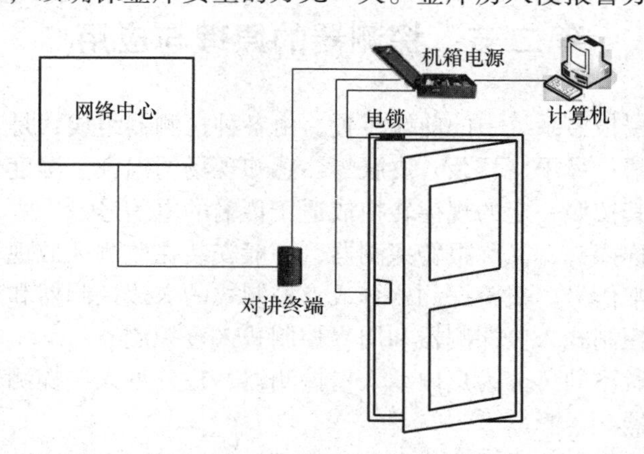

图 3-15　金库房入侵报警方案设计图

（5）联网方式

所有紧急报警系统均一级报警模式，设置成 24 小时不可撤防状态，并不作延时。紧急报警和入侵报警、振动报警信号除了现场报警外，还通过电话线同步传送到市公安局金融服务台和区 110 报警中心。金融服务台收到报警信号后迅速派区 110 处警人员前往处警。银行入侵报警系统联网方式见图 3-16。

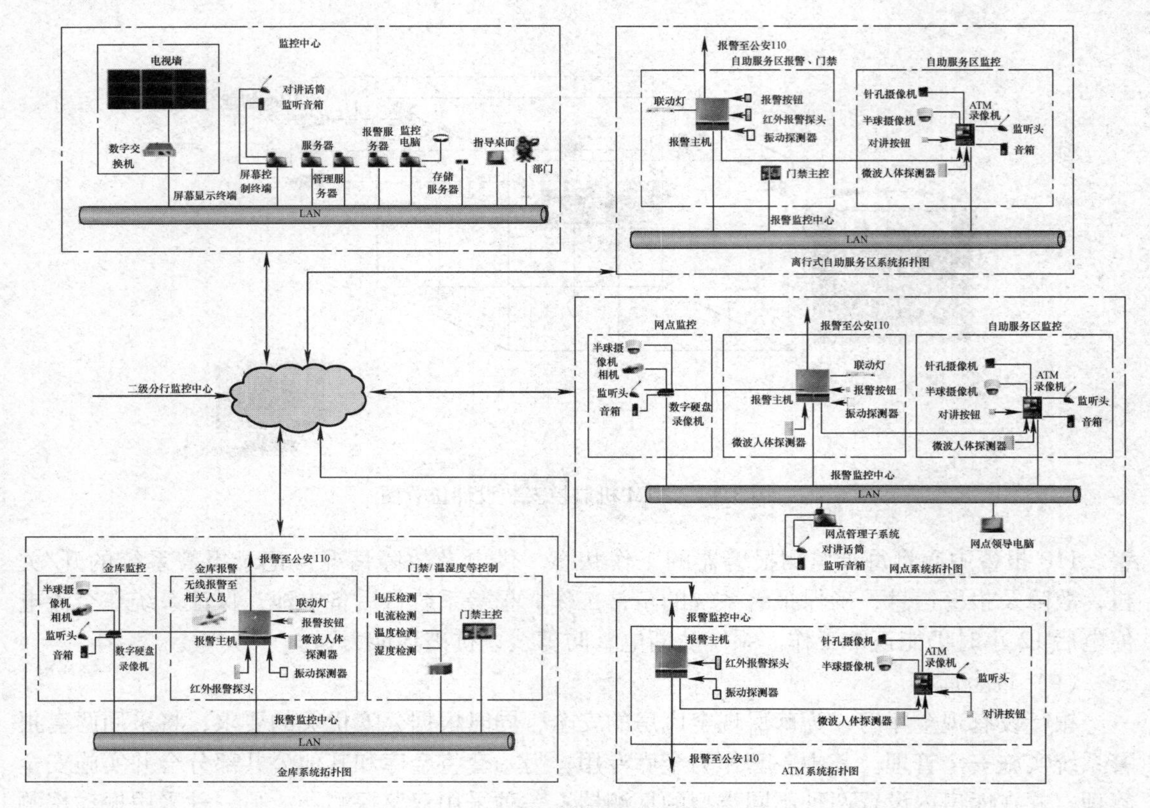

图 3-16 银行入侵报警系统联网方式

第二节 探测器的原理与应用

入侵探测器是入侵报警系统中的前端装置，由各种探测器组成，是入侵报警系统的触觉部分，相当于人的眼睛、鼻子、耳朵、皮肤等，感知现场的温度、湿度、气味、能量等各种物理量的变化，并将其按照一定的规律转换成适于传输的电信号。

入侵探测器，俗称探头，又称报警探测器，一般安装在监测区域现场，主要用于探测入侵者移动或其他不正常信号。报警探测器分成点控制式的入侵探测器和警戒线控制式入侵探测器，或者分成空间控制式入侵探测器和周界控制式入侵探测器。

按用途或使用场所不同可分为户内型入侵探测器、户外型入侵探测器、周界入侵探测器和重点物体防盗探测器。

按探测器的探测原理可分为雷达式微波探测器、微波墙式探测器、主动红外式探测器、被动红外式探测器、开关式探测器、超声波探测器、声控探测器、振动探测器等。

按探测器的警戒范围可分为：①点控制型探测器。警戒范围是一个点，如开关式探测器；②线控制型探测器。警戒范围是一条线，如开主动红外探测器；③面控制型探测器。警戒范围是一个平面，如振动探测器；④空间控制型探测器。警戒范围是一个立体的空间，如被动红外探测器。

按探测器的工作方式可分为：①主动式探测器。主动式探测器在工作期间要向防范区域不断的发出某种形式的能量，如红外线、微波；②被动式探测器。被动式探测器在工作期间本身不需要向外界发出任何能量，而是直接探测来自被探测目标自身发出的某种能量，如红外线、振动等。

按探测器输出的开关信号不同可分为：①常开型探测器。在正常情况下，开关是断开的，电阻与之并联。当探测器被触发时，开关闭合，回路电阻为零，该防区报警；②常闭型探测器。在正常情况下，开关是闭合的，电阻与之串联。当探测器被触发时，开关断开，回路电阻为无穷大，该防区报警。

按探测器与报警控制器各防区的连接方式可分为：①四线制。指探测器上有 4 个接线端。两个接探测器的报警开关信号输出；两个接供电输入线。如红外探测器、双鉴探测器、玻璃破碎探测器等；②两线制：探测器上有两个接线端。分两种情况：一探测器本身不需要供电，如紧急报警按钮、磁控开关、振动开关等。只需要与报警控制器的防区连接两根线，送出报警开关信号即可；二是探测器需要供电，在这种情况下，接入防区的探测器的报警开关信号输出线和供电输入线是共用的，如火灾探测器；③无线制：探测器、紧急报警装置通过其相应的无线设备与报警控制主机通信，其中一个防区内的紧急报警装置不得大于 4 个；④公共网络：探测器、紧急报警装置通过现场报警控制设备和/或网络传输接入设备与报警控制主机之间采用公共网络相连。公共网络可以是有线网络，也可以是有线 - 无线 - 有线网络。点控制式入侵探测器见图 3-17，警戒线控制式入侵探测器见图 3-18，空间控制式的入侵探测器见图 3-19，面控制式入侵探测器见图 3-20。

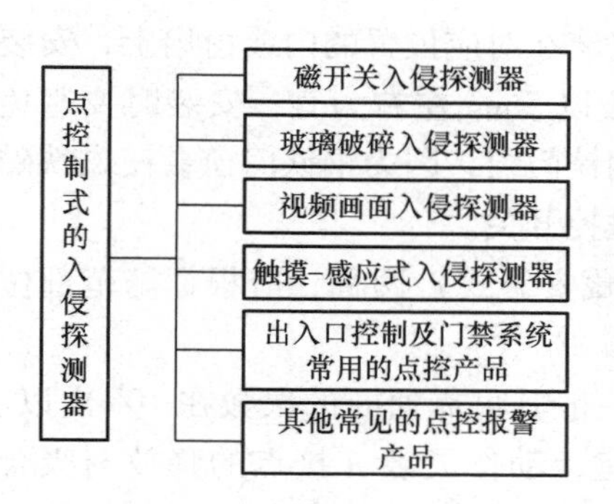

图 3-17 点控制式的入侵探测器

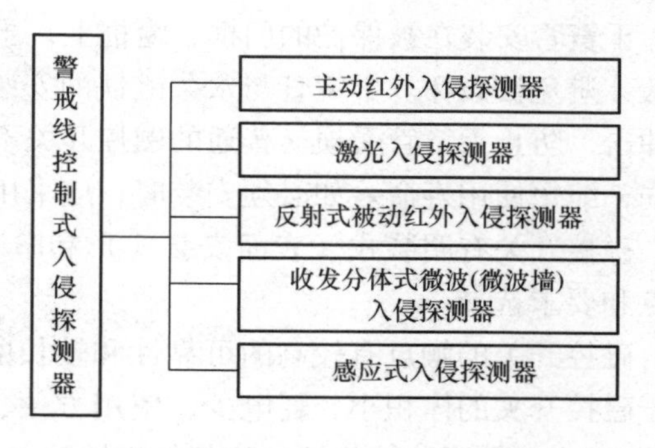

图 3-18 警戒线控制式入侵探测器

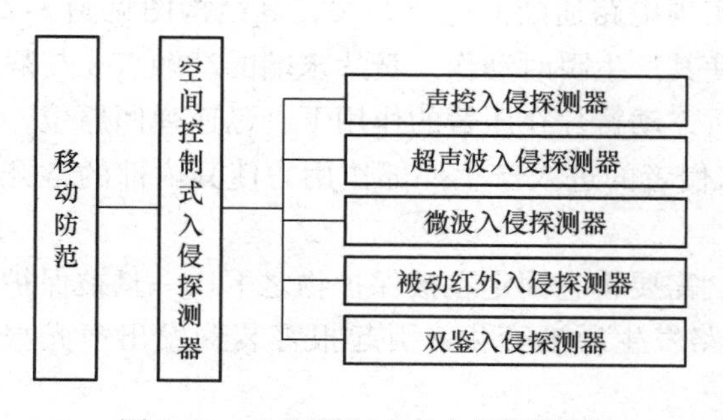

图 3-19 空间控制式的入侵探测器

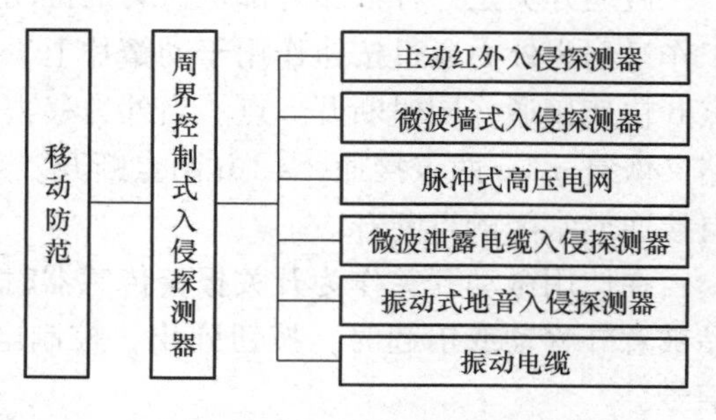

图 3-20 面控制式入侵探测器

一、开关型入侵探测器

开关型入侵探测器由开关型传感器构成，开关型入侵探测器结构比较简单，使用也比较方便，属于点控制型探测器。其发出报警信号的方式有两种：常闭型是开路报警方式，常开型是短路报警方式。开关型入侵探测器室用于对门窗、柜台、展橱、保险柜等防范范围仅是特定部位的入侵探测器。

1. 磁控开关型

磁控开关即磁开关入侵探测器。由永久磁铁和干簧管两部分组成。干簧管又称舌簧管，其构造是在充满惰性气体的密封玻璃管内封装两个或两个以上金属簧片。根据舌簧触点的构造不同，舌簧管可分为常开、常闭、转换三种类型。磁开关入侵探测器结构图见图3-21。

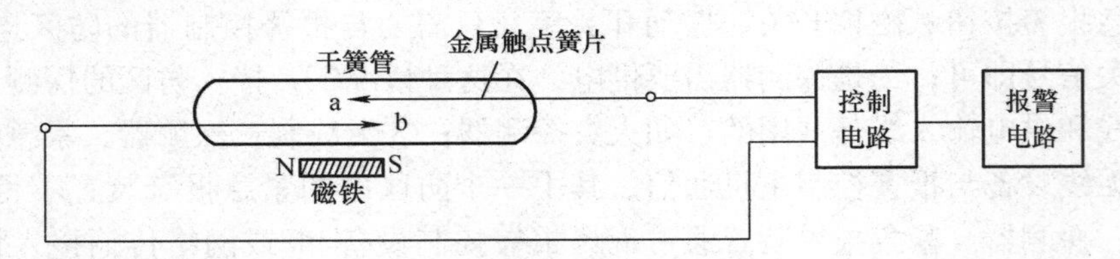

图3-21 磁开关入侵探测器结构图

磁控开关体积小、结构简单、重量轻、耗电少、使用方便、价格便宜、动作灵敏、抗腐蚀性好且寿命长。

干簧管安装在被保护的门框、窗框上，永久磁铁安装在对应位置的门或窗扇上，安装应隐蔽，避免被破坏。干簧管与永久磁铁的安装间距一般以5mm左右为宜，安装时要避免猛烈冲击，防止舌簧管受损。普通的磁控开关不适用于钢铁门窗，因为钢铁门窗会使磁铁磁性减弱，缩短使用寿命。如必须安装时，应采用专用的磁控开关。

磁控开关有明装式（表面安装式）和暗装式（隐藏安装式）两种，应根据防范部位的特点和要求选择。

磁控开关的触点有较高的可靠性和较长的寿命，一般其可靠通断的次数在10^8次以上。由于磁控开关的体积小、耗电少、使用方便、价格便宜，动作灵敏（接点的释放与吸合时间约1ms），抗腐蚀性能好，比其他机械触点的开关寿命长，因此得到广泛应用。

2. 微动开关型

微动开关是一种依靠外部机械力的推动实现电路通断的电路开关，其结构图见图3-22。工作过程为外力通过按钮作用于动簧片上，使其产生瞬时动作，簧片末端的动触点a与静触点b快速接通，同时断开c点。当外力移去后，动簧片在压簧的作用下，迅速弹回原位，电路又恢复a、c两点接通，a、b两点断开。入侵者的进入产生外部作用力使其内部的常开触点接通或常闭触点断开。

在使用微动开关作为开关报警传感器时，需要将它固定在被保护物之下。一旦被保护物品被意外移动或抬起时，按钮弹出，控制电路发生通断变化，引起报警装置发出声光报警信号。

微动开关的优点是：结构简单、安装方便、价格便宜、防震性能好、触点可承受较大的电流，而且可以安装在金属物体上。微动开关的缺点是抗腐蚀性、动作灵敏度不如磁性

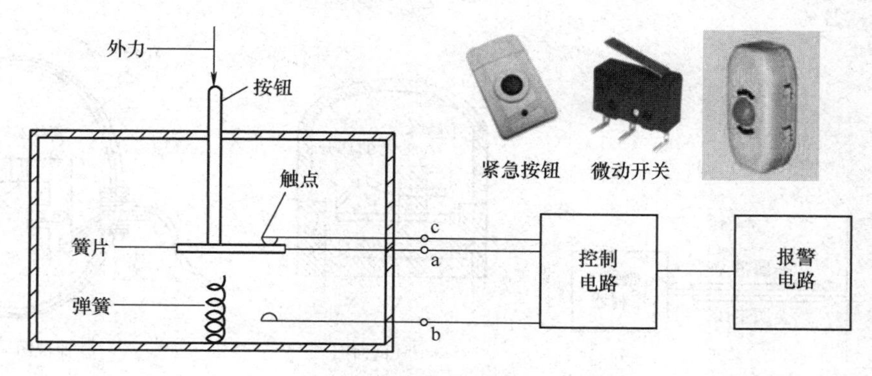

图 3-22　微动开关结构图

开关。

3. 压力开关型

压力开关是一种简单的压力控制装置，当被测压力达到额定值时，压力开关可发出警报或控制信号。压力开关的一般工作原理是：当系统内压力高于或低于额定的安全压力时，感应器内膜片瞬时发生移动，通过连接导杆推动开关接头接通或断开，当压力降至或升至额定的恢复值时，膜片瞬复位，开关自动复位，也即当被测压力超过额定值时，弹性元件的自由端产生位移，直接或经过比较后推动开关元件，改变开关元件的通断状态，达到控制被测压力的目的。压力开关采用的弹性元件有单圈弹簧管、膜片、膜盒及波纹管等。开关元件有磁性开关、水银开关、微动开关等。

压力垫也可以作为开关报警器的一种传感器。压力垫由两条长条形金属带平行相对应地分别固定在地毯背面，两条金属带之间有绝缘材料支撑，使两条金属带相互隔离。当入侵者踏上地毯时，两条金属带就接触上，相当于开关点闭合发出报警信号。压力垫探测器的结构图见图 3-23。

压力垫通常放在窗户、楼梯和保险柜周围的地毯下面。当入侵者踏上地毯时，使两根金属带相通，终端电阻被短路，从而触发报警。开关式探测器结构简单、稳定可靠、抗干扰性强、易于安装维修、价格低廉，因而获得广泛的应用。

4. 玻璃破碎探测器

利用压电陶瓷片的压电效应（压电陶瓷片在外力作用下产生扭曲、变形时将会在其表面产生电荷），可以制成玻璃破碎入侵探测器。对高频的玻璃破碎声音（10～15kHz）进行有效检测，而对 10kHz 以下的声音信号（如说话、走路声）有较强的抑制作用。玻璃破碎声发射频率的高低、强度的大小同玻璃厚度、面积有关。导电簧片式玻璃破碎探测器结构图见图 3-24。

玻璃破碎探测器按照工作原理的不同大致分为两大类：一类是声控型的单技术玻璃破碎探测器，它实际上是一种有选频作用（带宽 10～15kHz）的具有特殊用途（可将玻璃破碎时产生的高频信号驱除）的声控报警探测器；另一类是双技术玻璃破碎探测器，其中包括声控振动型和次声波－玻璃破碎高频声响型。

声控振动型是将声控与振动探测两种技术组合在一起，只有同时探测到玻璃破碎时发出的高频声音信号和敲击玻璃引起的振动，才输出报警信号。

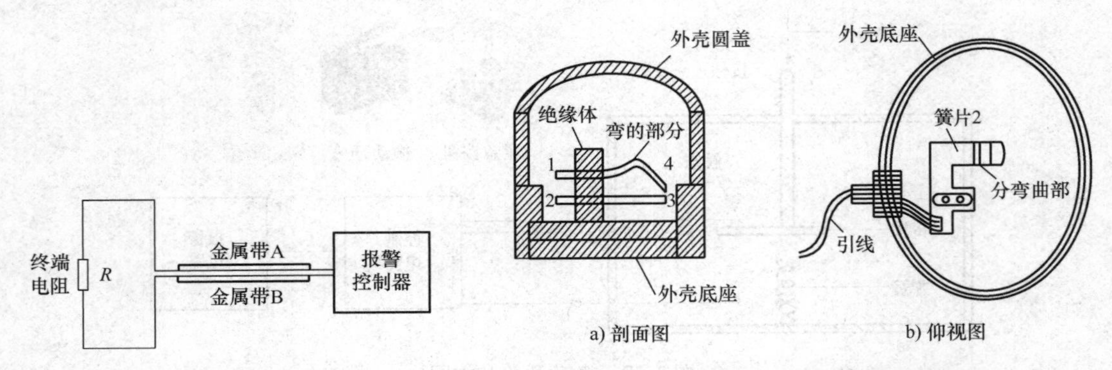

图 3-23 压力垫探测器的结构图

图 3-24 导电簧片式玻璃破碎探测器结构图

次声波－玻璃破碎高频声响双技术探测器是将次声波探测技术和玻璃破碎高频声响探测技术组合到一起，只有同时探测敲击玻璃和玻璃破碎时发出的高频声响信号和引起的次声波信号才触发报警。

玻璃破碎探测器要尽量靠近所要保护的玻璃，远离噪声干扰源，如尖锐的金属撞击声、铃声、汽笛的啸叫声等，从而减少误报警。

当敲击玻璃而玻璃还未破碎时会产生一个超低频的弹性振动波，这种机械振动波低于20Hz，属于次声波。玻璃破碎时发出的刺耳声音频率大约在10～15kHz的范围内，属于高频声音。当探测器同时检测到低频与高频两种声音频率时就会产生报警信号。

玻璃破碎探测器有无线玻璃破碎探测器和有线玻璃破碎探测器两种。

1）无线玻璃破碎探测器：采用双频率模式识别，9m的探测范围，墙壁和前盖防拆保护，带壁挂/吸顶旋转支架的设计是为实现最佳安装性能。能够探测绝大多数常见玻璃的破碎，如平板玻璃、钢化玻璃、夹层玻璃和嵌丝玻璃，同时忽略非框架式玻璃破碎声，或其他可能的误报警源。

2）有线玻璃破碎探测器：采用计算机处理，排除一切非框架安装玻璃及其他物体（如钥匙、电话铃、电视、空调等）的声音所造成的误报。适用于平板玻璃、钢化玻璃、叠层玻璃和镀膜玻璃。

对保护区内的所有声音，以每秒40000次的取样后，经过先进的计算机数字处理技术，对30个相关的时间段的声音进行分析和滤波，以做出准确判断。

精细的智能型听觉能够分辨出各类玻璃的破碎声音，而排除所有非框架式玻璃破碎的声音和其他可能引起误报警的声源（钥匙、电话铃、空调等）。

5. 紧急报警开关

当银行、家庭、机关、工厂等场合出现入室抢劫、盗窃等险情或异常情况时往往需要采用人工操作来实现紧急报警，这时可用紧急报警开关。紧急报警开关可以是按钮、脚挑式开关或脚踏式开关。

可以用金属丝、金属条导电性薄膜等导电体的断裂来代替开关。还可以制成带有开关的防抢钱夹。

二、红外入侵探测器

红外线主要是传导热能的，所以又叫热线。它是一种电磁波，同样具有向外辐射的能力，它的波长介于微波和可见光之间，其波长比红光还长。

物理学告诉我们，凡是温度高于热力学温度0℃的物体都能产生热辐射，而温度低于1725℃的物体，产生的热辐射光谱集中在红外光区域，因而自然界的所有物体都能向外辐射红外热。而任何物体，由于其本身的物理和化学性质不同、物体本身温度不同，所产生的红外辐射的波长和距离也不尽相同，通常分为三个波段。近红外：波长范围0.75～3μm；中红外：波长范围3～25μm；远红外：波长范围25～1000μm。

红外光在大气中辐射时会产生衰减现象，主要是由于大气中各种气体对辐射的吸收（如水蒸汽、二氧化碳）和大气中悬浮微粒（如雨、雾、云、尘埃等微粒）对红外光造成的辐射。

大气中对红外辐射的衰减是随着波长不同而变化的，对某些波长的红外辐射衰减较少，这些波长区称为红外的“大气窗口”。能通过大气的红外辐射基本上分为三个波段：1～2.5μm、3～5μm、8～14μm，这三个红外大气窗口为我们提供了方便。

红外入侵探测器分为主动红外探测器和被动红外探测器两种形式。

1. 主动红外探测器

主动红外探测器由主动红外光发射器和接收器两个部件构成。红外发射装置向装在几米甚至几百米远的接收装置辐射一束红外线，形成一条警戒线，见图3-25。当目标侵入该警戒线时，红外光束被遮挡，接收机接收信号发生变化报警。因此，它也是阻挡式报警器，或称对射式报警器。

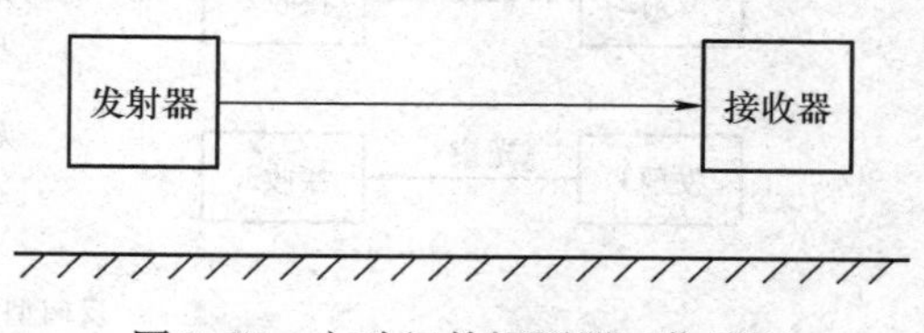

图3-25 主动红外探测器工作原理

通常，发射装置由多谐振荡器、波形变换电路、红外发光管及光学透镜等组成。在GB10408.4—2000标准中规定：“室内使用时，发射机与接收机经正确安装和对准，并工作在制造厂商规定的探测距离，辐射能量有75%。被持久地遮挡时，接收机不应产生报警状态。”从另一角度理解这句话的意思就是：当接收机接收的能量小于25%时，系统就要产生误报警。为了减少由此引起的误报警，安装使用中应让发射机与接收机轴线重合。

接收装置由光学透镜、红外光电管、放大整形电路、功率驱动器及执行机构等组成。光电管将接收到的红外光信号转变为电信号，经整形放大后推动执行机构启动报警设备。入侵报警装置组成框图见图3-26。主动式红外报警器有较远的传输距离，因红外线属于非可见光源，入侵者难以发觉与躲避，防御界线非常明确。

主动式红外报警器是点型、线型探测装置，除了用作单机的点警戒和线警戒外，为了在更大范围有效地防范，也可以利用多机采取光墙或光网安装方式组成警戒封锁区或警戒封锁网，乃至组成立体警戒区。常见的主动红外探测器有两光束、三光束、四光束，距离从30～300m不等。

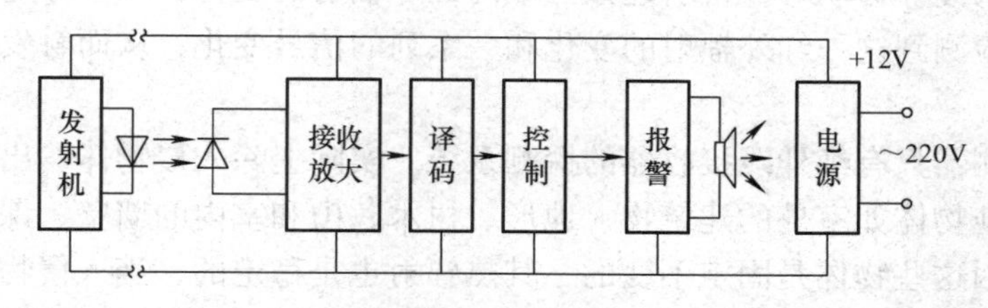

图3-26 遮断式红外入侵报警装置组成框图

也有部分厂家生产远距离多光束的“光墙”，主要应用于厂矿企业和一些特殊的场所。红外对射探测器主要应用于距离比较远的围墙、楼体等建筑物，与红外对射栅栏相比，它的防雨、防尘、抗干扰等能力更强，在家庭防盗系统中主要应用于别墅和独院。

主动式红外探测器可根据防范要求、防范区的大小和形状的不同，分别构成警戒线、警戒网、多层警戒等不同的防范布局方式。

防范布局方式有对向型安装、反向型安装方式和多束光组合成警戒网、四组红外收、发机构成周界警戒线。主动式红外报警器防范布局方式见图 3-27。

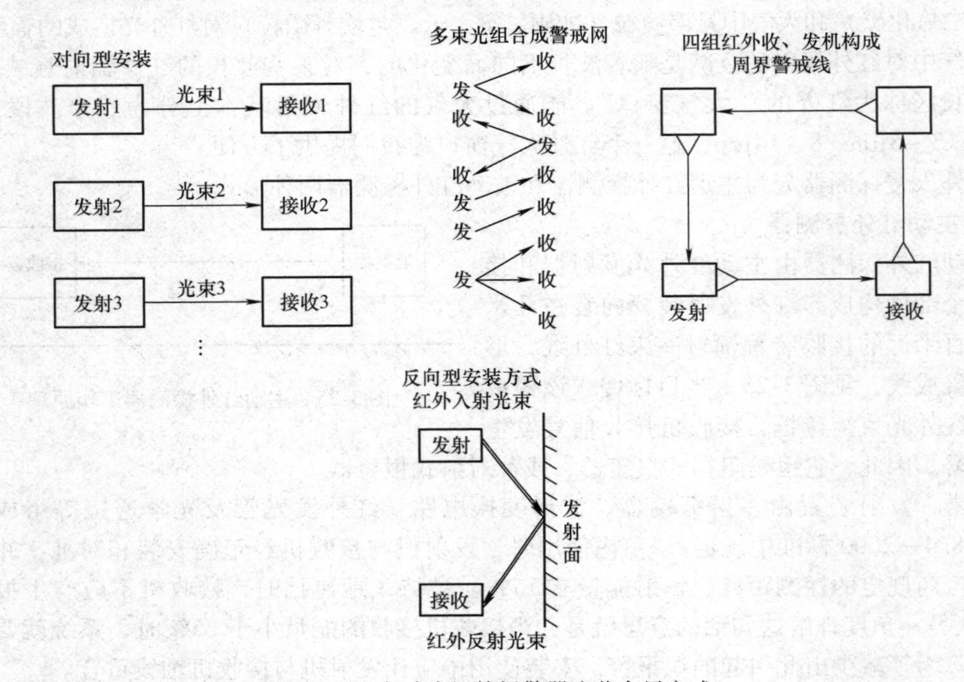

图 3-27　主动式红外报警器防范布局方式

2. 被动红外探测器

被动式红外探测器不需要红外辐射光源，本身不向外界发射任何能量，而是探测器直接探测来自移动目标的红外辐射，因此才有被动式之称。

（1）被动式红外探测器

利用光学系统将各防护区的红外辐射聚集到红外敏感元件上，由于人体表面温度与周围环境温度存在差别，因而人体的红外辐射强度和环境的红外辐射强度也就存在差异，当被防范范围内有目标入侵并移动时，将引起该区域内红外辐射的变化，就会穿越一些防护区，红外敏感元件就会检测到这种红外辐射的变化和一系列的信号变化，从而触发报警，并发出报警信号。

被动红外探测器只有红外线接收器的探测系统。实际上除入侵物体发出红外辐射外，被探测范围内的其他物体如室外的建筑物、地形、树木、山和室内的墙壁、课桌、家具等都会发生热辐射，但因这些物体是固定不变的，其热辐射也是稳定的，当入侵物体进入被监控区域后，稳定不变的热辐射被破坏，产生了一个变化的热辐射，而红外探测器中的红外传感器就能收到这变化的辐射，经放大处理后报警。在使用中，把探测器放置在所要防范的区域里，那些固定的景物就成为不动的背景，背景辐射的微小信号变化为噪声信号，由于探测器的抗噪能力较强，噪声信号不会引起误报，红外探测器一般用在背景不动或防范区域内无活动物体的场合。

（2）特点

被动红外探测器探测移动目标自身发出的红外辐射，它既可以用于室内，也可以用于室外，与其他各类报警器比较，有如下特点；

依靠入侵者自身的红外辐射作为触发信号，即被动式工作，设备本身不发射任何类型的辐射，隐蔽性好，不易被入侵者察觉。不计较照明条件，昼夜可用，特别适合在夜间或黑暗环境工作。不发射能量，没有易磨损的活动部件，因而仪器功耗低，结构牢固，寿命长。由于是被动式的，也就没有发射机和接收机之间严格校直的麻烦。

与微波探测器相比，红外波长不能穿越砖头水泥等一般建筑物，被动红外探测器更不存在此类问题，所以在室内使用不必担心室外运动目标会造成误报。

在较大面积的室内安装多个被动红外报警器时，因为它是被动的，所以不会产生系统互扰问题。

（3）被动式红外探测器的组成

被动式红外探测器又称为热释电传感器，其核心部件热释电传感器是被动式红外探测器中实现热电转换的关键器件。被动式红外线报警装置组成框图见图3-28。红外传感器的探测波长范围是8～14μm，而人体红外辐射波长在探测范围内，因此能较好地探测到活动的人体。热释电传感器分为单波束型被动红外探测器及多波束型被动红外探测器两种。

红外探测器有两种形式获取入侵信号：一种是热释电红外传感器（PIR），其结构见图3-29。它能将波长为8～12μm之间的红外信号转变为电信号，并能对自然界中的白光信号具有抑制作用，因此在警戒区内，当无人体移动时，热释电红外感应器感应到的只是背景温度，当人体进入警戒区，通过菲涅尔透镜，热释电红外感应器感应到的是人体温度与背景温度的差异信号。

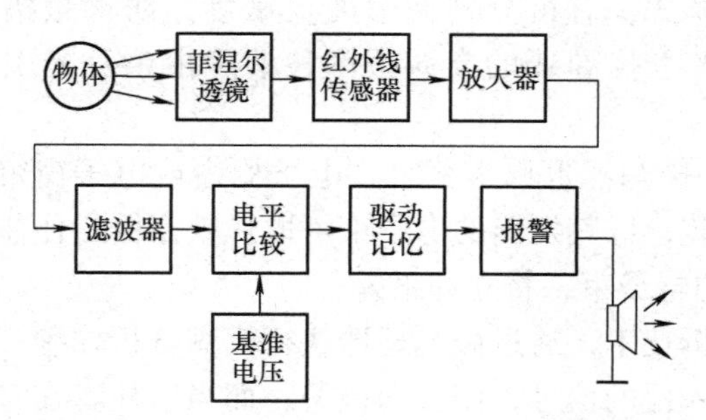

图3-28　被动式红外线报警装置组成框图

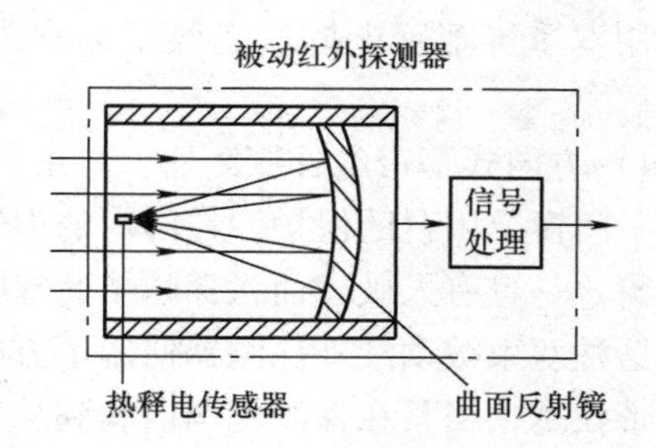

图3-29　热释电红外传感器结构

另一种是菲涅耳透镜（FresnelLens），菲涅耳透镜分折射式和反射式。有两个作用：一是聚焦作用，即将热释的红外信号折射（反射）在PIR上；另一个是将警戒区内分为若干个明区和暗区，使进入警戒区的移动物体能以温度变化的形式在PIR上产生变化热释红外信号，这样PIR就能产生变化的电信号。

1）反射式：被探测目标的红外辐射，经反射镜反射，聚焦到红外传感器上。反射镜上镀着一层对红外辐射有很高反射能力的铝或金，上面再镀上层保护膜。常见的有下列几种：

直线远距离型：这类探测器，在一个光筒中装有一个大口径的球面反射镜。镜上镀有红外辐射反射膜和保护层，在反射镜的焦平面上装有红外传感器。这种探测器的作用距离远，视场小，灵敏度高，适合于封锁通道、大型房间。

锥形多视场型：这类装置是在一个镜座上，镶有9~15个反射镜，每个反射镜与一个共用传感器组成独立系统，建立一个独立分视场，所以这种探测器可具有9~15个分视场。每个视场内一旦有辐射红外线的移动物体出现，均可发出报警信息。这种探测器适合于室内使用。

2）透射式：透射式透镜罩是一个能透过红外辐射的塑料压膜罩，也称菲涅耳透镜，被探测目标的红外辐射经该透镜装置聚焦到红外传感器上，把温度变化信号转换成电信号，经过电路对其信号进行处理，而后送入控制器发出报警。

为了更好地发挥光学视场的探测效果，可把光学系统的视场探测模式设计成多种多样，如小角度长距离、广角近距离、整体帘幕、双层帘幕或两者或三者组合在一起的视场模式。如SRN-2000型被动红外探测器，就有47种不同的镜头，供用户选择。

（4）被动红外探测器种类

1）被动式红外移动探测器：被动式红外移动探测器灵敏度、防误报能力与可靠性都较高，完全可以胜任绝大多数环境下的各种应用需要。

2）室内用的被动红外探测器：产品主要特性：标准防护范围为15m×15m；交替极性脉冲计数为1或3个脉冲可选，以此仅在一定时间内记录到数个这样的脉冲才触发报警；温度补偿采用抛物线补偿曲线，使得在低温和高温等不同温度环境中，灵敏度保持一致且稳定性不变；电磁干扰防护能力强；带垂直角度调整刻度在+2°~-12°范围内可调，以此改变俯角。

3）室外用的被动红外探测器：产品主要特性：防护范围分别对应120°宽束和长距离的窄束；室外模式均有日/夜间模式，有全天候防水外壳；防护模式是通过调节主板位置及改变透镜方向可选择普通模式或防宠物模式；有可分档调节的灵敏度；防误报措施通过利用双重屏蔽感光技术克服了因户外日光干扰导致的高误报率，消除由杂乱光引起的误报。

4）方向式幕帘红外探测器：幕帘式红外探测器也称为幕帘式电子栅窗或电子窗帘，它适用于门窗及阳台的保护。在门窗的内侧安装，以其发出的电子束可取代铁窗栅封住住户的门和窗，一旦有人破窗而入穿越了此60cm的电子束，将立即报警。

这种双束被动红外探测器使用了方向分析技术，通过微处理器执行模糊分析控制，并采用窄带技术，当其在探测范围内收到从外部入侵的信号，则立即报警；而当居住者在室内活动时，却不会触发报警。

若装在阳台顶下，可以判别主人从屋内出来不报警，判别窃贼从阳台入侵而报警，省去了住户“设防”与“撤防”和易产生误报的麻烦。安装在高2.5m处，可防范宽1m×6m的区域，底层住宅和平顶楼的顶层适宜安装。

（5）被动红外探测器的主要技术

早期的被动式红外移动探测器因为技术与生产工艺的原因，容易发生误报。目前改进的产品采用了多项新技术和新工艺，包括温度补偿技术、使用双元（或四元）红外传感器、交替极性脉冲计数技术、智能模糊逻辑分析真实移动识别（TMR）技术。改进的菲涅尔透镜和采用表面贴片工艺等多项防误报技术，有效防止了因为环境温度改变、射频干扰和气流等各种因素造成的误报。

1）温度补偿技术：在一般情况下，人的体温总是比环境温度高得多。当入侵者运动时，传感器接收到红外的变化信号幅度较大而触发报警。当附近环境温度升高到与人体温度接近时，入侵者在运动时传感器接收到的红外变化信号幅度就很小，这样有可能由于信号小于触发阀值而不会报警。这时，必须进行温度补偿。

2）脉冲计数方式：最初的探测器中，通常采用的是单个红外光敏元件，只要接收的红外线强度超过预设值，就发出报警信号。但是这种方式误报率太高，改进的方式是增加脉冲计数方式。脉冲计数分为模拟脉冲计数和数字脉冲计数。

模拟脉冲计数是指探测单元计量红外输出信号超过阈值的时长，如果探测器的输出超过阈值的时间长度达到预设值，就会引发一个报警信号。脉冲计数一般都有 1～3 级可调。脉冲计数为 1 级时探测器灵敏度最高，脉冲计数为 3 级时探测器灵敏度较低但防误报能力较强。

数字脉冲计数是指探测器通过数字计数，计量入侵者从一开始所触发扇区触发沿的个数，根据事先设置的数字脉冲计数个数而触发报警信号。

多元红外光敏元件目前多采用多元红外光敏元件及“脉冲计数”方式，这样能够非常容易地过滤干扰，减少误报。常见的是双元红外光敏元件和四元红外光敏元件。

双元红外光敏元件是指把两个性能相同、极性相反的热释电传感器光敏元件整合在一起的探测器，通常称为双元探测器。

四元红外光敏元件是指把 4 个性能相同、极性相反的热释电传感器光敏元件整合在一起的探测器，通常叫四元探测器。这种设计方式进一步提高了被动红外探测器的防小动物、宠物引起误报的能力。

3）其他防干扰措施：包括采用表面贴片技术的防射频干扰的措施、在菲涅耳透镜的镜片上采用滤白光的技术的防白光干扰的措施、采用防宠物的菲涅耳透镜等。

三、微波入侵探测器

微波是波长为 1mm～1m 的电磁波，其相应频率在 300GHz～300MHz 之间。具有以下性质：可定向辐射，空间直线传输；遇到各种障碍物易于反射；绕射能力差；传输特性好；介质对微波的吸收与介质的介电常数成比例，水对微波的吸收作用最强。含有水分的物体，微波不但不能透过，其能量反而会被吸收。微波碰到金属就发生反射，常用金属隔离微波。微波可以穿过玻璃、陶瓷、塑料等绝缘材料，但不会消耗能量。微波传感器就是指利用微波特性来检测一些物理量的器件或装置。用于入侵探测的微波式探测器有两种类型：雷达式微波探测器和微波墙式探测器。

1. 雷达式微波探测器

雷达式微波探测器又称多普勒式微波报警器，是一种将微波发、收设备合置的微波报警器。其工作原理是利用无线电波的多普勒效应实现对运动目标的探测。因此它是一个面积型入侵探测器。多普勒式微波报警器结构图见图 3-30。

雷达式微波探测器的微波发射器通过天线向防范区域内发射微波信号，当防范区域内无移动目标时，接收器接收到的微波信号频率与发射信号频率相同。当有移动目标时，由于多普勒效应，目标反射的微波信号频率将发生偏移，俗称多普勒频移。接收机经过分析处理后产生报警信号。

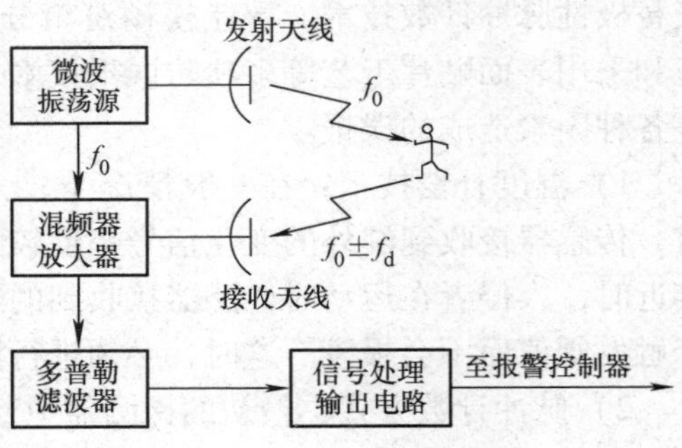

图 3-30　多普勒式微波报警器结构图

雷达式微波探测器发射的微波信号频率一般为9GHz左右，受气候条件、环境变化的影响较小，对非金属物体具有穿透性。微波探测器可以安装在伪装物的深处，具有非常好的隐蔽性。但同样因为微波的穿透性，又有可能造成误报，故在选型与安装时应注意微波探测器的控制范围和指向性，把探测区域限制在规定的范围之内。

雷达微波探测器对警戒区域内活动目标探测是有一定范围的，其警戒范围为一个立体防范空间，其控制范围比较大，可以覆盖60°~95°的水平辐射角，控制面积可达几十至几百平方米。

2. 微波墙式探测器

微波墙式探测器主要用于周界防范，是一种将微波收、发设备分置的利用场干扰原理或波束阻断式原理制成的探测器。它类似于主动红外对射式入侵探测器的工作方式，不同的是用于探测的波束是微波而不是红外线。这种探测器的波束更宽，呈扁平状，像一面墙壁的形状，所以防范的面积大。这种探测器在使用时，应注意使墙式微波波束控制在防范区域内，不向外扩展，以免误报。

微波指向性天线发射出定向性很好的调制微波束，工作频率通常选择在9~11GHz之间，微波接收天线与发射天线相对放置。当接收天线与发射天线之间有阻挡物或探测目标时，由于破坏了微波的正常传播，使接收到的微波信号有所减弱，以此来判断在接收机与发射机之间是否有人入侵。

微波墙式探测器在发射机与接收机之间的微波电磁场形成了一道看不见的警戒线，可以长达几百米、宽2~4m、高3~4m，酷似一道围墙，因此称为微波墙式探测器或微波栅栏。

微波墙式探测器特点具有以下特点：

1）在收、发之间形成一道无形的墙，是一种很好的周界防范报警设备，多用于室外。

2）微波墙式探测器一般采用脉冲调制的微波发射信号：①电源耗电少，便于使用备用电源，也可延长备用电池的使用寿命；②放大器相对频带窄、机内噪声小；③抗干扰性较强，它可防止由于外界干扰引起的误报警，发射与接收分体。

3）工作可靠性较好，受雾、雪、风、雨等气候变化的影响较小，可全天候工作，且误报率较低。

4）当防护区的外周界线平直度较差、曲折过多时，不宜采用微波墙。

四、激光入侵探测器

激光入侵探测器属于主动入侵探测器类，主要由激光发射机和激光接收机组成。当被探测的目标侵入所防范的警戒线时，激光发射机和接收机之间的激光束被遮挡，进而产生响应，并进入报警状态。

激光发射机由激光发射器、调制激励电源及相应的方向调整机构组成。激光发射机发射出的定向强激光束，其方向性好、频率单一、相位一致，是其他光源无可比拟的。激光接收机由激光接收器、光电信号处理器以及相应的支撑机构组成。

在防护区域的始端设置激光发射机，将其发射出的定向强激光束直接射向接收端。接收机通过光电器件将接收的光信号转换成开关量信号，并经鉴别器处理。当确认信号正常时，内部显示绿灯，保持监视状态；而当光束被遮断时，则信号失常，内部显示红灯，同时输出报警信号，从而实现对激光束所经过的全路程的监控。

激光探测器的主要特点如下：

1）探测距离远，误报率低：在同样气候条件下，激光的传输衰减远小于其他同类探测器，穿透雨雾能力强，探测距离可达数百米至几千米。从而保证远距离的正常工作和减少恶劣天气时的误报率。

2）闭路传输，无相互干扰：激光束属于闭路传输，不存在红外对射探测器在直线上连续布设或者邻近系统互相干扰的问题，可以远距离连续直线布设或近距离交叉布设。同样也不存在红外光漏泄干扰周围其他敏感红外设备的问题。

3）抗外界杂散光和电磁干扰的能力强：合理的光接收器和高功率密度发射器使得该系统具有很强的抗干扰能力。利用激光束的单色性极好、光斑大小可控的优势，可以使系统在严重干扰的环境下正常工作。

4）现场调试快捷，检修方便：此类产品若配套专用激光定位仪，可以随时检测各处光斑的位置。传播过程中何处有树枝、叶子等障碍物遮挡，转折或接收处光斑偏离中心的方向和远近，都可以直接判定，因而能够准确迅速地指导调整工作。

5）防范性强：因激光系统不存在直线连续布设和小角度布设时相互干扰的问题（遇长大距离时，采用激光中继器进行接续），因而可以根据需要在重要地段实施连续或交叉布防。激光系统可实施多道独立光束平面分布，因而可组成十分严密的警戒平面。连续布设无串扰，各光束独立防范，遮挡任一束均报警因而可组成十分严密的警戒平面。立体布设可以十分隐蔽地固定设防，也可以临时流动设防或动态设防。

6）使用寿命长，维护成本低。充分利用激光系统的特点，可降低购置设备的费用，减少施工量及对环境美观的影响，激光管的更换很方便，维护成本低。

7）系统稳定，可靠性好，灵敏度高。整体采用钢、铝材质，系统机械结构精密，激光系统及光学部件按精密仪器加工，内部结构稳定，系统安装全面牢固可靠。系统固定在钢管及焊成一体的法兰盘座上，并用化学锚固方法安装于水泥基础上。内防护罩防风沙和雨水，外防护罩分离固定，可隔断大风对系统机构稳定性的影响。

8）微功耗节能设计，工作电流 $<50\mu A$。外接 DC12V 供电，可在 $-40\sim70$℃的环境下正常工作，无需任何电加热器。

9）灵敏度高，可与其他各种系统兼容。

激光入侵探测器响应时间在 5～1000ms 之间可调（同类响应时间在 50～500ms 间），可根据设备安装的不同现场环境调整响应时间，适应环境范围更广。

五、超声波入侵探测器

超声波入侵探测器是利用超声波技术构造的探测器，它是专门用来探测移动物体的空间型探测器。利用人耳听不到的超声波段的机械振动波作为探测源的探测器就称为超声波探测器。超声波波段分布图见图3-31。

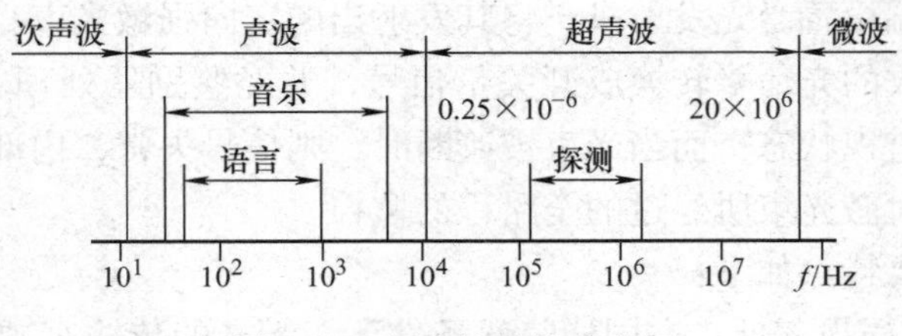

图3-31　超声波波段分布图

超声波探测器是利用超声波在超声场中物理特性和各种效应采用电信号将超声感知的器件。超声波探测器结构图见图3-32。

超声波探测器根据其结构和安装方法的不同可分为两种类型：多普勒式超声波入侵探测器和声场型超声波探测器。

(1) 多普勒式超声波入侵探测器

多普勒式超声波入侵探测器是利用超声波对运动目标产生的多普勒效应构成的报警装置。在超声波发生器与探测目标间有相对运动时，接收的回波信号频率会发生变化。如超声波发射器发射25～40kHz的超声波充满室内空间，超声波接收器接收从墙壁、天花板、地板及室内其他物体反射回来的超声能量，并不断地与发射波的频率加以比较。

当室内没有移动物体时，反射波与发射波的频率相同时不报警；当入侵者在探测区内移动时，超声反射波会产生大约±100Hz多普勒频移，接收机检测出发射波与反射波之间的频率差异后，即发出报警信号。

超声波探测器由发射机、接收机和信号处理电路几部分组成。多普勒式超声波探测器结构框图见图3-33。

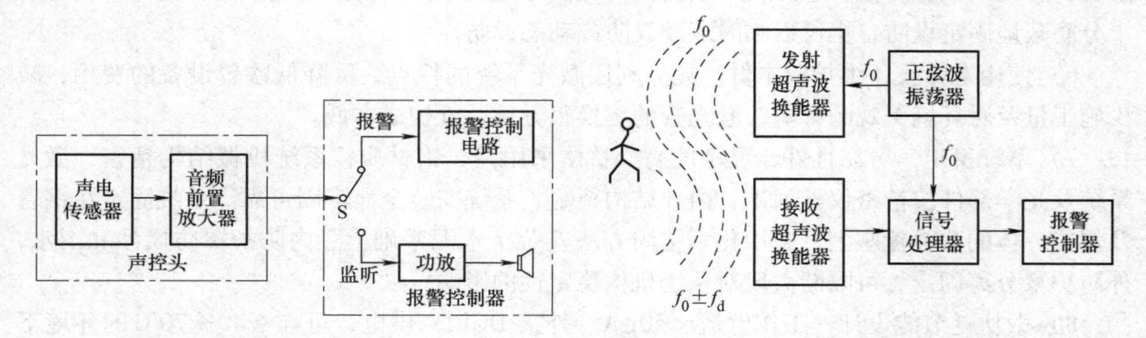

图3-32　超声波探测器结构图　　　图3-33　多普勒式超声波探测器结构框图

超声波收、发机通常装在天花板或墙上，其发射的超声波能场的分布是有一定方向性的，一般是面向防范区呈椭圆形，控制面积可达几十平方米。为了减少探测盲区，在较大的防范区可安装多个超声波收、发机，并使各个收、发机的能场相互重叠以减小盲区。

（2）声场型超声波探测器

声场型超声波探测器是将两个超声波换能器分别放置在不同的位置，即收、发分置型。超声波在密闭的房间内经固定物体多次反射，布满各个角落。由于多次反射，室内的超声波形成复杂的驻波状态，有许多波腹点和波节点。波腹点能量密度大，波节点能量密度低，造成室内超声波能量分布的不均匀。

当没有物体移动时，超声波能量处于一种稳定状态；当改变室内固定物体分布时，超声能量的分布将发生改变。而当室内有一移动物体时，室内超声能量发生连续变化，而接收器接收到连续变化的信号后，就能探测出移动物体的存在，其变化信号的幅度、超声频率和物体移动的速度成正比。

声场型超声波探测器又可分为声控入侵探测器和声发射入侵探测器。

1）声控入侵探测器：声控入侵探测器是用驻极体声传感器把声音信号变成电信号，经前置放大送报警控制器处理后发出报警处理信号，也可将报警信号放大推动扬声器和录音机，以便监听和录音。由声电传感器做成的监听头对监控现场进行立体式空间警戒的探测系统称为声控探测器。它用来探测入侵者在防范区域室内的走动或进行盗窃和破坏活动（如撬锁、开启门窗、搬运、拆卸东西等）时所发出的声响，并以探测声音的声强作为报警的依据。

这种探测系统比较简单，只需在防护区域内安装一定数量的声控头，把接收到的声音信号转换为电信号，并经电路处理后送到报警控制器，当声音的强度超过一定电平时，就可触发电路发出声、光等报警信号。

2）声发射入侵探测器：声发射入侵探测器用来监控某一频带的声音发出报警信号，而对其他频带的声音信号不予响应。主要监控玻璃破碎声、凿墙、锯钢筋声等入侵时破坏行为所发出的声音。当玻璃破碎时，发出的破碎声由多种频率的声响构成，主要频率为 10～15kHz 高频声响信号；当锤子打击墙壁、天花板的砖、混凝土时会产生一个频率为 1kHz 左右的衰减信号，大约持续 5ms；锯钢筋时产生频率约为 3.5kHz、持续时间约为 15ms 的声音信号。

3）声场型超声波探测器应用：声场型超声波探测器是将超声波收、发机分开放置，见图 3-34。收、发机分置的超声波探测器其控制空间可达几百立方米。由于可以采用数对以至十几对收、发机并联使用，故可警戒更大范围空间，可根据房间的大小分别采用一发、一收、一控；三发、三收、一控；六发、三收、一控等多种不同的布局系统。

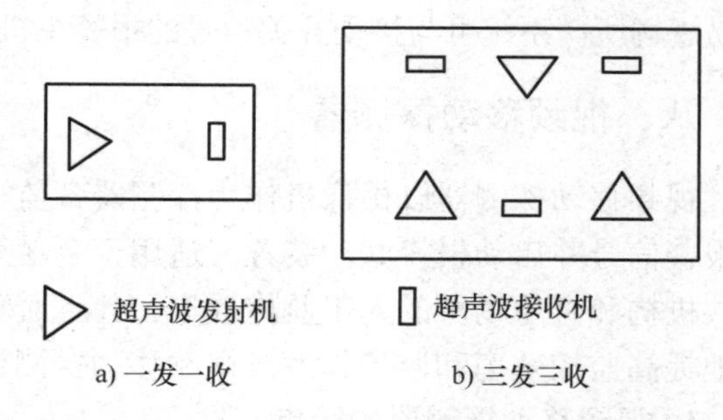

图 3-34 声场型超声波探测器应用示意图

声场型超声波探测器由于不是以多普勒效应为原理的，故其探测灵敏度与移动人体的运动方向无关。多普勒型超声波探测器的探测灵敏度则与移动人体的运动方向有关。即当入侵者向着或背着超声波收、发机的方向行走时，可使超声波产生较大的多普勒频移，故探测灵敏度较高。

六、振动探测器

振动探测器是以探测入侵者的走动或进行各种破坏活动时所产生的振动信号（如入侵者凿墙、钻洞、破坏门、窗、撬保险柜等）强度超过一定电平时来触发报警的探测器。

振动探测器常见的有水银式、重锤式、钢球式，均属机械类。当直接或间接受到机械冲击振动时，水银珠、钢珠、重锤都会离开原来的位置而发出报警。

振动探测器特点是体积小、灵敏度可调，其应用场合为：①保护银行柜员机（或保险柜、箱等）；②保护金库的墙体（埋入墙体或安装于墙面）；③保护玻璃（可装于玻璃窗或玻璃墙上）；④保护天花板（探测天花板振动）。

七、泄漏式同轴电缆入侵探测器

泄漏式同轴电缆入侵探测器一般用作周界防护。该入侵探测器由平行埋在地下的两根泄漏式电缆组成，一根泄漏式同轴电缆与发射机相连，向外发射能量，另一根泄漏式同轴电缆与接收机相连，用来接收能量。发射机发射的高频电磁能（频率为30～300MHz）经发射电缆向外辐射，部分能量耦合到接收电缆。收发电缆之间的空间形成一个椭圆形的电磁场的探测区域。当非法入侵者进入探测区域时，改变了电磁场，使接收电缆接收的电磁场信号发生了变化，发出报警信息，起到了周界防护作用。泄漏电缆结构示意图见图3-35。

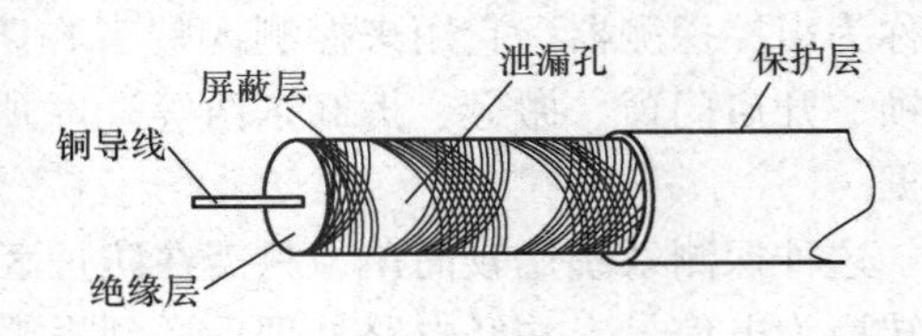

图3-35 泄漏电缆结构示意图

泄漏式电缆入侵探测器可全天候工作，传感电缆埋入地表隐蔽安装，电缆可环绕任意形状的警戒区域周界，可以适应各种复杂地形，不受地形的高低、曲折、转角等限制，不留死角，打破了红外线、微波墙等只适用于视距和平坦区域使用的局限性，同时不受阳光雨雾等天气影响及树木花草等植被影响。由于其优良的隐蔽性、地形适应性、气候适应性、环境适应性，所以成为周界中的高端产品，被越来越多的重要场所选用。

系统同高压电网有着本质的区别，具有绝对安全，不会引起火花，可广泛用于弹药库等易燃易爆场所。系统可与接受开关信号的报警主机接口兼容，实现远程联网报警等多种功能。

八、视频移动探测器

视频移动探测器以摄像机作为探测器，监视所防范的空间，当被探测目标入侵时，可发出报警信号并启动报警联动装置。适用于金融系统和文博场馆要害部门。移动侦测可以降低公共机构和企业场所的人工监控成本，并且避免人员长期值守疲劳导致的监控失误，可以极大地提高监控效率和监控精度。视频移动探测器原理框图见图3-36。

1. 视频移动探测器的特点

1）视频运动探测器把电视监控技术和报警技术结合起来，只要在所防范的场所出现危险情况，即可自动报警，并可自动打开录像机，记录现场的情况。与电视监控设备相比较，值班人员不必目不转睛地盯住监视器的荧光屏，而可以依靠视频运动探测器来判断现场有无异常情况。与通常报警器相比较，在出现危险情况或其他误触发产生报警信号时，值班人员可以立即从监视器的荧光屏上直接观察到现场的情况，以判别真伪，及时处理。

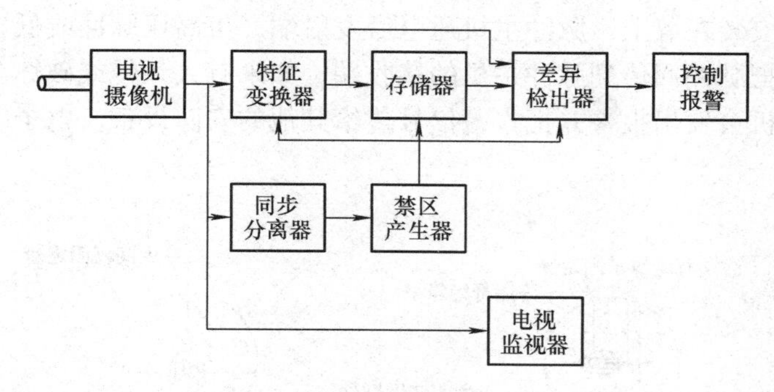

图 3-36　视频移动探测器原理框图

2）对变化快的光线敏感。如开、关照明灯，或用手电照射所防范的区域时，都会引起报警，所以使用时必须注意这一特点。对光线的缓慢变化（如早、中、晚光线变化），视频运动探测器都可以适应，而不致引起报警。

2. 视频移动探测器使用注意事项

1）将视频监控与报警技术相结合，当防范现场出现危险情况即可自动报警并启动录像设备录下现场情况。

2）对光照度变化较敏感，应避免由此产生误报警，在繁华街道使用时由于人流过大也容易产生误报警。

3）适当调节摄像机镜头光圈，使之在正常照明条件下，监视器上图像的白色部分欠饱和，且有足够的对比度，否则容易产生漏报警。

九、平行线电场畸变入侵探测器

平行线电场畸变入侵探测器由传感器线支撑杆、跨接件和传感器电场信号发生接收装置构成，见图 3-37。传感器是一些平行线（2～10 条）构成，在这些导线中一部分是场线，它们与振荡频率为 1～40kHz 的低频振动电压信号发生器相连，工作时场线向周围空间辐射电磁场能量。另一部分线为感应线，一根场线和一根感应线紧靠在一起安装构成一组，场线辐射的电磁场在感应线上产生感应电流。当入侵者靠近或穿越平行导线时，就会改变周围电磁场的分布状态，相应地使感应线中的感应电流发生变化，只要测出信号变化的幅度、速率或干扰的持续时间等方面的变化超过规定的阈值，接收信号处理器分析后发出报警信号。

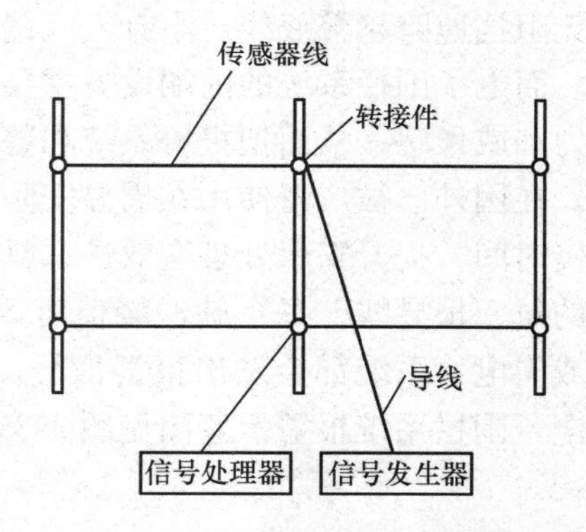

图 3-37　平行线电场畸变探测器示意图

平行线电场畸变入侵探测器主要用于户外周界报警。通常沿着防范周界安装数套电场探测器，组成周界防范系统。信号分析处理器常采用微处理器，信号分析处理程序可以分析出入侵者和小动物引起的场变化的不同，从而将误报率降到最低。

十、脉冲电子围栏

脉冲电子围栏主要由脉冲主机和前端围栏两部分组成。脉冲主机一般安装在门卫室或控制中心，前端围栏安装在墙上。脉冲主机通电后发射端产生高压脉冲或低压脉冲传到前端围栏上，形成回路后把脉冲回传到脉冲主机的接收端，如果有人入侵或破坏前端围栏，或切断供电电源，脉冲主机会发出报警并把报警信号传给其他的安防设备。电子围栏系统构成图见图 3-38。

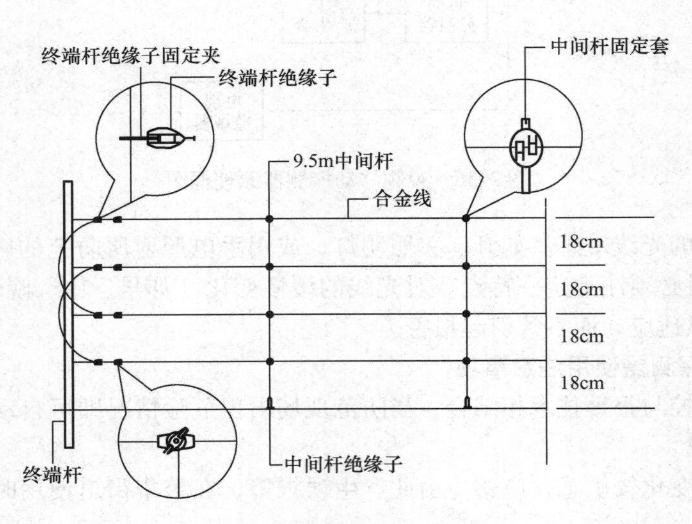

图 3-38　电子围栏系统构成图

传统的红外对射、泄漏电缆或微波等系统只具有报警功能，没有阻挡功能。入侵者往往能毫无阻挡地跨越警戒线。当有人入侵时，即使系统发生报警，入侵者还可能进入安防区域之内。而电子围栏系统的前端设备主要是有形的电子围栏，实实在在地给入侵者增加一种心理压力和威慑感，从而把报警系统和警戒系统有机地结合起来，达到以防为主，报警为辅的目的。在国外已被广泛使用在周界安防领域，可做到事前威慑，事发时阻挡并报警，延缓危险入侵时间，提升安保处理有效性，具有较强的安全可靠性。电子脉冲每分钟 60 次扫描电子墙的每一根导线，每个脉冲峰值有 5 ~ 8kV，使入侵者难以攀越。另外本系统如遇断路、短路或失电，系统都会发出报警信号。还可以与任何报警系统联网使用，便于提高防范等级。电子围栏系统报警示意图见图 3-39。

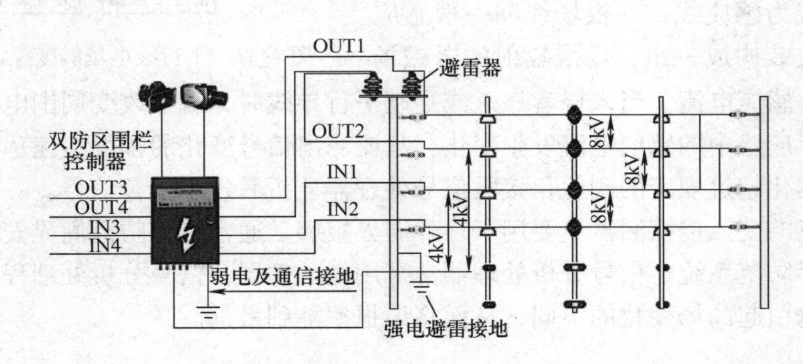

图 3-39　电子围栏系统报警示意图

十一、双鉴与多鉴探测器

微波、红外、超声波等各类型的探测器均为单技术探测器，其结构组成较为简单、价格也相对低。共同的缺点是：在恶劣工作环境下，受到各种不同因素的影响或受到各种不同误报源的干扰会产生误报警。如被金属物体反射或门、窗抖动时会引起误报警；飘落下的树叶、小动物等挡住了主动红外探测器的光束会产生误报警；小动物的骚扰或温度较高的热气流会引起被动红外探测器的误报警；汽笛声、环境温度的变化等会引起超声波探测器的误报警。

为了克服单一技术探测器的缺陷，通常将两种不同技术原理的探测器整合在一起，只有当两种探测技术的传感器都探测到人体移动时才报警的探测器称为双鉴探测器。人们对几种不同的探测技术进行了多种不同组合方式的试验，如超声波微波双技术探测器、双被动红外双技术探测器、微波被动红外双技术探测器、超声波被动红外双技术探测器、玻璃破碎声响振动双技术探测器等，并对几种双技术探测器的误报率进行了比较。比较后发现，微波被动红外技术探测器的误报率为最低。因此市面上常见的双鉴探测器以微波＋被动红外居多，另外，还有红外与空气压力探测器、音频与空气压力的探测器等产品。

微波－被动红外复合的探测器，它将微波和红外探测技术集中运用于一体。在控制范围内，只有两种报警技术的探测器都产生报警信号时，才输出报警信号。它既能保持微波探测器可靠性强、与热源无关的优点，又集被动红外探测器无需照明和亮度要求、可昼夜运行的特点，大大降低探测器的误报率。这种复合型报警探测器的误报率仅为单技术微波报警器误报率的几百分之一。简单地说，就是把被动红外探测器和微波探测器做在一起，提高了探测性能，减少了误报。除此之外，市场上还有把微波和主动红外、振动探测器、声音探测器等进行组合。

第三节　报警控制主机及其功能

入侵报警控制器的作用是对探测器传来的信号进行分析、判断和处理，当入侵报警发生时，它将接通声光报警信号震慑犯罪分子避免其采取进一步的侵入破坏；显示入侵部位以通知保安值班人员去做紧急处理；自动关闭和封锁相应通道；启动电视监视系统中入侵部位和相关部位的摄像机对入侵现场监视并进行录像，以便事后进行备查与分析。除简单系统外，一般报警控制系统均由计算机及其附属设备构成。报警主机也叫入侵报警控制器，用于连接报警探测器，判断报警情况，管理报警事件的专用设备。报警主机具有对报警主机防区分区进行设置与管理的能力，可以根据报警探测器的信号进行分析，产生报警事件并根据报警主机上的参数设置进行处理。

1. 入侵报警控制主机

一台功能完善、技术指标完全能满足使用方要求的入侵报警控制类主机，基本技术指标应包括：自身防区容量（即输入信号容量）、输入信号方式、输出功能、防破坏功能以及报警情况发生之后的提示、告警和控制等功能。入侵报警主机工作原理框图见图 3-40。

在实际工程设计中，设计人员应根据工程应用的需要，合理选用入侵报警控制主机的防区容量。防区容量确定之后，还需要考虑能否满足所选用报警探头的输出信号型式与报警主

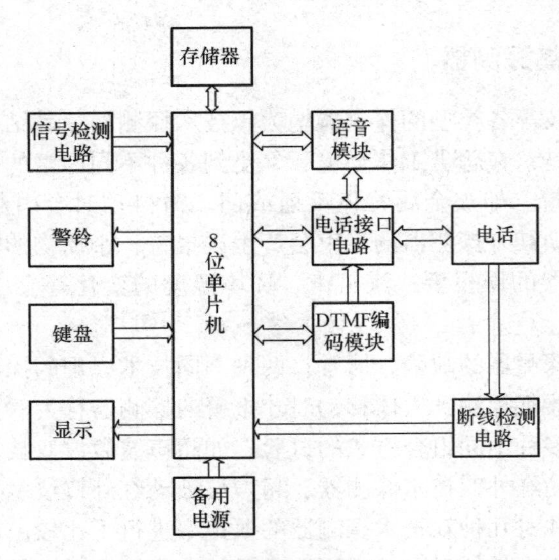

图3-40 入侵报警主机工作原理框图

机的输入信号［开路（NC）、短路（ON）或DC12V三种方式］是否一致。警报发生之后，报警主机的输出，主要考虑有无报警防区号显示，能否启动前端设备（如灯光），能否与视频切换控制主机进行联动控制，并将报警监视点的图像快速地切换至指定监视器屏幕上，供值班保卫人员观察和记录，并迅速做出处警决断。有报警输出联动控制口的主机，也可将报警点图像与录像机或硬盘录像系统联动。还需要考虑的是报警主机的撤、布防操作及控制是否简便、直观。

（1）入侵报警主机功能

控制器具有以下功能：

1）布防与撤防功能：正常工作时，工作人员频繁进入探测器所在区域，探测器的报警信号不能起报警作用，这时报警控制器需要撤防。下班后，人员减少需要布防，使报警系统投入正常工作。布防条件下探测器有报警信号时，控制器就要发出报警。

2）入侵报警控制器应能直接接收来自入侵报警探测器发出的报警信号，发出声光报警并指示入侵发生的部位。声光报警信号应能保持到手动复位，如果再有入侵报警信号输入时，应能重新发出声光报警信号。另外，入侵报警控制器能向与该机接口的全部探测器提供直流工作电压。

3）布防后的延时功能：如果布防时，操作人员正好在探测区域之内，就需要报警控制器能延时一段时间，待操作人员离开后再生效，这就是布防后的延时功能。

4）防破坏功能：如果有人对线路和设备进行破坏，报警控制器应发出报警信号。当连接入侵报警探测器和控制器的传输线发生断路、短路或并接其他负载时应能发出声光报警故障信号。报警信号应能保持到引起报警的原因排除后，才能实现复位；而在故障信号存在期间，如有其他入侵信号输入，仍能发出相应的报警信号。入侵报警控制器能对控制系统进行自检，检查系统各个部分的工作状态是否处于正常工作状态。

5）入侵报警控制器应有较宽的电源适应范围，当主电源变化±15%时，不需调整仍能正常工作。主电源的容量应保证在最大负载条件下连续工作24h以上。

6）入侵报警控制器应有备用电源：当主电源断电时能自动切换到备用电源上，而当主电源恢复后又能自动恢复主电源供电。切换时控制器仍能正常工作，不产生误报。备用电源应能满足系统要求，并可连续工作8h以上。

7）入侵报警控制器应有较高的稳定性，平均无故障工作时间分为三个等级：A级：5000h；B级：20000h；C级：60000h。

8）入侵报警控制器应在额定电压和额定负载电流下进行警戒、报警、复位，循环6000次，而不允许出现电的或机械的故障，也不应有器件的损坏和触点粘连。

9）入侵报警控制器的机壳应有门锁或锁控装置（两路以下的例外），机壳上除密码按键及灯光显示外，所有影响功能的操作机构均应放在箱体内。

10）入侵报警控制器应能接受如下报警输入：①瞬间入侵：为入侵报警探测器提供瞬时入侵报警；②紧急报警：接入按钮可提供24小时的紧急呼救，不受电源开关影响，能保证昼夜工作；③防拆报警：提供24小时防拆保护，不受电源开关影响，能保证昼夜工作；④延时报警：实现0~40s可调进入延时和100s固定输出延时。凡4路以上的入侵报警器必须有①、②、③三种报警输入。

11）联网功能：作为智能楼宇自动控制系统设备，必须具有联网通信功能，以便把本区域的报警信息送到防灾入侵报警控制中心，由控制中心完成数据分析处理，以提高系统的可靠性。特别是重点报警部位应与监控电视系统连动，自动切换到该报警部位的图像画面，自动录像，并自动打开夜间照明，进行联动。

（2）小型入侵报警控制器

对于一般的小用户，其防护部位很少，从性价比出发，应采用小型入侵报警控制器。小型入侵报警控制器有如下特点：

1）防区一般为4~16路，探测器与主机采用点到点直接连接。

2）能在任何一路信号报警时，发出声光报警信号，并显示报警部位与时间。

3）对入侵报警系统有自查能力。

4）市电正常供电时能对备用电池充电，断电时自动切换到备用电源上，以保证系统正常工作。系统还有欠电压报警功能。

5）能预存2~4个紧急报警电话号码，发生紧急情况时，能依次向紧急报警电话发出报警信号。小型入侵报警控制器组成的系统框图见图3-41。

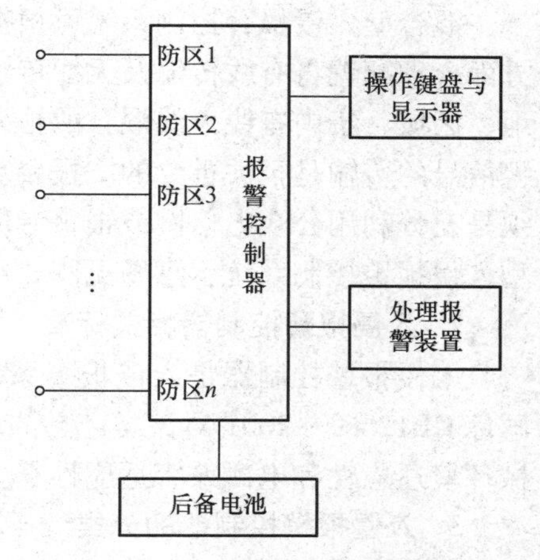

图3-41　小型入侵报警控制器组成的系统框图

（3）区域型入侵报警控制主机

对于一些相对较大的工程系统，要求防范区域大，防范的点也很多。这时可以选用区域性入侵报警控制器。区域性入侵报警控制器具有小型报警控制器的所有功能，通常有更多的输入控制端口（16路以上），并具有良好的联网功能。区域性入侵报警控制器都采用先进的电子技术、微处理机技术、通信技术，信号实行总线控制。所有探测器根据安置的地点，实行统一编码，探测器的地址码、信号以及供电分别由信号输入总线和电源总线完成，大大简化了工程安装。每路总线可挂几十乃至上百个探测器，每路总线都有故障隔离接口，当某路电路发生故障时，控制器能自动判别故障部位，而不影响其他电路工作。当任何部位发出报警信号时，控制器微处理机及时处理，在报警显示板上正确显示出报警区域，驱动声光报警装置，就地报警。同时，控制器通过内部电路与通信接口，按原先存储的报警电话，向更高一级报警中心或有关主管单位报警。区域型入侵报警控制器组成的入侵报警系统框图见图3-42。

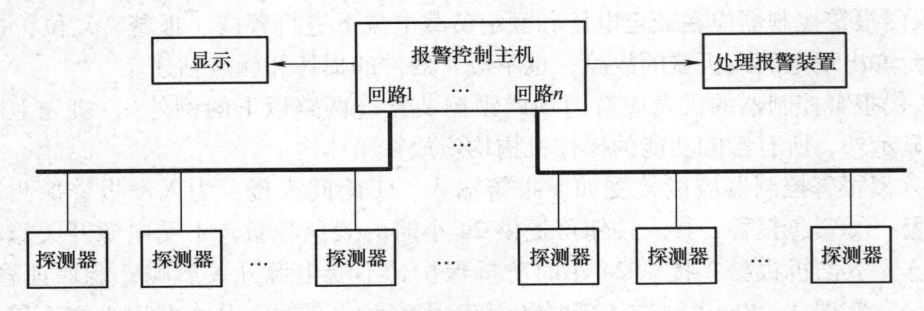

图3-42 区域型入侵报警控制器组成的入侵报警系统框图

（4）大型入侵报警控制主机

在大型或特大型的入侵报警系统中，采用集中报警控制方式。集中了多个区域入侵控制器能接收各个区域控制器送来的信息，同时也向各区域控制器送去控制指令，直接监控各区域控制器监控的防范区域。由集中入侵报警控制器使多个区域控制器联网，使系统具有更大的存储功能和更丰富的表现形式，通常集中控制器与多媒体计算机、相应的地理信息系统及处警响应系统等结合使用。大型入侵报警控制器组成框图见图3-43。

大型入侵报警控制系统为网络型，其网络结构为二级网络。上层网络为以太网，支持TCP/IP、BACnet等网络协议，下层网络为现场控制网，支持相应工业总线网络通信协议。下层现场控制网的主控计算机就是上层以太网的报警工作站，是二层网络沟通的桥梁。

（5）混合型入侵报警控制系统

混合型入侵报警控制系统可根据防范区域大小、防范报警要求等级及防范报警的功能等方面合理配置将有线传输及无线传输的报警控制器及其系统有机地组合在一起，构成一个本地、区域、集中有线无线混合的报警控制联网系统。对于入侵报警系统而言，系统之间的报警信号的传输是至关重要的。报警需要分秒必争抢时间，这就决定了报警系统信号的传输必须是充分利用公众电信网或报警专用网络的机制。最常用的经济方式是以电话线传输。混合型入侵报警控制系统示意图见图3-44。

2. 入侵报警控制器相关标准

入侵报警控制器是入侵报警系统的关键设备，是我国强制认证的产品（属3C认证），国标GB12663—2001对该类产品的环境适应性和安全性也有明确的要求，它包含气候和机械环境适应性和电磁兼容适应性。

3. 入侵报警控制器的分类

1）入侵报警控制器按防护功能分：A级为较低保护功能级，B级为一般防护功能级，C级为较高防护功能级。

2）入侵报警控制器按防区规模分：单一探测器集成型，小型入侵报警控制器，大、中型入侵报警控制器。

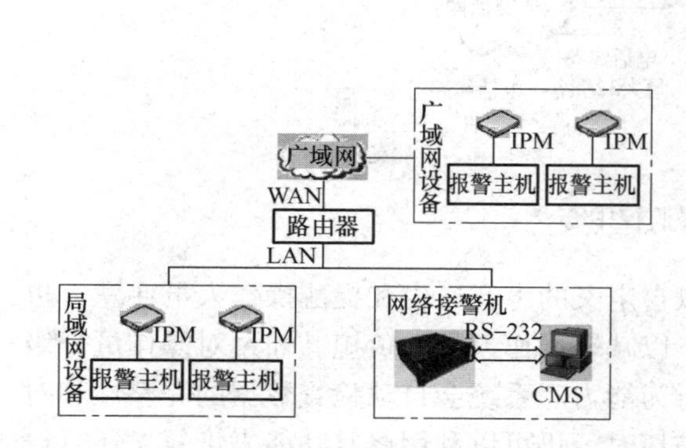

图 3-43　大型入侵报警控制器组成框图

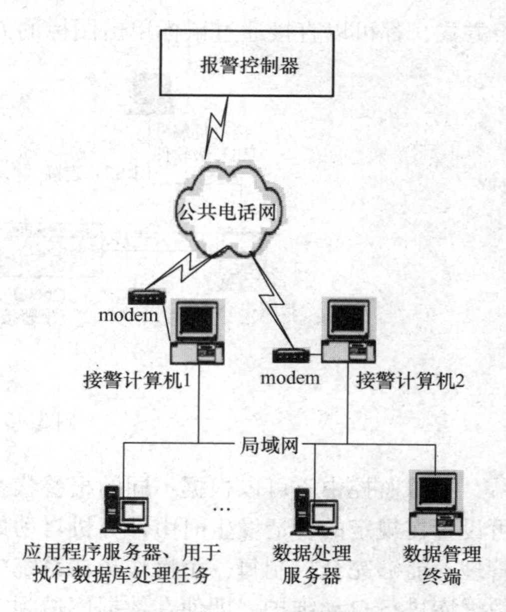

图 3-44　混合型入侵报警控制系统示意图

4. 入侵探测报警系统的报警控制方式

1）分析探测器工作状态信号：信号类别（总线、无线型探测器；如电量报告、故障报告、自测试报告等），报警信号，入侵探测报警系统的报警控制方式。

2）按预设条件处理报警信号：是否旁路，是否布防，报警计数，防区类型，即时，延时，24h，其他综合类型以及入侵探测报警系统的报警控制方式。

3）按预设条件驱动输出：①声光、继电器输出等；②转发报警信号。

4）入侵报警主机应能对下列的事件来源和发生的时间给出指示：正常状态，试验状态，入侵行为产生的报警状态，防拆报警状态，故障状态，主电源掉电、备用电源欠电压；设置警戒（布防）/解除警戒（撤防）状态，传输信息失败。

第四节　报警监控中心及信号传输

1. 报警监控中心的管理功能

各个区域的报警控制主机都通过直接连接、公众电信网络或报警专用网络连接到报警监控中心。所有区域报警子系统共用报警监控中心的局域网报警响应与管理系统。报警监控中心对报警信号进行集中管理，可以通过串口或局域网将中心内多台大型报警响应主机连接起来，识别各区域报警控制主机传送来的报警信号，并在软件中转换为便于操作人员容易识别的报警信号。报警监控中心见图 3-45。

报警监控中心内置一个极为灵活的电子地图系统，中心操作人员可以利用电子地图显示任意关系的地图、平面图、示意图、楼层图等地图，使现有的地图资源充分利用，并支持扫描仪扫描的图形。可以在地图上任意放置各种类型的图标，并且图标可以不同的颜色和动态显示其当前状态。通过显示板监控界面，可灵活安排进行集中监控。无论通过地图还是显示板方式，都可以直接通过鼠标单击图标的方式进行控制。

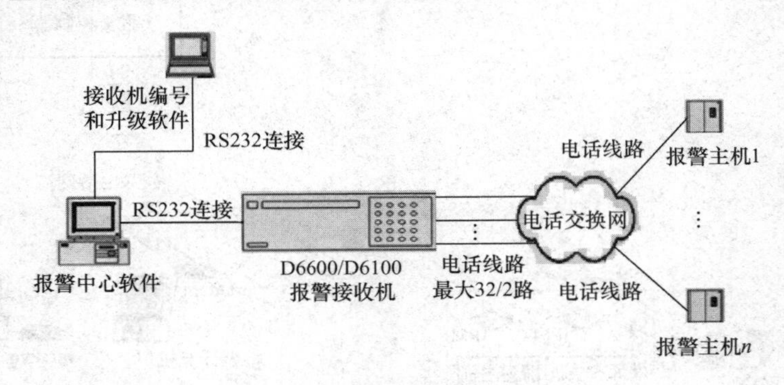

图 3-45 报警监控中心

报警监控中心可以根据不同的报警状态，以自定义的声音通告和提醒操作人员注意。也可设置在规定的警情发生时由计算机自动处理，以减轻操作人员的负担。通过对操作员分级管理，能够完全控制每一个操作员在系统中的行为能力。系统会自动检查数据的完整性和对数据库进行自动维护，即使在数据库遭到意外破坏时，仍可以利用修复功能来恢复，还可设定系统有自动备份报警记录等功能，做到万无一失。报警监控中心具备完善的事件记录系统，系统中发生的各种事件都将被详细地记录。例如报警事件记录、报警现场图像记录、操作日志记录等。对这些记录可以采用各种方式去检索，如可以按顺序、事件、时间、区域等进行快速查询。

2. 报警监控中心的信号接收与处理设备

报警监控中心的信号接收与处理设备根据不同的报警系统规模，具有不同的信号接收与处理设备，通常包括接收机、局域网、报警响应服务器、打印机、警号和警灯、计算机及其软件平台和电子地图。

报警接收机一般不直接连接报警探测器，大多通过通信总线的方式来扩充输入防区。应用于防范区域比较分散、防区探测点比较多的大型入侵报警系统，通常它将多个小型报警控制器及区域报警控制器通过网络接口连接起来。一般采用集散报警控制方式，见图 3-46。

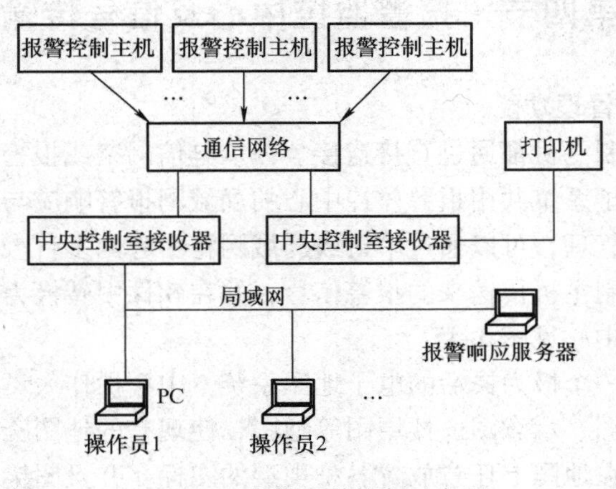

图 3-46 集散报警控制示意图

3. 报警信号的传输信道

系统报警信号的传输就是把探测器中的探测电信号送到报警控制器中，对探测器信号进行处理、判别，确认“有”、“无”入侵行为。报警主机均能正确识别并进行报警信息的处理。各报警点所发出的信号，经过报警控制主机汇总、识别、分类后，把属于撤防的报警点信息排除在外，将布防点的报警信息，以标准通信接口 RS485 的通信方式，通过外接通信电缆与该公司其他设备连接，将信息传送至最前端的云台、摄像机等控制设备，使主机内的灯控继电器吸合。同时通过通信电缆把信息传递到视频切换控制主机，实现报警点图像快速切换到指定监视器，并在同一时刻启动报警控制器主机内的继电器的常开触点吸合，以便供外接各控制设备联动使用。所有信息（即向解码控制器、视频切换控制主机发送的报警点信息）发送完之后，报警控制器前面板上的 1 ~ 32 防区指示灯对应报警灯闪烁（报警警示），提醒值班人员进行处理。该主机各防区指示灯若常亮，则表示处于布防警戒状态，若为常灭，表示处于撤防警戒状态。此时如果有报警探测器发出报警信号并传送至报警控制器，报警控制器不会向解码控制器及视频切换主机发送信息。在多防区点布防警戒时，如果有多于两处警戒点报警，则各报警点的图像会在视频切换主机的控制下自动地在监视器屏幕上轮换，每一幅图像在监视器屏幕上停留约 2s 时间，以便值班人员观察和录像设备记录。

探测器报警信号的传输信道是指从探测器将电信号传输到控制器的信道，通常有两种方法：有线传输、无线传输。

（1）入侵报警控制系统传输线路的分类

根据系统中所采用的传输线路不同，基本上可以分为 4 大类：①利用专线传输的有线报警控制系统；②利用公用电话网传输的联网报警控制系统；③利用专用无线信道传输的无线报警控制系统；④将上面各种信道组合在一起的混合型报警控制系统。

（2）有线传输

有线传输是将探测器的信号通过导线传送给控制器。根据控制器与探测器之间采用并行传输还是串行传输的方式不同而选用不同的线制。所谓线制是指探测器和控制器之间的传输线的线数。一般有多线制、总线制和混合式三种方式，见图 3-47。

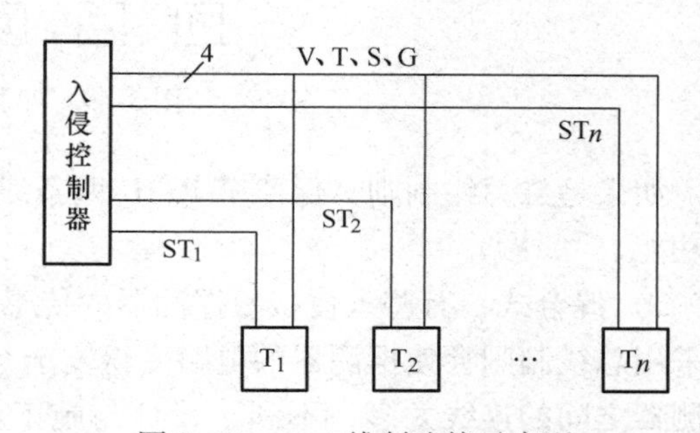

图 3-47 $n+4$ 线制连接示意图

1）多线制：所谓多线制是指每个入侵报警探测器与控制器之间都有独立的信号回路，探测器之间是相对独立的，所有探测信号对于控制器是并行输入的。这种方法又称点对点连接。多线制又分为 $n+4$ 线制与 $n+1$ 线制两种，n 为 n 个探测器中每个探测器都要独立设置的一条线，共 n 条；而 4 或 1 是指探测器的公用线。多线制的优点是探测器的电路比较简单，但缺点是线多，配管直径大，穿线复杂，线路故障不好查找。显然这种多线制方式只适用于小型报警系统。

图 3-47 中 4 线分别为 V、T、S、G，其中 V 为电源线（24V），T 为自诊断线，S 为信号线，G 为地线。$ST_1 \sim ST_n$ 分别为各探测器的选通线。$n+1$ 线制的方式无 V、T、S 线，ST_i 线则承担供电、选通、信号和自检功能。

探测器、紧急报警装置通过其相应的编址模块与报警控制主机之间采用报警总线（专线）相连，见图 3-48。

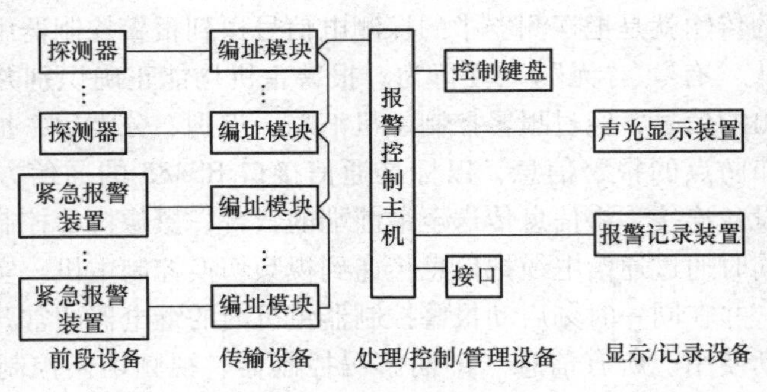

图 3-48 $n+4$ 线制连接示意图

2）总线制：总线制是指采用两条至 4 条导线构成总线回路，所有的探测器都并接在总线上，每只探测器都有自己的独立地址码，入侵报警控制器采用串行通信的方式按不同的地址信号访问每只探测器。总线制用线量少，设计施工方便，因此被广泛使用。

图 3-49 为四总线连接方式。P 线给出探测器的电源、地址编码信号；T 为自检信号线，以判断探测部位或传输线是否有故障；S 线为信号线，S 线上的信号对探测部位而言是分时的；G 线为公共地线。

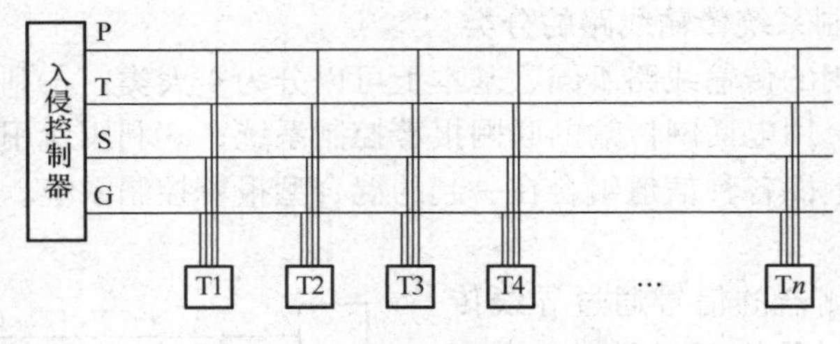

图 3-49 四总线连接示意图

如果是二总线制则只保留了 P、G 两条线，其中 P 线完成供电、选址、自检、获取信息等功能。

3）混合式：有些入侵报警探测器的传感器结构很简单，如开关式入侵报警探测器，如果采用总线制则会使探测器的电路变得复杂起来，势必增加成本。但多线制又使控制器与各探测器之间的连线太多，不利于设计与施工。混合式则是将两种线制方式相结合的一种方法。一般在某一防范范围内（如某个房间）设一通信模块（或称为扩展模块），在该范围内的所有探测器与模块之间采用多线制连接，而模块与控制器之间则采用总线制连接。由于房间内各探测器到模块路径较短，探测器数量又有限，故多线制可行。由模块到报警器路径较长，采用总线制合适，将各探测器的状态经通信模块传给控制器，图 3-50 为混合式示意图。

在采用前述的总线制或混合式（总线与多线相结合）有线传输报警信号的方式时，如果在终端（控制中心）的报警控制器上没有一一对应前端各探测器的解码输出时，应对控制器再加接一个能将前端各探测器解码并一一对应输出的装置，否则无法与视频矩阵主机进行报警联动。如果有些报警控制器有与矩阵切换主机通信的接口，并有相同的通信协议，可将前端报警探测器一一对应送入矩阵切换主机，也可以进行报警联动，这时可不必加装

“报警驱动模块”。

(3) 传输媒介

1) 双绞线一般传输报警信号和音频信号。在小型防范区域内，往往把探测器的电信号直接用双绞线送到入侵报警控制器。双绞线经常用来传送低频模拟信号和频率不高的开关量报警信号。如用双绞线来传输视频信号，则信号须在发送端转换成平衡信号，并进行适当的预处理。终端把电话线送来的平衡信号再转换成不平衡信号，然后对信号进行补偿，还原出传输视频。

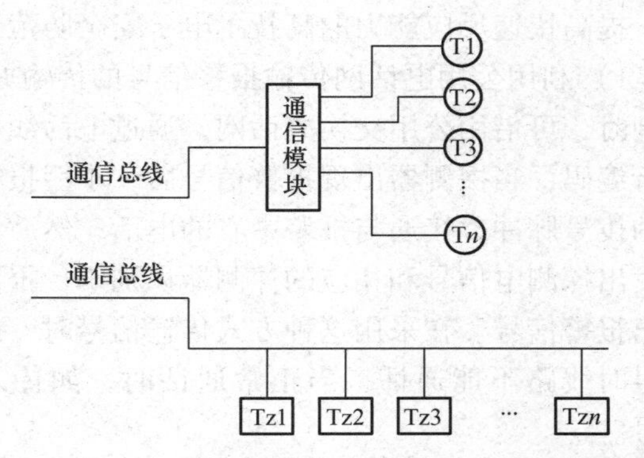

图 3-50　混合式示意图

2) 当传输声音和图像复合信号时常用音频屏蔽线和同轴电缆。音频屏蔽线和同轴电缆具有传输图像好、保密性好、抗干扰能力强的优点。在用同轴电缆传输图像和音频信号时通常有两种方式。第一种方式是一根电缆传送一路信号，这种方式电路简单、价格便宜，一般可用于较短距离的信号传输。第二种方式是选用一根电缆传送多路信号（如用400MHz 可送 24 路信号）。前端的探测信号在传输前先进行调制，调制到 80～400MHz 的载频上，到达终端后再解调还原出原先的探测电信号，经信号处理后，发出报警信号，或通过录像机记录。一般可用在远至几千米距离的传输中。

3) 音视频图像也可通过光缆进行传输，其特点是传输距离远、传输图像质量好、抗干扰、保密、体积小、重量轻、抗腐蚀和容易敷设，但造价较高。

(4) 利用公用电话网传输的联网报警系统

一般本地监控系统是利用专线传输的有线报警控制系统。但只要联网就必然要成为其他系统的一部分。有线传输的联网报警系统见图 3-51。

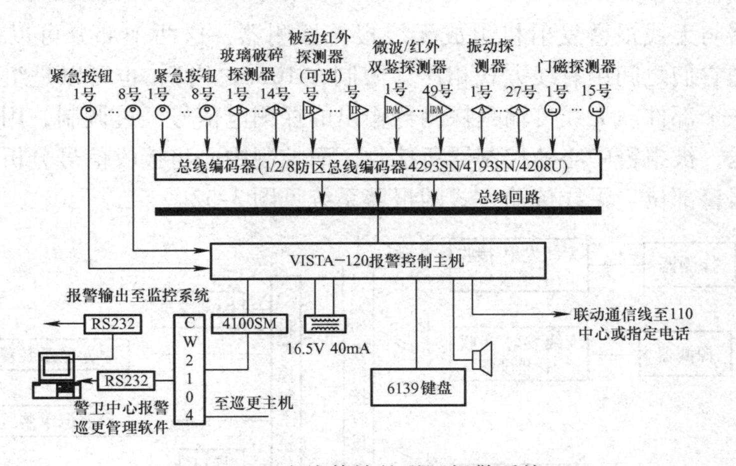

图 3-51　有线传输的联网报警系统

系统可方便地利用现有的程控电话交换网作为传输网络，既适用于市公安局、公安分局、派出所辖区组织报警网，也适用于银行、宾馆、饭店、工厂及有电话交换设备的企事业单位内部组织报警网，只要有电话线的地方就可与中心联网，组网方便、施工简便、节省费用。它具有及时可靠的自动报警、接警功能，是预防和打击盗窃、抢劫、火灾等案情的发生，提高快速反应能力的高技术电子安全防范系统。

1）利用公用电话网传输报警信号的传输原理：在小型报警控制器与区域报警中心进行联网时，可借用公用交换电话网，通过电话线传输探测电信号。首先对报警系统的各探测器进行编码，当探测器出现报警信号后，小型报警控制器按原先输入的报警电话号码，发出相应的拨号脉冲，接通与报警中心的电话；然后小型报警控制器通过接通的电话线，向报警中心发出探测电信号和相应的探测器识别码，报警中心即能马上发现哪个探测器，在哪个部位发出报警信号。在采用这种方式传输信号时，探测电信号较正常通话优先。即在传输探测电信号时线路不能通话，当正常通话时，如传入探测信号，则通话立即中断，送出探测电信号。

2）电话线传输的基本方式：根据报警信号在电话线中传输信息方式的不同，基本上可分为两类：①录音语音信号电话自动报警：在该方式中，报警信号是将事先录好的人说话的或模拟人说话的录音语音报警信号送入电话线，传输至接警中心；②数字信号电话自动报警：在该方式中，报警信息在电话线中是以数字信号的方式传输的。速度快、准确，单位时间内传输的信息量也较大，效率高，便于接警中心快速处理。还具有报警资料便于存储、分类、归档、查询、统计方便等优点。

3）电话线传输的主要功能与特点：①运用计算机技术组网，依靠电话线传输报警信号，组网简单易行，灵活方便，范围广，容量大，自动化程度高；②功能全面、适应性强，可以组成多功能的安全报警网；③当防范现场出现警情时可实现自动拨号报警，接警中心自动接警。报警信号传输速度快，信息全面、准确、具体；④报警控制器与中心接警计算机之间具有双向通信能力，报警控制器与接警接收机之间采用双向应答方式工作；⑤密码操作，安全可靠；⑥可编程操作，灵活方便，实用性强；⑦具有防破坏功能和电源备份功能。

（5）无线传输方式

入侵探测器与无线报警发射机组成无线报警探测器，这两个部分可以是各自独立分开的，使用时再把它们之间用有线方式相连（限制在10m之内），也可以是组装在一起的，成为合二为一的一个部件。无线传输是探测器输出的探测电信号经过调制，用一定频率的无线电波向空间发送，被报警中心的控制器所接收。而控制中心将接收信号分析处理后，发出报警信号和判断报警部位。无线传输方式的报警系统见图3-52。

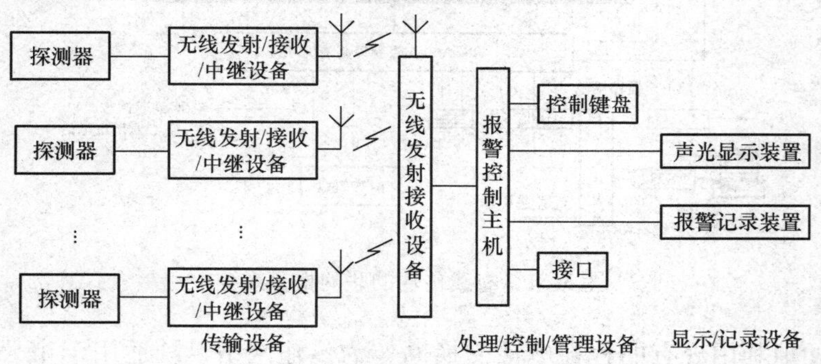

图3-52 无线传输方式的报警系统

声音和图像的复合信号也可以用无线方法进行传输，先在输入端将声音和图像信号变频，再把各路信号分别调制在不同的频道上传输，然后在控制中心将接收到的高频信号解调，还原出相应的图像信号和声音信号，经多路选择开关选择需要的声音和图像信号进行监控或记录。

第五节　误报警原因分析及对策

目前报警系统出现误报、漏报主要有以下几个方面原因：无线探测器抗干扰能力表现为同频干扰容易造成误报、漏报；红外探测器对入侵行为判断力不够准确造成误报漏报；红外探测器易受温度、光线等环境因素影响而产生误报；无线探测器供电系统缺电，低电压时没有有效地进行信息传递，使得探测器的探测距离变短或是不工作而产生漏报误报；由于主机和探测器都是用无线编码方式设置编码有重复，造成主机和探测器重码导致误报。

1. 误报警的产生原因分析

没有出现危险情况报警系统发出报警信号即为误报警。报警系统的误报率是指在一定时间内系统误报警次数与报警总数的比值。

国外将误报警定义为实际情况不需要警察而使警察出动的报警信号，其中不包括那些因恶劣自然气候和其他无法由报警企业以及用户操纵的特殊环境引起的报警信号。美国 UL 标准规定每一报警系统每年最多只能有 4 次误报警，足见报警系统是弃之不得但又因误报警过多而招人恨的烫手山芋。

2. 误报警产生的原因

1）报警设备故障或质量不佳引发的误报警：报警产品在规定的条件下、规定的时间内不能完成规定的功能，称为故障。故障的类型有损坏性故障和漂移性故障。损坏性故障包括性能全部失效和突然失效。通常是由元器件的损坏或生产工艺不良（如虚焊等）造成。漂移性故障是指由元器件的参数和电源电压的漂移所造成的故障。

事实上，环境温度、元件制造工艺、设备制造工艺、使用时间、储存时间及电源负载等因素都可能导致元器件参数的变化，产生漂移性故障。无论是损坏性故障还是漂移性故障都将使系统误报警，要减少由此产生的误报警，选用的报警产品必须符合有关标准的要求，质量上乘。

2）报警系统设计不当引起的误报警：选择好设备是系统设计的关键，报警器材因有适用范围和局限性，选用不当就会引起误报警。例如，震动探测器靠近震源就容易引起误报警；电铃声和金属撞击声等高频声有可能引起单技术玻璃破碎探测器的误报警。

因此，要减少误报警，就必须因地制宜地选择好报警器材。在设备器材安装位置、安装角度、防护措施以及系统布线等方面设计不当也会引发误报警。例如将被动红外入侵探测器对着空调、换气扇安装，室外用的主动红外探测器没有适当的遮阳防护，报警线路与动力线、照明线等强电线路间距小于 1.5m 时未加防电磁干扰措施，都有可能引起系统的误报警。

3）环境噪扰引起的误报警：由于环境噪扰引起的误报警是指报警系统在正常工作状态下产生的，从原理上讲是不可避免的误报警。例如：热气流引起被动红外入侵探测器的误报警；高频声响引起单技术玻璃破碎探测器的误报警；超声源引起超声波探测器的误报警等。

减少此类误报警较为有效的措施就是采用双鉴探测器。现行的产品有：微波被动红外双鉴器、声控振动玻璃破碎双鉴器、超声波被动红外双鉴器等。但是有些环境噪扰双鉴探测器却无能为力，例如：老鼠在防范区出没；宠物在居室内走动等。为此，科技人员又将微处理技术引进报警系统，使其具备一定的鉴别和思考能力，能在一定程度上判断是入侵者还是环境噪扰引起的报警。

4）施工不当引起的误报警：没有严格按设计要求施工，如设备安装不牢固或倾角不合适，焊点有虚焊、毛刺现象，或是屏蔽措施不得当，设备的灵敏度调整不佳，施工用检测设备不符合计量要求均会引起误报警。解决上述问题的办法是加强施工过程的监督与管理，尽快实行安防工程监理制，这有利于提高工程质量，减少由于施工环节造成的误报警。

5）用户操作不当引起的误报警：用户使用不当也可能引起报警系统的误报警。例如未插好装有门磁开关的窗户被风吹开；工作人员误入警戒区不小心触发了紧急报警装置；系统值班人员误操作等都可能是导致系统误报警的原因。

3. 降低误报率的措施与途径

要降低误报警，从人防方面着手是必不可少的。其中建立报警信息确认机制可减少出警的次数。报警中心收到报警信息后，应先对报警主机下发确认信号，表示中心已接收，而报警主机在没有收到确认信号时应重发。在技术方面，目前可运用多种手段对报警信号进行确认，如安装多个探测器（普遍使用的是双红外+红外加微波），当多个探测头同时探测到入侵信号时才向主机发送报警信号，从而降低误报率。

（1）采用双鉴式探测器

为了降低采用单一探测原理装置易产生的误报警，途径之一是采用双鉴式，也就是基于两种技术原理的复合式报警探测器。据统计，双鉴探头与单技术探头相比，误报率可相差400倍。

还可以选用两次信号核实的自适应式双鉴探测器，或以两组完全独立的红外探测器双重鉴证来减少误报。

有些公司还推出了微波+红外+IFT（双边独立浮动触发阈值）+微波监控（微波故障指示）的4鉴探测器。

（2）采用智能微处理器技术

采用智能微处理器技术来进一步降低误报率，使探测装置智能化。

1）探测器内装微处理器能够智能分析人体移动速度和信号幅度，即根据人体移动产生信号的振幅、时间长度、峰值、极性、能量等信号与CPU内置的“移动/非移动信号特性数据库”做比较，如果不符合特性，则立即将其排除；如果属移动信号，则进一步分析移动的类型，从而做出是否输出报警或者等待下一组信号的决断。

2）在双鉴器内当一种传感器技术发生故障时，能自动转换到以另一种传感器技术作单技术探测器。有些产品采用灵敏度均一的菲涅尔光学透镜与S-波段微波相结合来使探测器能准确地区分人与动物的移动。

3）对于被动红外探测器，以微处理器控制数字式温度补偿，实现温度的全补偿，并有非常理想的跟踪性，从而可克服因温度升降而导致的误报和漏报。采用全数字化探测方案，即把被动红外传感器上的微弱模拟信号，不经模拟电路做放大和滤波等处理，而是将其直接转换为数字信号，输入到功能强大的微处理器中，再在软件的控制下完成信号的转换、放大、滤波和处理，从而获取不受温度影响和没有变形的高纯度、高精度及高信噪比的数字信号，之后再通过软件对信号的性质及室内背景的温度与噪声做进一步分析，最终决定是否报警。此种措施提高了探测器对环境的适应性。

（3）提高探测器可靠性的措施

对于因工作原理造成的误报漏报，可采取下述措施：

1）由使用单一式或双式热电器件改为使用4个、8个等多个器件。对于因背景温度变化、其他不规则光等造成的同时向多个器件输入信号的情况，可采用进行消除处理的误报解除技术。

2）在一定时间内，只有检测出多个检测脉冲时才报警。一般情况下，探测区域由几条线形警戒区（敏感光带）构成，入侵者在警戒范围内要通过几条感光带时才有效。

3）灵敏度自动调整功能。夏天背景温度与人体表面温度之间的差别较小，考虑到探测灵敏度下降的问题，有的探测器可以根据周围温度情况，自动调整探测灵敏度。

（4）增加防宠物功能

三维柱形光学系统技术能将影像按高度分解以供探测器做数字化分析。这种目标特征影像识别（TST）技术能够区分开人与动物，同时不损失探测灵敏度。

4. 工艺和技术上的改进

可以在制造工艺和技术开发上做改进，以提高检测能力。一些高可靠性低价位的新型探测技术始终在开发之中，例如微功耗的入侵雷达扫描技术等。

1）密封处理：在含红外源探测器中，对红外源做全密封处理，从而能够防止气流干扰。

2）自动调整报警阈值：有的探测器能自动调整报警阈值，通过具有可调脉冲数来减少误报和漏报，克服各类电磁波的干扰，例如采用双边独立浮动阈值技术IFT，仅当检测到频率为0.1～10Hz的人体信号时，才将报警阈值固定在某一数值，超过此数值则触发报警；对非人体信号则视为干扰信号，此时报警阈值随干扰信号的峰值自动调节但不给报警信号。

有的探测器装有精密的电子模拟滤波器来消除交流电源干扰或用电子数字滤波器来减少电子干扰，更有通过在高频率的动态数字采样后，由微处理器软件来分辨射频/电磁干扰，并将干扰与移动信号相分离。

3）四元热释电传感器：有的探测器采用四元热释电传感器或独特的算法使之具有防止小动物触发误报的机制和功能。

4）防遮盖功能：有独特的防遮盖功能，在1m内发生的遮盖或破坏探测器企图，都将触发报警，探测器的球形硬镜片能增大所封锁的角度和范围，准确接收任何方向的信号。

5）多功能探测器：将微型摄像机与探测传感器相结合形成多功能探测器，将更为全面有效。

思考题与习题

1. 入侵报警系统在安全防范中的作用是什么？入侵报警系统可分为哪两大类？
2. 入侵报警系统的防护区是如何划分的？
3. 点控制式的入侵探测器有哪些？
4. 警戒线控制式入侵探测器有哪些？

5. 空间控制式的入侵探测器有哪些?
6. 面控制式入侵探测器有哪些?
7. 简述磁开关入侵探测器的组成结构与工作原理。
8. 简述玻璃破碎探测器的组成结构与工作原理。
9. 简述主动红外探测器与被动式红外探测器的技术特点与适用场所。
10. 简述视频移动探测器的组成结构与工作原理。
11. 简述平行线电场畸变入侵探测器的组成结构与工作原理。
12. 简述双鉴探测器的组成结构与工作原理。
13. 简述报警控制主机的组成结构与工作原理。
14. 简述区域型入侵报警控制主机的组成结构与工作原理。
15. 分析误报警原因有哪些?

第四章　其他几种常用的安全防范子系统

第一节　出入口控制系统

出入口控制系统就是对出入口通道进行管制的自动化系统，它是在传统的门锁基础上发展而来的。传统的机械门锁仅仅是单纯的机械装置，无论结构设计多么合理，材料多么坚固，人们总能通过各种手段把它打开。在出入人很多的通道（如办公室，酒店客房），钥匙的管理很麻烦，钥匙丢失或人员更换都需要把锁和钥匙一起更换。为了解决这些问题，就出现了电子磁卡锁、电子密码锁。这两种锁的出现从一定程度上提高了人们对出入口通道的管理程度，使通道管理进入了电子时代，但随着这两种电子锁的不断应用，他们本身的缺陷逐渐暴露，磁卡锁的问题是信息容易复制，卡片与读卡机具之间磨损大，故障率高，安全系数低。密码锁的问题是密码容易泄露，又无从查起，安全系数很低。同时这个时期的产品由于大多采用读卡部分（密码输入）与控制部分合在一起安装在门外，很容易被人在室外打开锁。这个时期的出入口控制系统还停留在早期不成熟阶段，因此当时的出入口控制系统通常被人称为电子锁，应用也不广泛。

最近几年随着感应卡技术、生物识别技术的发展，出入口控制系统得到了飞跃式的发展，进入了成熟期，出现了感应卡式出入口控制、指纹出入口控制、虹膜出入口控制和面部识别出入口控制、乱序键盘出入口控制等各种技术系统，它们在安全性、方便性、易管理性等方面都各有所长，出入口控制系统的应用领域也越来越广。

一、出入口控制系统原理

1. 出入口控制系统

出入口控制系统（门禁安全管理系统）是新型现代化安全管理系统，它集计算机自动识别技术和现代安全管理措施为一体，涉及电子、机械、光学、计算机技术、通信技术、生物技术等诸多新技术。它是解决重要部门出入口实现安全防范管理的有效措施，适用各种机要部门，如银行、宾馆、机房、军械库、机要室、办公间、智能化小区、工厂等。出入口控制系统采用现代电子设备与软件信息技术，在出入口对人或物的进、出进行放行、拒绝、记录和报警等操作，同时对出入人员编号、出入时间、出入门编号等情况进行记录与存储，从而确保该区域的安全，实现智能化管理。

在数字技术和网络技术飞速发展的今天，门禁技术得到了迅猛的发展。出入口控制系统早已超越了单纯的门道及钥匙管理，它已经逐渐发展成为一套完整的出入管理系统。它在工作环境安全、人事考勤管理等行政管理工作中发挥着巨大的作用。

在该系统的基础上增加相应的辅助设备可以进行电梯控制、车辆进出控制、物业消防监控、保安巡检管理、餐饮收费管理等，真正实现区域内一卡智能管理。

《安全防范工程技术规范》GB 50348—2004 定义：出入口控制系统（Access Control System，ACS）是利用自定义符识别或/和模式识别技术对出入口目标进行识别并控制出入口执行机构启闭的电子系统或网络。出入口控制系统原理图见图 4-1。

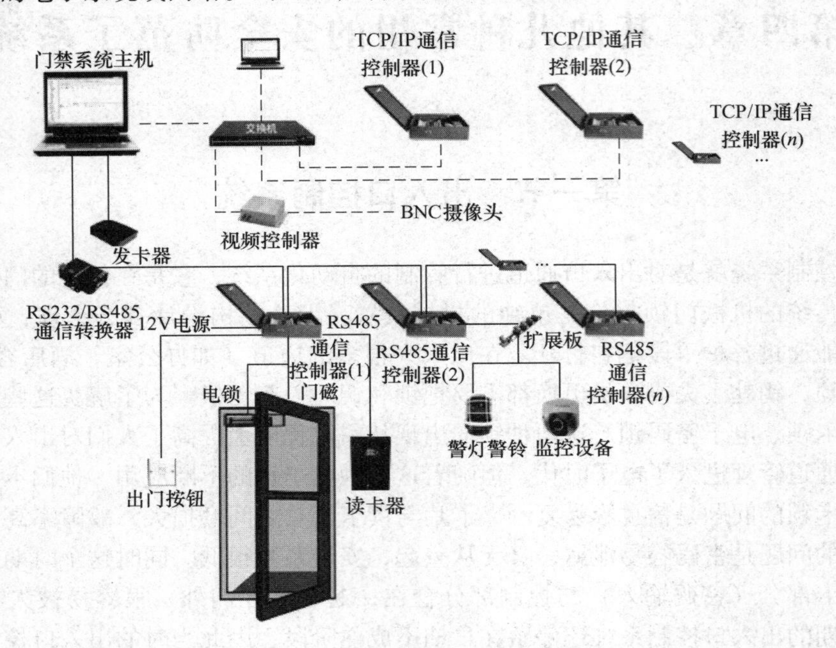

图 4-1　出入口控制系统原理图

出入口控制系统是国家标准《安全防范工程技术规范》中定义的子模块之一，目前社会普遍应用的出入口技术主要包括门禁控制系统与建筑物可视对讲系统。在建筑物内重要部位的通道口，安装电控锁和感应读卡器或生物识别器等控制装置，通过控制机编程，对授权人的进出权限、允许进出的时间统一进行管理。

出入者为了获得进出权必须先刷卡或通过生物身份验证；所读取的门禁卡参数经由控制器判断分析：准入则电子锁打开，人员可自行通过，禁入则电子锁不仅不动作，而且立即报警并做出相应的记录。管理软件不仅可以对不同出入口读卡器的开启时间、准入时间进行编程，还可以对每一张门禁卡允许进入的区域、时间进行限制，防止人员“误入歧途”，并可随时查询出入情况。可根据用户的具体要求定做考勤软件，统计加班时间、迟到时间、次数，并计算当月应得工资、应扣工资及实得工资等。对于单位领导等特别人员，可以有特殊的权限设定，从而达到对每个出入口和每个出入人员的单独编程、统一管理。对于整个系统的每个动作，如哪扇门开启，时间多长，是谁在开门等情况，管理中心全部记录在案，并可对所有历史信息进行条件查询。

一旦有事故发生，这些记录将成为有力和无法更改的证据，并可配合报警及视频监控系统达到最佳的管理。随着识别技术的不断成熟以及计算机技术的飞速发展，门禁技术发展迅猛。目前应用于出入口控制系统的识别技术有：非接触感应卡、指纹、掌纹、虹膜、面像、静脉等生物识别技术。

常见的出入口控制方式有：密码出入口控制，非接触卡（感应式 IC、ID 卡）出入口控制，指纹、虹膜、掌纹、生物识别出入口控制等。

出入口控制系统在建筑物内的主要管理区、出入口、电梯厅、主要设备控制中心机房、贵重物品的库房等重要部位的通道口，安装门磁开关、电控门锁或读卡机等控制装置，由中心控制室监控。其主要功能是对门的开启与关闭和人、车辆的出入实行有效的管理，以确保被授权人、车辆的出入自由，对非授权人、车辆的限制，对未经许可非法出入门的行为予以报警。其流程见图4-2。

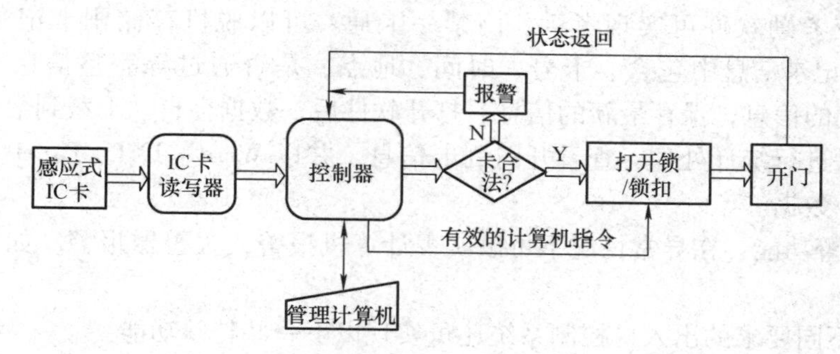

图4-2　出入口控制流程

随着科技的进步、社会的发展和人们对安全防范的重视，目前出入口控制系统已成为安全防范系统中极其重要的一部分，在一些发达国家中，出入口控制系统正以远远高于其他类安防产品的进度迅猛发展。出入口控制系统之所以能在众多安防产品中脱颖而出，根本原因是因为它改变了其他安防产品如视频监控、入侵报警等被动的安防方式，以主动地控制替代了被动监视的方式，通过对主要通道的控制有效地防止了罪犯从正常通道的侵入，并且可以在罪案发生时通过对通道门的控制限制罪犯的活动范围，制止犯罪或减少损失。目前，出入口控制系统已经成为一种普遍采用的安全防范技术和方便可靠的管理手段，出入口控制系统广泛应用于金融、邮电、电力、写字楼、宾馆、住宅区及广大企事业单位，安防管理的数字化、智能化、门锁的电子化趋势日益明显。

出入口控制系统适用场所有：办公室、写字楼、住宅小区等场所的门的人员进出控制与管理；库房、物流、内部交通等受控区域的人员的进出管理与权限控制/确认；中小型企业的考勤管理；个人用户与小型出入口控制系统（主要指自授权门禁）；个别场合控制挡车器替代停车场管理系统。

出入口控制系统的特点为主动防护。因为视频监控系统和入侵报警系统并不能主动阻挡非法入侵，其作用主要是在遭受非法入侵后，及时发现并由人工来处理，是被动报警。而出入口控制系统可以将没有被授权的人阻挡在区域外，主动保护区域安全，属于主动防护。

2. 出入口控制系统功能

入口控制系统门禁控制器是一款高性价比、高可靠性的门禁控制器，具有入口控制系统的稳定性、操作的便捷性、功能的实用性等特点。控制器具备所有入口控制的基本功能，同时具备很好的拓展空间，实现特殊功能要求的定制。

（1）出入口控制系统实现的基本功能

1）对通道进出权限的管理：设置进出通道的权限，对每个通道设置哪些人可以进出，哪些人不能进出；决定进出通道的方式，对可以进出该通道的人进行进出方式的授权，进出方式通常有密码、读卡（生物识别）、读卡（生物识别）加密码三种方式；设定进出通道的时段，即设置可以该通道的人在什么时间范围内可以进出。

2）实时监控功能：系统管理人员可以通过计算机实时查看每个门区人员的进出情况(同时有照片显示)、每个门区的状态（包括门的开关，各种非正常状态报警等）；也可以在紧急状态打开或关闭所有的门区。

3）出入记录查询功能：系统可储存所有的进出记录、状态记录，可按不同的查询条件查询，配备相应考勤软件可实现考勤、门禁一卡通。可以脱机存储刷卡记录和卡信息各20000条，每条记录信息中包含、卡号、时间、地点、是否通过等完整信息。如果存储满后，会挤掉最老的信息，保存最新的信息。打开软件后，数据会自动下载到数据库中，软件可以对刷卡记录进行统计处理，查看开门刷卡信息，并以Word、TXT、Excel等文档格式分类导出各类统计数据。

4）异常报警功能：在异常情况下可以实现计算机报警或报警器报警。如非法侵入、门超时未关等。

（2）根据不同要求的出入口控制系统还可实现以下一些特殊功能

1）反潜回功能：就是持卡人必须依照预先设定好的路线进出，否则下一通道刷卡无效。本功能是防止持卡人尾随别人进入。实现在有些特定的场合要求，执卡者从某个门刷卡进来就必须从某个门刷卡出去，刷卡记录必须一进一出严格对应。进门未刷卡，尾随别人进来，出门刷卡时系统就不准他出去，如果出门未刷卡，尾随别人出去，下次就不准他进来。

2）消防报警监控联动功能：在出现火警时出入口控制系统可以自动打开所有电子锁让里面的人随时逃生。与监控联动通常是指监控系统自动将有人刷卡时（有效/无效）记录下当时的情况，同时将出入口控制系统出现警报时的情况录下来。控制器有报警、火警输入、输出端口，可外接消防、报警设备，实现与外接消防报警设备的联动，控制器接到火警信号，指令继电器动作，打开相关的门，蜂鸣器发出报警音。

3）网络设置通信与管理监控功能：大多数出入口控制系统只能用一台计算机管理，而技术先进的系统则可以在网络上任何一个授权的位置对整个系统进行设置监控查询管理，也可以通过以太网进行异地设置管理监控查询。RS485控制器可以实现与计算机数据互传和通信，可外接4个ID或IC韦根读卡器。TCP/IP控制器带有TCP/IP通信接口，可直接与网口连接到互联网，可外接4个ID或IC韦根读卡器，拓展后还可以外接RS485读卡器。

4）逻辑开门功能：简单地说就是同一个门需要几个人同时刷卡（或其他方式）才能打开电控门锁。只用一张卡设置就可以进行身份识别，刷卡开门。卡加密码需要通行时，要求刷卡且接着按下密码，通过鉴别以后，才能通行。密码为4位的数字，且每次按下时间间隔不能大于5s。否则请重新刷卡重新输入密码。如果按错一个密码，可以按“*”键重新输入，也可以按“#”结束输入，再重新刷卡。等待按密码时读卡器有声音和灯光提示。

有的出入口控制系统只要有密码就可以进行身份识别，而不需要刷卡。按密码时请连续输入8位的数字。每次按键时间不能大于5s。等待按密码时读卡器有声音和灯光提示。

有的出入口控制系统采用双卡制，即用两张卡同时刷才能开门。要求两张卡在这个时间段有权出入且都是双卡鉴别方式。刷第一张卡以后，在5s内需刷第二张卡才能开启门，刷卡不分先后。

首卡开门具有自由通行的卡刷了以后，门将保持开的状态，直到手工通过软件关门或到该自由通行时间的结束，自由通行的结束时间就是该授权的开放时间的结束。

5）电梯控制系统联动：就是在电梯内部安装读卡器，用户通过读卡后，方可对电梯进行控制。

6）互锁：在银行储蓄所、金库等严格场合要求某个门没有关好前，另外一个门是不允许人员进入的，控制器可以实现双门互锁。

7）防雷击、防浪涌：控制器采用三级的防雷设计，先通过放电管将雷击产生的大电流和高电压释放掉，在通过电感和电阻电路钳制进入电路的电流和电压，然后通过高速放电管将残余的电流和电压在其对电路产生损害前以高速释放掉。

8）数据库配置：门禁管理系统软件默认使用 Access 数据库，安装完成就可以使用，也可以配置数据库的连接，使用 SQL Server 数据库。

9）考勤功能：对刷卡信息进行处理后，轻松实现考勤管理功能，考勤数据统计查询及导出功能。

（3）出入口控制系统分类

1）出入口控制系统按联网不联网形式分

① 不联网门禁：就是一个系统管理一个门，不能用计算机软件进行控制，也不能看到记录，直接通过控制器进行设置控制。特点是价格便宜，安装维护简单，缺点是安全性较差，不能查看记录，不适合人数量多于 50 或者人员经常流动（指经常有人入职和离职）的地方，也不适合门数量多于 5 个的通道。

② RS485 联网门禁：就是可以和计算机进行通信的门禁类型，直接使用软件进行管理，包括卡和事件控制。它具有管理方便、控制集中、可以查看记录、对记录进行分析处理等功能。适合人多、流动性大、门多的工程。

③ TCP/IP 门禁：也称为以太网联网门禁，它也是可以联网的入口控制系统，通过网络线把计算机和控制器进行联网。除具有 RS485 门禁联网的全部优点以外，还具有速度更快、安装更简单、联网数量更大、可以跨地域或者跨城联网的特点。适合安装在大项目、人数量多、对速度有要求、跨地域的工程中。

2）按用户权限识别方式可分为密码出入口控制、非接触感应卡出入口控制以及安全性更高的生物识别出入口控制系统。

出入口控制系统按进出识别方式可分为以下三大类：

① 密码识别：通过检验输入密码是否正确来识别进出权限。这类产品又分两类：一类是普通型，优点是操作方便，无需携带卡片，成本低。缺点是同时只能容纳三组密码，容易泄露，安全性很差，无进出记录，只能单向控制；另一类是乱序键盘型（键盘上的数字不固定，不定期自动变化）。优点是操作方便，无需携带卡片，安全系数稍高。缺点是密码容易泄露，安全性还是不高，无进出记录，只能单向控制，成本高。

② 卡片识别：通过读卡或读卡加密码方式来识别进出权限。有非接触感应识别和接触感应识别两种类型。非接触感应识别出入口控制系统是目前应用最广泛的出入口控制系统，通过读卡或读卡加密码方式来识别进出权限。在感应卡技术成熟之前使用过磁卡门禁技术，磁卡通过刷卡开启门禁。磁卡优点是成本较低，一人一卡（加密码），安全一般，可联计算机，有开门记录。缺点是卡片及设备有磨损，寿命较短，卡片容易复制，不易双向控制。卡片信息容易因外界磁场丢失，使卡片无效，目前已经被淘汰。射频卡的优点是卡片与设备无

接触，开门方便安全，寿命长，理论数据至少十年，安全性高，可联计算机，有开门记录，可以实现双向控制，卡片很难被复制。缺点是成本较高。感应卡分为ID感应卡与IC感应卡两种。

③ 图像识别：通过检验人员生物特征等方式来识别进出。有指纹型，虹膜型，面部识别型。

生物识别技术主要是指通过人类生物特征进行身份认证的一种技术，这里的生物特征通常具有唯一的（与他人不同）、可以测量或可自动识别和验证、遗传性或终身不变等特点。所谓生物识别的核心在于如何获取这些生物特征，并将之转换为数字信息，存储于计算机中，利用可靠的匹配算法来完成验证与识别个人身份的过程。生物识别的含义很广，大致上可分为身体特征和行为特征两类。

身体特征包括：指纹、掌静脉、掌纹、视网膜、虹膜、人体气味、脸型、甚至血管、DNA、骨骼等；行为特征则包括：签名、语音、行走步态等。生物识别系统对生物特征进行取样，提取其唯一的特征转化成数字代码，并进一步将这些代码组成特征模板，当人们同识别系统交互进行身份认证时，识别系统通过获取其特征与数据库中的特征模板进行比对，以确定二者是否匹配，从而决定接受或拒绝该人进出。比较成熟的技术有指纹型、掌纹型、虹膜型、面部识别型以及静脉识别出入口控制系统。我国《信息安全技术虹膜识别系统技术要求》（GB/T20979—2007）是我国生物识别行业的第一个国家标准。生物识别出入口控制系统安全性高，但成本高，由于拒识率和存储容量等应用问题目前还没有得到广泛的市场应用。

值得注意的是一般人认为生物识别的出入口控制系统很安全，其实这是误解，出入口控制系统的安全不仅仅是识别方式的安全性，还包括控制系统部分的安全，软件系统的安全，通信系统的安全，电源系统的安全。整个系统是一个整体，哪方面不过关，整个系统都不安全。

3）出入口控制系统按设计原理划分：①控制器自带读卡器（识别仪），这种设计的缺陷是控制器需安装在门外，因此部分控制线必须露在门外，内行人无需卡片或密码可以轻松开门；②控制器与读卡器（识别仪）分体，这类系统控制器安装在室内，只有读卡器输入线露在室外，其他所有控制线均在室内，而读卡器传递的是数字信号。因此，若无有效卡片或密码任何人都无法进门。这类系统应是用户的首选。

4）出入口控制系统按其硬件构成模式划分：①一体型（单机控制型），这类产品是最常见的，适用于小系统或安装位置集中的单位。通常采用RS485通信方式。一体型出入口控制系统的各个组成部分通过内部连接、组合或集成在一起，实现出入口控制系统的所有功能。它的优点是投资小，通信线路专用。缺点是一旦安装好就不能方便地更换管理中心的位置，不易实现网络控制和异地控制；②分体型，出入口控制系统的各个组成部分在结构上有分开的部分，也有通过不同方式组合的部分。分开部分与组合部分之间通过电子、机械等手段连成为一个系统，实现出入口控制的所有功能。

5）出入口控制系统按其管理、控制方式划分：①独立控制型出入口控制系统，其管理、控制部分的全部显示、编程、管理、控制等功能均在一个设备（出入口控制器）内完成；②联网控制型出入口控制系统，其管理、控制部分的全部显示、编程、管理、控制功能不在一个设备（出入口控制器）内完成。其中，显示、编程功能由另外的设备完成。设备之间的数据传输通过有线或无线数据通道及网络设备实现。它的通信方式采用的是网络常用的 TCP/IP 协议。这类系统的优点是控制器与管理中心是通过局域网传递数据的，管理中心位置可以随时变更，不需重新布线，很容易实现网络控制或异地控制。适用于大系统或安装位置分散的单位使用。这类系统的缺点是系统的通信部分的稳定需要依赖于局域网的稳定；③数据载体传输控制型出入口控制系统与联网型出入口控制系统区别仅在于数据传输的方式不同。其管理、控制部分的全部显示、编程、管理、控制等功能不是在一个设备（出入口控制器）内完成。其中，显示、编程工作由另外的设备完成。设备之间的数据传输通过对可移动的、可读写的数据载体的输入、导出操作完成。

二、出入口控制系统组成

特征载体：出入口控制系统是对人流、物流、信息流进行管理和控制的系统。因此，首先系统要能对它们进行身份的确认，并确定它们出入（行为）的合法性。这就要通过一种方法赋予它们一个身份与权限的标志，我们称之为特征载体，它载有的身份和权限信息就是特征。机械锁的钥匙就是一种特征载体，其“齿形”就是特征。在出入口控制系统中可以利用的特征载体有很多，例如：磁卡、光电卡及目前应用最普遍的 IC 卡等。这些特征载体要与持有者（人或物）一同使用，但他与持有者不具有同一性，这就意味着特征载体可以由别人（物）持有使用。为了防止这个问题，可采用多重方式，即使用两种以上的特征载体（视系统的安全性要求）。如果能够从持有者自身选取一种具有唯一性和稳定性的特征，作为表示身份的信息，这个问题也就不存在了。来自“持有者”身上的特征称为“生物特征”，特征载体自然就是持有人。

读取装置：读取装置是与特征载体进行信息交换的设备。它以适当的方式从特征载体读取持有者身份和权限的信息，以此识别持有者的身份和判别其行为（出入请求）的合法性。显然，特征读取装置是与特征载体相匹配的设备，载体的技术属性不同，读取设备的属性也不同。磁卡的读取装置是磁电转换设备，光电卡的读取装置是光电转换设备，IC 卡的读取装置是电子数据通信装置。机械锁的读取装置就是“锁芯”，当钥匙插入锁芯后，通过锁芯中的活动弹子与钥匙的齿形吻合来确认持有者的身份和权限。电子读取装置的识别过程是：将读取的特征信息转换为电子数据，然后与存储在装置存储器中的数据进行对比，实现身份的确认和权限的认证，这一过程又称为“特征识别”。特征读取装置有的只有读取信息的功能，有的还具有向特征载体写入信息的功能，这种装置称为“读写装置”，向特征载体写入信息是系统向持有者授权或修正授权的过程。这种特征载体是可以修改和重复使用的。机械锁的钥匙一般是不能修改的，它所表示的权限也是不能改变的。人的生物特征是不能修改的，但其所具有的权限可以通过系统的设定来改变。

锁定机构：出入口控制系统只有加上适当的锁定机构才具有实用性。当读取装置确认了持有者的身份和权限后，要使合法者能够顺畅的出入，并有效地阻止非法者的请求。不同形式的锁定机构就构成了各种不同出入口控制系统，或者说实现了出入控制技术的不同应用。比如，地铁收费系统的拨杆、停车场的阻车器、自助银行的收出钞装置。如果锁定机构是一个门，系统控制的是门的启闭，就是“门禁”系统。机构锁就是入口控制系统的一种锁定机构，当锁芯与钥匙的齿形吻合后，可转动门把手，收回锁舌开启门。

（一）出入口控制系统设备的配置

1. 门禁控制器

门禁控制器出入口控制系统的核心部分，相当于计算机的CPU，它负责整个系统输入、输出信息的处理和储存、控制等。

2. 读卡器（识别仪）

读卡器是读取卡片中数据（生物特征信息）的设备。

3. 电控锁

电控锁是出入口控制系统中锁门的执行部件。用户应根据门的材料、出门要求等需求选取不同的锁具。通常电控锁主要有以下几种类型：

1）电磁锁：电磁锁是断电开门型的，符合消防要求。并配备多种安装架以供顾客使用。这种锁具适于单向的木门、玻璃门、防火门、对开的电动门。

2）阳极锁：阳极锁是断电开门型，符合消防要求。它安装在门框的上部。与电磁锁不同的是阳极锁适用于双向的木门、玻璃门、防火门，而且它本身带有门磁检测器，可随时检测门的安全状态。

3）阴极锁：一般的阴极锁为通电开门型。适用单向木门。安装阴极锁一定要配备UPS电源。因为停电时阴极锁是锁门的。

4. 卡片

卡片是开门的钥匙。可以在卡片上打印持卡人的个人照片，开门卡、胸卡合二为一。

5. 软件

软件是可实时对进/出人员进行监控，对各门区进行编辑，对系统进行编程，对各突发事件进行查询及人员进出资料实时查询。

出入口控制系统内部结构框图见图4-3。

一般情况下出入口控制系统传输模块提供一个RS232接口与PC相连，并提供一个通信接口，连接读卡器。另外提供4个RS485网络接口，每个RS485接口可接32个终端。出入口控制系统传输模块见图4-4。

（二）出入口控制系统的基本性能

出入口控制系统的实用性：出入口控制系统的内容应符合实际需要，不能华而不实。如果片面追求系统的超前性，势必造成投资过大，离实际需要偏离太远。因此，系统的实用性是首先应遵循的第一原则。同时系统的前端产品和系统软件均应有良好的可学习性和可操作性。特别是可操作性，使具备计算机初级操作水平的管理人员，通过简单的培训就能掌握系统的操作要领，达到能完成值班任务的操作水平。

出入口控制系统的稳定性：由于出入口控制系统是一项不间断长期工作的系统，并且和我们的正常生活和工作息息相关，所以系统的稳定性显得尤为重要。要求系统有三年以上市场的成功应用经验，拥有相应的客户群和客户服务体系。

出入口控制系统安全性：出入口控制系统中的所有设备及配件在性能安全可靠运转的同时，还应符合我国及国际有关的安全标准，并可在非理想环境下有效工作。强大的实时监控功能和联动功能，充分保证使用者环境的安全性。

出入口控制系统可扩展性：出入口控制系统的技术不断发展，用户需求也在发生变化，因此出入口控制系统的设计与实施应考虑到将来可扩展的实际需要，亦即：可灵活增减或更

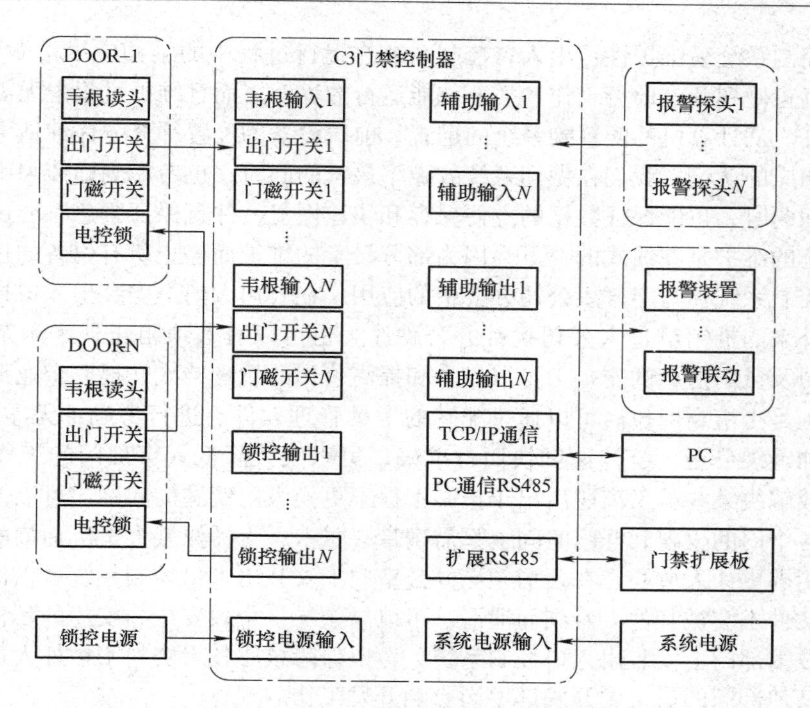

图 4-3　出入口控制系统内部结构框图

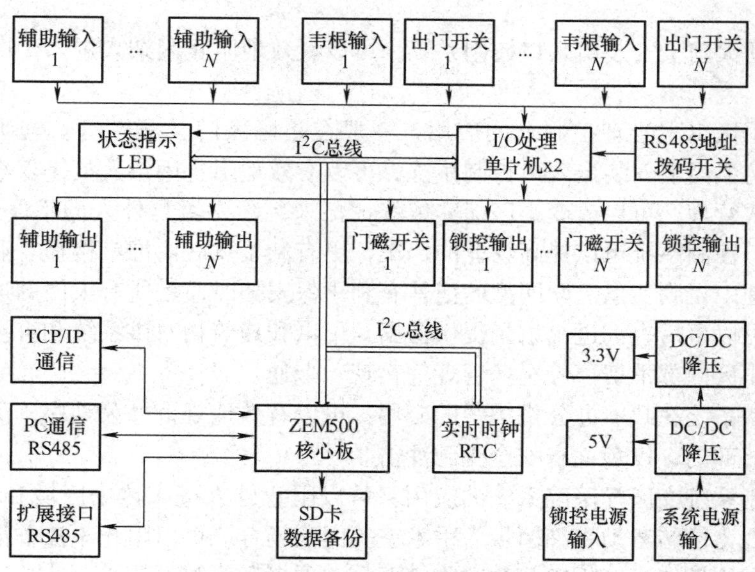

图 4-4　出入口控制系统传输模块

新各个子系统，满足不同时期的需要，保持长时间领先地位，成为智能建筑的典范。系统设计时，对需要实现的功能进行合理配置，并且这种配置是可以改变的，甚至在工程完成后，这种配置的改变也是可能的和方便的。系统软件根据开发商符合市场的需求进行相应的升级和完善，并免费为相应的应用客户进行免费的软件升级。同时，可以扩展为考勤系统、会议签到系统、巡逻管理系统、就餐管理系统等一卡通工程。

出入口控制系统易维护性：出入口控制系统在运行过程中的维护应尽量做到简单易行。系统的运转真正做到开电即可工作、插上就能运行的程度。而且维护过程中无需使用过多专用的维护工具。从计算机的配置到系统的配置、前端设备的配置都充分仔细地考虑系统可靠性，并实施相应的认证。我们在做到系统故障率最低的同时，也考虑到即使因为意想不到的原因而发生问题时，也能保证数据的方便保存和快速恢复，并且保证紧急时能迅速地打开通道。整个系统的维护是在线式的，不会因为部分设备的维护而停止所有设备的正常运作。

出入口控制系统在写字楼里公司办公中的应用：在公司大门上安装出入口控制系统可以有效地阻止外来的推销员进入公司扰乱办公秩序，也可以有效地阻止外来闲杂人员进入公司，保证公司及员工财产的安全。可以显示和提高公司的管理档次，提升企业形象。可以有效地追踪员工是否擅离岗位。可以通过配套的考勤管理软件，进行考勤，无需购买打卡钟，考勤结果更加客观公正，统计速度快而且准确，可以大大降低人事部门的工作强度和工作量。可以有效解决某些员工离职后出于担心不得不更换大门钥匙的问题。可以方便灵活地安排任何人对各个门的权限和开门时间，只需携带一张卡，无需佩戴大量沉甸甸的钥匙，而且安全性要比钥匙更让人放心。在公司领导办公室门上安装出入口控制系统可以保障领导办公室的资料和文件不会被其他人看到而泄漏，可以给领导一个较安全、安静的私密环境。

在开发技术部门上安装出入口控制系统，可以保障核心技术资料不被外人进来随手轻易窃取。防止其他部门的员工到开发部串岗影响开发工作。

在财务部门上安装出入口控制系统，可以保障财物的安全性，以及公司财务资料的安全性。

在生产车间大门上安装出入口控制系统，可以有效地阻止闲杂人进入生产车间，避免造成安全隐患。

在智能化小区出入管理控制上的应用：一般在小区大门、栅栏门、电动门，单元的铁门、防火门、防盗门上安装出入口控制系统，可以有效地阻止闲杂人员进入小区，有效地对小区进行封闭式管理。可以改变小区保安依赖记忆来判断是否是外人的不严谨的管理方式。安全科学的入口控制系统可以提高物业的档次，更有利于发展商推广楼盘。业主也会从科学有效的出入管理中得到实惠。联网型的门禁有利于保安随时监控所有大门的进出情况，如果有事故和案件可以事后查询进出记录提供证据。可以和建筑物对讲系统和可视对讲系统结合使用。可以和小区内部消费、停车场管理等实现一卡通。

出入口控制系统在政府办公机构中的应用：可以有效地规范办公秩序，可以阻止不法人员冲击政府办公部门，以免人身安全受到冲击。

出入口控制系统在医疗医院系统的应用：可以阻止外人进入传染区域和精密仪器房间。可以阻止有人因为情绪激动将细菌带入手术室等无菌场合。可以阻止不法群体冲击医院的管理部门，以免因为情绪激动损害公物和伤害医疗工作者和医院领导。

出入口控制系统在电信基站和供电局变电站的应用：典型基站和供电局变电站具备这样的特点：基站很多，要求系统容量大；分布范围很广，甚至几百平方公里，有自己的网络进行联网，有的地方是无人值守的，需要中央调度室随时机动调度现场的工作人员。

（三）出入口控制系统的识别技术

出入口控制系统一般分为卡片出入控制系统和人体自动识别技术出入控制以及密码识别控制系统三大类。①卡片出入控制；②人体自动识别技术出入控制；③密码识别出入控制。

1. 出入口控制系统感应卡

(1) IC 卡

IC 卡全称集成电路卡（Integrated Circuit Card），又称智能卡（Smart Card），是超大规模集成电路技术、计算机技术以及信息安全技术等发展的产物。它将集成电路芯片镶嵌于塑料基片的指定位置上，利用集成电路的可存储特性，保存、读取和修改芯片上的信息。具有可读写，容量大，可加密等功能，数据记录可靠，使用更方便，如一卡通系统、消费系统等。IC 卡的概念是 20 世纪 70 年代初提出来的，IC 卡一出现，就以其超小的体积、先进的集成电路芯片技术以及特殊的保密措施和无法被破译及仿造的特点受到普遍欢迎，40 年来，已被广泛应用于金融、交通、通信、医疗、身份证明等众多领域。现在国际最流行最通用的还是非接触 IC 卡出入口控制系统。非接触 IC 卡由于其较高的安全性，最好的便捷性和性价比已成为出入口控制系统的主流。IC 卡芯片结构见图 4-5。

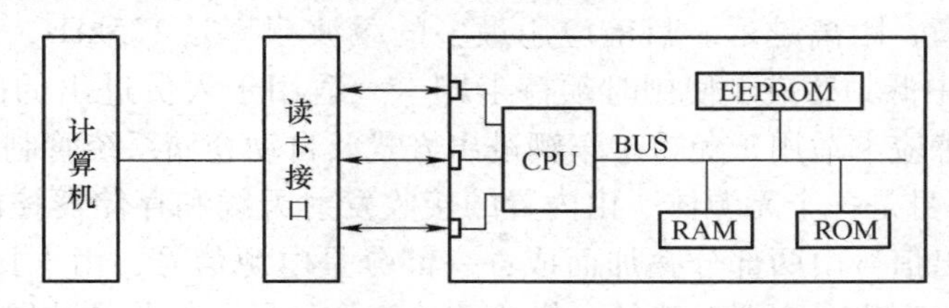

图 4-5　IC 卡芯片结构

(2) ID 卡

ID 卡全称身份识别卡（Identification Card），是一种不可写入的感应卡，含固定的编号。最简单、最常见的射频卡就是低频 125kHz 的 ID 卡（有厚卡、薄卡之分）。ID 卡因为一度大量采用瑞士 EM4100/4102 芯片，所以还被习惯称作“EM 卡”。ID 卡具有只读功能，含有唯一的 64B 防改写密码，其卡号在出厂时已被固化并保证在全球的唯一性，永远不能改变，在出入口控制系统上应用较多。ID 卡是生产厂家在卡中刻入一定位数不可更改的全球唯一的编码（ID 号），因不用在读卡时进行加密解密过程，所以读卡速度快，有效距离大，成本低。

2. 出入口控制系统使用的其他各种卡

1）磁码卡：就是人们常说的磁卡，它是把磁性物质贴在塑料卡片上制成的。磁卡可以容易地改写，可使用户随时更改密码，应用方便。其缺点是易被消磁、磨损。磁卡价格便宜，是目前使用较普遍的产品。

2）条码卡：在塑料片上印上黑白相间的条纹组成条码，就像商品上贴的条码一样。这种卡片在出入口系统中已渐渐被淘汰，因为它可以用复印机等设备轻易复制。

3）红外线卡：用特殊的方式在卡片上设定密码，用红外线光线读卡机阅读。这种卡易被复制，也容易破损。

4）铁码卡：这种卡片中间用特殊的细金属线排列编码，采用金属磁扰的原理制成。卡片如果遭到破坏，卡内的金属线排列就遭到破坏，所以很难复制。读卡机不用磁的方式阅读卡片，卡片内的特殊金属丝也不会被磁化，所以它可以有效地防磁、防水、防尘，可以长期使用在恶劣环境下，是目前安全性较高的一种卡片。

5）感应式卡：卡片采用电子回路及感应线圈，利用读卡机本身产生的特殊振荡频率，当卡片进入读卡机能量范围时产生共振，感应电流使电子回路发射信号到读卡机，经读卡机将接收的信号转换成卡片资料，送到控制器对比。接近式感应卡不用在刷卡槽上刷卡，比较迅速方便。由于卡是由感应式电子电路做成，所以不易被仿制。同时它具有防水功能且不用换电池，是非常理想的卡片。

感应卡有厚薄两种之分，卡片较薄的，厚度约0.8mm，可维持长久的寿命，称为被动式卡片。在信号的传输过程中，感应卡是被动地接收卡片阅读机所传送出来的频率，通常被动式感应卡所能感应的距离较短，若要将感应距离拉长，就得使用主动式的卡片。主动式的卡片含有电池（卡片较厚，非ISO规范，厚度约为1.9mm）。主动式卡片主动发送识别码给卡片阅读机，感应距离甚至可达10cm。卡片阅读机若采用电子式读取卡片，其使用寿命为10年左右。

出入口控制系统感应卡的频率有低（100~150kHz）、中（13.56MHz）、高（2.45GHz）三种频率，频率越高，距离越远。目前应用最多的载波频率是125kHz，工作距离为2.2~15cm。通常来讲，中低频感应卡使用时须持卡刷卡，适用于人员进出的门禁管制，或车辆进出管制。而高频感应卡适用于免持卡车辆进出方式及自动仓储系统管制。

6）射频卡：本身是一个无源体，由内置的接收发射天线和存储器控制芯片组成。读卡时，读卡器天线发出信号由两部分叠加而成：一部分是电源信号，由卡接收后与本身的LC振荡电路产生谐振，产生一个瞬时能量，供给芯片工作；另一部分是数据信号，指挥卡中芯片完成数据读取和发送。

3. 生物辨识系统

1）指纹机：利用每个人的指纹差别做对比辨识，是比较复杂且安全性很高的出入口控制系统。它可以配合密码机或刷卡机使用。

2）掌纹机：利用人的掌型和掌纹特性做图形对比，类似于指纹机。

3）视网膜辨识机：利用光学摄像对比，比较每个人的视网膜血管分布的差异，其技术相当复杂。

4）声音辨识：利用每个人声音的差异以及所说的指令内容不同而加以比较。但由于声音可以被模仿，而且使用者如果感冒会引起声音变化，其安全性受到影响。

（四）出入口控制系统的其他设备

1. 门禁控制器

（1）门禁控制器

门禁控制器是出入口控制系统的中枢，就像人体的大脑一样，里面存储了大量相关人员的卡号、密码等信息，这些资料的重要程度是显而易见的。另外，门禁控制器还负担着运行和处理的任务，对各种各样的出入请求做出判断和响应，其中有运算单元、存储单元、输入单元、输出单元、通信单元等。它是出入口控制系统的核心部分，也是出入口控制系统最重要的部分。

（2）控制器的分布

控制器必须放置在专门的弱电间或设备间内集中管理，控制器与读卡器之间具有远距离信号传输的能力，尽量使用通用通信协议，这样就要求门禁控制器必须离读卡器就近放置，大大不利于控制器的管理和安全保障。设计良好的控制器与读卡器之间的距离应不小于1200m，控制器与控制器之间距离也应不小于1200m。

（3）控制器的防破坏措施

控制器机箱必须具有一定的防砸、防撬、防爆、防火、防腐蚀的能力，尽可能阻止各种非法破坏的事件发生。

（4）控制器的电源供应

控制器内部本身必须带有 UPS 系统，在外部的电源无法提供时，至少能够让门禁控制器继续工作几个小时，以防止有人切断电源从而导致门禁瘫痪的事件。

（5）控制器的报警能力

控制器必须具有各种即时报警的能力，如电源、UPS 等各种设备的故障提示，机箱被打开的警告信息，以及通信或线路故障等。

（6）开关量信号的处理

门禁控制器最好不要使用开关量信号，出入口控制系统中有许多信号会以开关量的方式输出，例如门磁信号和出门按钮信号等，由于开关量信号只有短路和开路两种状态，所以很容易遭到利用和破坏，会大大降低出入口控制系统整体的安全性。能够将开关量信号加以转换传输才能提高安全性，如转换成 TTL 电平信号或数字量信号等。

2. 影响控制器安全性的因素

（1）设计结构

门禁控制器的整体结构设计是非常重要的，设计良好的出入口控制系统将尽量避免使用插槽式的扩展板，以防止长时间使用而氧化引起的接触不良；使用可靠的接插件，方便接线并且牢固可靠；元器件的分布和线路走向合理，减少干扰，同时增强抗干扰能力；机箱布局合理，增强整体的散热效果。门禁控制器是一个特殊的控制设备，不应该一味追求使用最新的技术和元器件。控制器的处理速度不是越快越好，也不是门数越集中越好，而是必须强调稳定性和可靠性，够用且稳定的门禁控制器才是好的控制器。

（2）电源部分

电源是门禁控制器中非常重要的部分，提供给元器件稳定的工作电压是稳定性的必要前提，但市电经常不稳定，可能存在电压过低、过高、波动、浪涌等现象，这就需要电源具有良好的滤波和稳压的能力。此外电源还需要有很强的抗干扰能力，所谓干扰包括高频感应信号、雷击等。

控制器内部的不间断电源也是很必要的，并且不间断电源必须放置在控制器机箱的内部，保证不能轻易被切断或破坏。

（3）控制器的程序设计

相当多的门禁控制器在执行一些高级功能或与其他弱电子系统实现联动时，完全依赖计算机及软件来实现。由于计算机是非常不稳定的，这可能意味着一旦计算机发生故障时会导致整个系统失灵或瘫痪。所以设计良好的出入口控制系统中所有的逻辑判断和各种高级功能的应用，由控制器的程序来实现，门禁控制器的硬件系统来完成。

（4）继电器的容量

门禁控制器的输出是由继电器控制的。控制器工作时，继电器要频繁地开合，而每次开合都有一个瞬时电流通过。如果继电器容量太小，瞬时电流有可能超过继电器的容量，很快会损坏继电器。一般情况继电器容量应大于电锁峰值电流 3 倍以上。继电器的输出端通常是接电锁等大电流的电感性设备，瞬间的通断会产生反馈电流的冲击，所以输出端宜有压敏电阻或者反向二极管等元器件予以保护。

（5）控制器的保护

门禁控制器元器件的工作电压一般为5V，如果电压超过5V就会损坏元器件，而使控制器不能工作。这就要求控制器的所有输入、输出口都有动态电压保护，以免外界可能的大电压加载到控制器上而损坏元器件。另外，控制器的读卡器输入电路还需具有防错接和防浪涌的保护措施，良好的保护可以使得即使电源接在读卡器数据端都不会烧坏电路，通过防浪涌动态电压保护可以避免因为读卡器质量问题影响控制器的正常运行。

3. 出入口控制系统电锁与执行单元

电锁与执行单元部分包括各种电子锁具、挡车器等控制设备，这些设备应具有动作灵敏、执行可靠、良好的防潮、防腐性能，并具有足够的机械强度和防破坏的能力。电子锁具的型号和种类非常之多，按工作原理的差异，具体可以分为电插锁、磁力锁、阴极锁、阳极锁和剪力锁等，可以满足各种木门、玻璃门、金属门的安装需要。每种电子锁具都有自己的特点，在安全性、方便性和可靠性上也各有差异，需要根据具体的实际情况来选择合适的电子锁具。

4. 出入口控制系统控制执行机构

出入口控制执行机构执行从出入口管理子系统发来的控制命令，在出入口做出相应的动作，实现出入口控制系统的拒绝与放行操作。

常见的如电控锁、挡车器、报警指示装置等被控设备，以及电动门等控制对象。

5. 出入口控制系统管理系统

管理与设置单元部分主要指出入口控制系统的管理软件，管理软件可以运行在Windows 2000、Windows 2003和Windows XP等环境中，支持服务器/客户端的工作模式，并且可以对不同的用户进行可操作功能的授权和管理。管理软件使用Microsoft公司的SQL等大型数据库，具有良好的可开发性和集成能力。管理软件应该具有设备管理、人事信息管理、证章打印、用户授权、操作员权限管理、报警信息管理、事件浏览、电子地图等功能。

出入口控制系统的管理功能如下：

①它是出入口控制系统人机界面；②负责接收从出入口识别装置发来的目标身份等信息；③指挥、驱动出入口控制执行机构的动作；④出入目标的授权管理（对目标的出入行为能力进行设定）。如出入目标的访问级别、出入目标某时可出入某个出入口、出入目标可出入的次数，出入目标的出入行为鉴别及核准。把从识别子系统传来的信息与预先存储、设定的信息进行比较、判断，对符合出入授权的出入行为予以放行；⑤出入事件、操作事件、报警事件等的记录、存储及报表的生成。

出入口控制系统管理系统其他管理功能包括：①系统操作员的授权管理；②设定操作员级别管理，使不同级别的操作员对系统有不同的操作能力以及操作员登录核准管理等；③出入口控制方式的设定及系统维护；④单/多识别方式选择，输出控制信号设定等；⑤出入口的非法侵入、系统故障的报警处理；⑥扩展的管理功能及与其他控制及管理系统的连接，如考勤、寻更等功能，与防盗报警、视频监控、消防等系统的联动。

6. 出入口控制系统传感与报警单元

传感与报警单元部分包括各种传感器、探测器和按钮等设备，应具有一定的防机械性创伤措施。出入口控制系统中最常用的就是门磁和出门按钮，这些设备全部都是采用开关量的方式输出信号。设计良好的出入口控制系统可以将门磁报警信号与出门按钮信号进行加密或转换，如转换成 TTL 电平信号或数字量信号。同时，出入口控制系统还可以监测以下报警状态：报警、短路、安全、开路、请求退出、噪声、干扰、屏蔽、设备断路、防拆等，可防止人为对开关量报警信号的屏蔽和破坏，以提高出入口控制系统的安全性。出入口控制系统还应该对报警线路具有实时的检测能力。

7. 出入口控制系统线路及通信单元部分

门禁控制器应该可以支持多种联网的通信方式，如 RS232、RS485 或 TCP/IP 等，在不同的情况下使用各种联网的方式。为了出入口控制系统整体安全性的考虑，通信必须能够以加密的方式传输，加密位数一般不少于 64 位。

三、出入口控制系统的应用

1. 出入口控制系统最小应用系统

出入口控制系统最小应用系统也被称为最小运行单元，见图 4-6。主要应用在单门控制中。如出入口控制系统应实现对整个小区的地下车库进入各单元出口，每个位置设置一套出入口控制系统，故与之对应的门禁用以完成对单元门的电磁锁进行控制。为方便住户出行，另配置电磁锁和出门按钮，供业主使用。

2. 出入口控制系统的标准应用

常规情况下出入口控制系统是对一个单位或一栋建筑物实施出入口控制，这就是常见的出入口控制系统的标准应用方式。如酒店区域设置出入口控制系统。系统设备应包括门禁控制器、感应读卡器、出门按钮、电子门锁、网络通信单元、管理软件等。

① 计算机将具有本系统合法身份的人员资料输入各门禁控制器，由门禁控制器联网或脱机运行判定持卡人员合法身份而打开电子门锁并记录。当有非正常启动开门时，报警信号将送至消防/保安控制室门禁管理系统计算机。

② 在重要出入口、主要机房、财务室、贵重物品存储间与会议中心公用车库相联通的出口设置门禁，其他区域员工出入口处的门禁读卡机兼做员工考勤记录使用。

③ 出入口控制系统在火灾发生时接收火灾自动报警及联动控制系统联动信号打开有关电子门锁，方便人员疏散。其标准结构见图 4-7。

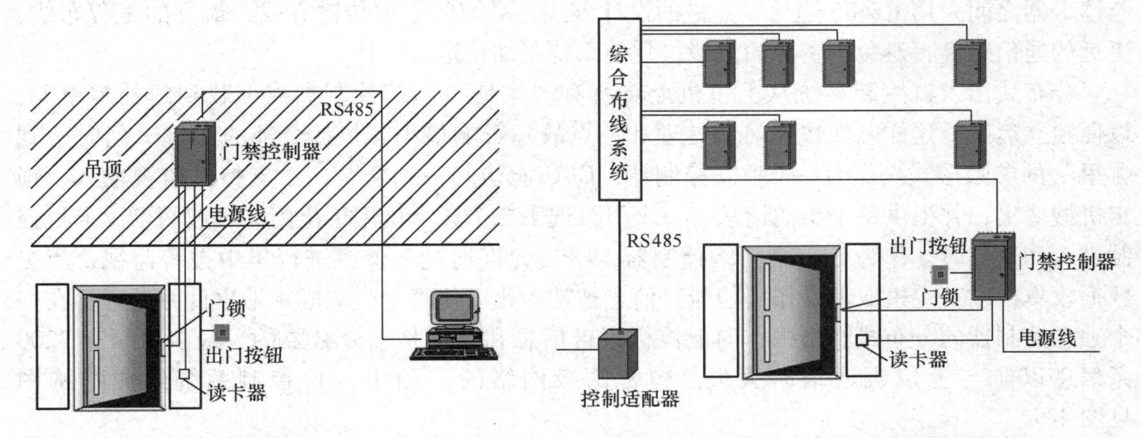

图 4-6　出入口控制系统最小应用系统

图 4-7　出入口控制系统的标准结构

3. 出入口控制系统的扩展应用

网络出入口控制系统经常用在大中型企业和重要布防的单位。例如应用于科研、工业、博物馆、酒店、商场、医疗监护、银行、监狱等。网络出入口控制系统采用统一的技术规范及通信格式，将所有的系统有机地集成一起，其系统与系统之间可相互通信，数据共享，使其构成一个高度自动化、智能化的入口控制系统，见图 4-8。

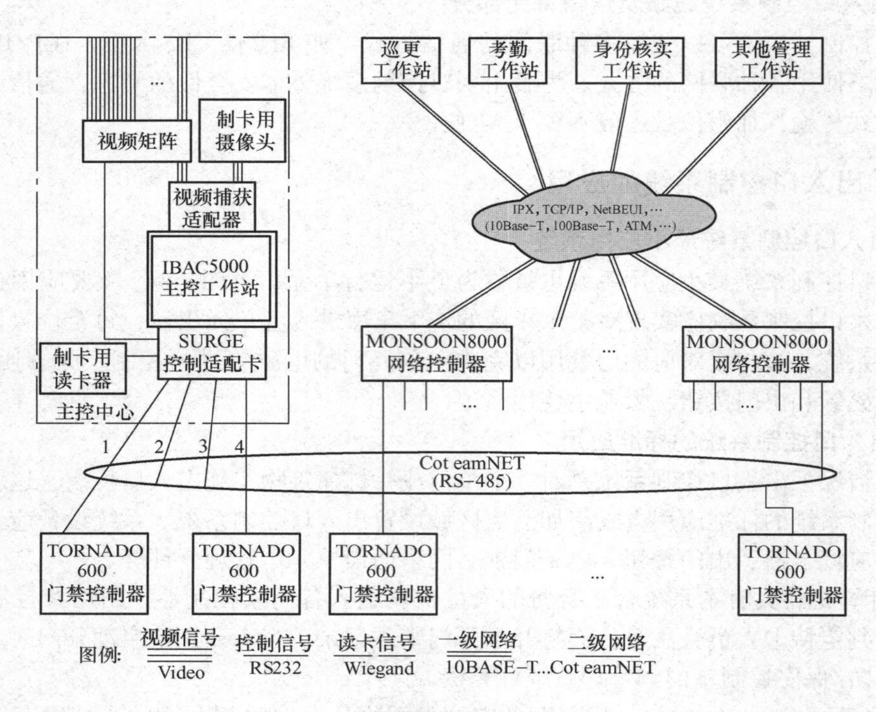

图 4-8 扩展构成两级网络系统

网络门禁控制器与门禁读卡器或者与各类 IC 卡读卡器或 ID 卡读卡器加上功能强大的管理软件一起组成网络门禁管理系统。系统管理软件与控制器之间采用 TCP/IP 协议，控制器与读卡器之间采用 RS485 通信，先进的设计方式，高速的数据传输方式，最少的工程布线，更远的通信距离，避免了资源的浪费，且使系统更加稳定。

分布式出入口控制系统从上位机上将所有“本地”门禁控制参数下载到门处理单元，以便独立运行。这样确保快速门禁处理和单点故障影响最小。包括全部的“谁…何时…到哪里”的参数形式。作为一个独立控制器，CPU 能访问一到两个门。支持门监视输入，锁定机械输出，并提供每个出门请求。每个门可选第二个读卡机用于出门。当被两个读卡机控制进入和退出时，作为分布式网络控制器，CPU 允许通过上位机进行集中报警监视，历史数据收集，以及主机取消操作员功能。信息被初始化以使每个门响应本地事件并处理。在一个独立控制器的分布式网络中，向上位机报告信息和事件是十分必要的。最多可缓存 3200 条信息以防与上位机通信时丢失。包含两级网络的多门出入口控制系统组成结构图见图 4-9。

例如用于某电子有限公司商务办公、控制中心、网络中心、工厂车间等重要地点的门进

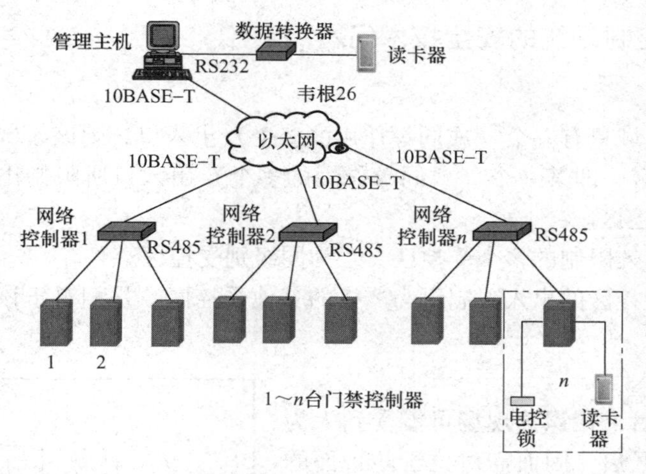

图 4-9　包含两级网络的多门出入口控制系统组成结构图

出控制，防止外来人员随意进出，提高公司整体的管理能力及形象。出入口控制系统的现场控制器的控制方式设计为单向刷卡控制开门和双向刷卡控制开门。内部人员进入时，可以刷卡，读卡器读取卡片信息，传输给门禁现场控制器，判断是否有效，卡片有效，现场控制器输出控制信号开启门，经过一定延时，门会自动关闭，如果门没有正常关闭，现场控制器通过通信网络输出报警信息给保安控制中心，控制计算机会产生声音报警，并显示相应的门状态；如果卡片无效，现场控制器将信息传输给保安控制中心，控制计算机也会产生声音报警，并显示相应的报警信息。

出入口控制系统经常与视频监控系统联网，构成主动式的安全防范控制系统，保障了被保护单位的安全。其控制系统见图 4-10。

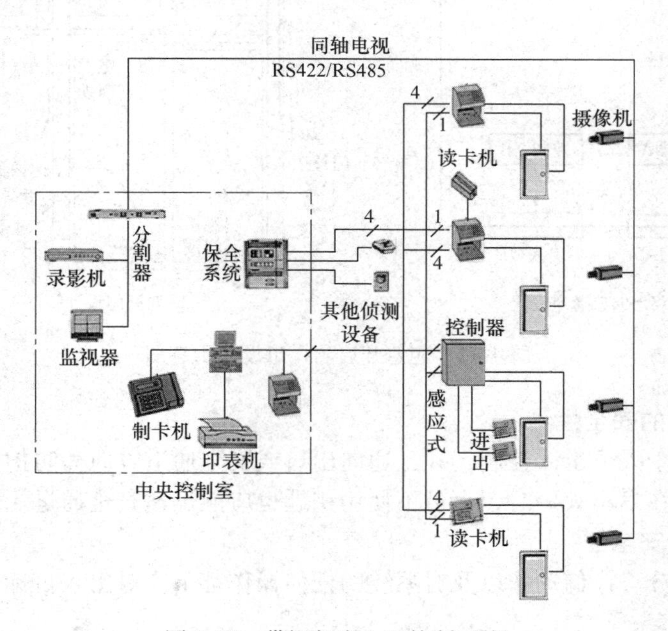

图 4-10　带视频出入口控制系统

四、出入口控制系统的安全技术问题

1. 受控区问题

1）如果某一区域只有一个（或同等作用的多个）出入口，则该区域视为这一个（或这些）出入口的受控区，即某一个（或同等作用的多个）出入口所限制出入的对应区域，就是它（它们）的受控区。

2）具有相同出入限制的多个受控区，互为同级别受控区。

3）具有比某受控区的出入限制更为严格的其他受控区，是相对于该防护区的高级别受控区。

2. 防护面问题

设备完成安装后，在识读现场可能受到人为破坏或被实施技术开启，因而需对位于防护面的设备加强防护结构设计。强化对位于“防护面”设备的防破坏、防技术开启等方面的要求，弱化“非防护面”设备在这方面的要求，见图4-11。

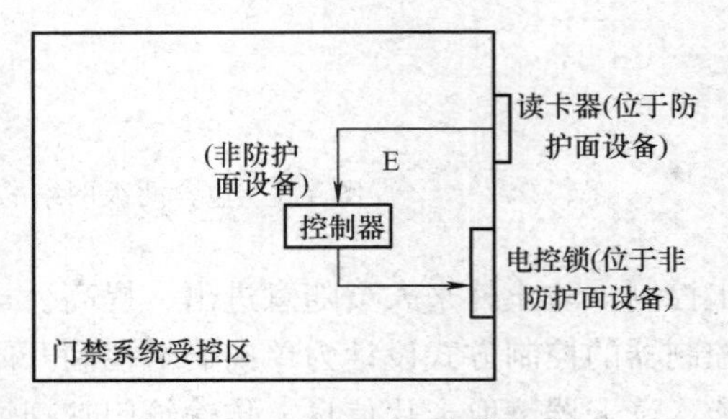

图4-11 防护面示意图

系统应具有应急开启的方法，可以使用制造厂特制工具，或采取特别方法局部破坏系统部件后，使出入口应急开启，且可迅速修复或更换被破坏部分。

系统也可以采取冗余设计，增加开启出入口通路（但不得降低系统的各项技术要求）以实现应急开启：一个受控区有多出入口，采用两套以上的独立控制单元分别控制。在双开门设计中，一扇用电控锁，另一扇用机械锁，见图4-12。

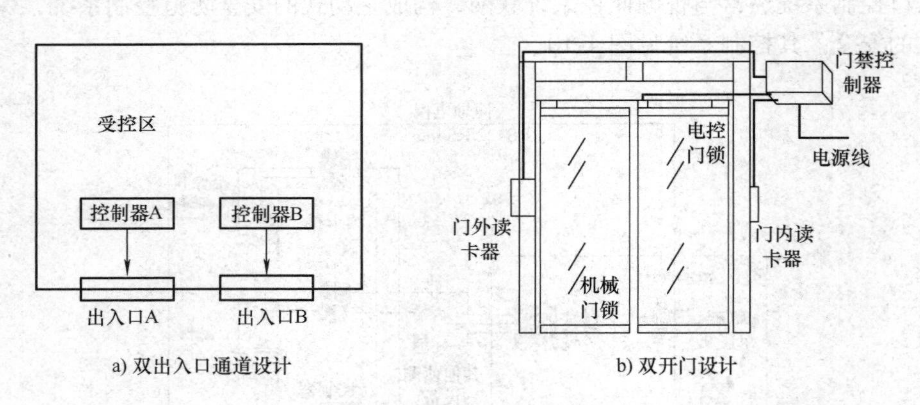

图4-12 应急开启出入口设计示意图

3. 紧急险情下的安全性

如果系统应用于人员出入控制，并且通向出口或安全通道方向为防护面，则系统需与消防监控系统连接，在发出火警时，人员不使用钥匙也应能迅速安全通过。

4. 通过目标的安全性

系统的任何部分、任何动作以及对系统的任何操作都不应对出入目标及现场管理、操作人员的安全造成危害。

第二节　停车库（场）安全管理系统

停车管理是针对固定停车用户为服务对象，以达到停车用户进出方便、快捷、安全，物业公司管理科学高效、服务优质文明的目的。在非接触式IC卡停车场管理系统中，持有月租卡或固定卡的车主在出入停车场时，经车辆检测器检测到车辆后，将IC卡在出入口控制箱的感应区掠过，读卡器读卡并判断卡的有效性，同时摄像机摄录该车的图像。对于有效的IC卡，自动道闸的闸杆升起放行并将相应的数据存入数据库中。若为无效的IC卡或进出场的车辆图像不同等异常情况时，则不给予放行。

对临时停车的车主，在车辆检测器检测到车辆后，按入口控制机上的按键取出一张IC卡，并完成读卡、摄像和放行。在出场时，在出口控制机上读卡并交纳停车费用，同时进行车辆的图像对比，无异常情况时道闸升起放行。

停车场管理系统具有强大的数据处理功能，可以完成收费管理系统各种参数的设置、数据的收集和统计，可以对发卡系统发行的各种IC卡进行管理，对丢失的卡挂失，并能够打印有效的统计报表。其系统图见图4-13。

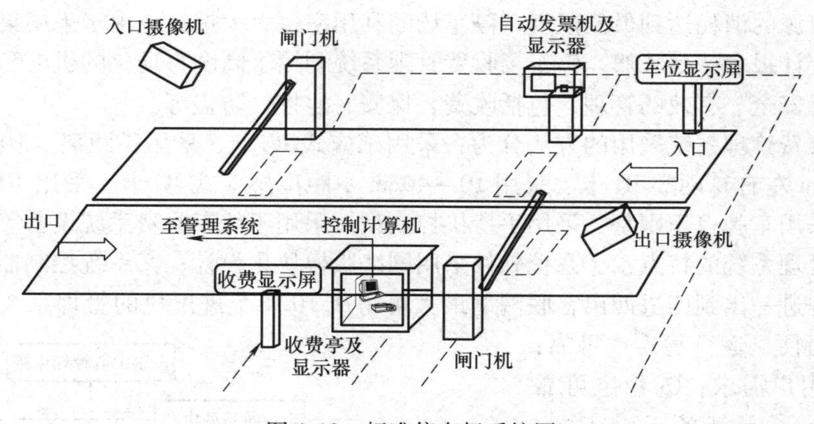

图4-13　标准停车场系统图

停车库（场）出入口控制设备一般由识读部分、控制部分、用户提示部分、电源部分等组成，可根据安全防范管理的需要扩充自动发/收车辆标识装置、对讲系统等，控制部分应能连接停车库（场）出入口控制系统的中央管理部分、执行部分。其结构及组成见图4-14。

一、停车场管理系统工作原理

停车场管理系统是为既有内部车辆又有临时收费车辆的综合停车场而设计，系统的设计具有模块化功能，这样，对于具体工程的项目而言，方案选择，可根据停车场的档次、车辆的多少、车库出入口的数量、车库的性质、固定车辆与临时车辆的比例、费用支出的多少等因素，综合考虑各子系统的增减，灵活方便。

停车场管理系统具有高效合理，真正实现停车场内车流的畅通无阻的能力。停车场管理系统是将计算机与各个停车场设备连成网络，使所有车辆的进出场流程，实现全自动化控

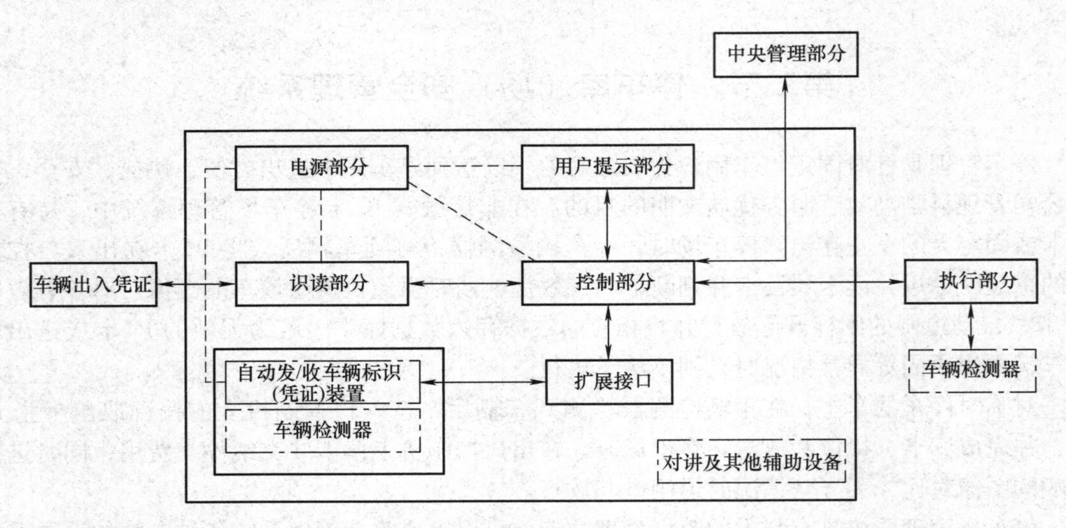

图 4-14　出入口控制设备结构及组成

注：虚线连接，表示电源供电；虚线框部分，表示根据客户需求配置部分；实线框部分为基本或必配部分；大实框表示控制设备的机箱。

制。将人力资源的消耗达到最低限度，停车场的利用率也大大提高。由于采用集中式管理的方法，各种统计报表一目了然。停车场收费管理系统利用了高度自动化的机电和计算机设备对停车场进行安全、有效的管理，包括收费、保安、监控、防盗等。

停车场收费管理系统采用的方法分为：采用感应式 IC 卡、采用长距离（10m 左右）及短距离（10cm 左右）两类 ID 卡、采用 10～40cm 中距离感应式 IC 卡、采用 10m 长距离微波识别卡、采用车牌自识别型、采用手持机控制型、采用不停车收费系统设备等方法。

停车场管理系统的特点：①系统软件采用网络版模块化设计；②系统控制器型号全：单个控制器从一进一出到四进四出，联网型最大可组成 1024 个进出口的管理系统；③系统功能全，操作简便、运行稳定、可靠；④适合多种用户需求；⑤稳定可靠的硬件设备；⑥灵活的系统配置；⑦完善的数据安全、容错处理措施；⑧先进的软件架构；⑨监控功能；⑩一卡多用，采用非接触式 CPU 卡兼容 Mifare 卡，卡片可配合大厦出入口控制、考勤管理、巡查系统、消费系统使用，实现从办公室门锁、通道、电梯一卡通用，完全免除钥匙。停车场系统结构图见图 4-15。

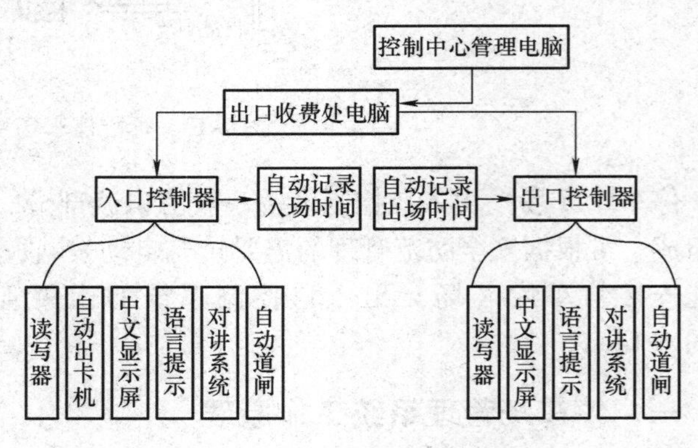

图 4-15　停车场系统结构图

停车场管理系统可以采用各种网络拓扑结构，服务器与管理工作站为局域网（LAN）形式连接，计算机对下位机以 RS485 总线型连接；简洁，投入使用快，系统稳定性好。其拓扑结构框图见图 4-16。

停车场管理系统工作流程：当进出车辆入场时，月卡持有者、储值卡持有者将车驶至入

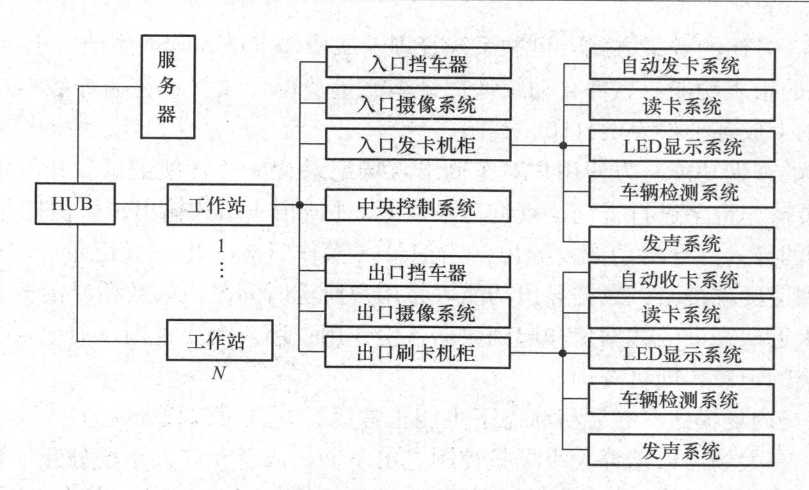

图 4-16　停车场管理系统网络拓扑结构框图

口票箱前取出 IC 卡在读卡器感应区域晃动（约 10mm）；值班室计算机自动核对、记录，并显示车牌；感应过程完毕，发出“嘀”的一声，过程结束；道闸自动升起，汉字显示屏显示“欢迎入场”，同时发出语音，如读卡有误，汉字显示屏亦会显示原因，如“金额不足”“此卡已作废”等；司机开车入场；进场后道闸自动关闭。入场实际效果图见图 4-17。

当车辆出场时，月卡、储值卡持有者将车驶至车场出口票箱旁；取出 IC 卡在读卡器感应区晃动；读卡器接收信息，计算机自动记录、扣费，并在显示屏显示车牌，供值班人员与实车牌对照，以确保“一卡一车”制及车辆安全；感应过程完毕，读卡器发出“嘀”的一声，且滚动式 LED 汉字显示屏显示字幕“一路顺风”同时发出语音（如不能出场，会显示原因）；道闸自动升起，司机开车离场；出场后道闸自动关闭。出场实际效果图见图 4-18。

图 4-17　入场实际效果图

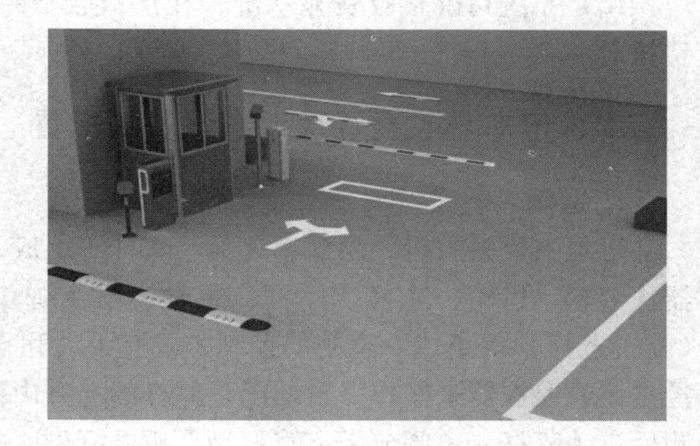

图 4-18　出场实际效果图

当进出车辆临时泊车时，临时泊车司机将车驶至入口票箱前；司机按动位于读卡器盘面的出卡按钮取卡（自动完成读卡）；感应过程完毕，发出“嘀”的一声，读写器盘面的汉字显示屏显示礼貌语言，并同步发出语音；道闸开启，司机开车入场，进场后道闸自动关闭。

停车场管理系统管理功能：

1）简洁、直观的操作界面：在系统软件中将经常需要操作的功能按键集中于“出入管理”界面，操作员无需退出出入管理界面就可通过快捷键直接进行其他操作。

2）安全、方便的登录方式：可刷系统管理卡或操作卡进入软件系统，也可密码进入。

3）完善的报表功能：软件自动统计每日车流量及每日收费总金额等数据；能够根据客户的要求自动生成各种报表供打印、查阅。

4）强大的查询功能：方便用户对车辆出入场记录、卡片管理记录、开关闸记录、收费记录、管理员操作记录进行查询，查询记录以Excel或报表格式输出，可供打印、查阅。

5）数据的导入、导出功能。导出：当记录（操作日志、出入场记录、车辆抓拍图像）过多导致查询速度减慢时，数据导出功能可将用户所选时间段内的数据导出至其他地方进行存储，以减少近期查询的数据量和起到数据备份作用；用户需要查询以前记录时，可选择时间段导入以前的记录，即可查询。

6）支持场内场模式：在脱机状态下也能正常运行并且可以设定一车一卡或多进多出功能，允许统一在大场出口结算，小场只控制进出车辆，或者允许大小场分开计算费用。

7）灵活的收费模式：收费标准可以任意加载时间、任意金额，突破了传统收费模式；支持中央收费模式，并可针对嵌套式停车场来设定大场、小场的不同收费模式，全面满足广大用户的需求。

8）图像对比实时监控功能：将各个出入口摄像机所抓拍图像全部保存至服务器中，操作员根据设定条件可在服务器端查询车辆历史图像。

9）可脱机、脱网运行，也可多机联网运行：IC卡系统在计算机与主控制机无通信的状态下也能正常工作并实现收费功能。

10）灯光/语音提示功能：各种状态和操作均有声光提示功能。例如，当车压地感时，取卡按钮闪烁，语音提示时可按按钮取卡。

11）系统可外接车位显示系统，同时还可嵌入城市停车场引导系统。

12）系统可外接收费显示屏，在出口收费时可显示收费金额及找零金额，方便用户缴费核对。

二、停车场收费管理系统设备的配置

1. 道闸

道闸主要由主机、闸杆、夹头、叉杆等组成，而主机则由机箱、机箱盖、电动机、减速器、带轮、齿轮、连杆、摇杆、主轴、平衡弹簧、光电开关、控制盒以及压力电波装置（配置选择）等组成。道闸的控制方式有手动和自动两种。手动闸是栏杆的上升和下降由手控按钮或遥控器来操作；自动闸是栏杆的上升由手控\遥控\控制机控制，下降由感应器检测后自动落杆。道闸分类有直杆型、折叠杆型、栅栏型。

2. 地感线圈（车辆检测器）

当有车压在地感线圈上时，车身的铁物质使地感线圈磁场发生变化，地感模块就会输出一个TTL信号。进出口应各装两个地感模块，一般来讲，第一个地感作用为车辆检测，第二个地感具有防砸车功能，确保车辆在完全离开自动门闸前门闸不会关闭。当车辆在地感线圈上时，所有关信号无效即栏杆机不会落杆。当车辆通过地感线圈后，将发出一个关信号，栏杆机自动落杆。当栏杆正在下落过程中，有车辆压到线圈栏杆将马上反向运转升杆，并和手动、遥控或计算机配合完成车辆通过功能。

3. 出入口控制机

停车场控制机用于停车场出入口的控制，实现对进出车辆的自动吞吐卡、感应读卡、信息显示、语音操作提示等基本功能，是整个停车场硬件设备的核心部分，也是系统承上启下的桥梁，上对收费控制计算机，下对各功能模块及设备。

1）入口控制机内一般有控制主板（单片机）、感应器、出卡机构、IC（ID）卡读卡器、LED 显示器、出卡按钮、通话按钮、扬声器等部件，此外还有专用电源为上述部件提供其所需的 5V、12V 及 24V 工作电压。

当车辆驶入感应线圈，单片机检测到感应信号，驱动语音芯片发出操作提示语音，同时给 LED 发出信号，显示文字提示信息。司机按操作提示按“取卡”键后，单片机接受取卡信号并发出控制指令给出卡机构，同时对读卡系统发出控制信号。出卡机构接到出卡信号，驱动电动机转动，出一张卡后便自动停止。读卡系统接到单片机的控制信号开始寻卡，检测到卡便读出卡内信息同时将信息传给单片机，单片机自动判断卡的有效性，并将卡的信息上传给计算机。单片机在收到计算机的开闸信号后便给道闸发出开闸信号。

2）出口控制机内一般有控制主板（单片机）、感应器、收卡机构、IC（ID）卡读卡器、LED 显示器、通话按钮、扬声器等部件，此外还有专用电源为上述部件提供其所需的 5V、12V 及 24V 工作电压。

当车辆驶入感应线圈，单片机检测到感应信号，驱动语音芯片发出操作提示语音，同时给 LED 发出信号，显示文字提示信息。司机持月卡在读卡区域刷卡，单片机自动判断该卡的有效性并将信息传给计算机，等待计算机的开闸命令。单片机在收到计算机的开闸信号后便给道闸发出开闸信号。如果司机持的是临时卡，将卡插入收卡口，收卡机将卡吃进收卡机构中，并向计算机传送卡号，等待计算机发出开闸信号，开闸后收卡。其工作原理同入口控制机。

4. 图像识别系统

（1）车辆图像对比系统

图像抓拍设备包括抓拍摄像机、图像捕捉卡及软件。摄像机将入口及出口的影像视频实时传送到管理计算机，入口车辆取卡的瞬间、出口车辆读卡的瞬间，或系统检测到有非正常的车辆出入时，软件系统抓拍图像，并与相应的进出场数据打包，供系统调用。出口车辆读卡的瞬间，软件系统不仅抓拍图像而且会自动寻找并调出对应的入场图像，自动并排显示出来。抓拍到的图像可以长期保存在管理计算机的数据库内，方便将来查证。

图像对比组件主要作用如下：

防止换车：图像对比画面可以帮助值班人员及时判断进出车辆是否一致。

解决丢票争议：当车主遗失停车凭证时，可以通过进场图像解决争端。

验证免费车辆：作为免费车辆处理的出场记录，事后可以通过查询对应的图像来验证免费车辆的真实性。

（2）车牌自动识别系统

车牌自动识别组件是建立在图像对比组件的基础上，利用图像对比组件抓拍到的车辆高清晰图像，自动提取图像中的车牌号码信息，自动进行车牌号码比较，并以文本的格式与进出场数据打包保存。

车牌自动识别组件的主要作用如下：

更有效地防止换车：车辆出场时，车牌识别组件自动比较该车的进出场车牌号码是否一致，若不一致，出口道闸不动作，并发出报警提示，以提醒值班人员注意。

更有效地解决丢票争议：当车主遗失停车凭证时，输入车牌号码后立即可以找到已丢失票的票号及进出场时间。

实现真正的“一卡一车”：发行月卡时若与车牌号码绑定，只有该车牌号码的车才可以使用该月卡，其他车辆无法使用。

（3）远距离读卡系统

远距离读卡器应用微波传输和红外定位技术，其主要功能是实现车辆和路边设备的数据传输和交换，以适应不停车识别的各种应用需要，被广泛用于停车场管理系统、ETC 电子不停车收费系统、车辆查验系统、电子称重系统、运输车考勤管理系统。

读卡系统是基于蓝牙短程通信协议采用红外与射频相结合的原理，既具有红外通信和微波通信两种方式的优点，又克服了二者的缺点。利用红外线的直线传播和方向性强的特点实现了精确的读写角度定位，解决了纯无线电远距离读卡器的无方向性或方向性不强从而导致了在实际应用当中的相互干扰（远距离读卡器在停车场上当进出口车道相邻时，由于两车道距离太近，使用纯无线电远距离就会互相干扰）的问题。卡与读卡器之间通信采用无线射频技术，与微波传输速度相同，但是稳定性和抗干扰能力均比微波通信好。由于采用红外线定位和射频远距离扫描技术，无需考虑多个远距离卡之间互相干扰的问题，射频功率 3 ~ 5 个 mW 就可以实现稳定可靠地通信，如此小的射频功率完全在无线电管制容许范围内，无须获得无线电频率许可。无须大功率射频发射机，系统成本低廉。

5. 读感器

读感器不断发出信号，接受从非接触式智能卡上返回的识别编码信号，然后将编码信息转换成数字信号，通过电缆线传递到系统控制器，它自有的电子系统可在 20cm 内，对持卡驾驶员提供遥测接近控制，其发出的超低功率满足 FCC 要求，可方便地安装于门岗上方等位置，能广泛应用于各种不同的停车场的不同气候与环境。

6. 非接触式智能卡

采用非接触式 CPU 卡兼容 Mifare 卡。

7. 管理终端

安装收费管理软件，进行用户管理：对所有用户姓名、车号等信息进行管理。收费人员管理：收费人员信息的增加、删除、修改、统计。收费信息管理：各用户类别的费率、计费单位等。停车信息查询：各停车卡持卡人姓名、启用时间等信息查询。

8. 保安监控

在停车场的主要位置（如入口、出口、车位附近等）安装摄像机，通过设置在管理中心内的显示屏监控整个停车场的情况。

9. 控制器

控制器含有信号处理单元，可控制管理读感器，它接收来自读感器所读到的卡内信息，利用内部数据库对其进行判断处理，产生所需的控制信号，并将结果信息传递给后台计算机做进一步处理。与读感器用屏蔽五类双绞线连接，可相距 150m 远。

10. 停车场管理系统软件

系统软件采用网络版模块化设计，管理系统中所有设备和人员，包括人员注册、设备参数设置、实时监控、报表生成、口令设置、系统备份和恢复等功能。操作员可以用鼠标完成大部分功能，所有的操作都有详细的中文提示信息，使用户操作起来得心应手，并可按用户的要求做适当调整。

1）实时监控：实时监控是指每当读感器探测到智能卡出现，立即向计算机报告的工作模式。在计算机的屏幕上实时地显示各出入口驾驶员的卡号、状态、时间、日期、驾驶员信息。

2）智能卡管理：IC 卡管理的主要功能是发行、查询、删除、修改智能卡信息，（包括持卡人、卡号、身份证号码、性别、工作部门、车牌号等），可以根据用户的需求自动删除或人工删除到期的 IC 卡。

3）设备管理：设备管理的功能是对出入口（读卡器）和控制器等硬件设备的参数和权限等进行设置。

4）报表功能：生成程式报表，以进行统计和结算。

5）软件设置：可对软件系统自身的参数和状态进行修改、设置和维护。包括：口令设置、修改软件参数、系统备份和修复、进入系统保护状态等。停车场收费管理系统组成图见图 4-19。

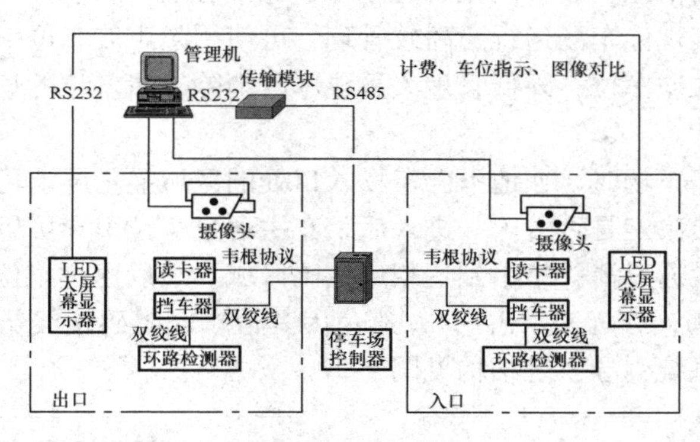

图 4-19　停车场收费管理系统组成图

停车场收费管理系统网络化只需要将 TCP/IP 网络连接到道闸位置，布线接线的成本和工作量降低 7 成，且非常适合多路口的联网和扩展。网络化停车场收费管理系统图见图 4-20。

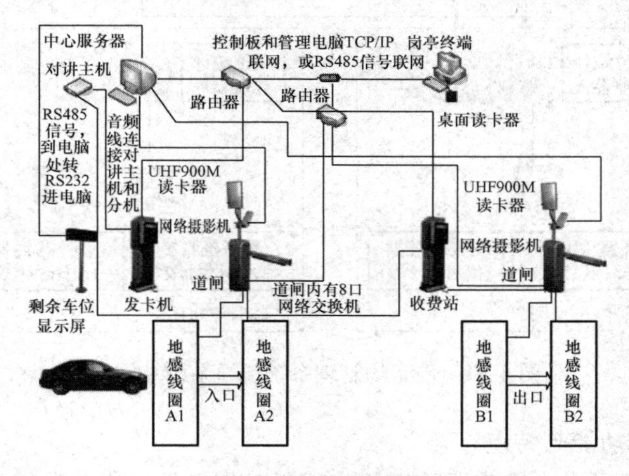

图 4-20　网络化停车场收费管理系统图

三、停车场管理系统引导与寻车

随着中国城市现代化城市居民汽车拥有量急剧增加，在拥挤的市区里汽车与停车位之间的矛盾越来越突出。公用停车场日渐无法满足越来越多的停车需求。如何充分利用有限的停车场资源来最大程度满足车辆的停泊需求，成了当前急需解决的问题。

目前停车场普遍存在的问题有：

1）场内到底还有多少停车位可以使用，管理者一无所知，只能靠人工去勘察。

2）泊车者进入停车场后无法迅速地进入停车位置停放车辆，只能在场内无序流动寻找空余车位，不但占用场内出入主车道资源，甚至会造成场内交通拥堵。

3）必须配备大量的专职管理人员在停车场内人工引导车辆停放，增加停车场管理成本。

4）管理者每天无法及时统计不同时期的车流量，不能及时优化车位资源配置，导致停车场利用率低下。

为了提高停车场的信息化、智能化管理水平，给车主提供一种更加安全、舒适、方便、快捷和开放的环境，实现停车场运行的高效管理，可使用超声波车位引导系统，该系统可以自动引导车辆快速进入空车位，降低管理人员成本，消除寻找车位的烦恼，节省时间。

1. 停车引导流程

当车辆进入地下停车场时，在地下停车场入口处的区域显示屏上可以实时查看当前停车场内总空余车辆数量，决定是否进入。进入后，车主通过车位引导屏可以快速了解各个停车区域的空余车位数量，通过箭头指示到达相应空闲区域。最后通过车位灯快速判定车位是否占用（绿灯表示未占用，红灯表示占用），避免因其他车辆阻碍视线错过空余车位，完成快速停车。停车场管理系统引导系统结构见图 4-21。

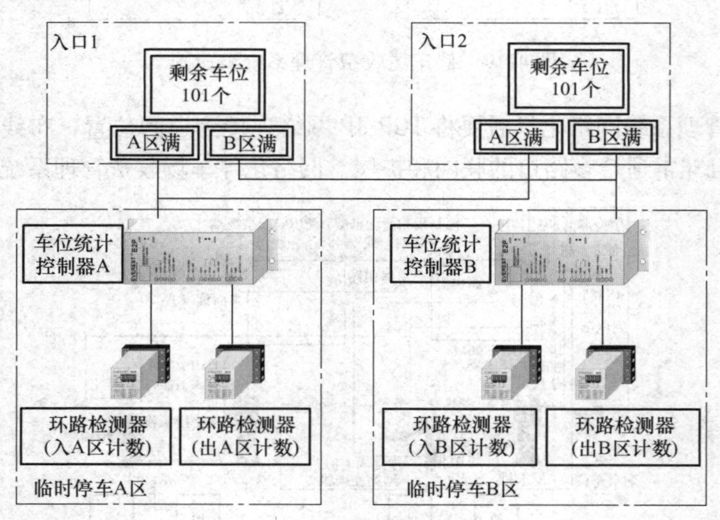

图 4-21 停车场管理系统引导系统结构图

2. 停车引导系统功能与特点

1）可独立于停车场出入口收费系统单独运行，与出入口收费系统不存在集成界面。

2）电子地图实时显示车位占用状态、每个区域的余位信息。

3）每个场内引导单元可管理一定数量的车位，车位性质可以设定，可设定某些车位作为预留车位，在没有车辆停泊的情况下不作为空位发布。

4）场内引导单元红绿双色显示，无空位或区域管制时，可显示红色。

5）场内引导单元采用 RS485 总线与超声波检测器连接，同时可内置超声波检测器电源。

6）超声波车位检测器检测基准距离可通过拨码调节，方便对不同层高或不同车型的准确检测。

车位引导系统提供 3 种类型的数据通信方式：RS485、LAN 和无线通信。

1）RS485 通信：RS485 是采用屏蔽双绞线将停车场内多台节点控制器利用“手拉手”的方式连接在一起，最终输出到中央控制器。RS485 通信具有良好的抗噪声干扰性、长距离传输和多站能力。采用 RS485 的最大优势是线材成本低，缺点是通信速率较 LAN 及无线传输慢。

2）LAN 通信：LAN 采用网线将停车场内多台节点控制器分别连接到网络交换机上并行通信，具备相当高的速率，传输速度高于 RS485 通信。

3）无线通信：无线通信是利用安装在每层停车场的无线接收器，接收所在楼层节点控制器发出的通信信号，并通过网络交换机传输到中央控制器。其优点是大大减少了系统布线，降低施工量。

3. 取车诱导系统

（1）智能寻车

在顾客返回停车场时，由于停车场楼层多，空间大，方向不易辨别，场景和标志物类似，因而顾客容易找不到车。智能寻车系统可以帮助顾客尽快找到车辆停放的区域，提高顾客的满意度，同时加快停车场的车辆周转，提高停车场的使用率和营业收入。

（2）取车诱导系统常用的查询模式

1）车牌识别模式：车牌识别模式查询结果范围比较广。车牌识别模式是基于计算机视觉技术，利用前端摄像机实时回传视频图像（当车辆经过交叉路口的时候，位于本路段的摄像机会进行图像抓拍，实时记录车辆所经过的区域），获得车辆的车牌号码信息，并不断更新数据库系统。所以车辆在哪个分区里最后出现过，则该车辆就在哪个分区里。

2）刷卡定位模式：刷卡定位模式查询结果精确，但车主必须停入系统分配的车位。刷卡定位模式根据系统存储的信息，查询终端及时调用数据，快速找出停车位置，且车位灯会不断闪烁，方便车主找到自己的爱车。

当车位检测器检测到车辆驶出时，系统更新车位占用状态，并立即同步电子地图或更新大型 LED 停车场模拟显示屏；出口处车主将付费后的停车卡投入票箱，票箱自动识别确认后开启道闸放行，并在音箱中播出“欢迎再次光顾！祝您一路顺风！”，车主顺利出场。

第三节　电子巡查系统

在人防领域，为获得较高安全系数，需要加强巡逻人员的巡逻次数，通常的方法是依靠员工的自觉性，在巡逻的地点上定时签到。但是这种方法既不能避免一次多签，又难以进行有效公平合理地监督管理，从而形同虚设。为了更有效方便的管理企业此项工作流程，在安防管理领域里产生了电子巡查系统。

电子巡查系统，也称电子巡更系统，是安全防范系统中的一个重要子系统。是对保安人员的巡查路线、方式及过程进行管理和控制的电子系统。它采用计算机技术、自动控制技术、通信技术，结合巡查工作的实际情况，可以实现信息采集、存储、显示、控制等。电子巡查系统充分考虑了“使用简便、坚固耐用、可靠性高”的客户需求，借助科学方法和科技手段，实现了对常规巡查工作的有效监督和管理，极大地提高了工作效率和管理水平。电子巡查系统广泛应用于长话局线路、油田输油管线及野外设备的巡检；安全防火巡检；公路、铁路、桥梁的巡查管理；高级小区物业管理、仓库、工厂的保安巡逻等场所。

1. 电子巡查系统概述

电子巡查系统是安防中的必备系统，没有任何电子技防设备可以取代保安，而保安最主要的安全防范工作就是巡查。电子巡查系统能够有效地对保安的巡查工作进行管理，在欧美发达国家及我国的发达地区被列为安全防范系统里的必备项目。

电子巡查系统不管是作为安防产品还是作为办公产品都是边缘化的产品，不是很主流，但同时又是缺一不可的。电子巡查系统的意义更多的是一种监管的作用，监管巡逻人员是否在按要求巡视，严格来说是脱离于安防产品之外的产品。在最近几年中，电子巡查系统更是推出了一些生物识别，远距离监控等技术的应用。

传统巡查能告诉管理者什么人，在什么时间去过哪些地方，在巡视中发现哪些问题，巡查信息是否实时回传，能否马上反映问题等。传统的巡查系统安装比较困难，需要布线，而且在传输上也会受到环境以及距离的影响，造成了应用领域相对的狭窄。后来逐渐的摒弃了布线巡查的方式，采用了离线巡查，可以不受周边环境的影响，因为这是属于移动采集，所以不需要布线。

电子巡查系统按采集方式可分为接触式和感应式两种，按传输方式可分为有线式和无线式。

2. 电子巡查系统的构成

电子巡查系统由信息标识（信息装置或者识别物）、数据采集、信息转换传输以及管理终端等部分组成。依照巡查信息是否能及时传递，电子巡查系统一般分为离线式和在线式两大类。

（1）离线式电子巡查系统

离线式电子巡查系统由系统主机、手持式巡查器（数据采集器）、信息钮（预定巡查点）信息转换装置等组成。管理人员在计算机上能快速查阅巡查记录，大大降低了保安人员的工作量，并真正实现了保安人员的自我约束，自我管理。将巡查系统与建筑物对讲、周边防盗、视频安全监控系统结合使用，可互为补充，全面提高安防系统的综合性能并使整个安防系统更合理、有效、经济。

系统管理软件具有巡查人员、巡查点登录、随时读取数据、记录数据（包括存盘打印查询）和修改设置等功能。一个或几个巡查人员共用一个信息采集器，每个巡查点安装一个信息纽扣，巡查人员只需携带轻便的信息采集器到各个指定的巡查点，采集巡查信息。操作完毕，管理人员只需在主控室将信息采集器中记录的信息通过数据变送器传送到管理软件中，即可查阅、打印各巡查人员的工作情况。离线式巡查系统结构示意图见图 4-22。

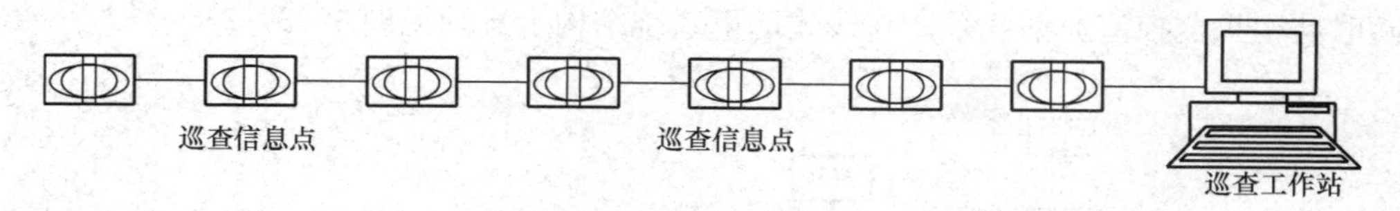

图 4-22　离线式巡查系统结构示意图

离线式巡查管理系统也叫后备式巡查系统。缺点是巡查员的工作情况不能随时反馈到中央监控室，但如果能够为巡查人员配备对讲机就可以弥补它的不足。它的优点是无需布线，安装简单，易携带，操作方便，性能可靠。不受温度、湿度，范围的影响，系统扩容、线路变更容易且价格低，又不易被破坏，系统安装维护方便，适用于任何巡逻或值班巡视领域。由于离线式巡查系统操作方便、费用较省，目前全国各地 95% 以上用户选择的是离线式电子巡查系统。

离线式电子巡查系统又分为两类，即接触式巡查系统与非接触式巡查系统（也称感应式巡查系统）。

接触式巡查系统：它是指巡查人员手持巡查器到各指定的巡查点接触信息钮，把信息钮上所记录的位置，巡查器接触时间，巡查人员姓名等信息自动记录成一条数据，工作时有声光提示，其耗电量也非常小。接触巡查器又分为两种：非显示型巡查器与数码显示型巡查器。它们的工作内容是相同的，不同点是数码显示型巡查器在读取信息时可通过巡查器上的显示窗口让巡查人员准确及时地看到巡逻的时间和次数。有数码显示功能，它是接触巡查器的一个升级版本。

非接触式巡查系统（也称感应式巡查系统）：巡查器是利用感应卡技术，不用接触信息点就可以在一定的范围内读取信息，它自带显示屏，可以查看到当前存储的信息，同时又有人员记录、事件记录及棒号自身设置的功能，它的不足之处是易受强电磁干扰。不适应在恶劣环境下持续工作，如果恶劣条件下使用，又想有屏幕显示读取的信息，可选用数码型巡查器，它弥补了非显示接触型巡查器与非接触式巡查器的不足之处。

（2）在线式电子巡查系统

在线式电子巡查系统，也称为实时巡查系统，包括系统管理软件、通信转换器、巡查控制器、巡查点读卡机、巡查卡片（巡查人员卡、巡查事件卡）等部分组成。各巡查信息点安装控制器，通过有线或无线方式与中央控制主机联网，保安人员用接触式或非接触式卡把自己的信息输入控制器送到控制主机。相对于离线式，在线式巡查要考虑布线或其他相关设备，投资较大。在线式有一个优点是离线式所无法取代的，那就是它的实时性好，当巡查人员没有在指定的时间到达某个巡查点时，中央管理人员或计算机能立刻警觉并做出相应反应。

在线式电子巡查系统在各巡逻地点上，安装标识地点的读卡机，所有读卡机通过通信控制器联到管理计算机上。巡查人员携带标识人员和标识事件的感应卡片巡逻到某地点后，在该地点的读卡机上刷读人员卡，如果有事件发生，需加刷该事件相对应的事件卡。读卡机即时将读卡数据上传到中央监控室管理计算机上。管理计算机的巡查软件能够实时显示巡逻地点的巡逻状态、巡逻事件，以及未巡逻报警等。在线式巡查系统可以利用原有的门禁系统中读卡机、控制器和连线系统等硬件设备，进行巡查刷卡数据读取。巡查人员如配有对讲机，便可随时同中央监控室通话联系。在线式巡更系统结构示意图见图 4-23。

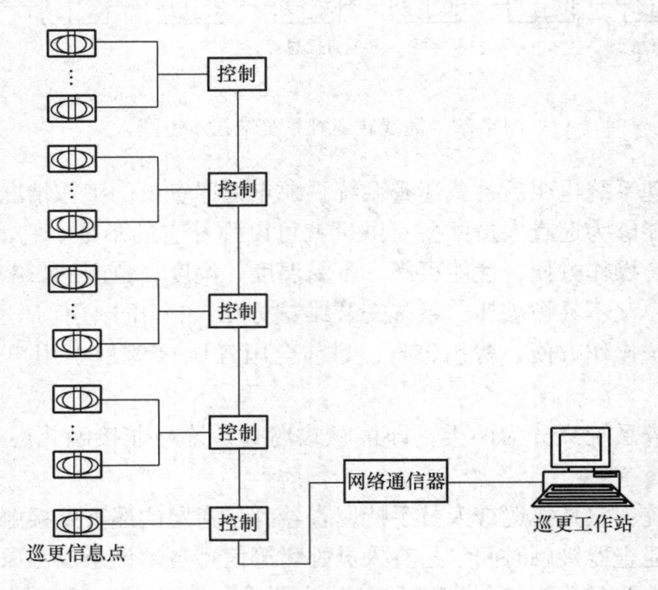

图 4-23　在线式巡更系统结构示意图

(3) 无线电子巡查系统

无线电子巡查系统通过无线采集信息，是新一代在线式巡查系统，采用 RFID 技术，有 LPS（本地定位系统）功能，兼上述两种系统优势，是小区优选方案。

1) 系统组成：信息钮、巡查发射器（即时无线输出、GSM 模块、BP 机式样）、巡查接收器（即时无线输入、RS232/USB 实时输出）、软件（模拟地图、实时记录、即时报警）。

2) 系统硬件功能：以巡查点为中心，实现“自动报到”“自动跟踪”“自动记录”“即时报警”。用 GSM 收发模块，实现“实时管理”。

3) 系统软件功能：直观界面、模拟电子地图、声光显示。

4) 系统特性：实时性、先进性、智能化、人性化管理。适用于规模大、巡查时间长的小区、厂区和油田。

3. 在线式与离线式电子巡查系统的比较

(1) 在线式电子巡查系统特点

在门禁系统的基础上，不需增加成本，只需一套软件。电子巡查系统的使用不会影响门禁系统的管制，直接从门禁软件中读取数据。实时监控保安人员的巡查情况（包括已巡地点的数据显示、巡查人员当前的位置等)。遇到紧急情况可随时报警，及时反映在管理软件上，并触发管理计算机进行报警。

(2) 离线式电子巡查系统特点

系统安装时无须布线，读取数据无需接触，设备使用寿命长，安装施工更方便；巡查设备体积小重量轻，安防巡查人员携带方便，适合各种不同环境下使用；带背光液晶显示的巡查设备方便安防巡查人员白天夜晚及时查看巡查记录，使工作更有效、清楚，使用方便；设备读取数据反应迅速、敏捷；巡查设备具有一定的防尘、防水、抗摔、全天候使用性能。

4. 电子巡查系统应用模式

电子巡查系统通常分本地管理和联网管理两种应用模式。

本地管理模式是将巡查信息输送到本地管理终端，而联网管理模式是通过网络（有线/无线）或者电话网将巡查信息传送到远端的管理中心，并且可根据操作权限实现多点操作、查询所有巡查机的核查结果。联网系统结构见图4-24。

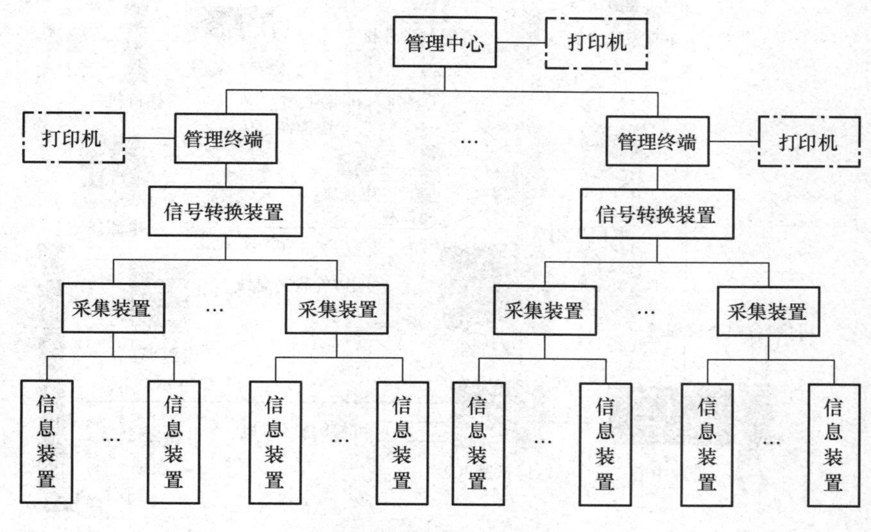

图4-24　联网系统结构

第四节　可视对讲系统

可视对讲系统（Video door phone 或 Video door bell）是一种访客识别电控信息管理的智能系统，主要是为访客与住户之间提供双向可视通话，实现图像语音双重识别，从而使住户决定是否为访客开门的功能。

可视对讲系统是由建筑物各单元出入口防盗门上安装的对讲主机、电控锁、闭门器及用户家中的可视对讲分机、小区总控中心的管理员总机通过专用网络组成，见图4-25。可以实现来访者、住户、小区管理员三方之间的互相呼叫和对讲，通话时除通话双方外其他人听不到通话内容。系统将建筑物的入口、住户及小区物业管理部门三方面的通信及联动集成在同一网络中，组成防止住宅受非法侵入的重要防线，有效地保护了住户的人身安全和财产安全。

可视对讲在20世纪90年代从发达国家引进，在我国已得到高速发展。从90年代末至今，主要应用在商品住宅楼。目前已经普遍进入城市小区中高层住宅。可视对讲历经二十多年的发展，在系统功能、产品结构等方面得到了飞速发展。其发展历程大致可分为4个阶段：

第一阶段采用非联网传统“4加n”型；

第二阶段采用总线联网型；

第三阶段采用总线与TCP/IP结合型（楼内总线加TCP/IP联网）；

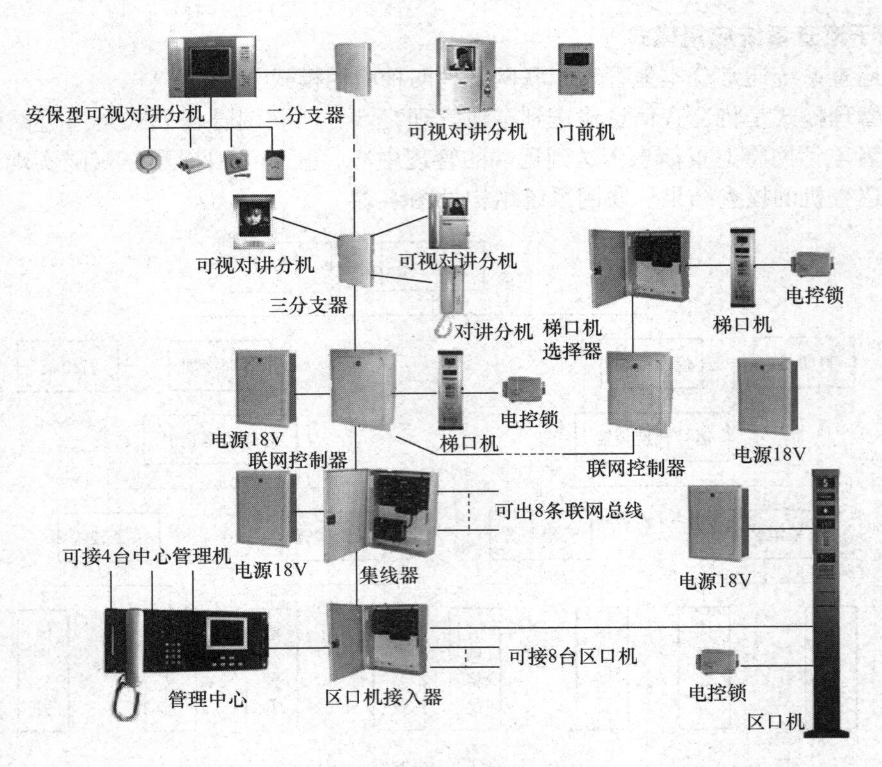

图 4-25 可视对讲系统原理图

第四阶段采用 TCP/IP 型。

可视对讲系统是智能小区的一个基本构成单元，目前已经成为智能小区的标准配置，可视对讲系统的主流仍然是采用 RS485 总线信号传输，目前有向数字化发展的趋势，国内采用 TCP/IP 的户数容量更大的可视对讲系统正在逐渐走向成熟。

一、可视对讲系统设备的配置及其功能

可视对讲系统主要由门口主机、用户分机、楼层平台、UPS 电源、管理主机、联网器、电控锁和闭门器等相关设备构成。实现门口、住户及管理中心三方通话与安保管理功能。

1. 门口主机

门口主机也称单元主机、门口机等。门口主机是单元楼栋内所有住户的前端公用设备，安装在各楼栋门口防盗门上或大门附近的墙上，它的作用是供访客输入欲访问的楼层房间号呼叫住户，使访客与该单元内的用户通话对讲；同时具有刷卡或输入密码开锁功能。住户室内分机的传输信号以及电锁控制信号等都通过主机的控制。

门口主机一般分为直按式、数字式；LED 显示、LCD 显示；非可视、可视（黑白可视，彩色可视）；联网型、非联网型等类型，可根据实际工程灵活选配。

基本功能：①拨住户楼层房号，与住户实现双向对讲，如果有摄像头，住户还可看到访问者视频；②可视与非可视兼容；③一单元可带多门口机（不同厂家产品数量可能不同，最多可带 4 台）；④感应卡开锁，每户可拥有 15 张卡，读卡距离可达 3 ~ 6cm；还能设置密码开锁；⑤室内机房号和开锁密码由门口机统一编码；⑥具备夜光指示功能；⑦具备联网功

能主机可拨管理中心机号码，与管理中心机实现双向对讲；⑧小区门口机（围墙机）可呼叫小区内的任一住户，可呼叫管理中心；⑨小区内最多可配4台小区门口机。

2. 室内分机

室内分机也称为用户分机、室内机或用户终端设备。一般安装在用户家里的室内门口附近，主要方便住户与来访者对讲交谈。用户分机一般分为非可视室内分机、黑白可视室内分机、彩色可视室内分机，其次还有多功能室内分机，如智能家居控制中心机等，可根据实际工程灵活选配。

用户分机的一般功能：与访客或管理中心双向对讲，显示门口访客视频，遥控开锁，联网呼叫管理中心。其次还可以增加户户通功能，增加与家庭安防报警器探头联动的功能，增加免打扰功能，增加信息接收功能及集成电话机功能。

3. 楼层平台

根据功能的不同，楼层平台产品有时也称为信号隔离器、楼层解码器等。楼层平台一般安装在建筑物弱电竖井间内，具有线路保护、视频分配、信号解码的作用，即使某住户的分机发生故障也不会影响其他用户使用，不影响整套系统的正常运行。

目前，绝大部分厂商的用户分机不含解码功能，以降低产品价格。所以，楼层解码器是对讲系统中不可省略的设备。有的厂商将楼层平台根据功能设计成两个独立设备，视频分配器与层间隔离器。

4. 电控锁

电控锁主要用在建筑物入口的防盗门上，代替普通的锁。它的内部结构主要由电磁机构组成，可通过电控进行开启。用户只要按下室内分机上的电控锁键就能控制楼栋大门的打开，住户出楼栋大门通过电控锁上的按钮或旋钮也可开锁。

5. 闭门器

闭门器是一种特殊的自动闭门连杆机构。当访客或用户进入建筑物后，防盗门在闭门器的作用下自动关闭。根据防盗门的实际情况，闭门器有多种形式，主要区别在于拉力的等级、闭门速度的调节等。

以上5种设备，外加USB电源为最基本的建筑物对讲组成设备。在住户规模不大，要求不高、需要严格控制成本的情况下，可以只选择门口主机、用户分机、电源三种设备所构成的基本门禁系统单元，以及闭门器、电控锁两种辅助设备。可视对讲系统单元设备见图4-26。

二、可视对讲系统分类

1. 按系统规模分类

可视对讲系统按规模可分为单户型、单元型、联网型建筑物对讲系统。

1）单户型：应用于别墅、独院等住宅。由门口机、室内机、电控锁、闭门器等组成。与多层建筑物可视对讲系统功能基本相同，其特点是每户一个室外门口主机，可连带一个或多个可视或非可视分机。具备可视对讲，遥控开锁，主动监控，室内机与管理机、门口机与管理机通话等功能。

2）单元型：独立建筑物使用的系统称为单元型对讲系统。其特点是功能较简单，单元楼设置一台门口主机，管理同一幢楼里的多个楼层、多家住户的访客对讲且不与管理中心连

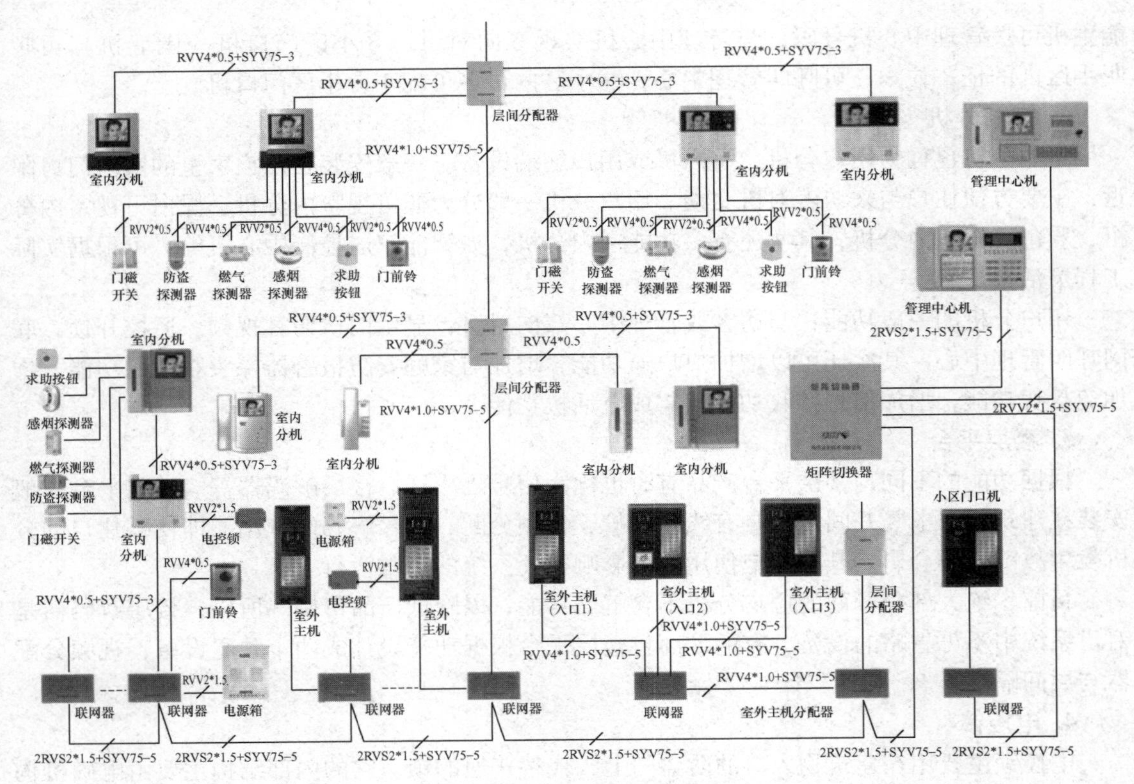

图 4-26 可视对讲系统单元设备

接。可根据单元楼层的多少、每层住户的多少来选择门口主机的规格型号和操作方式。单元型分直按式和数码式两种。直按式是指门口主机上直接设置每家住户的门牌号按键，访客一按就应，操作简单。数码式是指门口主机上设置 0 ~ 9 数字按键，操作方式如同拨电话一样，访客需要根据住户门牌号依次按动相应的数字键，操作稍复杂一些。这两种系统都采用总线方式布线，它的解码类别分为楼层解码和室内机解码两种方式。

3）小区联网型：采用区域集中化管理，功能复杂，各厂家的产品均有自己的特色。在封闭住宅小区中，每幢建筑物使用单元型建筑物对讲系统，所有的单元型建筑物对讲系统通过小区内专用总线与管理中心联网，形成小区各单元建筑物之间的对讲网络。联网型一般除具备可视与非可视对讲，遥控开锁等基本功能外，管理中心还能接收住户的各种安防探测器报警信息和紧急求助，能主动呼叫辖区内任一住户或群呼所有住户实行广播功能，功能扩展联网型系统实现了三表（水、煤、电）抄送，IC（ID）卡门禁系统等构成小区物业管理系统，是现代化住宅小区管理的一种标志。

2. 按系统传输类型分类

按传输类型可分为多线制、总线制和 TCP/IP 网络型的对讲系统。

（1）多线制对讲系统

直按式对讲系统一般为多线制系统，门口机上每个呼叫按键对于一个房间号，当有来访客时，客人按主机面板上对应房号键，室内分机即发出振铃声，户主提机与客人对讲后，可通过室内分机的开锁键遥控开启大门的电控锁。客人进入大门后，闭门器使大门自动关闭。

当停电时，系统可由不间断电源维持工作。

根据门口机是否带摄像头又分为可视与非可视系统；根据摄像头色彩又分为黑白与彩色可视对讲系统。其多线制结构见图 4-27。

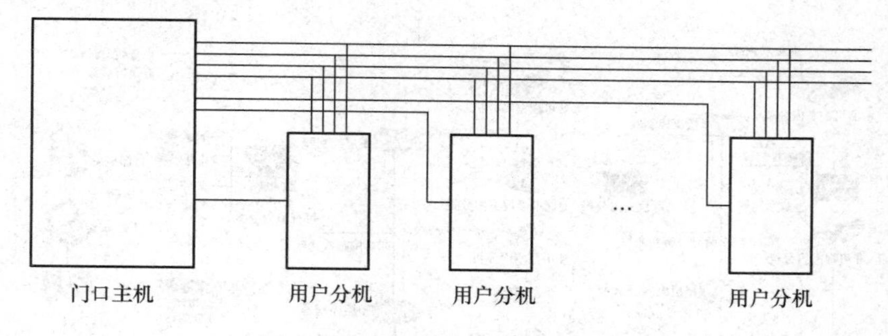

图 4-27　可视对讲系统多线制结构

直按式对讲系统适用于低层建筑，最大容量 24 户，可实现呼叫、对讲、开锁功能，分机无需编码，可互换，主机至分机采用三芯总线加一芯呼叫线与主机连接，单键直按式操作、方便简单、直观明了，主机户数可灵活变化。

直按式对讲系统布线相对麻烦，线材耗量大，功能相对简单，只具备基本的对讲开门功能，受楼层结构限制，一般 8 层楼以下使用此系统。

（2）总线制可视对讲系统

总线制可视对讲系统组网方式与非接触式 IC 门禁系统一样均采用总线制、星级解码、有自我保护功能，系统极为可靠，维护方便。管理主机与单元门口机、单元门口机与室内分机间采用总线式布线，只需少数几根连接线。采用这种结构一方面可以节省材料，减少工程量，而且大大提高了系统的可靠性和稳定性。

总线制对讲系统采用多通道技术，可有效避免堵塞，楼内双通道，住户同门口机对讲时不影响其他住户呼叫中心，住户同管理中心对讲时不影响围墙机呼叫住户。分机为独立保护，线路短路或故障仅影响本分机而对系统其他用户不造成任何影响。系统有断电保护功能，发生停电时，门口主机和管理中心的数据不会丢失，蓄电池会维持系统至少 8h 的正常工作。视频传输为层级关系并带信号放大方式，保证系统中每一用户使用信号均衡、清晰、稳定。

总线制对讲系统在不增加任何线数的情况下，可依物业管理要求下增加信息发布功能。当访客在门口主机呼叫住户时，如无应答，主机可自动对访客进行摄像；住户和访客通话时也可对其进行手动摄像。系统管理中心可随时监视任何一个门口主机，并可实现住户、访客和管理中心的三方通话。当有人挟持住户要求其开锁时，住户输入特定的数字，锁打开的同时报警至管理中心。当管理中心计算机收到报警信号时，会自动显示报警的警种、报警时间以及报警住户的相关资料（如房号、住户名等），并进行存储。物业保安可在第一时间处理警情。当警情排除后，计算机会对处理人员和结果进行登记，防止怠警行为。

门口主机集成 IC 、 ID 、指纹等门禁功能，在管理中心统一发卡，通过软件对刷卡记录进行登记，另外还可以设置持卡人的权限，如设置不同的时间区进入等。一台门口主机可以同时并接多台副主机，方便地下室和多个出口的统一管理。对大型小区可增加多台围墙机，在小区各入口实现呼叫、对讲、开锁等功能。分机自带报警控制器，操作可靠、简便。总线制可视对讲结构见图4-28。

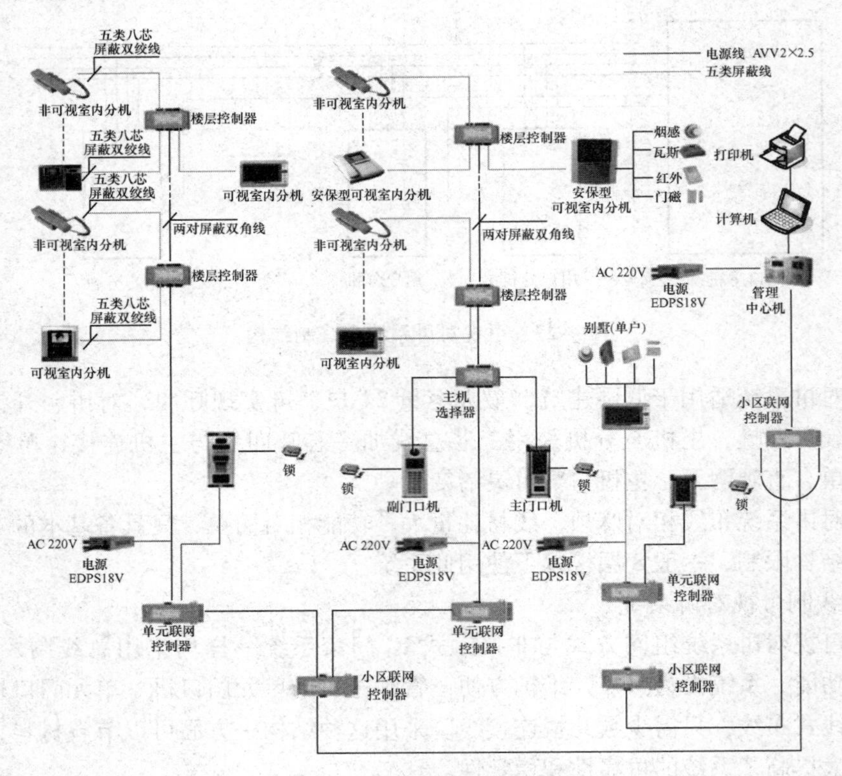

图4-28　总线制可视对讲结构

总线制可视对讲系统中的管理主机是一种微计算机数字式的、可与管理计算机联网、可分片区管理（指定哪些楼栋归指定的管理主机）、可呼叫转移到指定的值班或管理机上、可记录业主报警的时间、地点等（存储容量大小取决于计算机硬盘的容量）、可监视单元入口或小区入口情况、可与单元门口机、住户分机、小区入口主机、分管理中心对讲，可通过遥控打开任一单元入口磁力锁或地下室的电控锁。

管理主机可以不接计算机而单独工作，当选配计算机后，管理主机可以将报警信息传给计算机，计算机通过建筑物对讲计算机管理系统来实现可视对讲、门禁控制、小区信息发布、家庭报警控制等功能。管理主机经授权后可实现对住户的托管。当住户长期外出，可按“托管”键，住户房屋的安防及访客呼叫等将由中心接管。

管理主机特点是可遥控打开任一栋入口电控锁；与门口机对讲；可监视主门口机、副门口机、围墙机入口情况；接受住户的报警或呼叫、并中文显示呼叫来源；中文显示报警的时间、地点、报警内容，能循环储蓄2000条报警地址信息，并随时打印报警记录数据；具有断电保护功能，不会因断电而丢失资料。

(3) TCP/IP 网络型可视对讲系统

近年来随着网络通信、多媒体技术、数字视频技术的发展，完全型TCP/IP对讲系统走向成熟，TCP/IP 对讲集成可实现家居电器产品控制、视频点播等多媒体技术功能，已突破传统对讲类产品的概念，成为实现家居控制的智能终端设备。可以预见，TCP/IP 型对讲在不久的将来一定会成为建筑物对讲的主流趋势。系统结构图见图 4-29。

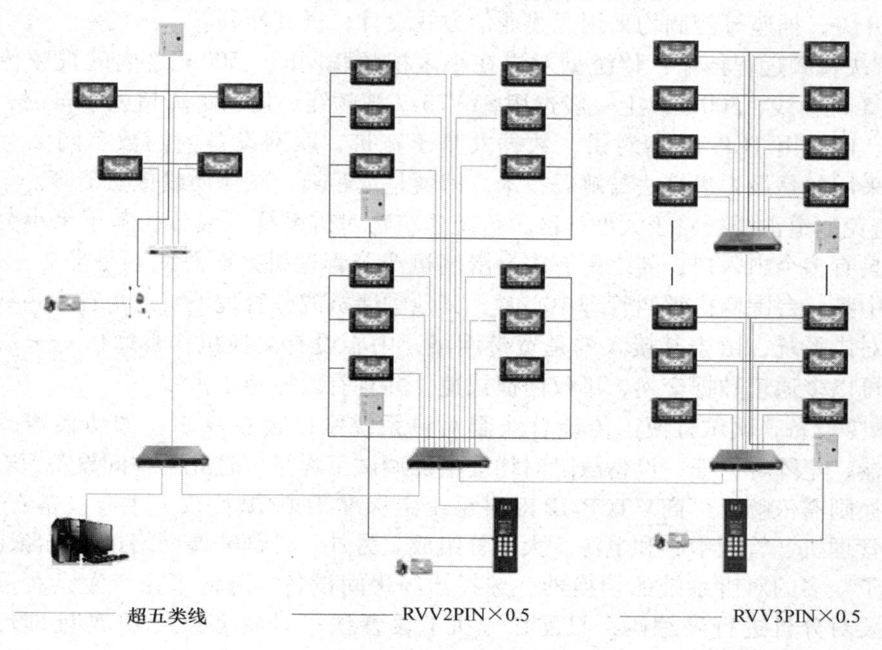

图 4-29　全数字可视对讲系统结构图

基于 TCP/IP 的全数字网络可视对讲系统，区别于传统的对讲，围墙门主机、单元门主机、用户分机均为嵌入式结构，CPU 单元由 32 位高性能处理器组成，软件平台为嵌入式 Linux 操作系统，图像、音频信号及控制信号均采用数字化技术（MPEG4/H. 264）进行编解码，利用小区宽带网实现组网，系统各设备间的通信均使用 TCP/IP 网络传输。实现图像、语音的超清晰传输，具备强大的抗干扰能力，传输距离更远。借助于 IT 和网络技术，可以轻松实现对讲语音与视频数据的远程传输、访客留影、信息发布等增值功能，使小区对讲在真正意义上与 Internet 融为一体。整个系统具有成本低、功能强大、扩充方便、布线简单、稳定可靠等特点。

（4）TCP/IP 可视对讲系统与模拟系统比较

1）组网方式灵活：从模拟到数字对讲是世界性的技术潮流，全数字产品是可视对讲的革命性替代产品。传统总线制建筑物对讲系统，在进行系统设计时，无论是“切换器加矩阵”还是“切换器加选择器”方式，均要考虑小区中心位置、弱电管网图走向、强电设备影响等多类因素。而采用 TCP/IP 对讲系统，既可直接利用小区成熟局域网，也可自建局域网，特别是在利用小区成熟局域网络时，无需布线有无可比拟的优势。

2）强大网络通信功能：TCP/IP 对讲系统采用标准 TCP/IP 协议，通过网络传输音频、视频及控制协议。除对讲之外，报警、家居智能系统均可通过网络实时了解工作状态与控制，室内机可外接摄像机，从而通过网络可以实现远程访问，监看室内情况。除此之外，还可提供在线服务。传统建筑物对讲系统，设备程序升级需要通过专门售后人员更换芯片才能完成，而 TCP/IP 对讲系统则可以直接访问网站，下载程序，还能实现远程视频点播等。

3）强大无线通信功能：TCP/IP 对讲系统具有强大无线通信功能，真正实现了“免布线”。室内机可外接无线 AP，可存放于无线网络任何位置，而不受建筑布局限制。室内机对于家电、开关、插座等控制均采用无线通信方式设计，极其便利。

4）解决视频远程传输：传统型对讲在小区视频联网时，500m 之内的视频传输一般选用 SYV75-5 视频线，500m 以上一般选用 SYV75-7 视频线。但当距离超过 1km 时，图像难免出现衰减。而采用 TCP/IP 型对讲，数据共享于宽带，联网设备内的数字网关对于视频压缩、提取采用的是最先进算法与解码技术，即便是远距离，图像质量依然清晰。

5）避免通道占线：对于大型社区，传统建筑物对讲系统一般分为若干个小分区进行管理，同时具有多个出入口，随之配有多台围墙机或分管理机，而总线制是半双工通信方式，这样当其中某一台围墙机呼叫管理中心时，其他围墙机或分管理不可避免存在占线。而网络型建筑物对讲系统，由于其接入的是宽带网络，中心设有交换机，其通信是全双工通信方式，从而可以多通道数据交换，不仅简捷快速，并且有效避免了占线。

6）减少设备，调试方便：传统总线制对讲系统联网设备众多，如切换器、信息存储器、选择器、矩阵等，任一设备故障时均会增加调试工程量，且此类中间设备只有厂家才能提供，更换则需依赖于厂商。TCP/IP 对讲系统走标准 TCP/IP 协议，主要设备有室内分机、门口机、管理机、管理中心和电源 5 大部分组成。另外，外部需要网络接入和路由设备支持时，省却了众多的对讲系统的切换器、选择器等中间设备，降低了系统复杂程度，调试方便。不需要对分机进行硬编码，只需在分机上设置住户对应房号及 IP 地址即可。而对于 TCP/IP 对讲系统的局域网络，路由器、交换机等均为市面上常见产品，配置更换容易。

7）接口标准，规范标准，利于集成：传统的总线制建筑物对讲系统往往是自行布线，形成独立的网络系统。由于缺乏行业标准，系统集成困难，不同厂家之间的产品不能互联，同时可视对讲系统也很难和其他弱电子系统互联。但 TCP/IP 对讲系统可以借用小区宽带网络，多个弱电子系统可以共用同一宽带网络，组建网络费用较低，采用标准接口，标准规范后各子系统可以很好地集成一体，提高设备的实用性。

（5）IP 对讲系统主要应用领域

智能小区为目前 TCP/IP 对讲系统的最大应用市场，除可实现一般传统呼叫、对讲、开锁、监视等功能外，还可实现家庭安防报警、家用电器控制等特色功能。除此之外还能开展家庭娱乐，如视频点播、电子相框等。

IP 对讲具有很多实用的家电、娱乐功能，所以除智能小区外，在酒店、会所也得到了广泛应用，如灯光、电视、空调控制、视频点播等。除此之外，IP 对讲具有标准接口，可进行二次开发，方便实现酒店自助点餐、导游服务等特色功能。

TCP/IP 对讲常用于局域网，IP 室内机内置有摄像头，局域网与运营商联合后，可以实现 IP 电话功能，由于具有网络摄像机功能，可以实现双向可视通话，带给您最真实的沟通。IP 对讲除以上场所外，还可以应用于医院、监狱等需要呼叫及监视的场所。

总之，传统的模拟总线体制和数－模混合体制（楼内总线加 TCP/IP 联网）的可视对讲系统都存在着一些由于体制和系统构架而造成的无法克服的缺点和问题，这些问题具体体现在以下几点：总线占用严重，系统响应速度慢，经常出现必然的阻塞现象；线路复杂，接续设备太多，施工成本高，系统可靠性低；视频抗干扰能力差，信号传输距离受限，无法保证远距离的传输质量；系统无法具备真正意义上的升级和可扩充性能。

思考题与习题

1. 出入口控制系统在安全防范中的作用是什么？
2. 简述出入口控制系统的组成与工作原理。
3. 讨论出入口控制系统使用的 IC 卡特点是什么？
4. 四出入口控制系统如何考虑安全设计的问题？
5. 简述停车库（场）安全管理系统的组成与工作原理。
6. 停车场管理系统引导与寻车是如何实现的？
7. 简述电子巡查系统的组成结构与工作原理。
8. 简述离线接触式电子巡查系统的组成结构与工作原理。
9. 分析离线式电子巡查系统与在线式电子巡查系统的异同点。
10. 简述可视对讲系统的组成结构与工作原理。

第五章　消防报警系统

火灾的发生具有突发性，它不仅在顷刻之间可以烧掉大量财富，而且会危机人的生命，有效监测控制火灾是安全防范系统的重要环节，消防报警与联动也是消防系统设计规范的必需要素。

发生火灾的基本要素是可燃物、助燃物、点火源，他们之间相互作用，构成一个燃烧三角形，火灾燃烧的过程见图 5-1。

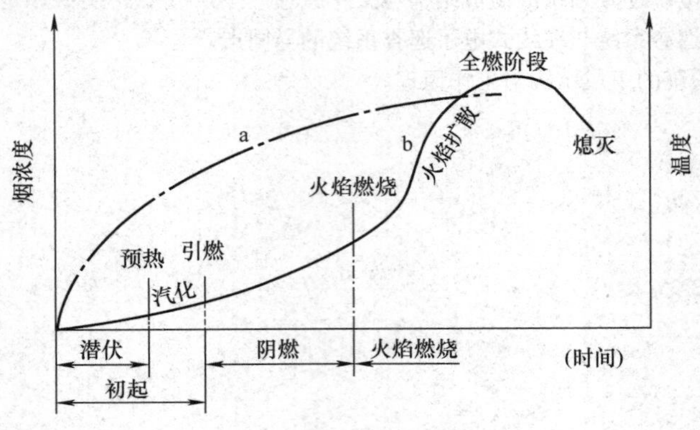

图 5-1　火灾燃烧的过程

从图 5-1 中可以看出初起和阴燃阶段占时较长，然后才是火焰燃烧阶段火势迅速蔓延，最后到全燃阶段，火灾发出强烈的火焰辐射。因此，火灾自动报警系统必须在火灾初期将燃烧产生的火灾烟雾、热量和光辐射等物理量，通过感温、感烟和感光等火灾探测器变成电信号，传输到火灾报警控制器实现火灾报警，并同时显示出火灾发生的部位，记录火灾发生的时间。

火灾报警系统通常与自动喷水灭火系统、室内消火栓系统、防排烟系统、通风系统、空调系统、防火门、防火卷帘、挡烟垂壁等相关设备联动。一旦发生火情，系统可以手动或自动发出指令，启动相应的防火灭火装置。

随着现代化建设的进一步深入，各种类型的建筑特别是高层建筑如雨后春笋矗立在我国各地，因此对火灾的防范措施也越来越被人们重视。近年来我国相继颁布了国家消防法以及其他相关的法律法规，将工程建设中的消防设施的建设规范提高到了相应的法律高度。在消防系统建设过程中认真贯彻“防消结合，以防为主”的相关原则，实现了火灾自动报警系统与信息技术的发展同步，有力保证了人民的生命财产安全。

第一节　火灾自动报警系统概述

一、火灾自动报警系统的发展历程

火灾自动报警系统从发展过程来看，大体可分为 5 个阶段：

1. 多线制开关量式火灾自动报警系统

这是第一代产品（主要是20世纪70年代以前）。主要特点是：简单、成本低。但有明显的不足：因为火灾判断依据仅仅是根据所探测的某个火灾现象参数是否超过其自身设定值（阈值）来确定是否报警，因此无法排除环境和其他干扰因素。

2. 总线制可寻址开关量式火灾探测报警系统

总线制可寻址开关量式火灾探测报警系统是20世纪80年代初形成的第二代产品，在第二代产品中二总线制系统被广泛使用。该系统可通过各种模块对各联动设备实行较复杂的控制，所有的探测器均并联到总线上，每只探测器设置地址进行编码。系统增设了可现场编程的键盘，可以显示故障，准确地确定火情部位，增强了火灾探测或判断火灾发生的能力等。但对探测器的工况的改进少，对火灾的判断和发送仍由探测器决定。

总线制可寻址开关量式火灾探测报警系统已具有系统自检以及对外围器件的故障检验等功能，但对故障类型不能区分。目前国内生产的火灾自动报警系统大多数为此类产品。由于此类产品具有先进的报警和控制功能，施工、安装较为方便，且价格较低，被大量使用。

3. 模拟量传输式智能火灾报警系统

模拟量传输式智能火灾报警系统是第三代产品。采用了先进的计算机控制技术，对传感器输出信号的调理具有智能性，其智能化程度大大提高。探测器的输出形式采用模拟量，并可通过软件根据使用场合、时间对其灵敏度进行设定和调整，尤其是灵敏度的可调功能提高了系统的稳定性及可靠性，大大减少了误报。

4. 分布式智能火灾报警系统

分布式智能火灾报警系统是第四代产品。探测器具有智能化，相当于人的感觉器官，可对火灾信号进行分析和智能处理，做出恰当的判断，然后将这些判断信息传给控制器，控制器既能接收探测器送来的信息，也能对探测器的运行状态进行监视和控制，使系统运行能力和可靠性大大提高。此类系统分三种，即智能侧重于探测部分、智能侧重于控制部分和双重智能型。

5. 无线火灾自动报警系统

无线火灾自动报警系统是第五代产品。无线火灾自动报警系统由传感发射机、中继器以及控制中心三大部分组成。以无线电波为传播媒体，探测部分与发射机合成一体，由高能电池供电，每个中继器只接收自己组内的传感发射机信号。当中继器接到组内某传感器的信号时，进行地址对照，一致时判读接收数据并由中继器将信息传给控制中心，中心显示信号。此系统具有节省布线费及工时，安装开通容易的优点。适于不宜布线的楼宇、工厂、仓库等，也适于改造工程。

总之，火灾产品不断更新换代，使火灾自动报警系统发生了一次次革命。为及早而准确地报警提供了重要保障。并通过通风系统、空调系统、防火门、防火卷帘和挡烟垂壁等相关设备联动，自动或手动发出指令，启动相应的防火灭火装置，实现自动灭火。

二、火灾自动报警系统的组成和功能

火灾自动报警系统是融合了传感器技术、计算机技术、网络技术等现代测控技术的火灾报警技术。火灾自动报警系统是人们为了早期发现和通报火灾，并及时采取有效措施，控制和扑灭火灾，而设置在建筑物中或其他场所的一种自动消防设施，是现代消防不可缺少的安全技术设施之一。

火灾自动报警系统通常由触发器件、火灾警报装置以及具有其他辅助功能的装置组成，见图5-2。

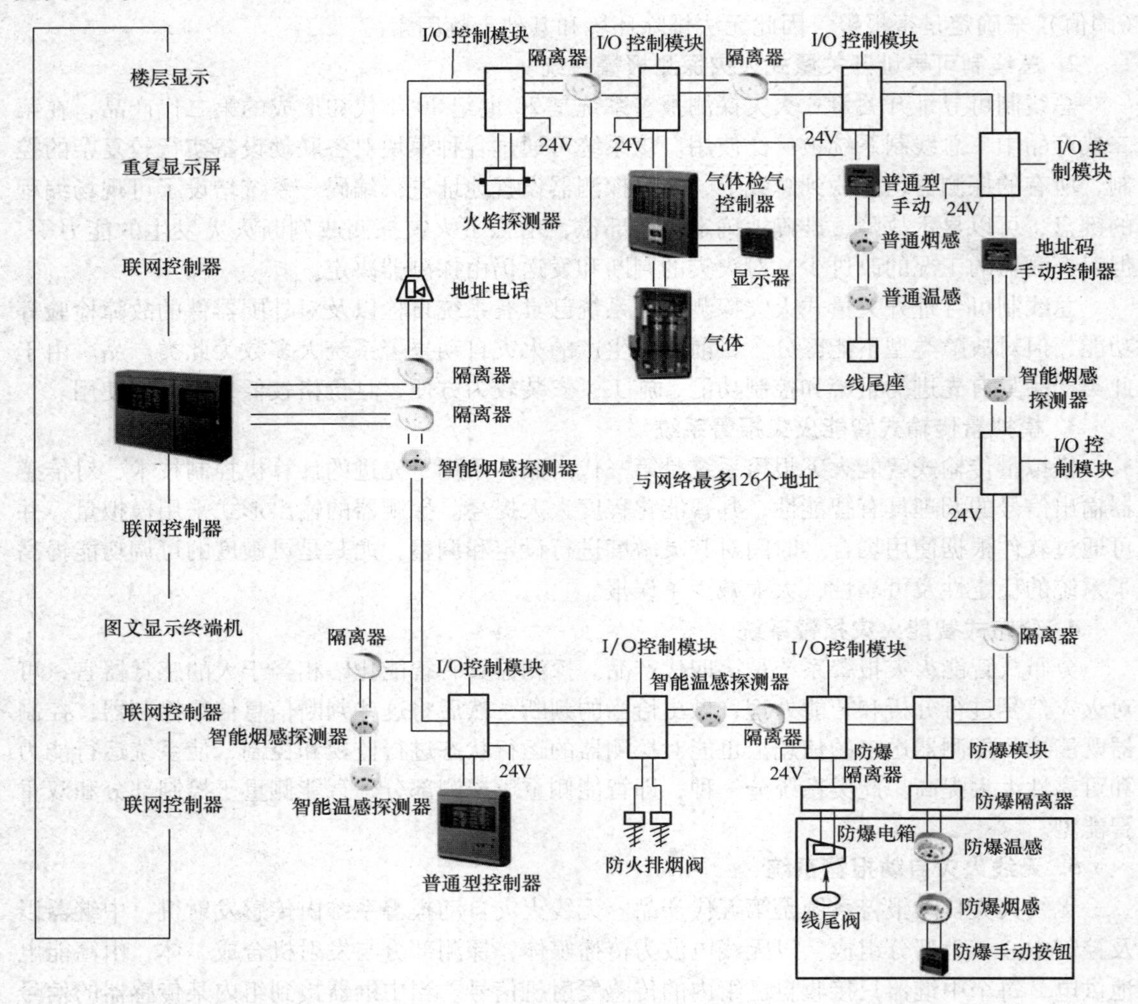

图 5-2 火灾自动报警系统的组成

火灾自动报警系统的各组件功能如下：

1）触发器件：在火灾自动报警系统中，产生火灾报警信号的器件称为触发器件，主要包括火灾探测器和手动报警按钮。火灾探测器是能对火灾参数（如烟雾、温度、光、火焰辐射、气体浓度等）响应，并自动产生火灾报警信号的器件。手动火灾报警按钮是手动方式产生火灾报警信号、启动火灾自动报警系统的器件，也是火灾自动报警系统中不可缺少的组成部分之一。

2）火灾报警装置：在火灾自动报警系统中，用以接收、显示和传递火灾报警信号并能发出控制信号和具有其他辅助功能的控制指示设备称为火灾报警装置。火灾报警装置是火灾报警系统中的核心组成部分。

3）消防控制设备：在火灾自动报警系统中，启动相关消防设备并显示其状态的设备称为消防控制设备。主要包括火灾报警控制器、自动灭火系统的控制装置、室内消火栓系统的控制装置、防烟排烟系统及空调通风系统的控制装置、常开防火门、防火卷帘的控制装置、电梯回降控制装置，以及火灾应急广播、火灾警报装置、消防通信设备、火灾应急照明与疏散指示标志的控制装置等十类控制装置中的部分或全部。消防控制设备一般设置在消防控制中心，以便于实行集中统一控制，也有的消防控制设备设置在被控消防设备所在现场，但其动作信号必须返回消防控制室，实行集中与分散相结合的控制方式。

4）电源：火灾自动报警系统的主电源应当采用消防电源，备用电源采用蓄电池。系统电源除为火灾报警控制器供电外，还为与系统相关的消防控制设备等供电。

随着科学技术的发展，火灾自动报警系统的组成和功能不是一成不变的，新的报警装置将不再由行业、使用场所人为地分成不同的系列、不同的产品，而是按照技术上、使用上采用内在联系和差异来划分。尤其是随着计算机技术的飞速发展，将综合成一个整体，即成为报警控制系统（器），报警后能按需要输出一定程序的控制机能，启动相应的设施。

《火灾自动报警系统设计规范》规定的火灾自动报警系统基本形式有3种：区域报警系统、集中报警系统和控制中心报警系统。

区域报警系统由火灾探测器、手动报警器、区域控制器或通用控制器、火灾报警装置等构成，见图5-3。报警区域内最多不得超过3台区域控制器；若多于3台，应考虑使用集中报警系统。区域报警系统宜用于二级、三级保护对象。区域报警器接收一个探测防火区域内的各个探测器送来的火警信号，集中控制和发出警报。

集中报警系统由火灾探测器、区域控制器或通用控制器和集中控制器等组成。其构成的报警系统框图见图5-4。它适用于较大范围内多个区域的保护。该系统的容量越大，所要求输出的控制程序越复杂，消防设施控制功能越全，发展到一定程度便构成消防控制中心系统。集中报警系统宜用于一级和二级保护对象，适于高层的宾馆、写字楼等情况。

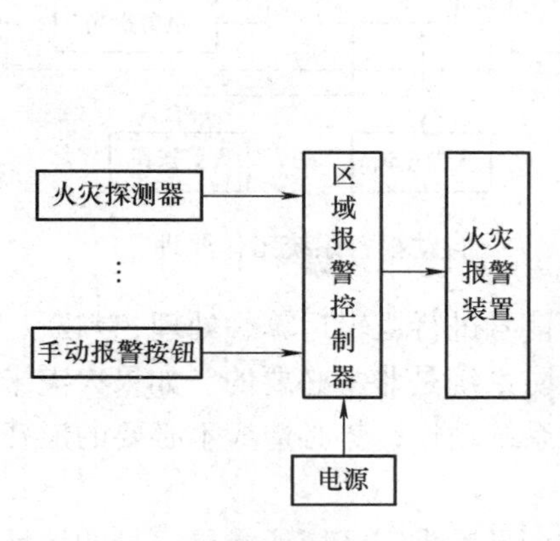

图5-3　火灾区域报警系统框图

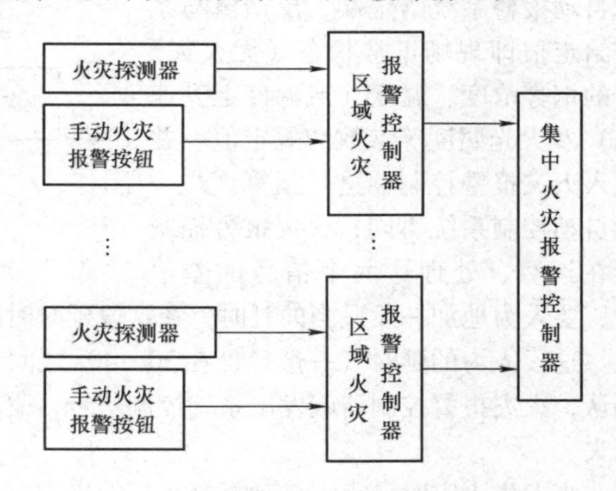

图5-4　集中报警系统框图

集中报警器一般设置在一个建筑物的消防控制中心室内，接收来自各区域报警器送来的火警信号，并发出声、光报警信号，启动消防设备。

控制中心报警系统由设置在消防控制室的联动控制设备、图形显示装置、集中报警控制器、区域（火灾）报警控制器和火灾探测器等组成，或由消防控制设备、环状布置的多台通用控制器和火灾探测器等组成，见图5-5。一般情况下，在控制中心报警系统中，集中火灾报警控制器设在消防控制设备内，组成消防控制装置。控制中心报警系统用于特级和一级保护对象。适用于高层建筑的控制中心报警系统应具备对室内消火栓系统、自动喷水灭火系统、防排烟系统、卤代烷灭火系统，以及防火卷帘门和警铃等的联动控制功能。

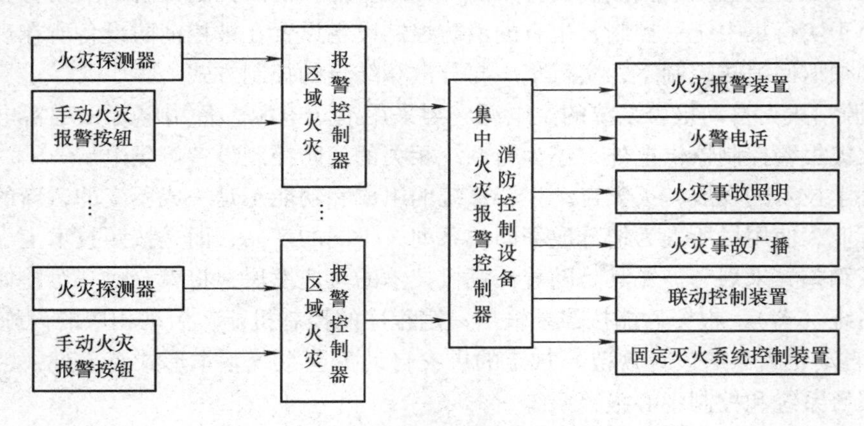

图5-5 控制中心报警系统框图

三、火灾自动报警系统工作原理

火灾自动报警系统工作原理如图5-6所示。安装在保护区的各种探测器不断地向所监视的现场发出巡测信号，监视现场的烟雾浓度、温度等火灾参数，并不断反馈给报警控制器。当反馈信号送到火灾自动报警系统给定端，反馈值与系统给定值即现场正常状态（无火灾）时的烟雾浓度、温度（或温度上升速率）及火光照度等参数的规定值一并送入火灾报警控制器进行运算。与一般自动控制系统不同，火灾报警控制器在运算、处理这两个信号的差值时，要人为地加一段适当的延时，在这段延时时间内对信号进行逻辑运算、处理、判断、确认。这段人为的延时（一般设计在20～40s之间）对消防系统是非常必要的。如果火灾未经确认，火灾报警控制器就发出系统控制信号，驱动灭火系统动作，势必造成不必要的浪费与损失。

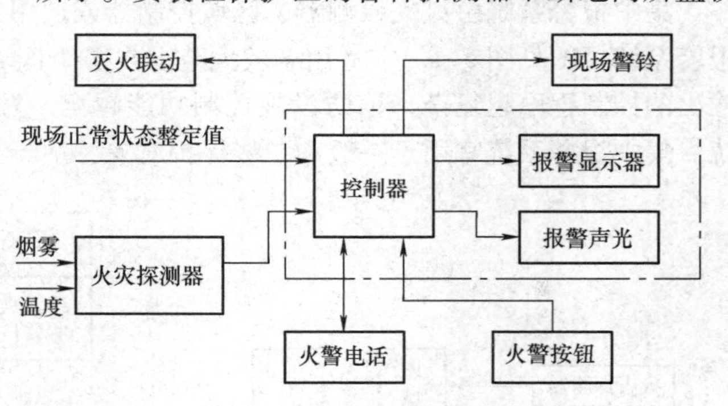

图5-6 火灾自动报警系统工作原理

当发生火灾时，火灾自动报警系统发出声、光报警，显示火灾区域或楼层房号的地址编码，打印报警时间、地址等。同时向火灾现场发出警铃报警，在火灾发生楼层的上、下相邻层或火灾区域的相邻区域也同时发出报警信号，以显示火灾区域。各应急疏散指示灯亮，指明疏散方向。排烟机远程启动高速排烟，火灾初起时打开风阀，启动正压送风机，使楼梯间、电梯厅处于正压状态，保持楼梯间的正压使烟火不得入内。火灾时打开对应区域正压风机及对应正压送风阀，令新鲜空气高压充入，达到阻止烟气的目的。防火阀安装于空调风管回风口，当出现火情时关闭防火阀能阻断风管，起到两个作用：一是不往火灾现场输送空气，避免助燃；二是阻止火源从风管往其他地方扩散。消防广播用于指挥疏散。当确认“火情”后 立即发出火警广播，“火情”现场的火势逐渐发展到无法控制的程度，总指挥下达疏散命令。启动消防电话，用于消防中心和现场之间的通信，启动多个可多方通话，可报警、核对警情、指挥救援和故障联络。火灾时，电梯无论在任何方向和位置，必须迫降到一层并自动开门以防困人。到达一层后，电梯转入消防状态，可由消防救援人员根据情况进行消防运行。

第二节　火灾探测器

一、触发器件

在火灾自动报警系统中产生火灾报警信号的器件称为触发器件，主要包括火灾探测器和手动报警按钮。火灾探测器可对火灾参数（如烟雾、温度、光、火焰辐射、气体浓度等）产生响应，并自动发出火灾报警信号。

火灾探测是以物质燃烧过程中产生的各种现场为依据，以实现早期发现火灾为前提。按其待测的火灾参数可以分为感烟式、感温式、感光式火灾探测器和可燃气体探测器，以及烟温、温光、烟温光等复合式火灾探测器。

火灾探测器一般根据火灾区域内可能发生的初期火灾的形成和发展特点、房间高度、环境条件和可能引起误报的因素等选用。

（一）探测器构造

火灾探测器通常由敏感元件、电路、固定部件和外壳4部分组成。

1）敏感元件的作用是将火灾燃烧的物理特征量转换成电信号。凡是对烟雾、温度、辐射光和气体浓度等敏感的传感元件都可使用。敏感元件是探测器的核心部分。

2）电路的作用是将敏感元件转换所得的电信号进行放大并处理成火灾报警控制器所需的信号，其电路框图见图5-7。

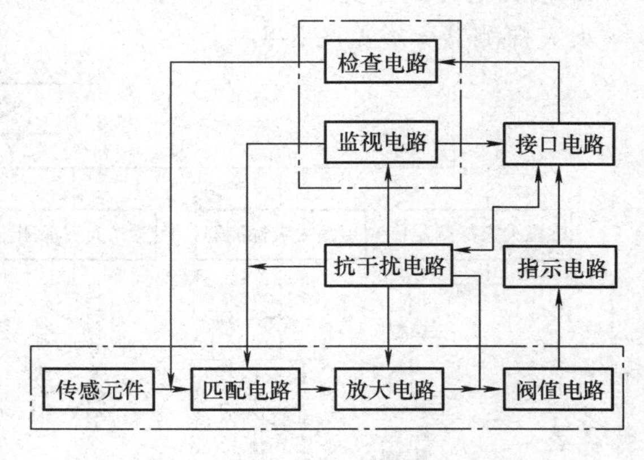

图5-7　火灾探测器电路框图

3）固定部件和外壳：它是探测器的机械结构。其作用是将传感元件、印制电路板、接插件、确认灯和紧固件等部件有机地连成一体，保证一定的机械强度，达到规定的电气性能，以防止其所处环境如光源、灰尘、气流、高频电磁波等干扰和机械力的破坏。

（二）火灾探测器的分类

火灾探测器通常按探测器的结构造型、探测的火灾参数、输出信号的形式和使用环境等进行分类。

1. 按结构造型分类

按探测器的结构造型可分成点型、线型两大类。点型火灾探测器是探测元件集中在一个特定点上，响应该点周围空间火灾参数的火灾探测器。目前生产量最大，民用建筑中几乎均使用点型探测器。线型火灾探测器是一种响应某一连续线路周围火灾参数的火灾探测器。线型火灾探测器连续线路可以是“硬”的，也可以是“软”的。如空气管线型差温火灾探测器，是由一条细长的铜管或不锈钢管构成“硬”的连续线路。又如红外光束线型感烟火灾探测器，是由发射器和接收器两者中间的红外光束构成“软”的连续线路。线型探测器多用于工业设备及民用建筑中一些特定场合。

2. 按探测的火灾参数分类

根据探测火灾参数的不同，可以划分为感烟、感温、感光、可燃气体和复合式等几大类。

3. 按使用环境分类

1）陆用型：一般用于内陆、无腐蚀性气体的环境，其使用温度范围为 -10 ~ +15℃，相对湿度在85%以下。在现有产品中，凡没有注明使用环境型式的都为陆用型。

2）船用型：船用型火灾探测器主要用于舰船上，也可用于其他高温、高湿的场所，其特点是耐高温、高湿，在50℃以上的高温和90% ~100%的高湿环境中可以长期正常工作。

3）耐寒型：这种火灾探测器特点是耐低温。它能在 -40℃以下的高寒环境中长期正常工作。它适用于北方无采暖的仓库和冬季平均温底低于 -10℃的地区。

4）耐酸型：该火灾探测器不受酸性气体的腐蚀，适用于空间经常停滞有较重含酸性气体的工厂区。

5）耐碱型：该火灾探测器不受碱性气体的腐蚀，适用于空间经常停滞有较重碱性气体的场合。

6）防爆型：该火灾探测器适用于易燃易爆的场合。其结构符合国家防爆有关规定。

4. 按其他方式分类

火灾探测器分类见图5-8。

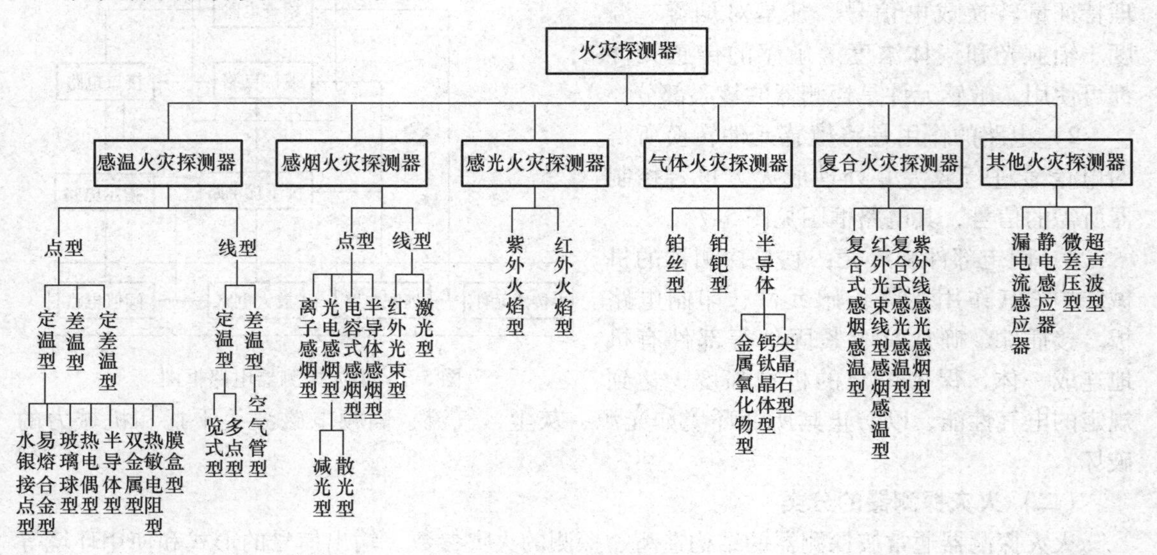

图5-8 火灾探测器分类

二、感烟火灾探测器

感烟火灾探测器是用于探测物质燃烧初期在周围空间所形成的烟雾粒子浓度，并自动向火灾报警控制器发出火灾报警信号的一种火灾探测器。它响应速度快、能及早地发现火情，是使用量最大的一种火灾探测器。由于它能探测物质燃烧初期所产生的气溶胶或烟雾粒子浓度，因此，有的国家称感烟火灾探测器为“早期发现”探测器。

（一）点型感烟火灾探测器

点型感烟火灾探测器是对某一点周围空间烟雾响应的火灾探测器。主要有离子感烟和光电感烟两种。

1. 离子感烟火灾探测器

离子感烟火灾探测器是对能影响探测器内电离电流的燃烧产物敏感的探测器。图 5-9 是一种离子感烟探测器的电路原理框图，它由内外电离室及信号放大、开关转换、故障自动监测、火灾模拟检查、确认灯等回路组成。

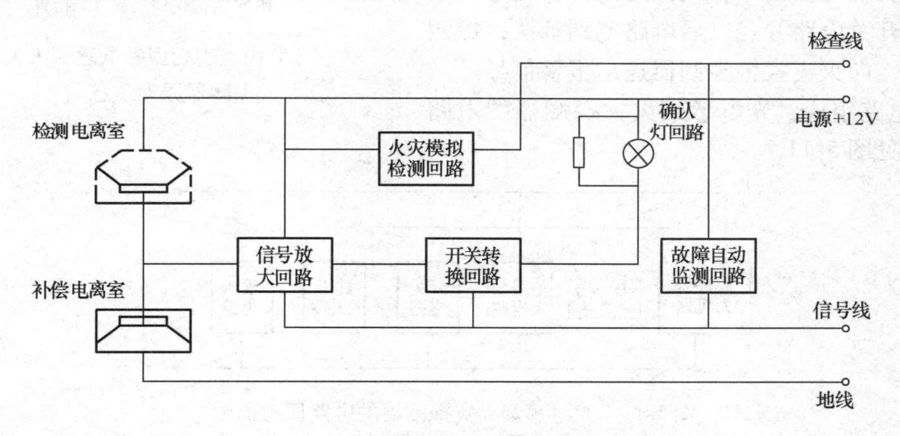

图 5-9　离子感烟探测器电路原理框图

离子感烟火灾探测器是点型探测器，在正常的情况下，内外电离室的电流、电压都是稳定的。火灾发生时，烟雾进入外电离室，使外电离室两端电压发生变化，微小的电压变化量经信号放大回路放大后去触发开关回路。在向报警器输出报警信号的同时也将点亮确认灯。在相对湿度长期较大、气流速度大、有大量粉尘和水雾滞留、可能产生腐蚀性气体、正常情况下有烟滞留等情形的场所，不宜选用离子感烟火灾探测器。

火灾自动报警控制器对火灾的判断不是由探测器用简单的门限比较方法实现的，而是由计算机根据探测器所在的温度、湿度及灵敏度设置，进行复杂的分析、计算和处理存储在存储器内的烟浓度数据，根据烟雾的浓度、烟雾浓度的变化量、烟雾浓度的变化速率等判定火灾，从而减少误报。

离子感烟火灾探测器内含编码电路，其编码电路位于探测器内，可直接编码。离子感烟火灾探测器传输可靠，它是将所检测到的烟雾浓度转换成数字，以脉冲形式发送到火灾报警控制器。由于探测器内的编码电路具有一定的纠错能力，不仅大大提高了编码可靠性，而且有效地消除了总线电流和总线电压所带来的干扰。

2. 光电感烟火灾探测器

光电感烟火灾探测器主要由检测室、电路、固定支架和外壳等组成，它是利用火灾产生的烟雾粒子对光线产生遮挡、散射或吸收并通过光电效应而制成的一种火灾探测器。为了探测烟雾的存在，将发射器发出的光束打到烟雾上来探测其浓度。按其探测方法可分为遮光型探测法和散射型探测法。

（1）遮光型光电感烟火灾探测器

1）检测室：由光束发射器、光电接收器和暗室等组成，原理示意图见图 5-10。

2）工作原理：当火灾发生，有烟雾进入检测室时，烟粒子将光源发出的光遮挡（吸收），到达光敏元件的光能将减弱，其减弱程度与进入检测室的烟雾浓度有关。当烟雾达到一定量，光敏元件接受的光强度下降到预定值时，通过光敏元件启动开关电路并经以后电路鉴别确认，探测器即动作，向火灾报警控制器送出报警信号。

3）电路组成：光电感烟火灾探测器的电路原理框图见图 5-11。

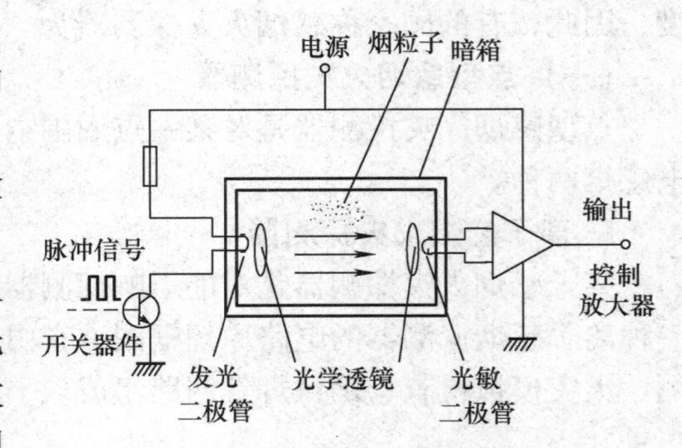

图 5-10　遮光型光电感烟火灾探测器原理示意图

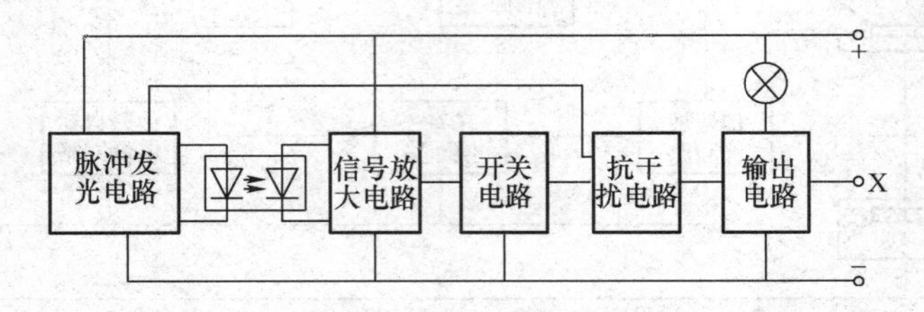

图 5-11　光电感烟火灾探测器的电路原理框图

（2）散射型光电感烟火灾探测器

散射型光电感烟火灾探测器是应用烟雾粒子对光的散射作用并通过光电效应而制成的一种火灾探测器。它和遮光型光电感烟火灾探测器的主要区别在暗室结构上，电路组成、抗干扰方法等基本相同。由于是利用烟雾对光线的散射作用，因此，暗室的结构就要求光源 E（红外发光二极管）发出的红外光线在无烟时，不能直接射到光敏元件 R（光敏二极管）。实现散射型的暗室各有不同，其中一种是在光源与光敏元件之间加入隔板（黑框），见图 5-12。

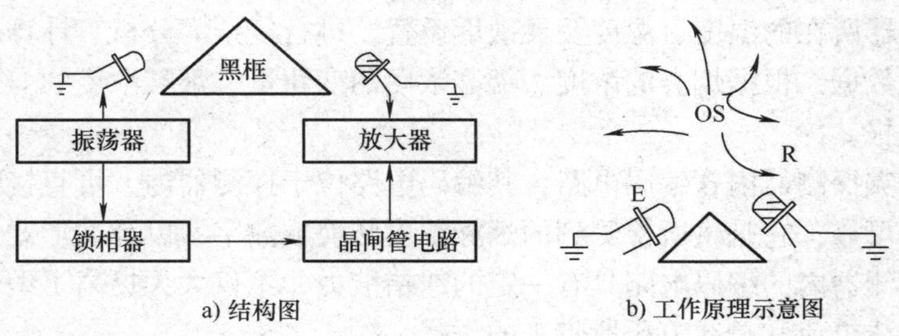

a) 结构图　　b) 工作原理示意图

图 5-12　散射型光电感烟火灾探测器结构示意图

无烟雾时，红外光无散射作用，也无光线射在光敏二极管上，二极管不导通，无信号输出，探测器不动作。当烟雾粒子进入暗室时，由于烟粒子对光的散（乱）射作用，光敏二极管会接收到一定数量的散射光，接收散射光的数量与烟雾浓度有关，当烟的浓度达到一定程度时，光敏二极管导通，电路开始工作。

光电式感烟探测器在一定程度上可克服离子感烟探测器的缺点，除了可在建筑物内部使用，更适用于电气火灾危险较大的场所。使用中应注意，当附近有过强的红外光源时，会导致探测器工作不稳定。在可能产生黑烟、有大量积聚粉尘、可能产生蒸汽和油雾、有高频电磁干扰、过强的红外光源等场所不宜选用光电感烟火灾探测器。

光电感烟火灾探测器内含编码电路，探测器本身可直接编码。当火灾自动报警控制器访问某一个探测器时，先发出一系列地址脉冲与控制脉冲；如果探测器内的编码电路接收到的地址码和事先设定的探测器号码相符时，探测器响应并把所检测到的烟雾浓度转换成数字，以脉冲形式发送到火灾报警控制器。由于探测器内的编码电路具有一定的纠错能力，不仅大大提高了编码可靠性，而且有效地消除了总线电流和总线电压所带来的干扰。

（二）线型感烟火灾探测器

线型感烟火灾探测器是一种能探测到被保护范围内某一线路周围烟雾的火灾探测器。探测器由光束发射器和光电接收器两部分组成。它们分别安装在被保护区域的两端，中间用光束连接（软连接），其间不能有任何可能遮断光束的障碍物存在，否则探测器将不能工作。常用的有红外光束型、紫外光束型和激光型三种，其工作原理见图5-13。

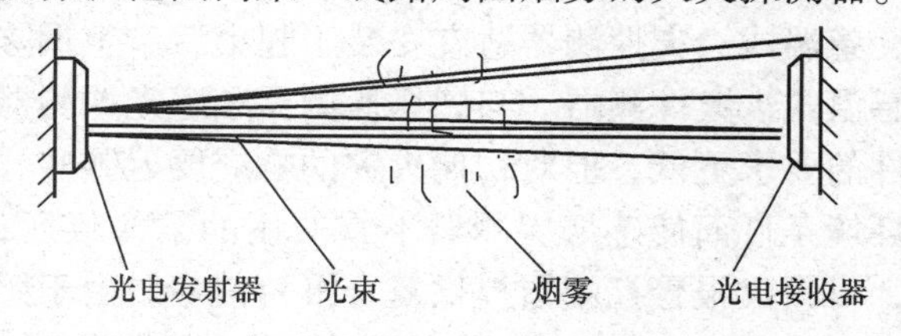

图5-13　线型感烟火灾探测器的工作原理

在无烟情况下，光电发射器发出的光束射到光电接收器上，转换成电信号，经电路鉴别后，报警器不报警。当火灾发生并有烟雾进入被保护空间，部分光束将被烟雾遮挡（吸收），则光电接收器接收到的光能减弱，当减弱到预定值时，通过其电路鉴定，光电接收器便向报警器送出报警信号。

接收器中设置有故障报警电路，以便当光束为飞鸟或人遮住、发射器损坏或丢失、探测器因外因倾斜而不能接收光束等原因时，故障报警电路要锁住火警信号通道，向报警器送出故障报警信号。

在激光感烟火灾探测器中，激光是由单一波长组成的光束，由于其方向性强、亮度高、单色性和相干性好等特点，在各领域中都得到了广泛应用。在无烟情况下，脉冲激光束射到光电接收器上，转换成电信号，报警器不发出报警。一旦激光束在发射过程中有烟雾遮挡而减小到一定程度，使光电接收器信号显著减弱，报警器便自动发出报警信号。

红外光和紫外光感烟火灾探测器是利用烟雾能吸收或散射红外光束或紫外光束原理制成的感烟探测器，具有技术成熟、性能稳定可靠、探测方位准确、灵敏度高等优点。

线型感烟火灾探测器适用于初始火灾有烟雾形成的高大空间和大范围场所。

三、感温式火灾探测器

感温式火灾探测器是一种响应异常温度、温升速率和温差的火灾探测器。火灾时物质的燃烧产生大量的热量，使周围温度发生变化。感温式火灾探测器对警戒范围中某一点或某一线路周围温度变化响应。它是将温度的变化转换为电信号以达到报警目的。

根据感温探测器工作原理，感温探测器可以分为三类：

1）定温式探测器：定温式探测器是在规定时间内，火灾引起的温度上升超过某个定值时启动报警的火灾探测器。它有线型和点型两种结构，其中线型是当局部环境温度上升达到规定值时，可熔绝缘物熔化使两导线短路，从而产生火灾报警信号；点型定温式探测器利用双金属片、易熔金属、热电偶热敏半导体电阻等元器件，在规定的温度值上产生火灾报警信号。

2）差温式探测器：差温式探测器是在规定时间内，火灾引起的温度上升速率超过某个规定值时启动报警的火灾探测器。它也有线型和点型两种结构。线型差温式探测器是根据广泛的热效应而动作的，点型差温式探测器是根据局部的热效应而动作的，主要感温器件是空气膜盒、热敏半导体电阻元件等。

3）差定温式探测器：差定温式探测器结合了定温和差温两种作用原理并将两种探测器结构组合在一起。差定温式探测器一般多是膜盒式或热敏半导体电阻式等点型组合式探测器。感温探测器对火灾发生时温度参数的敏感，其关键是由组成探测器的核心部件——热敏元件决定的。热敏元件是利用某些物体的物理性质随温度变化而发生变化的敏感材料制成。

感温式火灾探测器适宜安装于起火后产生烟雾较小的场所。平时温度较高的场所不宜安装感温式火灾探测器。与感烟探测器和感光探测器比较，感温探测器的可靠性较高，对环境条件的要求更低，但对初期火灾的响应要迟钝些，报警后的火灾损失要大些。它主要适用于因环境条件而使感烟探测器不宜使用的某些场所；并常与感烟探测器联合使用组成与门关系，对火灾报警控制器提供复合报警信号。由于感温探测器有很多优点，它是仅次于感烟探测器是使用广泛的一种火灾早期报警的探测器。

（一）点型感温火灾探测器

感温探测器的结构较简单，关键部件是它的热敏元件。常用的热敏元件有双金属片、易熔合金、低熔点塑料、水银、酒精、热敏绝缘材料、半导体热敏电阻、膜盒机构等。感温探测器是以对温度的响应方式分类，每类中又以敏感元件不同而分为若干种。

1. 定温火灾探测器

点型定温探测器是一种对警戒范围中某一点周围温度达到或超过规定值时响应的火灾探测器，当它探测到的温度达到或超过其动作温度值时，探测器动作向报警控制器送出报警信号。定温探测器的动作温度应按其所在的环境温度进行选择。

（1）双金属型定温火灾探测器

双金属型定温火灾探测器是以具有不同热膨胀系数的双金属片为热敏元件的定温火灾探测器。图 5-14 是一种圆筒状结构的双金属定温火灾探测器。它是将两块磷钢合金片通过固定块固定在一个不锈钢的圆筒形外壳内，在铜合金片的中段部位各装有一个金属触点作为电接触点。由于不锈钢的热胀系数大于磷铜合金，当探测器检测到的温度升高时，不锈钢外筒的伸长大于磷铜合金片的伸长，两块合金片被拉伸而使两个触点靠拢。当温度上升到规定值时，触点闭合，探测器即动作，送出一个开关信号使报警器报警。当探测器检测到的温度低于规定值时，经过一段时间，两触点又分开，探测器又重新自动回复到监视状态。

（2）易熔金属型定温火灾探测器

易熔金属型定温火灾探测器是一种能在规定温度值时迅速熔化的易熔合金作为热敏元件

的定温火灾探测器。图 5-15 是易熔合金定温火灾探测器的结构示意图。

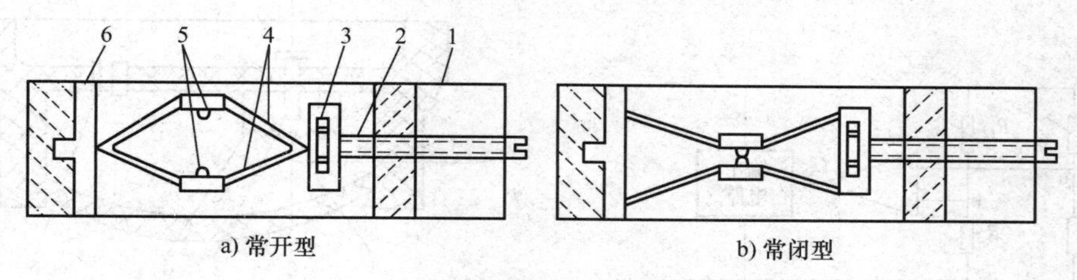

图 5-14　圆筒状结构的双金属定温火灾探测器

1—锈钢管　2—调节螺栓　3、6—固定块　4—磷铜合金片　5—电触点

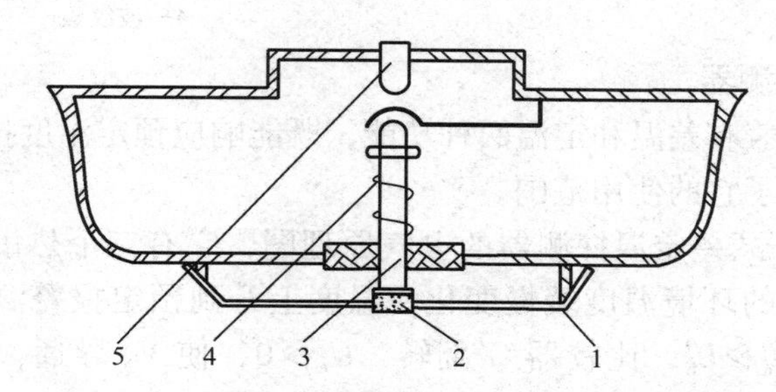

图 5-15　易熔合金定温火灾探测器结构示意图

1—吸热片　2—易熔合金　3—顶杆　4—弹簧　5—电接点

探测器下方吸热片的中心处和顶杆的端面用低熔点合金焊接，弹簧处于压紧状态，在顶杆的上方有一对电触点。无火灾时，电触点处于断开状态，使探测器处于监视状态。火灾发生后，只要它探测到的温度升到动作温度值，低熔点合金迅速熔化，释放顶杆，顶杆借助弹簧弹力立即被弹起，使电触点闭合，探测器动作。

另一类定温探测器属电子型，常用热敏电阻或半导体 PN 结作为敏感元件，内置电路常用运算放大器。电子型比机械型的分辨力高，动作温度的准确性容易实现，适用于某些要求动作温度较低，而机械型又难以胜任的场合。机械型不需配置电路、牢固可靠，不易产生误动作、价格低廉。工程中两种类型的定温探测器都经常采用。

2. 差温及差定温火灾探测器

（1）差温火灾探测器

差温火灾探测器是对警戒范围中某一点周围的温度上升速率超过规定值时响应的火灾探测器。根据工作原理不同，可分为电子差温火灾探测器、膜盒差温探测器等。

图 5-16 所示的是一种电子差温火灾探测器的原理图。它是应用两个热时间常数不等的热敏电阻 R_{t1} 和 R_{t2}，R_{t1} 的热时间常数小于 R_{t2} 的热时间常数，在相同温升环境下，R_{t1} 下降比 R_{t2} 快，当 $U_a > U_b$ 时，比较器输入 U_c 为高电平，点亮报警灯，并且输出报警信号。

图 5-17 所示的是一种膜盒式差温探测器结构示意图。

由于常温变化缓慢，温度升高时，气室内的气体压力增高，可以从漏气孔中泄放出去。但当发生火灾时，温升速率增高，气室内空气迅速膨胀来不及从漏气孔跑掉，气压推动波纹板，接通电触点，报警器报警。温升速率越大，探测器动作的时间越短。显然，差温探测器特别适于火灾时温升速率大的场所。这是一种可恢复型的感温探测器。

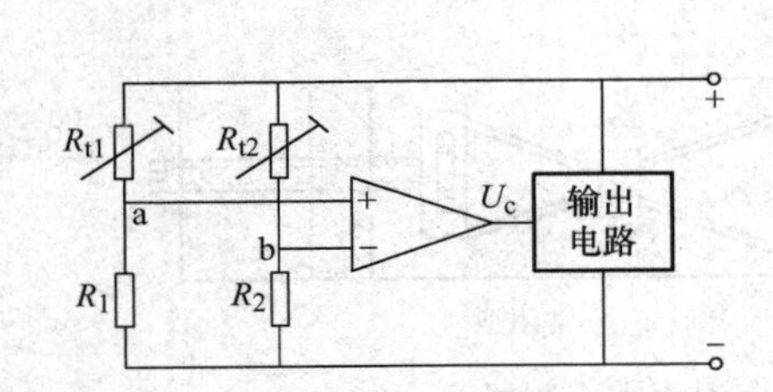

图 5-16 电子差温火灾探测器的原理图

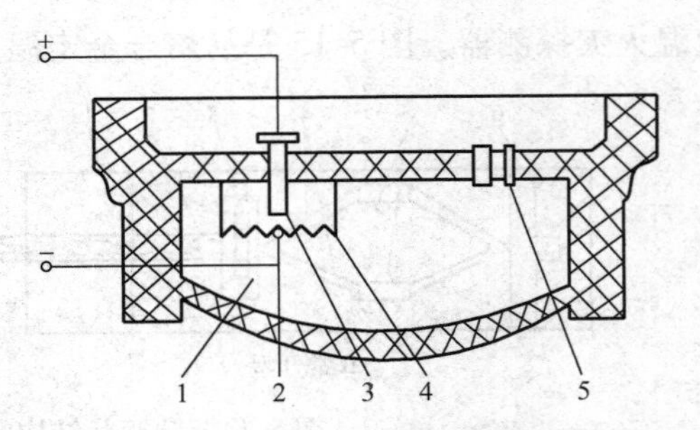

图 5-17 膜盒式差温探测器结构示意图

1—气室 2—动触点 3—静触点

4—波纹板 5—漏气孔

(2) 差定温火灾探测器

差定温火灾探测器兼有差温和定温两种功能，既能响应预定温度报警，又能响应预定温升速率报警，因而扩大了它的使用范围。

图 5-18 是一种电子式差定温探测器的电气原理图，它有三个热敏电阻和两个电压比较器。当探测器警戒范围的环境温度缓慢变化，温度上升到预定报警温度时，由于热敏电阻 R_{t3}阻值下降较大，使 $U_a' > U_b'$，比较器 C′翻转，$U_c > 0$，使 V_2 导通，K 动作，点亮报警灯 BD，输出报警信号为高电平。这就是定温报警。

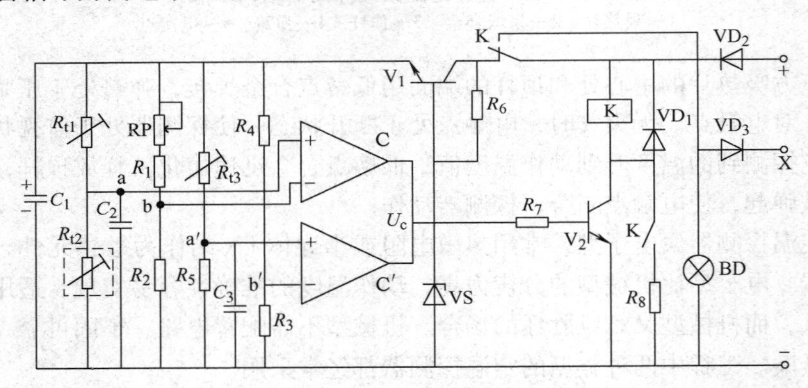

图 5-18 电子式差定温探测器电气原理图

当环境温度上升速率较大时，热敏电阻 R_{t1} 阻值比 R_{t2} 下降多，使 $U_a > U_b$ 时，比较器 C 翻转，$U_c > 0$，使 V_2 导通，K 动作，点亮报警灯 BD，输出报警信号为高电平，这就是差温报警。电子差定温探测器在设计中一般取两个性能相同的热敏电阻进行搭配，一个放置在金属屏蔽罩内，另一个放在外部，外部的热敏电阻感应速度快，内部的由于隔热作用感应速度慢。利用它们的变化差异来达到差温报警，同时外部热敏电阻设置在某一固定温度（62℃为一级灵敏度，70℃为二级灵敏度，78℃为三级灵敏度），达到定温报警的目的。除信号拾取放大整形外，其他的电路组成基本和离子感烟探测器相同。

(二) 线型感温火灾探测器

线型感温火灾探测器也有差温、定温和差定温三种类型。定温型大多为缆式，缆式的敏感元件用热敏绝缘材料制成。当缆式线型定温探测器处于警戒状态时，两导线间处于高阻态。当火灾发生，只要该线路上某处的温度升高达到或超过预定温度时，热敏绝缘材料阻抗急剧降低，使两芯线间呈低阻态；或者热敏绝缘材料被熔化，使两芯线短路，这都会使报警器发出报警信号。缆线的长度一般为 100~500m。

线型感温火灾探测器也可用空气管作为敏感元件制成差温工作方式，称为空气管线型差温火灾探测器。利用点型膜盒差温探测器气室的工作特点，将一根用铜或不锈钢制成的细管（空气管）与膜盒相接构成气室。当环境温度上升较慢时，空气管内受热膨胀的空气可从泄漏孔排出，不会推动膜片，电触点不闭合；火灾时，若环境温度上升很快，空气管内急剧膨胀的空气来不及从泄漏孔排出，空气室中压强增大到足以推动膜片位移，使电触点闭合，即探测器动作，报警器发出报警信号。

线型感温火灾探测器通常用于在电缆托架、电缆隧道、电缆夹层、电缆沟、电缆竖井等一些特定场合。

四、感光火灾探测器

感光火灾探测器又称火焰探测器，它是一种能对物质燃烧火焰的光谱特性、光照强度和火焰的闪烁频率敏感响应的火灾探测器。它能响应火焰辐射出的红外、紫外和可见光。工程中主要用红外火焰型和紫外火焰型两种。

感光探测器的主要优点是：响应速度快，其敏感元件在接收到火焰辐射光后的几毫秒，甚至几个微秒内就发出信号，特别适用于突然起火无烟的易燃易爆场所。它不受环境气流的影响，是唯一能在户外使用的火灾探测器。另外，它还有性能稳定、可靠、探测方位准确等优点，因而得到普遍重视。在火灾发展迅速，有强烈的火焰和少量烟、热的场所，应选用火焰探测器。

在可能发生无焰火灾、火焰出现前有浓烟扩散、探测器的镜头易被污染、探测器的“视线”（光束）易被遮挡、探测器易受阳光或其他光源直接或间接照射、在正常情况下有明火作业及 X 射线、弧光影响等情形的场所不宜选用火焰探测器。

（一）红外感光火灾探测器

红外感光火灾探测器是一种对火焰辐射的红外光敏感响应的火灾探测器。

红外线波长较长，烟粒对其吸收和衰减能力较弱，致使有大量烟雾存在的火场，在距火焰一定距离内，仍可使红外线敏感元件感应，发出报警信号。因此这种探测器误报少，响应时间快，抗干扰能力强，工作可靠。

图 5-19 为 JGD-1 型红外火焰探测器原理框图。JGD-1 型红外感光火灾探测器是一种点型火灾探测器。火焰的红外线输入红外滤光片滤光，排除非红外光线，由红外光敏管接收转变为电信号，经放大器（1）放大和滤波器滤波（滤掉电源信号干扰），再经放大器（2）、积分器等触发开关电路，点亮发光二极管（LED）确认灯，发出报警信号。

（二）紫外感光火灾探测器

紫外感光火灾探测器是一种对紫外光辐射敏感响应的火灾探测器。紫外感光火灾探测器由于使用了紫外光敏管为敏感元件，而紫外光敏管同时也具有光电管和充气闸流管的特性，所以它使紫外感光火灾探测器具有响应速度快，灵敏度高的特点，可以对易燃物火灾进行有效报警。

由于紫外光主要是由高温火焰发出的，温度较低的火焰产生的紫外光很少，而且紫外光的波长也较短，对烟雾穿透能力弱，所以它特别适用于有机化合物燃烧的场合，例如油井、输油站、飞机库、可燃气罐、液化气罐、易燃易爆品仓库等，特别适用于火灾初期不产生烟雾的场所（如生产储存酒精、石油等场所）。火焰温度越高，火焰强度越大，紫外光辐射强度也越高。

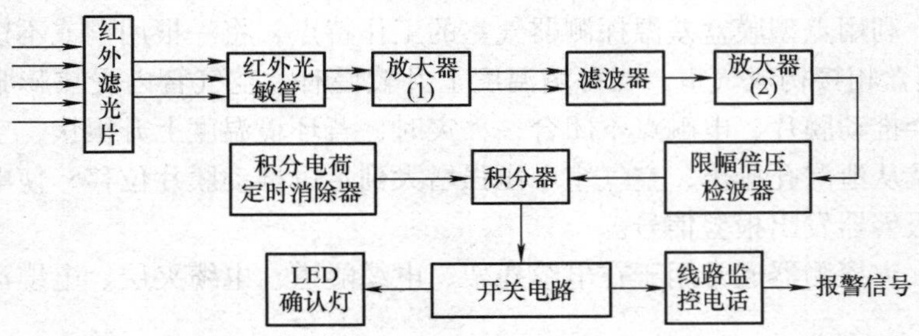

图 5-19 JGD-1 型红外火焰探测器原理框图

图 5-20 为紫外火焰探测器结构示意图。火焰产生的紫外光辐射，从反光环和石英玻璃窗进入，被紫外光敏管接收，变成电信号（电离子）。石英玻璃窗有阻挡波长小于 185nm 的紫外线通过的能力，而紫外光敏管接收紫外线上限波长的能力，取决于光敏管电极材质、温度、管内充气的成分、配比和压力等因素。紫外线试验灯发出紫外线，经反光环反射给紫外光敏管，用来进行探测器光学功能的自检。

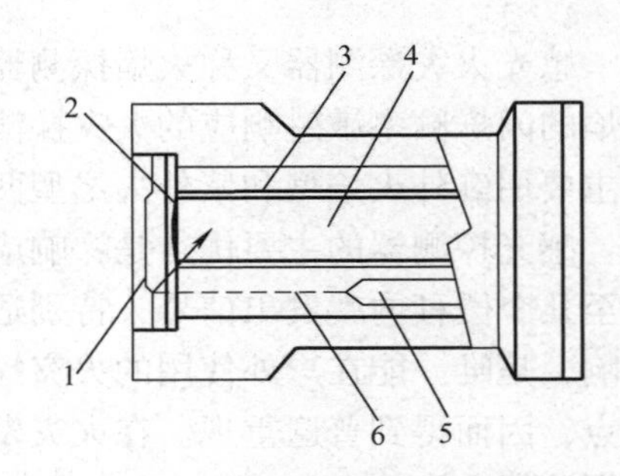

图 5-20 紫外火焰探测器结构示意图
1—反光环 2—石英玻璃窗
3—光学遮护板 4—紫外光敏管
5—紫外线实验灯 6—紫外线

紫外火焰探测器对强烈的紫外光辐射响应时间极短，25ms 即可动作。它不受风、雨、高气温等影响，室内外均可使用。

五、可燃气体火灾探测器

可燃气体包括天然气、煤气、烷、醇、醛、炔等。可燃气体火灾探测器是一种能对空气中可燃气体浓度进行检测并发出报警信号的火灾探测器。它通过测量空气中可燃气体的浓度，当空气中可燃气体浓度达到或超过报警设定值时自动发出报警信号，提醒人们及早采取安全措施，避免事故发生。可燃气体探测器除具有预报火灾、防火防爆功能外，还可以起监测环境污染的作用。

（一）催化型可燃气体探测器

催化型是用难熔的铂（Pt）金丝作为探测器的气敏元件。工作时，铂金丝先被靠近它的电热体预热到工作温度。铂金丝在接触到可燃气体时，会产生催化作用，并在自身表面引起强烈的氧化反应（即所谓“无烟燃烧”），使铂金丝的温度升高，其电阻增大，并通过由铂金丝组成的不平衡电桥将这一变化取出，通过电路发出报警信号。

（二）半导体可燃气体探测器

这是一种用对可燃气体高度敏感的半导体元件作为气敏元件的火灾探测器，可以对空气中散发的可燃气体，如烷（甲烷、乙烷）、醛（丙醛、丁醛）、醇（乙醇）、炔（乙炔）等或汽化可燃气体，如一氧化碳、氢气及天然气等进行有效的监测。

气敏半导体元件具有如下特点：灵敏度高，即使浓度很低的可燃气体也能使半导体元件的电阻发生极明显的变化。可燃气体的浓度不同，其电阻值的变化也不同，在一定范围内成正比变化；检测线路简单，用一般的电阻分压或电桥电路就能取出检测信号，制作工艺简单、价廉、适用范围广，对多种可燃性气体都有较高的敏感能力；但选择性差，不能分辨混合气体中的某单一成分的气体。

图5-21是半导体可燃气体探测器的电路原理图。U_1为探测器的工作电压，U_2为探测器检测部分的信号输出，由R_3取出作用于开关电路，微安表用来显示其变化。探测器工作时，气敏半导体元件的一根电热丝先将元件预热至它的工作温度。无可燃气体时，U_2值不能产生报警信号，微安表指示为零。在可燃气体接触到气敏半导体时，其阻值（A、B间电阻）发生变化，U_2亦随之变化，微安表有对应的浓度显示，可燃气体浓度一旦达到或超过预报警设定点时，U_2的变化将使开关电路导通，发出报警信号。调节电位器RP可任意设定报警点。

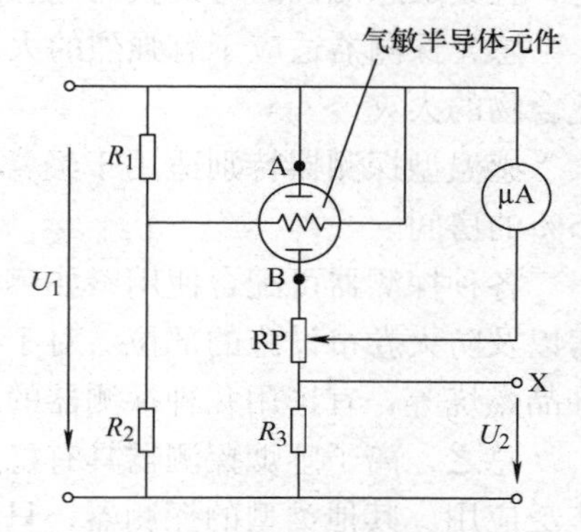

图5-21　半导体可燃气体探测器电路原理图

可燃气体探测器要与专用的可燃气体报警器配套使用，组成可燃气体自动报警系统。若把可燃气体爆炸浓度下限（L·E·L）定为100%，而预报的报警点通常设在20%～25%L·E·L，则不等空气中可燃气体浓度引起燃烧或爆炸，报警器就提前报警了。

除以上介绍的火灾探测器外，复合式火灾探测器也逐步引起重视并得到应用。复合式火灾探测器是一种能响应两种或两种以上火灾参数的火灾探测器，主要有感烟感温、感光感温、感光感烟火灾探测器等。

在工程设计中应正确选用探测器的类型，对有特殊工作环境条件的场所，应分别采用耐寒、耐酸、耐碱、防水、防爆等功能的探测器，才能有效地发挥火灾探测器的作用，延长其使用寿命，减少误报和提高系统的可靠性。

六、探测器种类的选择与数量确定

探测器种类的选择应根据探测区域内的环境条件、火灾特点、房间高度、安装场所的气流状况等，选用其所适宜类型的探测器或几种探测器的组合。

（一）根据火灾特点、环境条件及安装场所确定探测器的类型

根据火灾受可燃物质的类别、着火的性质、可燃物质的分布、着火场所的条件、火载荷重、新鲜空气的供给程度以及环境温度等因素的影响，一般把火灾的发生与发展分为4个阶段：

前期，火灾尚未形成，只出现一定量的烟，基本上未造成物质损失。

早期，火灾开始形成，烟量大增、温度上升，已开始出现火，造成较小的损失。

中期，火灾已经形成，温度很高，燃烧加速，造成了较大的物质损失。

晚期，火灾已经扩散。

基于对火灾特点的分析，探测器选择如下：

感烟探测器适用于火灾初期有阴燃阶段，即产生大量的烟和小量的热，很少或没有火焰

辐射的火灾，如棉、麻织物的引燃等。

离子感烟与光电感烟探测器的适用场合基本相同。离子感烟探测器对人眼看不到的微小颗粒同样敏感，如人能嗅到的油漆味、考焦味等都能引起探测器动作，甚至一些分子量大的气体分子，也会使探测器发生动作，在风速过大的场合（如大于6m/s），将引起探测器不稳定，且其敏感元件的寿命较光电感烟探测器的短。

感光探测器适应于有强烈的火焰辐射而仅有少量烟和热产生的火灾，如轻金属及它们的化合物的火灾。

感温型探测器特别适用于经常存在大量粉尘、烟雾水蒸气的场所及相对湿度经常高于95%的房间。

各种探测器可配合使用，如感烟与感温探测器的组合，宜用于大中型计算机房、洁净厂房以及防火卷帘设施的部位。对于蔓延迅速、有大量的烟和热产生、有火焰辐射的火灾，如油品燃烧等，宜选用几种探测器的组合。

总之，离子感烟探测器具有稳定性好、误报率低、寿命长、结构紧凑等优点，因而得到广泛应用。其他类型的探测器，只在某些特殊场合作为补充使用。

1. 点型探测器的适用场所（见表5-1）

表5-1 点型探测器的适用场所

序号	探测器类型 场所或情形	感烟		感温			火焰		说明
		离子	光电	定温	差温	差定温	红外	紫外	
1	饭店、宾馆、教学楼、办公楼的厅堂、卧室、办公室等	○	○						厅堂、办公室、会议室、值班室、娱乐室、接待室等，灵敏度档次为中低，可延时；卧室、病房、休息厅、衣帽室、展览室等，灵敏度档次为高
2	计算机房、通信机房、电影电视放映室等	○	○						这些场所灵敏度要高或高中档次联合使用
3	楼梯、走道、电梯、机房等	○	○						灵敏度档次为高、中
4	书库、档案库	○	○						灵敏度档次为高
5	有电器火灾危险	○	○						早期热解产物，气溶胶微粒小，可用离子型；气溶胶微粒较大，可用光电型
6	气流速度大于8m/s	×	○						
7	相对湿度经常高于98%以上	×				○			根据不同要求也可选用定温或差温
8	有大量粉尘、水雾滞留	×	×	○	○	○			
9	有可能发生无烟火灾	×	×	○	○	○			根据具体要求选用
10	在正常情况下有烟和蒸汽滞留	×	×	○	○	○			
11	有可能产生蒸汽和油雾		×						

（续）

序号	场所或情形＼探测器类型	感烟		感温			火焰		说明
		离子	光电	定温	差温	差定温	红外	紫外	
12	厨房、锅炉房、发电机房、烘干车间等			○		○			在正常高温情况下，感温探测器的额定动作温度值可定高些，或选用高温感温探测器
13	吸烟室、小会议室				○	○			若选用感烟探测器则应选低灵敏度档次
14	汽车库				○	○			
15	其他不宜安装感烟探测器的厅堂和公共场所	×	×	○	○	○			
16	可能产生阴燃火或者如发生火灾不及早报警将造成重大损失的场所	○	○	×	×	×			
17	温度在0℃以下			×					
18	正常情况下温度变化较大的场所				×				
19	可能产生腐蚀性气体	×							
20	产生醇类、醚类、酮类等有机物质	×							
21	可能产生黑烟		×						
22	存在高频电磁干扰		×						
23	银行、百货店、商场、仓库	○	○						
24	火灾时有强烈的火焰辐射						○	○	如含有易燃材料的房间、飞机库、油库、海上石油钻井和开采平台；炼油列化厂等
25	需要对火焰做出快速反应						○	○	如镁和金属粉末的生产，大型仓库、码头
26	无阴燃阶段的火灾						○	○	
27	博物馆、美术馆、图书馆	○	○				○	○	
28	电站、变压器间、配电室	○	○				○	○	
29	可能发生无焰火灾						×	×	
30	在火焰出现前有浓烟扩散						×	×	
31	探测器的镜头易被污染						×	×	
32	探测器的“视线”易被遮挡						×	×	
33	探测器易受阳光或其他光源直接或间接照射						×	×	
34	在正常情况下有明火作业以及X射线、弧光等影响						×	×	

表注：1. 符号说明：

○—适合的探测器，应优先选用；×—不适合的探测器，不应选用；空白、无符号表示应谨慎使用

2. 下列场所可不设火灾探测器：

a. 厕所、浴室等；b. 不能有效探测火灾的场所；c. 不便维修、使用（重点部位除外）的场所。

在工程实际中，在危险性大又很重要的场所，以及需设置自动灭火系统或设有联动装置的场所，均应采用感烟、感温、感光探测器的组合。

2. 线型探测器的适用场所

(1) 宜选用缆式线型定温探测器的场所

1) 计算机室、控制室的闷顶内、地板下及重要设施隐蔽处等。

2) 开关设备、发电厂、变电站及配电装置等。

3) 各种皮带运输装置。

4) 电缆夹层、电缆竖井、电线隧道等。

5) 其他环境恶劣不适合点型探测器安装的危险场所。

(2) 宜选用空气管线型差温火灾探测器的场所

1) 不易安装点型探测器的夹层、闷顶。

2) 公路隧道工程。

3) 古建筑。

4) 大型室内停车场。

(3) 宜选用红外光束感烟火灾探测器的场所

1) 隧道工程。

2) 古建筑、文物保护的厅堂馆所等。

3) 档案馆、博物馆、飞机库、无遮挡大空间的库房等。

4) 发电厂、变电站等。

3. 可燃气体探测器的选择

下列场所宜选用可燃气体探测器：

1) 煤气表房、煤气站以及大量存储液化石油气罐的场所。

2) 使用管道煤气或燃气的房屋。

3) 其他散发或积聚可燃气体和可燃液体蒸气的场所。

4) 有可能产生大量一氧化碳气体的场所。

(二) 根据房间高度选探测器

由于各种探测器特点各异，其适于房间高度也不尽一致，为了使选择的探测器能更有效地达到保护之目的，表 5-2 列举了几种常用的探测器对房间高度的要求，供学习及设计参考。

表 5-2　根据房间高度选择探测器

房间高度 h/m	感烟探测器	感温探测器			火焰探测器
		一级	二级	三级	
$12<h\leqslant 20$	不适合	不适合	不适合	不适合	适合
$8<h\leqslant 12$	适合	不适合	不适合	不适合	适合
$6<h\leqslant 8$	适合	适合	不适合	不适合	适合
$4<h\leqslant 6$	适合	适合	适合	不适合	适合
$h\leqslant 4$	适合	适合	适合	适合	适合

当高出顶棚的面积小于整个顶棚面积的10%时，只要这一顶棚部分的面积不大于一只探测器的保护面积，则该较高的顶棚部分同整个顶棚面积一样看待。否则，较高的顶棚部分应如同分隔开的房间处理，见图5-22、图5-23。

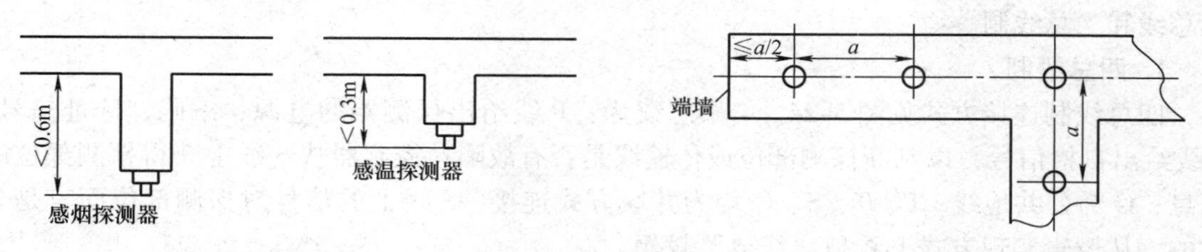

图5-22　探测器在梁下端安装时至顶棚的尺寸

图5-23　探测器布置在内走道的顶棚上

在按房间高度选用探测器时，应注意这仅仅是按房间高度对探测器选用的大致划分，具体选用时尚需结合火灾的危险度和探测器本身的灵敏度档次来进行。如判断不准时，需做模拟试验后最后确定。

（三）探测器数量的确定

在实际工程中，房间大小及探测区大小不一，房间高度、棚顶坡度也各异，怎样确定探测器的数量呢？规范规定：探测区域内每个房间应至少设置一只火灾探测器。一个探测区域内所设置探测器的数量应按下式计算：

$$N \geqslant \frac{S}{kA}$$

式中，N是探测区域内所设置的探测器的数量，单位用“只”表示，N应取整数（即小数进位取整数）；S是探测区域的地面面积（m^2）；A是探测器的保护面积（m^2），指一只探测器能有效探测的地面面积。由于建筑物房间的地面通常为矩形，因此，所谓“有效”探测的地面面积实际上是指探测器能探测到的矩形地面面积。k称为安全修正系数，重点保护建筑k取0.7～0.9，非重点保护建筑k取1。

对于一个探测器而言，其保护面积和保护半径的大小与其探测器的类型、探测区域的面积、房间高度及屋顶坡度都有一定的联系。感烟、感温探测器的保护面积和保护半径见表5-3。

表5-3　感烟、感温探测器的保护面积和保护半径

火灾探测器的种类	地面面积 S/m^2	房间高度 h/m	探测器的保护面积A和保护半径R					
			房顶坡度θ					
			$\theta \leqslant 18°$		$18° < \theta \leqslant 30°$		$\theta > 30°$	
			A/m^2	R/m	A/m^2	R/m	A/m^2	R/m
感烟探测器	≤80	$h \leqslant 12$	80	6.7	80	7.2	80	8.0
	>80	$6 < h \leqslant 12$	80	6.7	100	8.0	120	9.9
		$h \leqslant 6$	60	5.8	80	7.2	100	9.0
感温探测器	≤30	$h \leqslant 8$	30	4.4	30	4.9	30	5.5
	>30	$h \leqslant 3$	20	3.6	30	4.9	40	6.3

七、探测器与系统的连接

探测器与系统的连接有多线制和总线制，多线制分四线制、三线制、两线制，总线制分四总线和二总线制。

1. 四总线制

四总线制连接方式见图5-24。4条总线为：P线给出探测器的电源、编码、选址信号；T线给出自检信号，以判断探测部位或传输线是否有故障；控制器从S线上获得探测部位的信息；G为公共地线。P、T、S、G均为并联方式连接，S线上的信号对探测部位而言是分时的，从逻辑实现方式上看是“线或”逻辑。

由图5-24可见，从探测器到区域报警器只用4根全总线，另外一根V线为DC 24V，也以总线形式由区域报警控制器接出来，其他现场设备也可使用。控制器与区域报警器的布线为5线，大大简化了系统，尤其是在大系统中，这种布线优点更为突出。

2. 二总线制

二总线制连接是一种最简单的接线方法，用线量更少，但技术的复杂性和难度也提高了。二总线中的G线为公共地线，P线则完成供电、选址、自检、获取信息等功能。二总线系统有树枝形和环形两种。

1）树枝形接线：见图5-25，这种方式应用广泛，这种接线如果发生断线，可以报出断线故障点，但断点之后的探测器不能工作。

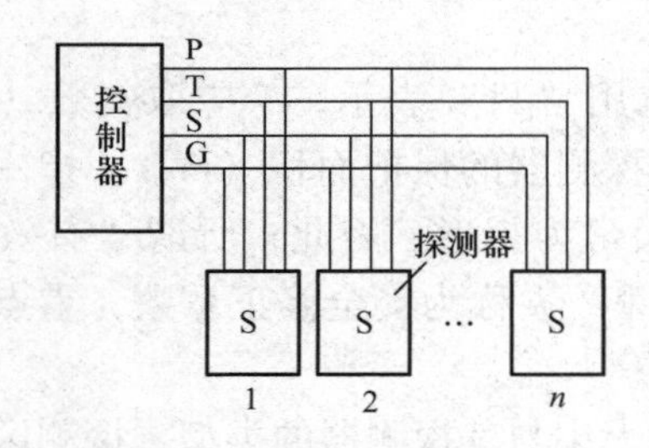

图5-24 四总线制连接方式

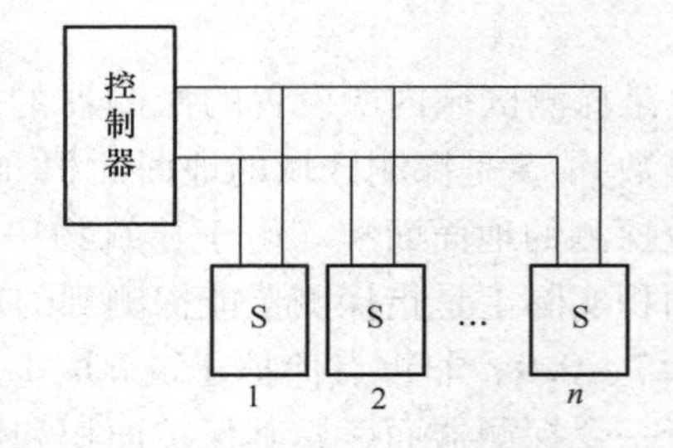

图5-25 树枝形接线（二总线制）

2）环形接线：见图5-26，这种连接方式要求两根总线与控制器输出端子构成环形。这种接线方式如中间发生断线不影响系统正常工作。

总线制系统采用地址编码技术，整个系统只用几根总线，建筑物内布线极其简单，给设计、施工及维护带来了极大的方便，因此被广泛采用。但是总线制连接时应避免出现短路，一旦总线回路中出现短路，则整个回路失效，甚至损坏部分控制器和探测器。为了保证系统正常运行和免受损失，必须采取短路隔离措施，如分段加装短路隔离器，见图5-27。短路隔离器用在传输总线上，对各分支作短路时的隔离作用。有些探测器本身也具有短路隔离器的作用。

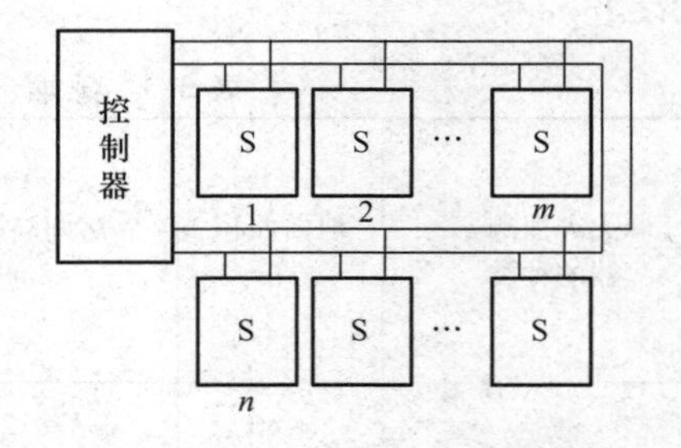

图5-26 环形接线（二总线制）

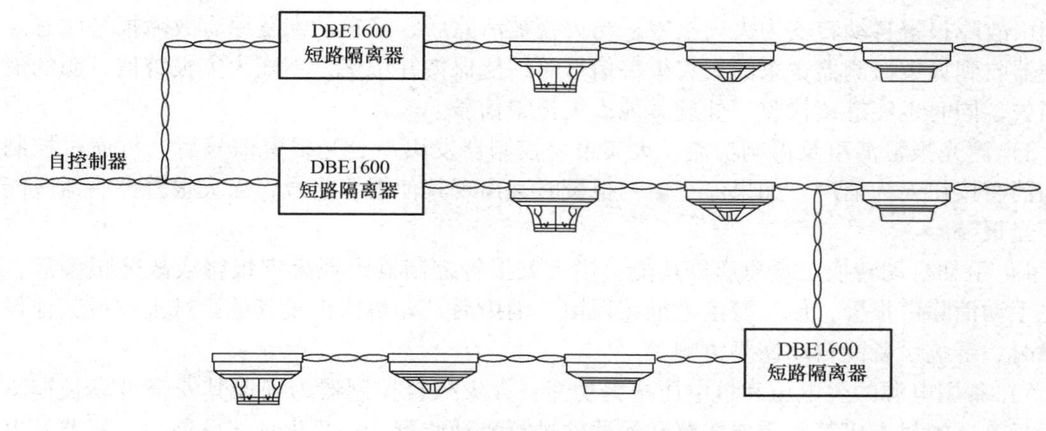

图 5-27　短路隔离器的应用实例

第三节　火灾报警控制器

火灾报警控制器是消防系统的核心部分，是一种能为火灾探测器供电、接收、显示和传递火灾报警等信号，并能对自动消防等装置发出控制信号的报警装置。它是火灾自动报警系统的重要组成部分。可以独立构成自动监测报警系统，也可以与灭火装置构成完整的火灾自动监控消防系统。

火灾报警控制器在一个火灾自动报警系统中，火灾探测器是系统的"感觉器官"，随时监视着周围环境的情况；而火灾报警控制器，则是该系统的"躯体"和"大脑"，是系统的核心。

一、火灾报警控制器功能

火灾报警控制器的主要作用是供给火灾探测器高稳定的直流电源；监视连接各火灾探测器的传输导线有无断线故障；保证火灾探测器长期、稳定、有效地工作。当火灾探测器探测到火灾后，能接受火灾探测器发来的报警信号，迅速、正确地进行转换和处理，并以声光报警形式，指示火灾发生的具体部位，以便及时采取有效的处理措施。

火灾报警控制器一般应具有火灾报警功能、火灾报警控制功能、故障报警功能、自检功能、信息显示与查询功能和供电功能。其中集中、区域和集中区域兼容型控制器还应满足系统兼容功能的要求。此外，有些火灾报警控制器还具有屏蔽功能、监管功能、系统兼容功能以及软件控制功能。

火灾报警控制器将报警与控制融为一体，其主要功能可归纳如下：

1）火灾报警、故障报警及地址显示功能：将火灾探测器、手动报警按钮或其他火灾报警信号单元发出的火灾信号转换为火灾声、光报警信号，指示具体的火灾部位和时间。迅速而准确地发送火警信号。其中光警信号可显示出火灾地址及何种探测器动作等。火灾报警控制器既具有检查探测回路断路、短路、探测器接触不良或探测器自身故障等功能，也可以进行故障报警。

2）火灾报警优先、火灾报警记忆功能：在系统存在故障的情况下出现火警，报警控制器能由故障报警自动转变为火灾报警，当火警被清除后，又自动恢复原有故障报警状态。当控制器收到火灾探测器送来的火灾报警信号时，能保持并记忆，不随火灾报警信号源的消失而消失，同时也能继续接收、处理其他火灾报警信号。

3）声光报警消声及再响功能：火灾报警控制器发出声、光报警信号后，可通过控制器上的消声按钮人为消声，如果停止声响报警时又出现其他报警信号，火灾报警控制器应能进行声光报警。

4）手动自动转换及紧急启停功能：当火灾报警控制器出现火灾报警或故障报警后，可首先手动消除声报警，但光警信号继续保留。消声后，如再次出现其他区域火灾或其他设备故障时，音响设备能自动恢复再响。

5）备用电源的欠电压和过电压报警功能：火灾报警控制器为确保其安全可靠长期不间断运行，还能对本机某些重要线路和元器件进行自动监测。一旦出现线路断线、短路及电源欠电压、失电压等故障时，及时发出有别于火灾的故障声、光报警。

6）时钟单元功能：当火灾报警时，能指示并记录准确的报警时间。火灾报警控制器具有记忆功能。当出现火灾报警或故障报警时，能立即记忆火灾或事故地址与时间，尽管火灾或事故信号已消失，但记忆并不消失。火灾报警控制器还能启动自动记录设备，记下火灾状况，以备事后查询。输出控制单元用于火灾报警时的联动控制或向上一级报警控制器输送火灾报警信号。

7）火灾报警控制器在发出火警信号经适当延时，还能发出灭火控制信号，启动联动灭火设备。具有联动控制输出手动、自动选择功能，手动时可点对点直接启动现场被控设备，自动时可通过在控制器上预先设置的逻辑编程程序自动启动现场控制设备。

8）显示、打印功能：大屏幕的LCD汉字显示及友好的人机界面提示功能，方便了用户的操作与维护。提供了全面的信息自动记录功能及汉字打印输出功能，便于事后资料的查询。

二、火灾报警控制器结构原理与接口技术

（一）火灾自动报警系统结构原理

以微型计算机为基制的火灾自动报警系统见图5-28。火灾探测器和消防控制设备与微处理器间的连接必须通过输入输出接口来实现。

数据采集器（DGP）一般多安装于现场，它一方面接收探测器发来的信息，经变换后，通过传输系统送至微处理器进行运算处理；另一方面，它又接收微处理器发来的指令信号，经转换后向现场有关监控点的控制装置传送。显然，DGP是微处理器与现场监控点进行信息交换的重要设备，是系统输入输出接口电路部件。

传输系统的功能是传递现场（探测器、灭火装置）与微处理器之间的所有信息，一般由两条专用电缆线构成数字传输通道，它可以方便地加长传输距离，扩大监控范围。

对于不同型号的微机报警系统，其主控台和外围设备的数量、种类也是不同的。通过主控台可校正（整定）各监控现场正常状态值（即给定值），并对各监控现场控制装置进行远距离操作，显示设备各种参数和状态。主控台一般安装在中央控制室或各监控区域的控制室内。

外围设备一般应设有打印机、记录器、控制接口、警报装置等。有的还具有闭路电视监

控装置，对被监控现场火情进行直接的图像监控。

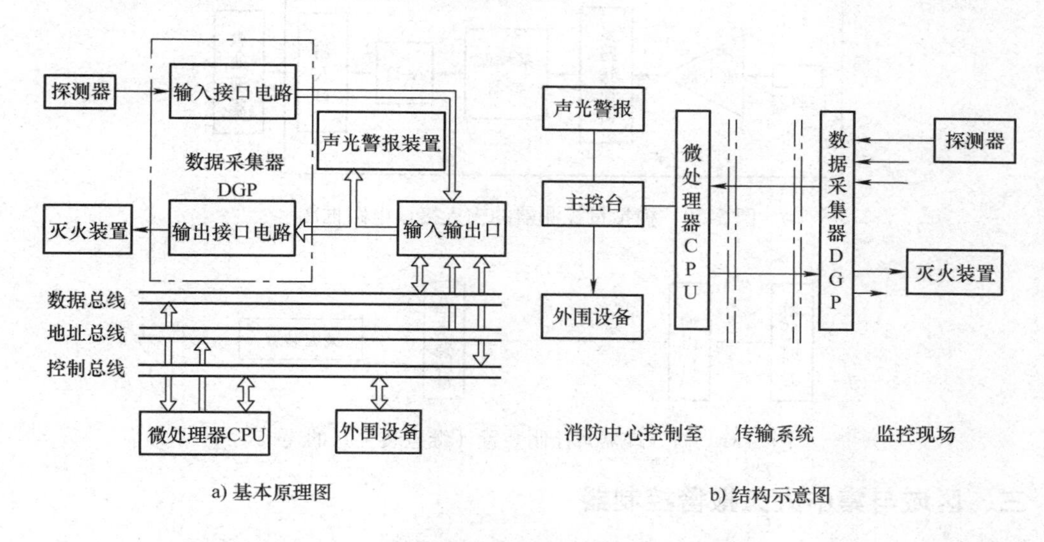

a) 基本原理图　　b) 结构示意图

图 5-28　以微型计算机为基制的火灾自动报警系统

（二）接口技术

接口电路包括输入接口电路和输出接口电路两种。

1）开关量探测器输入接口电路：开关量探测器的信号输出有的是有触点的开关量信号（如手动报警按钮、机械式探测器），有的是无触点的开关量信号（如电子式探测器）。

开关量探测器输入接口电路见图 5-29。

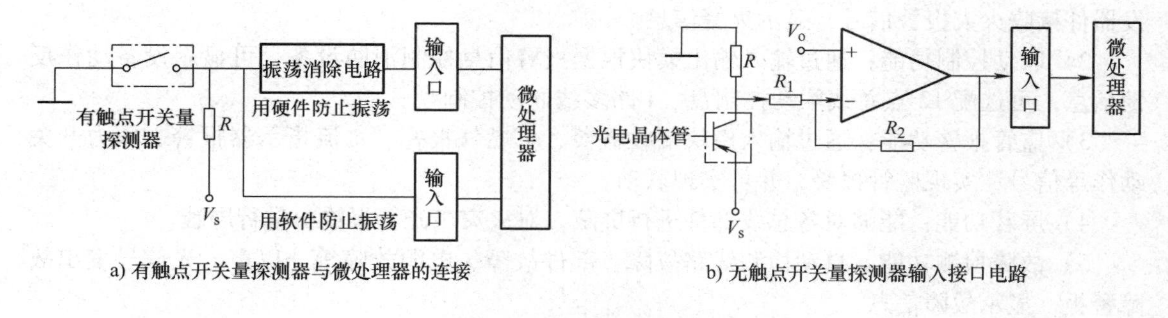

a) 有触点开关量探测器与微处理器的连接　　b) 无触点开关量探测器输入接口电路

图 5-29　开关量探测器输入接口电路

2）模拟量探测器的输入接口电路：现采用的模拟量探测器接口电路一般包括前置放大、多路转换、采样保护、A-D 转换几部分，见图 5-30。图中多路转换器可对许多被监控现场的状态进行巡回检测。

3）输出接口电路：微处理器的输出也是数字信号，如果系统的控制装置需要用模拟信号进行操作时，则应将数字信号通过适当的输出接口电路（D-A 转换器）还原成相应的模拟量，以驱动控制装置动作。但是在大多数系统中，都是利用微处理器输出的数字信号去控制一些继电装置，再由继电装置去开启灭火装置，见图 5-31。

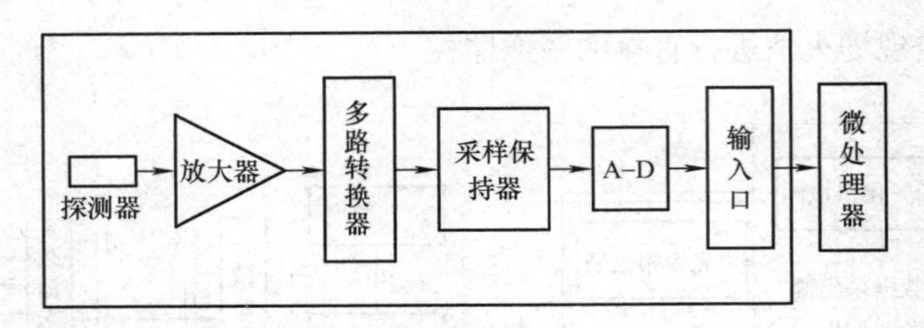

图 5-30 模拟量探测器的输入接口电路框图

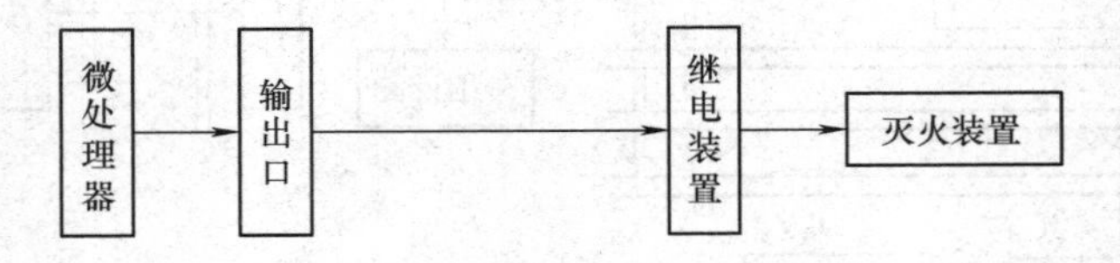

图 5-31 微处理器与控制装置（继电装置）的连接

三、区域与集中火灾报警控制器

区域报警控制器与集中报警控制器在结构上没有本质区别，只是在功能上分别适应区域报警工作状态与集中报警工作状态。

（一）区域报警控制器

区域报警控制器适用场所为计算机房、资料室、配电室、变电站、通信基站、餐厅、酒吧等小型消防报警工程。

1. 区域报警控制器的功能

1）火灾报警功能：通过感烟探测器、感温探测器、输入模块、手动报警按钮等火灾触发器件接收火灾报警信号，显示火警信息。

2）联动控制功能：通过输入输出模块根据报警信息控制消防设备，可显示设备动作反馈信息，可选配 12 点总线联动控制盘、4 路多线联动控制盘。

3）监管报警功能：通过输入模块接收盗警、可燃气报警、水流指示器报警、压力开关动作等信号，实现监管报警，并可实现联动。

4）屏蔽功能：能够对各总线部件进行屏蔽，对火灾声光警报输出进行屏蔽。

5）故障检测功能：自动检测线路故障、部件故障、电源故障等，以声、光信号发出故障警报，显示故障信息。

6）系统测试功能：登录部件编号及当前地址，可直接进行地址设置、编程，查看探测器检测值，对回路任一部件进行自检。

7）网络通信功能：可实现局域联网通信，具有 RS232/RS485 串行通信接口，可与楼宇自动化或其他系统相连。

8）黑匣子功能：能自动存储火警、预警、监管、故障等历史记录信息。

9）打印功能：能自动打印火警、预警、监管等信息，并能打印部件清单等。

10）主、备电自动切换功能：能进行主、备电自动切换，并具有相应的指示。

11）操作权限：为防止无关人员误操作，可通过密码限定操作级别，密码可任意设置。

2. 区域报警控制器的特点

1）可实现对系统电路和模拟量探测器输出值的监视。可靠性高，误报率低。

2）可探测器为单位分别采集、传输、显示、记录其设置环境的参数，进行自我诊断，并且实现预报警。

3）可在液晶屏上用汉字显示各种信息，明白易懂。

4）采用IC存储卡管理数据库，可靠性高，操作简便。

5）具有各种自检功能和定期自动试验功能。

6）对普通型探测器兼容。

7）具备中文语音合成报警功能。

8）具有直接启动按键。

3. 区域报警控制器的基本单元

1）声光报警单元：它将本区域各个火灾探测器送来的火灾信号转换为报警信号，即发出声响报警并在显示器上以光的形式显示着火部位。

2）记忆单元：其作用是记下第一次报警时间。

3）输出单元：一方面将本区域内火灾信号送到集中报警控制器显示火灾报警，另一方面向有关联动灭火子系统输出操作指令信号。输出信息指令的形式可以是电位信号也可以是继电器触点信号。

4）检查单元：其作用是检查区域报警控制器与探测器之间连线出现断路、探测器接触不良或探测器被取走等故障。检查单元设有故障自动监测电路。当线路出现故障，故障显示黄灯亮和故障声报警同时动作。通常检查单元还设有手动检查电路，模拟火灾信号逐个检查每个探测器工作是否正常。

5）电源单元：将220V交流电通过该单元转换为本装置所需要的稳定直流电压，直流电压等级为24V、18V、10V、1.5V等，以满足区域报警控制器正常工作需要，同时向本区域探测器供电。

4. 区域报警控制器主要技术指标及功能

1）供电方式：交流主电AC 220V $\pm^{10}_{15}\%$，频率（50±1）Hz；直流备电DC 24V，全封闭蓄电池。

2）监控功率与额定功率：分别指报警控制器在正常监控状态和发生火灾报警时的最大功率。例如，某火灾报警控制器监控功率≤10W，报警功率≤50W。

3）使用环境：指报警控制器使用场所的温度及相对湿度值。

4）容量：指报警控制器能监控的最大部位数。

5）系统布线数：指区域报警控制器与探测器、集中报警控制器之间的连接线数。

6）报警功能：指报警控制器确定有火灾或故障信号时，能将火灾或故障信号转换成声、光报警信号。

7）外控功能：区域报警控制器一般都设有若干对常开（或常闭）外控触点。外控触点的动作，可驱动相应的灭火设备。

8）故障自动监测功能：当任何回路的探测器与报警控制器之间的连线断路或短路，探测器与底座接线接触不良，以及探测器被取走等，报警控制器都能自动地发出声、光报警，也即报警控制器具有自动监测故障的功能。

9）火灾报警优先功能：当火灾与故障同时发生，或故障在先火灾在后（只要不是发生在同一回路上），故障报警让位于火灾报警。当区域报警控制器与集中报警控制器配合使用时，区域报警控制器能优先向集中报警控制器发出火警信号。

10）系统自检功能：当检查人员按下自检按钮，报警控制器自检单元电路便分组依次对探测器发出模拟火灾信号，对探测器及其相应报警回路进行自动巡回故障检查。

11）电源及监控功能：区域报警控制器设有备用电源，同时还设有电源过电流、过电压保护、故障报警及电压监测装置等。

（二）集中报警控制器

集中报警控制器是区域报警控制器的上位控制器，除具有区域报警控制器的基本单元外，还有其他一些单元。集中报警控制器集火灾报警、联动控制、监管报警、防盗报警、可燃气报警、对讲电话、网络通信等多种功能于一体。可适用于各类宾馆、写字楼、办公楼、住宅楼、体育馆、图书馆、各类库房等大、中型消防报警工程。

1. 集中报警控制器的功能

1）火灾报警功能：以二总线制方式挂接感烟、感温探测器、输入模块、手动报警按钮等火灾触发器件，以声、光信号发出火警警报，并通过液晶和数码管显示火灾发生的部位、时间、火警总数及报警部件的地址、类型等信息。具有接收来自同一探测区域两个或两个以上火灾报警信号才能确定发出火灾报警信号的功能；具有接收到不同部位两只火灾探测器的火灾报警信号后才能确定发出火灾报警信号的功能。

2）联动控制功能：通过四总线挂接输入/输出模块，根据报警信息以灵活多样的方式控制各类消防设备，且联动点不受限制，能最大限度地满足用户的需要，可显示设备动作的反馈信息，包括设备类型、模块类型、模块地址、安装位置、动作时间等。

能进行手动/自动切换，在手动状态下，对任何设备都可通过菜单选择按类型、分区或地址进行起动、停止。

可选配多线联动控制盘，实现声光报警输出（火警时动作，用于控制声光报警设置）和直接输出联动控制（通过切换模块直接控制泵类等重要设备）。

可选配总线联动控制盘，通过编程可实现对各类、各分区、各具体部件的控制。

3）监管报警功能：通过输入模块接收盗警、可燃气报警、水流指示器报警、压力开关动作等信号，实现监管报警，通过液晶和数码管显示报警部位、时间以及报警部件的地址、类型等信息，并可实现联动。

4）屏蔽功能：对各总线部件以及火灾声光警报输出进行屏蔽。

5）故障检测功能：自动检测总线和多线联动输出的线路故障（包括短路、断路）、部件故障、电源故障等，以声、光信号发出故障警报，并通过液晶和数码管显示故障发生的部位、时间、故障总数以及故障部件的地址、类型等信息。

6）系统兼容功能：可现场设置为集中控制器、区域控制器或独立型火灾报警控制器，构成对等式网络通信系统。区域控制器可向集中控制器自动上传火灾报警、联动控制、故障报警、监管报警、屏蔽、延时、自检等信息，并接收、处理集中控制器的相关指令。

集中控制器能接收和显示来自各区域控制器的火灾报警、联动控制、故障报警、监管报警、屏蔽、延时、自检等信息，进入相应状态，并能向区域控制器发出控制指令。

7）对讲电话功能：通过面板上的对讲电话插孔，插入电话分机与报警现场进行通话，方便、实用；现场插入电话分机时，控制器能发出电话振铃声。

8）系统测试功能：登录部件编号及当前地址，直接进行地址设置、编程；能以单点、多点方式查看探测器检测值；能对回路任一部件进行自检。

9）网络通信功能：可连接各区域报警控制器、集中报警控制器和计算机 CRT 显示系统，实现局域联网通信，具有 RS232/ RS485 串行通信接口，可与楼宇自动化或其他系统相连，可通进行远程通信。

10）黑匣子功能：自动存储火警、预警、监管、联动、故障、屏蔽等历史记录及开关机记录等。

11）编程功能：具有极其便利的屏幕编辑功能，能自动提示输入数据错误的位置，并给出正确数据的范围，通过控制器本身所带的键盘完成全部编程，可对系统中任何设备及其所在位置进行汉字注释，非常直观，可通过计算机进行编程下载及数据上传，可通过 U 盘进行编程下载及数据上传。

12）查询功能：查询所有火警、预警、监管、联动、故障、屏蔽和编程等信息，对任何部件都可按地址、类型、楼层等进行查询，能够以最便捷的方式，最快地查询到所需要的信息。

13）打印功能：能自动打印实时火警信息、预警信息、监管信息和联动动作信息，并能打印部件清单。

14）主、备电自动切换功能：进行主、备电自动切换，并具有相应的指示，备电具有欠电压保护功能，避免蓄电池因放电过度而损坏。

15）操作权限：为防止无关人员误操作，可通过密码限定操作级别，密码可任意设置。

2. 集中报警控制器基本单元

1）声光报警单元：与区域报警控制器类似。但不同的是火灾信号主要来自各区域报警控制器，发出的声光报警显示火灾地址是区域（或楼层）、房间号。集中报警控制器也可直接接收火灾探测器的火灾信号而给出火灾报警显示。

2）记忆单元：与区域报警控制器相同。

3）输出单元：当火灾确认后，输出联动控制信号。

4）总检查单元：其作用是检查集中报警控制器与区域报警控制器之间的连接线是否完好，有无断路、短路现象，以确保系统工作安全可靠。

5）巡检单元：依次周而复始地逐个接收由各区域报警控制器发来的信号，即进行巡回检测，实现集中报警控制器的实时控制。图 5-32 为集中报警控制器巡检方式图。

6）电话单元：通常在集中报警控制器内设置一部直接与 119 通话的电话。

7）电源单元：与区域报警控制

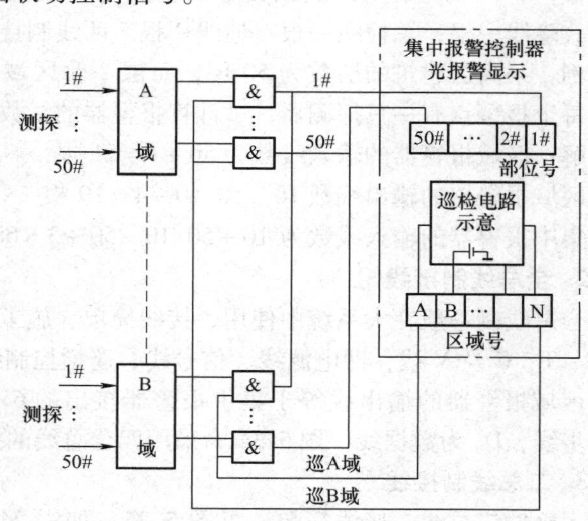

图 5-32　集中报警控制器巡检方式图

器相同，但功率比区域报警控制器大。

3. 集中报警控制器主要技术指标

集中报警控制器在供电方式、使用环境要求、外控功能、监控功率与额定功率、火灾优先报警功能等与区域报警控制器类似。不同之处有：

1）容量：指集中报警控制器监控的最大部位数及所监控的区域报警控制器的最大台数。如某集中报警控制器控制的区域报警控制器为60个，而每个区域报警控制器监控的部位为60个，则集中报警控制器的容量为$60 \times 60 = 3600$个部位，基本容量为60。

2）系统布线数：指集中报警控制器与区域报警控制器之间的连线数。

3）巡检速度：指集中报警控制器在单位时间内巡回检测区域报警控制器的个数。

4）报警功能：集中报警控制器接收到某区域报警控制器发送的火灾或故障信号时，便自动进行火警或故障部位的巡检并发出声光报警。可手动按钮消音，但不影响光报警信号。

5）故障自动监测功能：检查区域报警控制器与集中报警控制器之间的连线是否连接良好，区域报警控制器接口电子电路与本机工作是否正常。如发现故障，则集中报警控制器立即发出声光报警。

6）自检功能：与区域报警控制器类似，当检查人员按下自检按钮，即把模拟火灾信号送至各区域报警控制器。如有故障，显示这一组的部位号，不显示的部位号为故障点。对各区域的巡检，有助于了解和掌握各区域报警控制器的工作情况。

（三）火灾报警控制器的线制

1. 两线制接线

1）区域报警器的输入线$=N+1$根，N为本区域报警部位数。

2）区域报警器的输出线$=10+n/10+4$根，10为部位显示器的个数，$n/10$为巡检分组的线数（取整数），n报警回路数；4包括地线一根，层号线一根，故障线一根，总检线一根。

3）集中报警器的输入线$= 10+n/10+S+3$根，n为报警器回路数，10为部位显示器的个数，$n/10$为巡检分组的线数（取整数），S为集中报警器所控制区域报警器的台数，3包括故障线一根，总检线一根，地线一根。两线制接线多应用在小系统中。

例 某高层建筑的层数为50层，每层一台区域报警器，每台区域报警器带50个报警点，每个报警点有一只探测器，试计算报警器的线数并画出接线图。

解：区域报警器的输入线数为$50+1=51$根

区域报警器的输出线数$10+50/10+4=19$根

集中报警器的输入线数为$10+50/10+50+3=68$根，接线图详见图5-33。

2. 全总线制接线

全总线制一般在大系统中使用，接线简单，施工方便。区域报警器的输入线为5根，即P、S、T、G及V线，即电源线、信号线、巡检控制线、回路地线及DC 24V线。

区域报警器的输出线等于集中报警器接出的6条总线：P_0、S_0、T_0、G_0、C_0、D_0，C_0为同步线，D_0为数据线。图5-34为采用四全总线的接线示意图。

3. 二总线制接线

无极性二总线，接线简单，见图5-35。如需24V电源的部位可引入无极性24V电源总线。

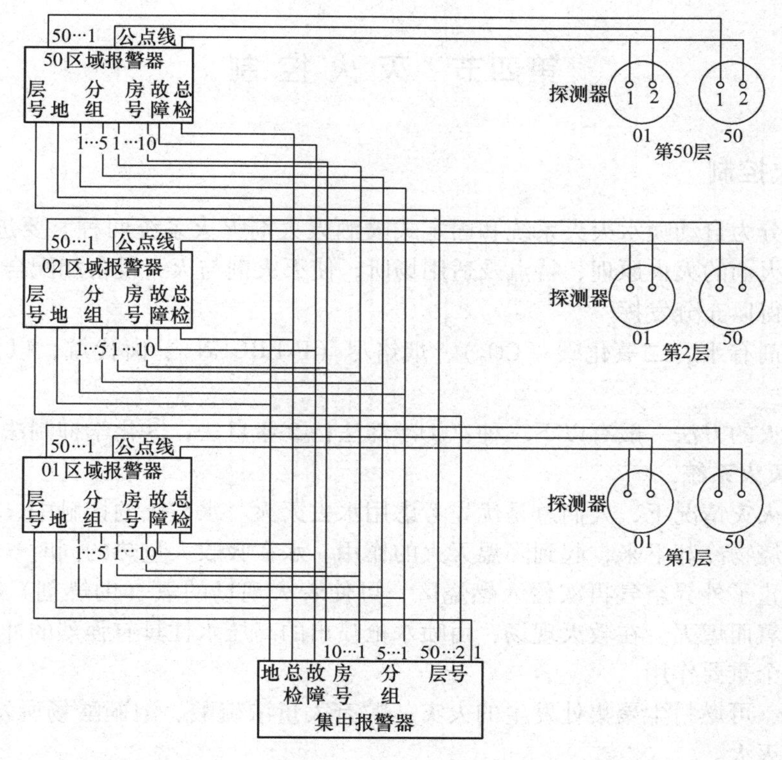

图 5-33　两线制的接线图

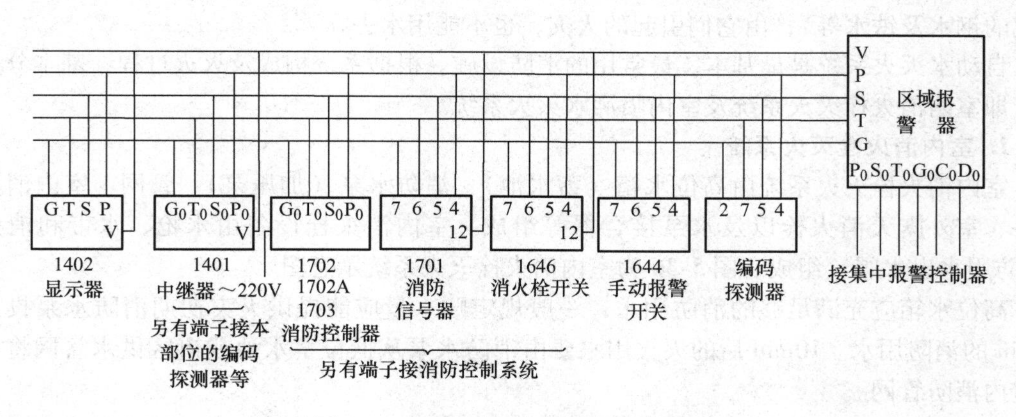

图 5-34　采用四全总线的接线示意图

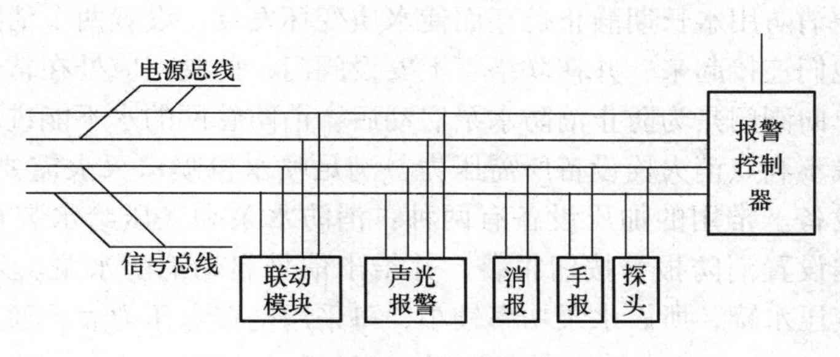

图 5-35　采用二总线的接线示意图

第四节 灭火控制

一、灭火控制

灭火一般分为自动喷水灭火系统和固定式喷洒灭火剂灭火系统两种。要进行灭火控制，就必须掌握灭火剂的灭火原理、特点及适用场所，使灭火剂与灭火设备相配合，消防系统的灭火能力才能得以充分发挥。

常用灭火剂有水、二氧化碳（CO_2）、烟烙尽（INERGEN）、卤代烷，以及泡沫、干粉灭火剂等。

灭火剂灭火的方法一般有以下三种：①冷却法；②窒息法；③化学抑制法。

（一）水灭火系统

在大面积火灾情况下，人们总是优先考虑用水去灭火。水与火的接触中，吸收燃烧物的热量，而使燃烧物冷却下来，起到降温灭火的作用。水在吸收大量热的同时被汽化，并产生大量水蒸汽阻止了外界空气再次侵入燃烧区，可使着火现场的氧（助燃剂）得以稀释，导致火灾由于缺氧而熄灭。在救火现场，由喷水枪喷出的高压水柱具有强烈的冲击作用，同样是水灭火的一个重要作用。

电气火灾、可燃粉尘聚集处发生的火灾，贮有大量浓硫酸、浓硝酸场所发生的火灾等，都不能用水去灭火。

一些与水能生成化学反应的产生可燃气体且容易引起爆炸的物质（如碱金属、电石、熔化的钢水及铁水等），由它们引起的火灾，也不能用水去扑灭。

自动水灭火系统是最基本、最常用的消防设施。根据系统构成及灭火过程，基本分为两类，即室内消火栓灭火系统及室内喷洒水灭火系统。

1. 室内消火栓灭火系统

室内消火栓灭火系统由高位水箱（蓄水池）、消防水泵（加压泵）、管网、室内消火栓设备、室外露天消火栓以及水泵接合器等组成。室内消火栓设备由水枪、水带和消火栓（消防用水出水阀）组成。图 5-36 为室内消火栓灭火系统示意图。

高位水箱应充满足够的消防用水，一般规定贮水量应能提供火灾初期消防水泵投入前 10min 的消防用水。10min 后的灭火用水要由消防水泵从低位蓄水池或市区供水管网将水注入室内消防管网。

高层建筑的消防水箱应设置在屋顶，宜与其他用水的水箱合用，让水箱中的水经常处于流动状态，以防止消防用水长期静止贮存而使水质变坏发臭。设置两个消防水箱时，用联络管在水箱底部将他们连接起来，并在联络管上安设阀门，此阀门应处在常开状态。

水箱下部的单向阀门是为防止消防水泵启动后，消防管网的水不能进入消防水箱而设。

为保证楼内最不利点消火栓设备所需压力，满足喷水枪喷水灭火需要的充实水柱长度，常需要采用加压设备。常用的加压设备有两种：消防水泵和气压给水装置。采用消防水泵时，可用消火栓内设置消防报警按钮报警，并给出信号启动消防水泵。采用气压给水装置时，由于采用了气压水罐，所以水泵功率较小，可采用电接点压力表，通过测量供水压力来控制水泵的启动。

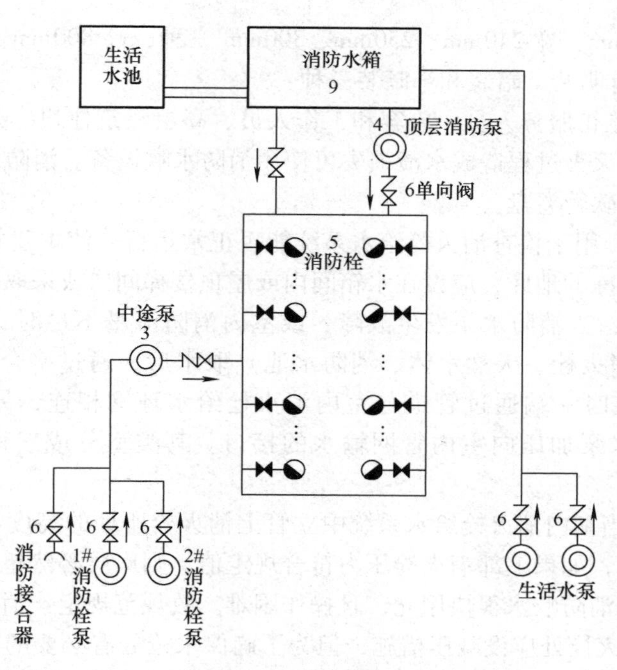

图5-36　室内消火栓灭火系统示意图

为确保由高位水箱与管网构成的灭火供水系统可靠供水，还需对供水系统施加必要的安全保护措施。例如，在室内消防给水管网上设置一定数量的阀门，阀门应经常处于开启状态，并有明显的启闭标志。同时阀门位置的设置还应有利于阀门的检修与更换。屋顶消火栓的设置，对扑灭楼内和邻近大楼火灾都有良好的效果，同时它又是定期检查室内消火栓供水系统供水能力的有效措施。消防接合器是消防车往室内管网供水的接口，为确保消防车从室外消火栓、消防水池或天然水源取水后安全可靠地送入室内供水管网，在水泵接合器与室内管网的连接管上，应设置阀门、单向阀门及安全阀门，尤其是安全阀门可防止消防车送水压力过高而损坏室内供水管网。

在一些高层建筑中，为弥补消防水泵供水时扬程不足，或降低单台消防水泵的容量以达到降低自备应急发电机组的额定容量，往往在消火栓灭火系统中增设中途接力泵。

在消火栓箱内的按钮盒，通常是联动的一常开一常闭按钮触点，可用于远距离启动消防水泵。

室内消火栓给水系统的主要设施有：

1）室内消火栓设备：室内消火栓由消火栓、水带、水枪和带玻璃门的消火栓箱组成。

水枪：分13mm、16mm、19mm三种规格，一般低层选13mm、16mm，高层要求水枪口径不小于19mm；

水带：有麻质和化纤之分，口径一般为50mm和65mm，长度有15m、20m、25m三种。高层建筑水带长度不大于25m。

消火栓：有单出口和双出口之分，口径一般为50mm和65mm，每支水枪的最小流量不小于2.5L/s时可选用50mm消火栓，每支水枪的最小流量不小于5L/s时宜选用65mm消火栓，高层消火栓必须选用65mm消火栓。

消火栓箱长650mm，宽240mm、250mm、300mm三种，高800mm。消火栓栓口安装高度1.1m，安装方式有明装、暗装和半暗装三种。

2）消防水喉：旅馆服务人员、旅客和工作人员、高层建筑住户、办公楼工作人员等为扑灭初期火灾并减少灭火过程造成水渍损失可使用消防水喉设备。消防水喉分两类：自救式小口径消火栓和消防软管卷盘。

3）屋顶消火栓：用于检查消火栓给水系统能否正常运行，使本建筑免受邻近建筑火灾的波及。注意可能结冻的地区，应设在水箱间内或屋顶楼梯间内或采取防冻措施。

4）水泵接合器：当消防水泵发生故障，或室内消防流量不足时，通过消防车或移动水泵向水源（室外消火栓、天然水体、消防水池）取水后，通过接合器向室内管网输水，供应火场灭火。安装时一端通过管道与室内消火栓给水环网相连，另一端是设于室外的可供消防车或移动水泵加压向室内管网输水的接口。其类型分成三种，地上、地下、墙壁式。

5）减压措施：当室内消火栓给水系统中立管上消火栓所处的高度不同，其立管底层附近消火栓口压力偏大，如果上部消火栓压力符合规定值，则底层必然超压，压力过大将导致底层消防流量过大，消防贮水很快用光，且操作困难。故规范规定：消火栓栓口的出水压力大于0.5MPa时，消火栓处应设减压措施，但为了确保水枪处有必要的有效射程，减压后消火栓处的压力不得小于25m水柱。自喷系统最不利喷头处的压力不得小于10m水柱。

分类：包括减压阀，减压孔板、减压稳压消火栓三大类。

作用：用于减去给水系统中过高的压力，包括动压和静压。

当静水水体所产生的压力，即减压阀关闭、水流静止时，减压阀进口处和出口处的表压力。当在减压阀通水状态下，减压阀进口处或出口处的表压力。静压和动压均可减的包括：减压阀和减压稳压消火栓。减压孔板可以减动压。减压阀包括比例式和可调式两类。

6）消防水箱：设置原则是消防水箱对扑灭初期火灾有重要作用。为确保自动供水的可靠性，消防水箱均采用重力供水方式。重要建筑和超过50m的高层建筑，宜设置两个并联，以备检修和清洗时仍保证灭火初期消防用水。现行规范要求：消防水箱需单独设置。

对多层建筑，若设置常高压消防给水系统，可不设消防水箱，只有设置临时高压给水系统的建筑，才设高位（分区）消防水箱。对高层建筑，若设置常高压消防给水系统，同样不设消防水箱，只有设置临时高压给水系统的建筑，才设高位消防水箱。消防贮水量可以按下述方案考虑：低层：10min的消防用水量；当室内消防用水量不超过25L/s时，经计算水箱消防贮水量超过12m^3，仍可采用12m^3；当室内消防用水量超过25L/s时，经计算水箱消防贮水量超过18m^3，仍可采用18m^3。高层：一类公建不小于18m^3，二类公建和一类居住不小于12m^3，二类居住建筑不小于6m^3。消防水箱设置高度及要求为低层时，消防水箱置于多层建筑最高处即可。高层时高位水箱的设置高度应保证最不利点消火栓的静水压力。当建筑高度不超过100m时，高层建筑最不利点的静水压力不低于7m水柱，当建筑高度超过100m时，高层建筑最不利点的静水压力不低于15m水柱，若高位消防水箱不能满足上述静压要求时，应设增压措施。消防水泵的出水，不能进入消防水箱。

7）消防增压设施：当消防水箱设置高度不能满足规范要求时，须采取补救措施，常见的补救措施是设置增压泵、稳压泵和气压给水设备。增压泵由于流量及扬程不高，且为了节省面积、方便安装，常采用管道泵。管道泵为无水泵机组底座，水泵进出水管直接与管道相连的离心泵。当火灾初期，消防水箱供水时，其水压不能满足建筑物顶部几层的消火栓充实水柱要求时，用以加压。

8）消防水泵及水泵房：室内消防给水的消防泵应设在消防泵房内，消防泵房宜与其他用途的泵房合建，以便管理。

设在底层的消防水泵房，应有直通室外的安全出口，消防水泵房与消防控制中心有直接的通信联络设备，消防泵房应有双电源，若不能保证双电源，则必须有备用发电设备。

消防控制中心、消火栓、压力开关等设备均可远距离启动消防泵，消防水泵房也可电动或手动启动消防泵。消防水泵应有工作能力不小于消防主泵的备用泵，每台消防泵设独立的吸水管，采用自灌式吸水，水泵的出水管上装设试验和检查用的放水阀门。设有两台或多台消防泵的泵站，应有两条或两条以上的消防泵出水管与消防环网相连。

2. 室内喷洒水灭火系统

我国《高层民用建筑设计防火规范》中规定，在高层建筑及建筑群体中，除了设置重要的消火栓灭火系统以外，还要求设置自动喷洒水灭火系统。根据使用环境及技术要求，该系统可分为湿式、干式、预作用式、雨淋式、喷雾式及水幕式等多种类型。

室内喷洒水灭火系统具有系统安全可靠，灭火效率高，结构简单，使用、维护方便，成本低且使用期长等特点。在火灾的初期，灭火效果尤为明显。

（1）湿式喷洒水灭火系统

自动喷水灭火属于固定式灭火系统。它随时监视火灾，是最安全可靠的灭火装置，适用于温度不低于4℃（低于4℃受冻）和不高于50℃（高于50℃失控，易误动作造成火灾）的场所。

湿式喷水灭火系统由闭式洒水喷头、湿式报警阀、延迟器、水力警铃、压力开关（安在干管上）、水流指示器、管道系统、供水设施、报警装置及控制盘等组成，见图5-37，主要部件如表5-4所列。其灭火系统动作程序图见图5-38。

湿式自动喷水灭火系统原理是当发生火灾时，温度上升，喷头开启喷水，管网压力下降，报警阀后压力下降使阀门开启，接通管网和水源以供水灭火。管网中设置的水流指示器感应到水流动时，发出电信号。管网中压力开关因管网压力下降到一定值时，也发出电信号，启动水泵供水，消防控制室同时接到信号。

系统中水流指示器（水流开关）的作用是把水的流动转换成电信号报警的部件。其电接点即可直接启动消防水泵，也可接通电警铃报警。

在多层或大型建筑的自动喷水灭火系统中，在每一层或每分区的干管或支管的始端需安装一个水流指示器。为了便于检修分区管网，水流指示器前宜装设安全信号阀。

（2）干式喷洒水灭火系统

干式自动喷水灭火系统适用于室内温度低于4℃或年采暖期超过240天的不采暖房间，或高于50m的建筑物、构筑物内。它是除湿式系统以外使用历史最长的一种闭式自动喷水灭火系统，其组成示意图见图5-39。当火灾发生时，闭式喷头周围的温度升高，在达到其动作温度时，闭式喷头的玻璃球爆裂，喷水口开放。但首先喷射出来的是空气，随着管网中压力下降，水即顶开干式阀门流入管网，并由闭式喷头喷水灭火。

表 5-4　主要部件表

编号	名　称	用　途	编号	名　称	用　途
1	高位水箱	储存初期火灾用水	13	水池	储存1h火灾用水
2	水力警铃	发出音响报警信号	14	压力开关	自动报警或自动控制
3	湿式报警阀	系统控制阀，输出报警水流	15	感烟探测器	感知火灾，自动报警
4	消防水泵接合器	消防车供水口	16	延迟器	克服水压液动引起的误报警
5	控制箱	接收电信号并发出指令	17	消防安全指示阀	显示阀门启闭状态
6	压力罐	自动启闭消防水泵	18	放水阀	试警铃阀
7	消防水泵	专用消防增压泵	19	放水阀	检修系统时，放空用
8	进水管	水源管	20	排水漏斗（或管）	排走系统的出水
9	排水管	末端试水装置排水	21	压力表	指示系统压力
10	末端试水装置	试验系统功能	22	节流孔板	减压
11	闭式喷头	感知火灾，出水灭火	23	水表	计量末端试验装置出水量
12	水流指示器	输出电信号，指示火灾区域	24	过滤器	过滤水中杂质

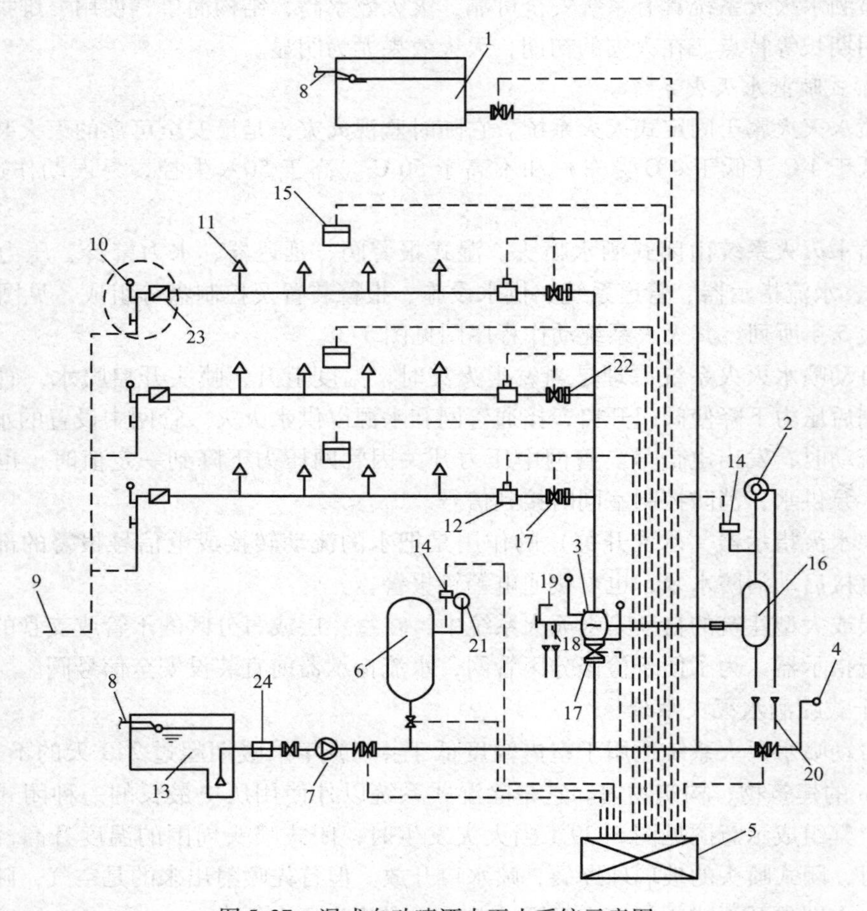

图 5-37　湿式自动喷洒水灭火系统示意图

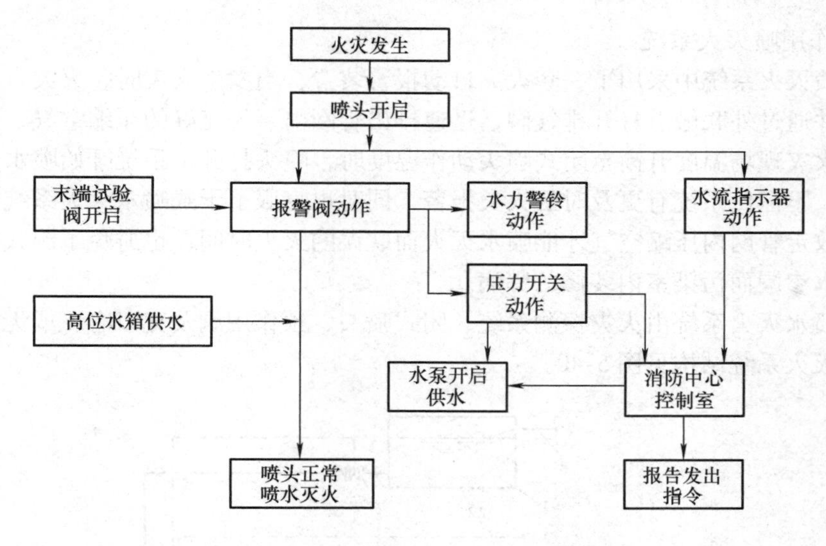

图 5-38　湿式自动喷洒水灭火系统动作程序图

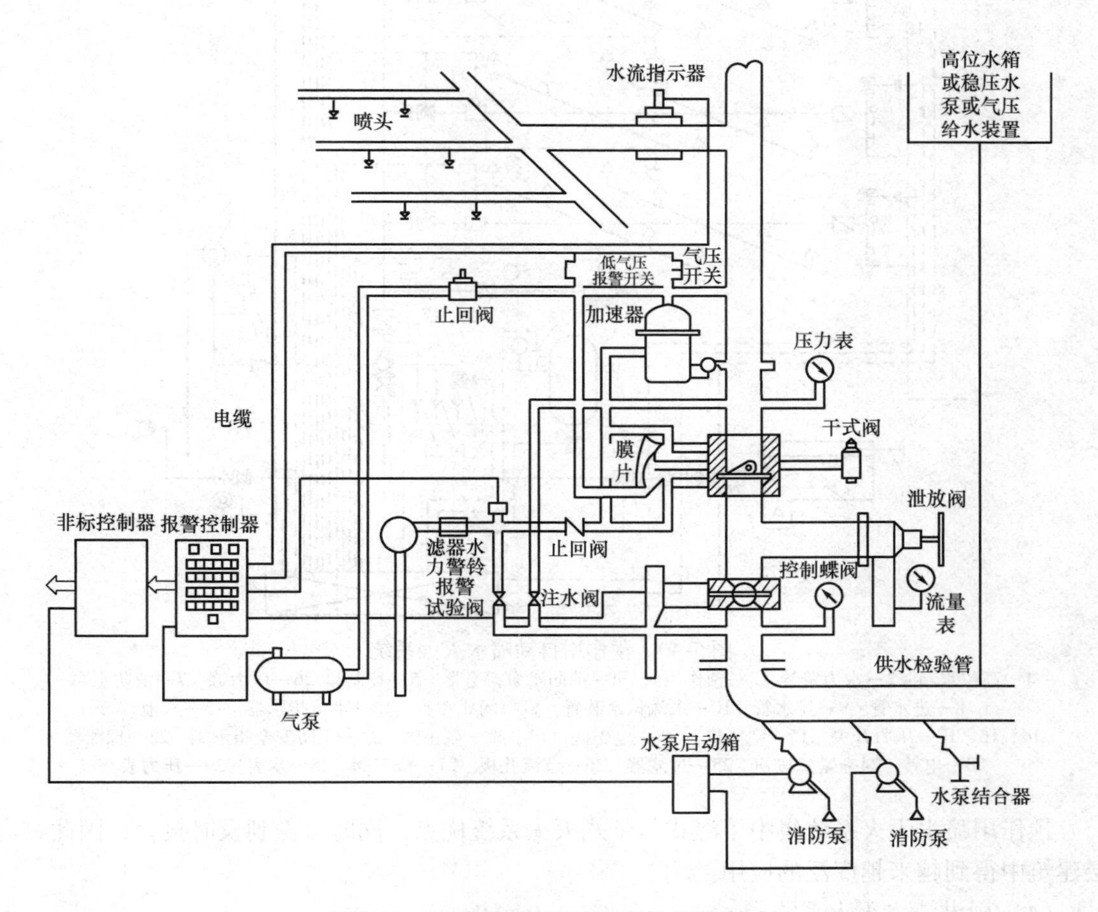

图 5-39　干式喷洒水灭火系统组成示意图

（3）预作用喷灭火系统

预作用喷灭火系统中采用了一套火灾自动报警装置，当发生火灾时，火灾自动报警系统首先报警，并通过外联触点打开排气阀，迅速排出管网内事先充好的压缩空气，使消防水进入管网。当火灾现场温度升高至闭式喷头动作温度时，喷头打开，系统开始喷水灭火。因此这种预作用，不但使系统有更及时的火灾报警，同时也克服了干式喷水灭火系统在喷头打开后，必须先放走管网内压缩空气才能喷水灭火而耽误的灭火时间，也避免了湿式喷水灭火系统存在消防水渗漏而污染室内装修的弊病。

预作用喷水灭火系统由火灾探测系统、闭式喷头、预作用阀及充以有压或无压气体的管道组成。其灭火系统结构见图 5-40。

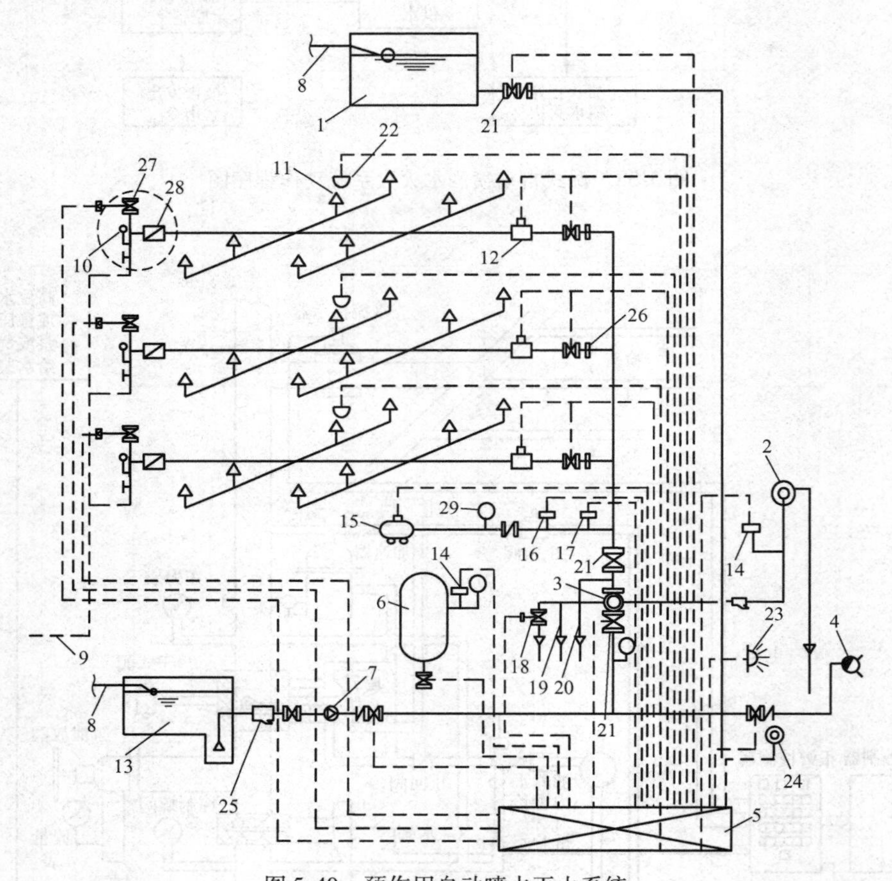

图 5-40 预作用自动喷水灭火系统

1—高位水箱 2—水力警铃 3—预作用阀 4—消防水泵接合器 5—控制箱 6—压力罐 7—消防水泵 8—进水管 9—排水管 10—末端试水装置 11—闭式喷头 12—水流指示器 13—水池 14、16、17—压力开关 15—空压机 18—电磁阀 19、20—截止阀 21—消防安全指示阀 22—探测器 23—电铃 24—紧急按钮 25—过滤器 26—节流孔板 27—排气阀 28—水表 29—压力表

预作用喷水灭火系统集中了湿式与干式灭火系统优点，同时可做到及时报警，因此在高层建筑中得到越来越广泛的应用。

（4）雨淋喷水灭火系统

该系统采用开式喷头，开启式喷头无温感释放元件，按结构有双臂下垂型、单臂下垂型、双臂直立型和双臂直立型4种。当雨淋阀动作后，保护区上所有开式喷头便一起自动喷水，大面积均匀灭火，效果十分显著。但这种系统对电气控制要求较高，不允许有误动作或不动作现象。此系统适用于需要大面积喷水灭火并需快速制止火灾蔓延的危险场所，如剧院舞台、大型演播厅等。

雨淋喷水灭火系统由高位水箱、喷洒水泵、供水设备、雨淋阀、管网、开式喷头及报警器、控制箱等组成，图5-41为由雨淋阀组成的灭火系统。

该系统在结构上与湿式喷水灭火系统类似，只是该系统采用了雨淋阀而不是湿式报警阀。如前所述，在湿式喷水灭火系统中，湿式报警阀在喷头喷水后便自动打开，而雨淋阀则是由火灾探测器启动、打开，使喷淋泵向灭火管网供水。发生火灾时，被保护现场的火灾探测器动作，启动电磁阀，从而打开雨淋阀，由高位水箱供水，经开式喷头喷水灭火。当供水管网水压不足时，经压力开关检测并起动消防喷淋泵，补充消防用水，以保证管网水流的流量及压力。为充分保证灭火系统用水，通常在开通雨淋阀的同时，应尽快起动消防水泵。

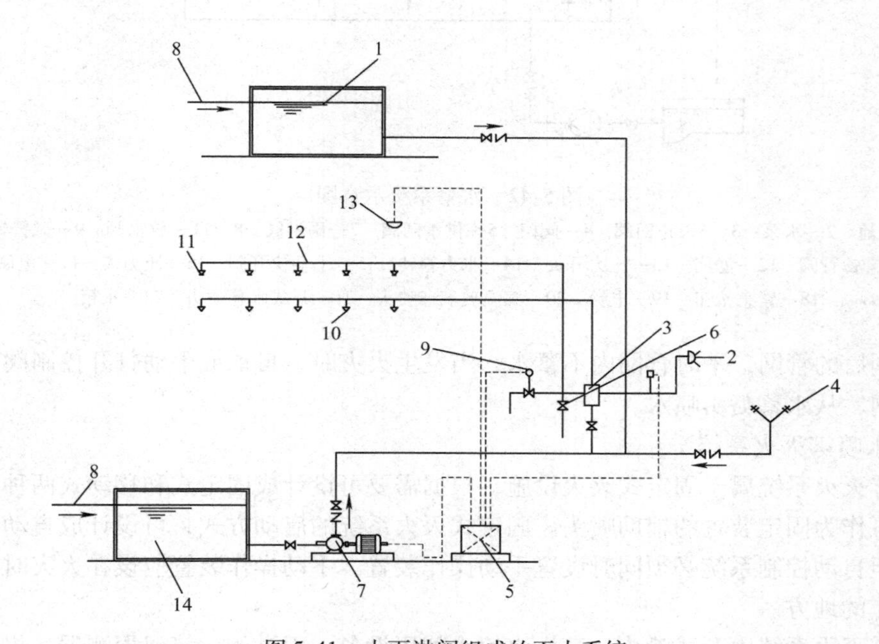

图5-41　由雨淋阀组成的灭火系统

1—高位水箱　2—水力警铃　3—雨淋阀　4—水泵接合器　5—电控箱　6—手动阀　7—水泵　8—进水管　9—电磁阀　10—开式喷头　11—闭式喷头　12—传动管　13—火灾探测器　14—水池

雨淋喷水灭火系统中设置的火灾探测器，除能启动雨淋阀外，还能将火灾信号及时输送至报警控制柜（箱），发出声、光报警，并显示灭火地址。灭火时，压力开关、水力警铃（系统中未画出）也能实现火灾报警。

（5）水幕系统

该系统的开式喷头沿线状布置，将水喷洒成水帘幕状，发生火灾时主要起阻火、冷却、隔离作用，是不以灭火为直接目的的一种系统。该系统适用于需防火隔离的开口部位，如舞台与观众之间的隔离水帘、消防防火卷帘的冷却等。

水幕系统由火灾探测报警装置、雨淋阀（或手动快开阀）、水幕喷头、管道等组成，见图5-42。

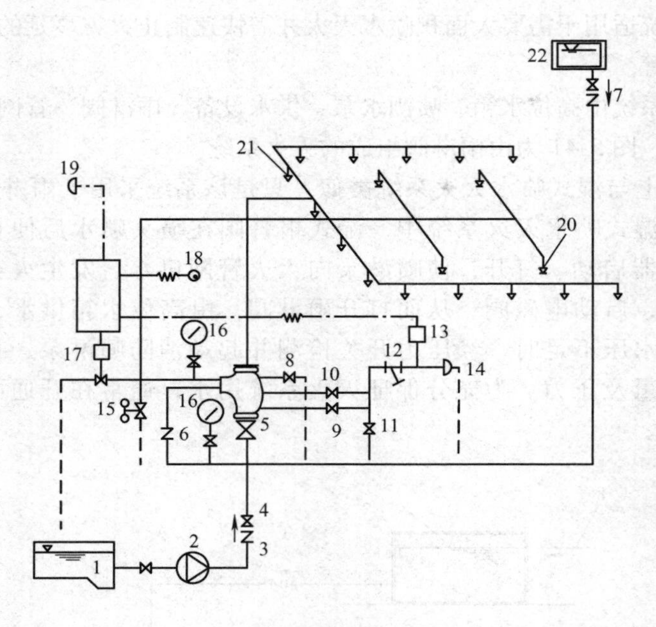

图5-42 水幕系统示意图

1—水池 2—水泵 3、6—止回阀 4—阀门 5—供水闸阀 7—雨淋阀 8、11—放水阀 9—试警铃阀 10—警铃管阀 12—滤网 13—压力开关 14—水力警铃 15—手动快开阀 16—压力表 17—电磁阀 18—紧急按钮 19—电铃 20—感温玻璃球喷头 21—开式水幕喷头 22—水箱

控制阀后的管网，平时管网内不蓄水，当发生火灾时，自动或手动打开控制阀门后，水才进入管网，从水幕喷头喷水。

(6) 水喷雾灭火系统

水喷雾灭火系统属于固定式灭火设施，根据需要可设计成固定式和移动式两种装置。移动式喷头可作为固定装置的辅助喷头。固定式灭火系统的启动方式，可设计成自动和手动控制系统，但自动控制系统必须同时设置手动操作装置。手动操作装置应设在火灾时容易接近且便于操作的地方。

水喷雾灭火系统由开式喷头、高压水给水加压设备、雨淋阀、感温探测器、报警控制盘等组成，见图5-43。

水的雾化质量好坏与喷头的性能及加工精度有关。如供水压力增高，水雾中的水粒变细，有效射程也增大，考虑到水带强度、功率消耗及实际需要，中速水雾喷头前的水压一般为0.38～0.8MPa。

该系统用喷雾喷头把水粉碎成细小的水雾滴之后喷射到正在燃烧的物质表面，通过表面冷却、窒息以及乳化、稀释的同时作用实现灭火。由于水喷雾具有多种灭火机理，使其具有适用范围广的优点，不仅可以提高扑灭固体火灾的灭火效率，同时由于水雾具有不会造成液体火飞溅、电气绝缘性好的特点，在扑灭可燃液体火灾、电气火灾中均得到了广泛应用。

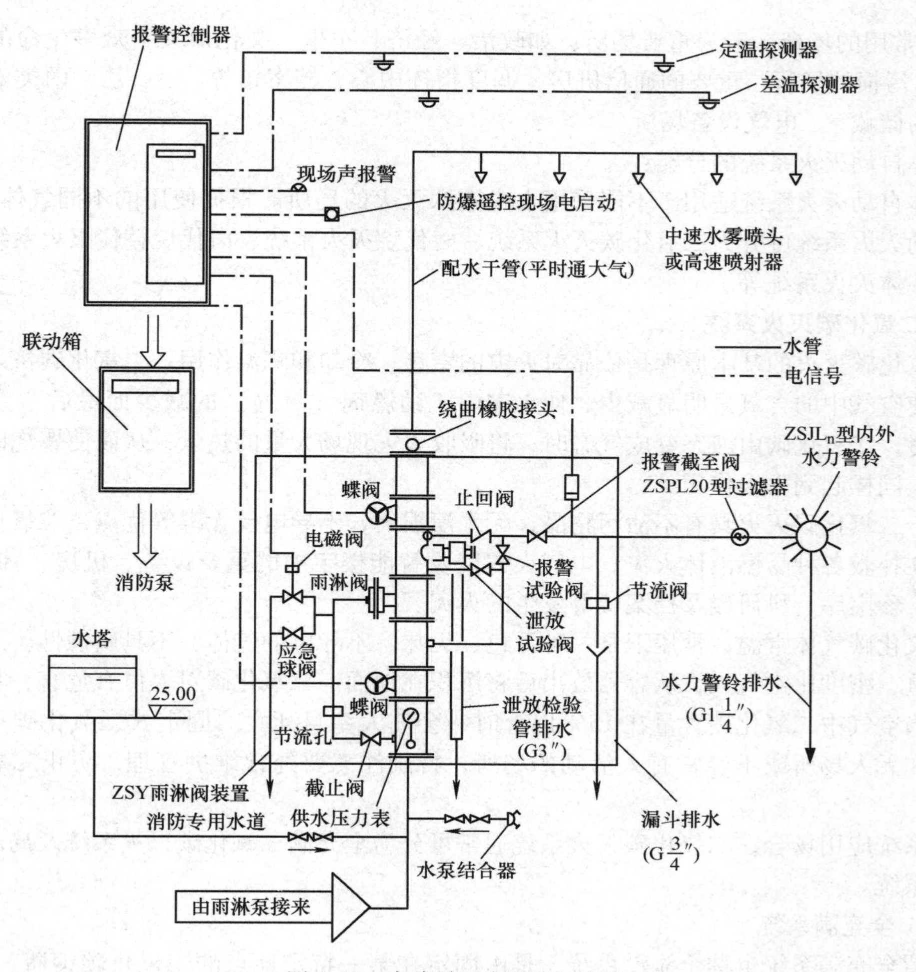

图 5-43 水喷雾灭火系统示意图

(二) 气体灭火系统

气体灭火系统的特点：

(1) 气体灭火系统的优点：灭火效率高，灭火速度快。气体灭火系统多为自动控制，探测、启动及时。对火的抑制速度快，可以快速将火灾控制在初期。几秒到几分钟就可以将火扑灭。适应范围广，可以有效地扑灭固体火灾、液体火灾、气体火灾、电气设备火灾。对被保护物不造成二次污染。

(2) 气体灭火系统的缺点：系统的一次投资较大，对大气环境的影响，由于气体灭火系统的冷却效果较差，灭火浓度维持时间短，所以不能扑灭固体物质深位火灾。另外被保护对象限制条件多。

气体灭火系统的适应范围：

1) 适宜用气体灭火系统扑救的火灾，如液体火灾或石蜡、沥青等可熔化的固体火灾。气体火灾。固体表面火灾及棉毛、织物、纸张等部分深位火灾以及电气设备火灾。

2) 不适宜用气体灭火系统扑救的火灾，如硝化纤维、火药等含氧化剂的化学制品火灾，钾、钠、镁、钛等活泼金属火灾，氢化钾、氢化钠等氢化物火灾。

3）常用的场合一般为重要场所：如政治、经济、军事、文化及关乎众多生命的重要场合。怕水污损的场所：重要的通信机房，调度指挥中心，档案馆等。甲、乙、丙类液体和可燃气体的储藏室，电气设备场所。

气体自动灭火系统的分类：

气体自动灭火系统适用于不能采用水或泡沫灭火的场所。根据使用的不同气体灭火剂，气体自动灭火系统可分为二氧化碳灭火系统、卤代烷灭火系统、卤代烷替代灭火系统以及烟烙尽等气体灭火系统等。

1. 二氧化碳灭火系统

二氧化碳灭火的基本原理是依靠对火灾的窒息、冷却和降温作用。二氧化碳挤入着火空间时，使空气中的含氧量明显减少，使火灾由于助燃剂（氧气）的减少而最后“窒息”熄灭。同时，二氧化碳由液态变成气态时，将吸收火灾现场大量的热量，从而使燃烧区温度大大降低，同样起到灭火作用。

由于二氧化碳灭火具有不沾污物品，无水渍损失，不导电及无毒等优点，二氧化碳被广泛应用在扑救各种易燃液体火灾，电气火灾以及智能楼宇中的重要设备、机房、计算机房、图书馆、珍宝库、科研楼及档案楼等发生的火灾。

二氧化碳气体常温、常压下是一种无色、无味、不导电的气体，不具腐蚀性。二氧化碳比空气重，密度比空气大，从容器放出后将沉积在地面。二氧化碳对人体有危害，具有一定毒性，当空气中二氧化碳含量在15%以上时，会使人窒息死亡。固定式二氧化碳灭火系统应安装在无人场所或不经常有人活动的场所，特别注意要经常维护管理，防止二氧化碳的泄漏。

按系统应用场合，二氧化碳灭火系统通常可分为全充满二氧化碳灭火系统及局部二氧化碳灭火系统。

（1）全充满系统

所谓全充满系统也称全淹没系统，是由固定在某一特定地点的二氧化碳钢瓶、容器阀、管道、喷嘴、控制系统及辅助装置等组成。此系统在火灾发生后的规定时间内，使被保护封闭空间的二氧化碳浓度达到灭火浓度，并使其均匀充满整个被保护区的空间，将燃烧物体完全淹没在二氧化碳中。

全充满系统在设计、安装与使用上都比较成熟，因此是一种应用较为广泛的二氧化碳灭火系统。

管网式结构或称固定式结构是全充满二氧化碳灭火系统的主要结构形式。这种管网式灭火系统按其作用的不同，可分为单元独立型及组合分配型。

1）单元独立型灭火系统：该系统是由一组二氧化碳钢瓶构成的二氧化碳源、管路及喷嘴（喷头）等组成，主要负责保护一个特定的区域，且二氧化碳贮存装置及管网都是固定的。其系统构成见图5-44。

发生火灾时，火灾探测器将火灾信号送至控制盘，控制盘驱动报警器发出火灾声、光报警，并同时驱动电动启动器，打开二氧化碳钢瓶，放出二氧化碳，并经喷嘴将二氧化碳喷向特定保护区域，系统中设置的手动按钮起动装置供人工操作报警并启动二氧化碳钢瓶，实现灭火。压力继电器用以监视二氧化碳管网气体压力，起保护管网作用。

2）组合分配型灭火系统：该系统同样是由一组二氧化碳钢瓶构成的二氧化碳源、管路及开式喷头等构成，其负责保护的区域是两个以上多区域。因此该系统在结构上与单元独立型有所不同，其主要特征是在二氧化碳供给总路干管上需分出若干路支管，再配以选择阀，可选通各自保护的封闭区域的管路，系统结构见图5-45。

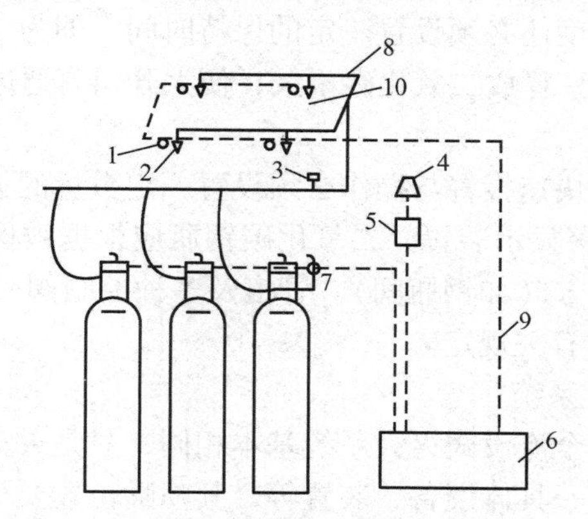

图5-44 单元独立型灭火系统

1—火灾探测器 2—喷嘴 3—压力继电器 4—报警器 5—手动按钮起动装置 6—控制盘 7—电动启动器 8—二氧化碳输气管道 9—控制电缆线 10—被保护区

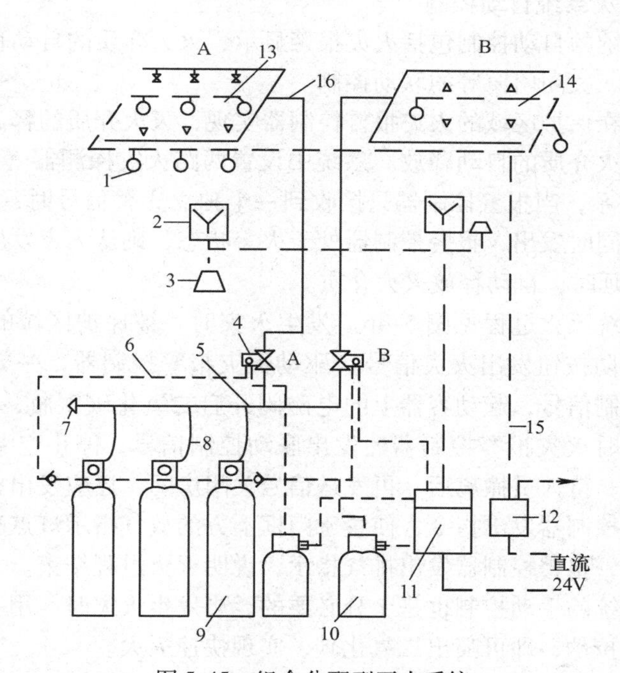

图5-45 组合分配型灭火系统

1—火灾探测器 2—手动按钮起动装置 3—报警器 4—选择阀 5—总管 6—操作管控制盘 7—安全阀 8—连接管 9—贮存容器 10—起动用气体容器 11—报警控制装置 12—控制盘 13—被保护区1 14—被保护区2 15—控制电缆线 16—二氧化碳支管

组合分配型二氧化碳灭火系统其作用原理与单元独立型相同，火灾区域内由火灾探测器负责报警并启动二氧化碳钢瓶，开启通向火灾区域的选择阀，喷出二氧化碳扑灭火灾，系统同样也配有手动操作方式。

对于全淹没系统，由于被保护区域是封闭型区域，所以在起火后，利用二氧化碳灭火必须将被保护区域的房门、窗以及排风道上设置的防火阀全部关闭，然后再迅速启动二氧化碳灭火系统，以避免二氧化碳灭火剂的流失。在封闭的被保护区内充以二氧化碳灭火剂时，为确保灭火需要的二氧化碳浓度还必须设置一定的保持时间，即为二氧化碳灭火提供足够的时间（通常认为最少1h），切忌释放二氧化碳不久，便大开门窗通风换气，这样很可能会造成死灰复燃。

在被保护区内，为实现快速报警与操作必须设置一定数量的火灾探测器和人工报警装置（手动按钮）及其相应的报警显示装置。二氧化碳钢瓶应根据被保护区域需要进行设置，且应将其设置在安全可靠的地方（如钢瓶间）。管道及多种控制阀门的安装也应满足《高层民用建筑设计消防规范》中的有关规定。

（2）局部二氧化碳灭火系统

局部灭火系统的构成与全淹没式灭火系统基本相同，只是灭火对象不同。局部灭火系统主要针对某一局部位置或某一具体设备、装置等。其喷嘴位置要根据不同设备来进行不同的排列，每种设备各自有不同的具体排列方式，无统一规定。原则上，应该使喷射方向与距离设置得当，以确保灭火的快速性。

（3）二氧化碳灭火系统自动控制

二氧化碳灭火系统的自动控制包括火灾报警显示、灭火介质的自动释放灭火以及切断被保护区的送、排风机、关闭门窗等的联动控制。

火灾报警由安置在保护区域的火灾报警控制器实现，灭火介质的释放同样由火灾探测器控制电磁阀，实现灭火介质的自动释放。系统中设置两路火灾探测器（感烟、感温），两路信号形成“与”的关系，当报警控制器只接收到一个独立火警信号时，系统处于预警状态，当两个独立火灾信号同时发出，报警控制器处于火警状态，确认火灾发生，自动执行灭火程序。再经大约30s的延时，自动释放灭火介质。

二氧化碳灭火系统灭火过程见图5-46。发生火灾时，被保护区域的火灾探测器探测到火灾信号后（或由消防按钮发出火灾信号）驱动火灾报警控制器，一方面发出火灾声、光报警，同时又发出控制信号，起动容器上的电磁阀开启二氧化碳钢瓶，灭火介质自动释放，并快速灭火。与此同时火灾报警控制器还发出联动控制信号，停止空调风机、关闭防火门等，并延时一定时间，待人员撤离后，再发送信号关闭房间，还应发出火灾声响报警。待二氧化碳喷出后，报警控制器发出指令，使置于门框上方的放气指示灯点亮，提醒室外人员不得进入。火灾扑灭后，报警控制器发出排气指示，说明灭火过程结束。

二氧化碳灭火系统的手动控制也是十分必要的。当发生火灾时，用手直接开启二氧化碳容器阀或将放气开关拉动，即可喷出二氧化碳，实现快速灭火。

装有二氧化碳灭火系统的保护场所（如变电所或配电室），一般都在门口加装选择开关，可就地选择自动或手动操作方式。当有工作人员进入里面工作时，为防止意外事故，即避免有人在里面工作时喷出二氧化碳影响健康，必须在入室之前把开关转到手动位置。离开时关门之后复归自动位置。同时也为避免无关人员乱动选择开关，宜用钥匙型转换开关。

2. 卤代烷替代灭火系统

卤代烷替代灭火系统可以分成IG541灭火系统、七氟丙烷灭火系统、三氟甲烷灭火系统和SDE灭火系统。

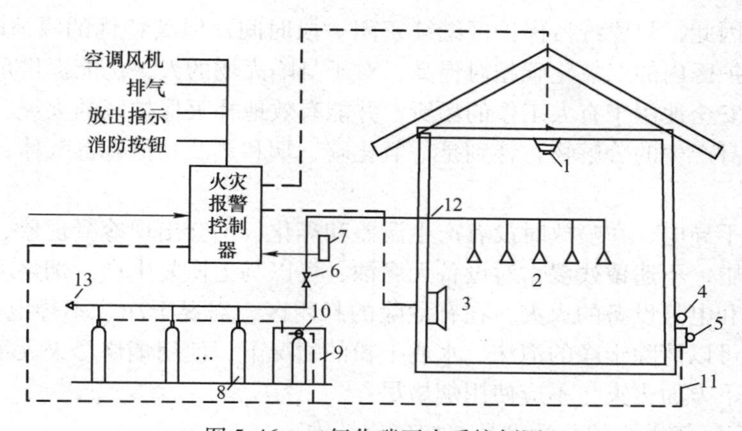

图5-46　二氧化碳灭火系统例图

1—火灾探测器　2—喷头　3—警报器　4—放气指示灯　5—手动起动按钮　6—选择阀　7—压力开关　8—二氧化碳钢瓶　9—起动气瓶　10—电磁阀　11—控制电缆　12—二氧化碳管线　13—安全阀

IG541灭火系统由美国安素公司研制，优点表现在可以用于有人的场所，而缺点是气体储存，导致钢瓶数量多，成本大。

七氟丙烷灭火系统（FM200）是由美国大湖公司开发的一种化学方式灭火的洁净气体灭火剂。它无色、无味、低毒、不导电、不污染被保护对象。特别是对大气臭氧层无破坏作用，符合环保要求。该灭火剂的灭火效能高、速度快、无二次污染。主要适用于电子计算机房、电讯中心、地下工程、海上采油平台、图书馆、档案馆、珍品库、配电房等重要场所。

三氟甲烷灭火系统中的三氟甲烷是一种无色、微味、低毒、不导电的气体，密度大约是空气的密度的2.4倍，在一定压力下呈液态，不含溴和氯，对大气臭氧层无破坏作用。灭火速度快于二氧化碳和IG541。

SDE灭火系统的主要原料为天然碳素材料、气体催化剂、气化速率稳定剂、氧化反应降温剂和其他物质。SDE灭火剂在常温下以固态形式储存，工作是经过电子气化启动器激活催化剂，促使灭火剂启动，发生反应，产生大量的气体（CO_2 35%，N_2 25% 气态水39%）雾化金属氧化物。该系统是目前已开发出来的替代物中的较优者，它对臭氧层没有破坏，灭火设计基本浓度为6%，且具有良好的清洁性，良好的气相电绝缘性及系统使用中良好的物理性能。

3. 烟烙尽气体灭火系统

烟烙尽是自然界存在的氮气、氩气和二氧化碳气体的混合物，不是化学合成品，是无毒的灭火剂，也不会因燃烧或高温而产生腐蚀性分解物。烟烙尽不会破坏大气层，是卤代烷灭火剂的替代品。

烟烙尽气体按氮气52%、氩气40%、二氧化碳8%的比例进行混合，是无色无味的气体，以气体的形式储存于储存瓶中。它排放时不会形成雾状气体，人们可以在视觉清晰的情况下安全撤离保护区。由于烟烙尽的密度与空气接近，不易流失，有良好的浸渍时间。

烟烙尽气体对火灾采取了控制、抑制和扑灭的手段。在开始喷放的10s内，在保护区内的含氧量可下降至制止火势扩大的阶段，这时火情已受控。在含氧量下降的过程中，火势会迅速减弱，即受到抑制。在经过控制、抑制过程后，火苗完全扑灭。同时由于烟烙尽和空气分子结构接近，因此，只要维持保护区继续密闭一段时间，以其特优的浸渍时间防止复燃。另外，虽然在保护区内的二氧化碳相对提高，对于身陷火场的人，仍能提供足够的氧气。因此，烟烙尽可以安全地用于有人工作的场所，并能有效地扑灭保护区的火灾。但是一定要意识到，燃烧物本身产生的分解物，特别是一氧化碳、烟和热及其他有毒气体，会在保护区产生危险。

烟烙尽气体不导电，在喷放时没有产生温差和雾化，不会出现冷凝现象，其气体成分会迅速还原到大气中，不遗留残浸，对设备无腐蚀，可以马上恢复生产。烟烙尽一般用来扑灭可燃液体、气体和电气设备的火灾，在有危险的封闭区，需要干净、不导电介质的设备时，或不能确定是否可以清除干净的泡沫、水或干粉的情况下，使用烟烙尽灭火很有必要。

对于涉及以下方面火灾，不应使用烟烙尽：

1）自身带有氧气供给的化学物品，如硝化纤维。

2）带有氧化剂如氨酸钠或硝酸钠的混合物。

3）能够进行自热分解的化学物品如某些有机过氧化物。

4）活泼的金属。

5）火能迅速深入到固体材料内部。

在合适的浓度下用烟烙尽可以很快地扑灭固体和可燃液体的火灾，但是在扑灭气体火灾时，要特别考虑爆炸的危险，可能的话，在灭火以前或灭火后尽快将可燃的气体隔开来。

烟烙尽气体灭火系统一般设计为固定管网全淹没方式，系统由监控系统、气源贮瓶和释放装置、管道及开式喷头等组成。

（1）组合分配型灭火系统

图 5-47 是 1211 组合分配型灭火系统示意图。该系统由监控系统、灭火剂和释放装置、管道及喷嘴等组成，用一套贮存装置对两个保护区进行全淹没方式灭火。每个保护区对应一个管网、一个选择阀、一个启动气瓶、若干个主瓶及辅瓶（未画出），贮瓶通过软管与集流管相连。

当 A 区发生火灾时，A 区的任一个（或几个）感烟和感温探测器均动作，报警控制器接收到这两个独立火灾信号后，处于复合火警状态，在报警控制器上有对应 A 区火警状态的光显示，并伴有火警声信号，时钟显示停止并记录下复合火警信号输入时间。报警控制器（或通过灭火控制盘）在接到复合火警信号时刻进入灭火程序：首先非延时启动相关部位的联动设备；经过延时，报警控制器或联动控制盘向启动气瓶 A 发出灭火指令，用 24V 直流电压将其瓶头阀中的电爆管引爆。从起动气瓶 A 释放出的高压氮气通过操作气路先将左边的分配阀开启，然后由左边的气体单向阀引导，将全部（5 个）贮瓶上的气动瓶头阀打开，释放 1211 灭火剂。液态的 1211 在高压氮气作用下，由高压软管和液体单向阀引导，进入集流管，通过已打开的分配阀 A，流向 A 区的管网，以一定的压力由喷嘴向 A 区喷射 1211 灭火剂扑灭 A 区火灾。A 区的释放灭火剂指示灯由 A 区管路上的压力信号发生器触点动作而接通。10～20min 后，打开通风系统经过换气后，人员方可进入 A 区。

系统中的容器阀安装在贮瓶瓶口上，故又称瓶头阀，贮存容器通过它与管网系统相连，是灭火剂及增压气体进、出贮存容器的可控通道，容器阀平时封住瓶口不让灭火剂及增压气体泄漏。火灾时便迅速开启，顺利地排放灭火剂。具有封存、释放、加注（充装）超压排放等功能，是系统的重要部件之一。

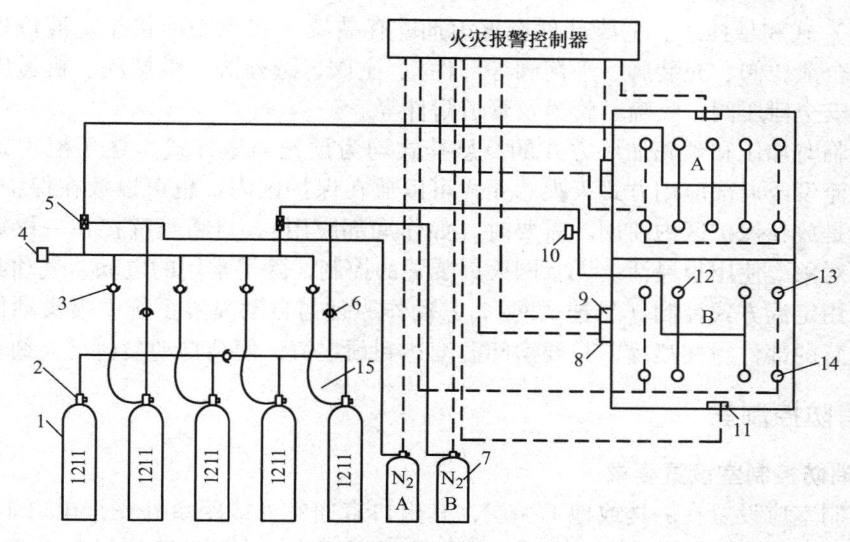

图5-47　1211组合分配型全淹没系统示意图

1—贮存容器　2—容器阀　3—液体单向阀　4—安全阀　5—选择阀　6—气体单向阀　7—启动气瓶　8—施放灭火剂显示灯　9—手动操作盘　10—压力信号器　11—声报警器　12—喷嘴　13—感温探测器　14—感烟探测器　15—高压软管

压力信号发生器是灭火系统的专用元件，可将管道内的压力转换成电信号，实际上是一种压力开关，可作为灭火剂在流动时间内向控制中心作信号反馈用，也可安装在分配阀以后的泄放主管道上作为控制释放灭火剂指示灯用。

安全阀是一种安全泄压装置，在系统正常释放灭火剂时不起作用，安装时泄口不得朝向有人员可能接近的方向。

起动气瓶在灭火剂贮存容器使用气动式瓶头阀和分配阀的系统中要用启动气瓶（气启动器）来提供开启瓶头阀和选择阀的启动气源。瓶头阀上的手柄作为当电爆或电磁阀失效或紧急情况时手动操作用。

灭火系统的喷嘴为开式，有液流型、雾化型及开花型三种，可根据灭火剂的特点及使用要求选用。

卤代烷灭火系统的灭火程序与CO_2类似，灭火剂从容器阀到喷出的时间不超过10s，并根据火场的情况，保持足够的浸渍时间，达到彻底灭火。

这种系统只要改变贮瓶的个数及单向阀的连接关系，设置相应数量的选择阀及管网，就可用于不同数量及体积大小不同的保护区；改变瓶头阀及喷嘴型号，就可用于其他灭火剂（如CO_2、烟烙尽等）的固定灭火装置，从而提高了系统的通用性及经济性。

（2）局部应用系统

局部应用系统是由灭火装置直接、集中地向燃烧着的可燃物体喷射灭火剂的系统，喷射的灭火剂能直接穿透火焰，在到达燃烧物体的表面时，可达到一定的灭火强度（即每平方米燃烧面积在单位时间内需要供给的灭火剂量），并且能将灭火强度维持一定时间，进而有效地将火扑灭。

（3）无管网灭火装置

无管网灭火装置是一种将灭火剂贮存容器、控制和释放部件组合在一起的灭火装置，一般有立（柜）式和悬挂式。主要部件有灭火剂贮存装置（包括制冷机组、液位仪、压力指示装置、安全泄压阀、充装阀、平衡阀等部件）、主阀、选择阀、维修阀、机械应急启动装置、膜片式安全泄压阀、喷嘴、管道及管道附件等。

立式有临时加压和预先加压方式的，悬挂式均为预先加压方式。立（柜）式和悬挂式均可以作全淹没或局部应用方式灭火。立式可以放在保护区内，也可以放在保护区外使用。悬挂式通常是放在保护区内使用。需要时（如作局部应用），可将喷嘴接在一根短管上使用或对准灭火对象，使用很灵活。无管网灭火装置的控制，除了常用的电动、气动和手动方式外，还有的用定温方式控制（悬挂式网），其动作原理与自动喷淋系统中喷头动作类似，用一个感温敏感的部件封住喷嘴，只要房间温度达到预定值，便会自动喷射灭火剂。

二、消防控制室

（一）消防控制室设置要求

消防控制室应设置在一楼或地下一层，其出口直通室外或距室外安全出口不超过20m；消防控制室的门应向疏散方向开启，且入口处应设置明显标志；消防控制室的送、回风管在其穿墙处应设防火阀；严禁无关的电气线路及管路通过；在其周围不应布置电磁干扰较强及其他影响消防控制设备正常工作的设备用房。

（二）消防控制室的设备布置要求

设备面盘前的操作距离：单列布置时不应小于1.5m；双列布置是不应小于2m。在值班人员经常工作的一面，设备面盘至墙的距离不应小于3m。设备盘面后的维修距离不宜小于1m。室内应设接地板，由接地板接至接地装置的接地干线截面积不小于25mm^2。

（三）消防控制室图形显示功能

消防控制室图形显示装置一般应具有状态显示功能、通信故障报警功能、自检功能、信息记录与查询功能和信息传输功能。

（四）消防控制室设备构成

消防控制室应至少由火灾报警控制器、消防联动控制器、消防控制室图形显示装置或其组合设备组成；应能监控消防系统及相关设备（设施），显示相应设备（设施）的动态信息和消防管理信息，向远程监控中心传输火灾报警及其他相应信息。

（五）消防控制室的作用

消防控制室是火灾自动报警系统的控制和信息中心，也是灭火作战的指挥中心。正常时连续监测各种消防设备的工作状态，保证消防设备正常运行；火灾时它是紧急信息汇集、显示、处理的中心，及时、准确地反馈火情的发展过程，正确、迅速地控制各种相关设备，达到疏导和保护人员、控制和扑救火灾的目的。因此，消防控制室是建筑内消防设施控制中心的枢纽。对于防止火灾、减少人员伤亡和财产损失具有十分重要的意义。

（六）消防控制室消防安全管理信息

消防控制室应有建（构）筑物的总平面布局图、建筑消防设施平面布置图、建筑消防系统图及安全出口布置图、重点部位位置图等。消防控制室应有消防安全管理规章制度、应急灭火预案、应急疏散预案等。消防控制室应有消防安全组织结构图，包括消防安全责任人、管理人、义务和（或）专职消防人员等内容。消防控制室应有员工消防安全培训及应急预案演练记录。消防控制室应有值班情况、消防安全检查情况及巡查情况的记录。消防控制室应有消防设施一览表，包括消防设施的类型、数量、状态等内容。消防控制室应有系统竣工图纸、各分系统控制逻辑关系说明、设备使用说明书、系统操作规程、系统和设备（设施）维护保养制度等。消防控制室应定期保存和归档设备运行状况、接报警记录、火灾处理情况、设备检修检测报告等资料。其记录一览表见表5-5。

表5-5　消防控制室资料记录一览表

序号	名　称		内　容
1	基本情况		单位名称、编号、类别、地址、联系电话、邮政编码，消防控制室电话；单位职工人数、成立时间、上级主管（或管辖）单位名称、占地面积、总建筑面积、单位总平面图（含消防车道、毗邻建筑等）；单位法人代表、消防安全责任人、消防安全管理人及专兼职消防管理人的姓名、身份证号码、电话
2	主要建、构筑物等信息	建（构）筑	建筑物名称、编号、使用性质、耐火等级、结构类型、建筑高度、地上层数及建筑面积、地下层数及建筑面积、隧道高度及长度等、建造日期、主要储存物名称及数量、建筑物内最大容纳人数、建筑立面图及消防设施平面布置图；消防控制室位置，安全出口的数量、位置及形式（指疏散楼梯）；毗邻建筑的使用性质、结构类型、建筑高度、与本建筑的间距
		堆场	堆场名称、主要堆放物品名称、总储量、最大堆高、堆场平面图（含消防车道、防火间距）
		储罐	储罐区名称、储罐类型（指地上、地下、立式、卧式、浮顶、固定顶等）、总容积、最大单罐容积及高度、储存物名称、性质和形态、储罐区平面图（含消防车道、防火间距）
		装置	装置区名称、占地面积、最大高度、设计日产量、主要原料、主要产品、装置区平面图（含消防车道、防火间距）
3	单位（场所）内消防安全重点部位信息		重点部位名称、所在位置、使用性质、建筑面积、耐火等级、有无消防设施、责任人姓名、身份证号码及电话
4	室内外消防设施信息	火灾自动报警系统	设置部位、系统形式、维保单位名称、联系电话；控制器（含火灾报警、消防联动、可燃气体报警、电气火灾监控等）、探测器（含火灾探测、可燃气体探测、电气火灾探测等）、手动报警按钮、消防电气控制装置等的类型、型号、数量、制造商；火灾自动报警系统图
		消防水源	市政给水管网形式（指环状、支状）及管径、市政管网向建（构）筑物供水的进水管数量及管径、消防水池位置及容量、屋顶水箱位置及容量、其他水源形式及供水量、消防泵房设置位置及水泵数量、消防给水系统平面布置图
		室外消火栓	室外消火栓管网形式（指环状、支状）及管径、消火栓数量、室外消火栓平面布置图
		室内消火栓系统	室内消火栓管网形式（指环状、支状）及管径、消火栓数量、水泵接合器位置及数量、有无与本系统相连的屋顶消防水箱
		自动喷水灭火系统（含雨淋、水幕）	设置部位、系统形式（指湿式、干式、预作用，开式、闭式等）、报警阀位置及数量、水泵接合器位置及数量、有无与本系统相连的屋顶消防水箱、自动喷水灭火系统图
		气体灭火系统	设置部位、报警阀位置及数量、水喷雾灭火系统图；系统形式（指有管网、无管网，组合分配、独立式，高压、低压等）、系统保护的防护区数量及位置、手动控制装置的位置、钢瓶间位置、灭火剂类型、气体灭火系统图
		泡沫灭火系统	设置部位、泡沫种类（指低倍、中倍、高倍，抗溶、氟蛋白等）、系统形式（指液上、液下，固定、半固定等）、泡沫灭火系统图

（续）

序号	名称		内容
4	室内外消防设施信息	干粉灭火系统	设置部位、干粉储罐位置、干粉灭火系统图
		防烟排烟系统	设置部位、风机安装位置、风机数量、风机类型、防烟排烟系统图
		防火门及卷帘系统	设置部位、数量
		消防应急广播	设置部位、数量、消防应急广播系统。
		应急照明及疏散指示系统	设置部位、数量、应急照明及疏散指示系统图
		消防电源	设置部位、消防主电源在配电室是否有独立配电柜供电、备用电源形式（市电、发电机、EPS等）
		灭火器	设置部位、配置类型（指手提式、推车式等）、数量、生产日期、更换药剂日期
5	消防设施定期检查及维护保养信息		检查人姓名、检查日期、检查类别（指日检、月检、季检、年检等）、检查内容（指各类消防设施相关技术规范规定的内容）及处理结果，维护保养日期、内容
6	防火巡检记录		值班人姓名、巡检时间、巡检内容（用火、用电有无违章，安全出口、疏散通道、消防车道是否畅通，安全疏散指示标志、应急照明是否完好，消防设施、器材和消防安全标志是否在位、完整，常闭式防火门是否处于关闭状态，防火卷帘下是否堆放物品影响使用，消防安全重点部位的人员是否在岗等
7	火灾信息		起火时间、起火部位、起火原因、报警方式（指自动、人工等）、灭火方式（指气体、喷水、水喷雾、泡沫、干粉灭火系统，灭火器，消防队等）

（七）消防控制室信息记录要求

1）消防控制室应具有各类消防系统及设备（设施）在火灾发生时、日常检查时的动态信息记录，记录应包括火灾报警的时间和部位、设备动作的时间和部位、复位操作的时间等信息，存储记录容量不应少于10000条，记录备份后方可被覆盖。日常检查的内容应符合国家相关规范要求。

2）消防控制室应具有产品维护保养的内容和时间、系统程序的进入和退出时间、操作人员姓名或代码等内容的记录，存储记录容量不应少于10000条，记录备份后方可被覆盖。

3）消防控制室应具有保护区域中监控对象系统内各个消防设备（设施）的制造商、产品有效期的历史记录功能，存储记录容量不应少于1000条，记录备份后方可被覆盖。

4）消防控制室应具有接受远程查询历史记录的功能。

5）消防控制室应具有记录打印或刻录存盘功能，对历史记录应打印存档或刻录存盘归档。

（八）消防控制室信息传输要求

1）消防控制室在接收到火灾报警信号或联动信号后的10s内将相应信息按规定的通信协议格式传送给监控中心。

2）消防控制室在接收到建筑消防设施运行状态信息后100s内将相应信息按规定的通信协议格式传送给监控中心。

3）具有自动向监控中心传输消防安全管理信息功能的消防控制室，应在发出传输信息指令后100s内将相应信息按规定的通信协议格式传送给监控中心。

4）消防控制室应能接收监控中心的查询指令并能按规定的通信协议格式将相应信息传送到监控中心。

5）消防控制室应有专用的信息传输指示灯，在处理和传输信息时，该指示灯应闪亮，在得到监控中心的正确接收确认后，该指示灯应常亮并保持直至该状态复位。当信息传送失败时应有明确声、光指示。

6）在信息传输过程中，火灾报警信息应主动传输，且优先于其他信息传输。

7）消防控制室的信息传输不应受保护区域内各类系统设备任何操作的影响。

第五节　智能消防系统

在智能火灾报警系统中，控制主机（报警控制器）和子机（火灾探测器）都配置了具有“人工神经网络”的微处理器，可以实现对信号的智能监测和处理。子机与主机可进行双向（交互式）智能信息交流，使整个系统的响应速度及运行能力空前提高，误报率几乎接近为零，确保了系统的高灵敏性和高可靠性。

智能火灾报警系统由智能探测器、智能手动按钮、智能模块、探测器并联接口、总线隔离器、可编程继电器卡组成。系统采用模拟量可寻址技术，使系统能够有效地识别真假火灾信号，防止误报，提高相同信噪比下的灵敏度。

一、智能型火灾探测器

智能型火灾探测器实质上是一种交互式模拟量火灾信号传感器，具有一定的智能。它对火灾特征信号直接进行分析和智能处理，将所在环境收集的烟雾浓度或温度随时间变化的数据，与内置的智能资料库内有关火警状态资料进行分析比较，做出恰当的智能判决，决定收回来的资料是否显示有火灾发生，从而做出报警决定。一旦确定为火灾，就将这些判决信息传递给控制器，控制器再做进一步的智能处理，显示判决结果。

由于探测器有了一定的智能处理能力，因此，控制器的信息处理负担大为减轻，可以实现多种管理功能，提高了系统的稳定性和可靠性。并且，在传输速率不变的情况下，总线可以传输更多的信息，使整个系统的响应速度和运行能力大大提高。这种分布智能报警系统集中了上述两种系统中智能的优点，已成为火灾报警的主体，得到了广泛的应用。

智能型火灾探测器一般具有以下特点：

1）报警控制器与探测器之间连线为二总线制（不分极性）。

2）模拟量探测器及各种接口器件的编码地址由系统软件程序决定（可以现场编程调定）。探测器内及底座内均无编码开关，控制器可根据需要操作命名或更改器件地址。

3）系统中模拟量探测器底座统一化、标准化，极大地方便了安装与调试。

4）有高的可靠性与稳定性。模拟量探测器一般具有抗灰尘附着、抗电磁干扰、抗温度影响、抗潮湿、抗腐蚀等特点。

5）不同的探测器都有不同的应用软件支撑，不同的传输信号采用不同的数字滤波软件。

6）模拟量探测器输出的火灾信息是与火灾状况（烟浓度变化、温度变化等）成线性比例变化的。

7）模拟量探测器灵敏度可以灵活设定，实行与安装场所、环境、目的（自动火灾报警或联动消防用等）相吻合的警戒。

8）用一片高度集成化的单片集成电路取代以往的光接收电路、放大电路、信号处理电路，各个电路之间的连接线路距离非常短，使探测器不仅不受外界噪声影响，而且耗电量也降低。

9）具有自动故障测试功能。无需加烟或加温测试，只要在报警控制器键盘上按键，即可完成对探测器的功能测试。对于不好进入的、难以检测的高天花板等处的探测器，可以在这种灵活的自动故障测试系统中完成功能测试任务。测试精度超过人工检测精度，提高了系统的维护水平，降低了维护检查费用。

二、模拟量报警控制器

传统火灾报警系统，探测器的固定灵敏度会由于探测器变脏、老化等原因，产生时间漂移，进而降低长期工作的探测系统的报警准确率。

在智能火灾报警系统中，智能型火灾报警控制器处理的信号是模拟量而不是开关量，能够对由火灾探测器送来的模拟量信号，根据监视现场的环境温度、湿度以及探测器本身受污染等因素的自然变化调整报警动作阈值，改变探测器的灵敏度，并对信号进行分析比较，做出正确判断，使误报率降低甚至消除误报。

要达到上述要求，必须用复杂的信号处理方法、超限报警处理方法、数字滤波方法、模拟逻辑分析方法等，经过硬件、软件结合的智能控制系统来消除误报。

来自现场的火灾现象、虚假火灾现象及其他干扰现象，都作用在模拟量探测器中的感烟或感温敏感元件上，产生模拟量传感信号（非平稳的随机信号），经过频率响应滤波器和A-D转换等数字逻辑电路处理后，变为一系列数字脉冲信号传送给火灾报警控制器，再经过控制器中的微型计算机进行处理。火灾判断电路将计算出的数据与预先规定的报警参考值（标准动作阈值）比较，当发现超过报警参考值时，便立即发出报警信号，驱动报警电路发出声、光报警。

为了消除噪声干扰信号的影响，在报警控制器中还安装有消除干扰噪声的滤波电路，以消除脉冲干扰信号。

图5-48是一种模拟量火灾报警系统工作过程示意图。

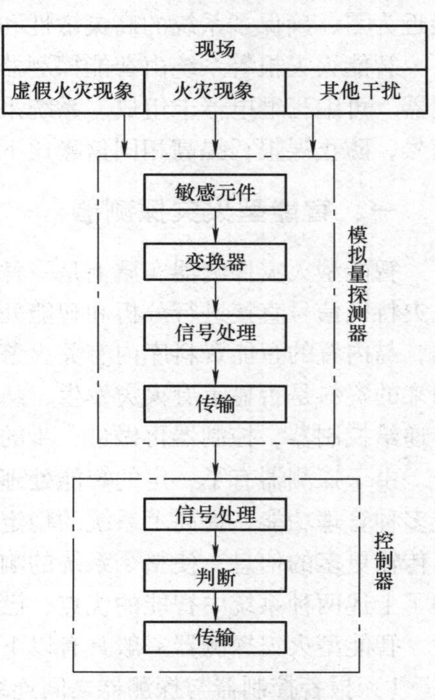

图5-48 模拟量火灾报警系统工作过程示意图

三、现场总线在火灾报警控制系统中的应用

由于采用了交互式智能技术，火灾报警系统中每个现场部件均自带微处理器，控制器与探测器间能够实现双向通信，这种分布式计算机控制系统为现场总线技术的应用提供了必要的条件。

火灾报警控制系统可采用全总线方式实现报警与联动控制，在必要时也可采用多线制方式结合使用，以满足各种要求。在进行系统设计时首先应计算系统容量点数（探测、报警、控制设备数量），并根据建筑结构布局，确定所需各类探测器、手动报警按钮、模块数量，进一步确定回路数量、控制器和各种功能卡数量及布线方式。

总线网络可以有不同形式的连接，以适应网络扩展的需求，可采用星型连接、环型连接等，并且在环型总线上根据需要接入支路。而且网络系统还可以连入其他系统，如楼宇自控系统。但目前我国消防体制还不允许将消防系统与其他系统连接。

图5-49为S1151总线接线框图。具有以下特点：

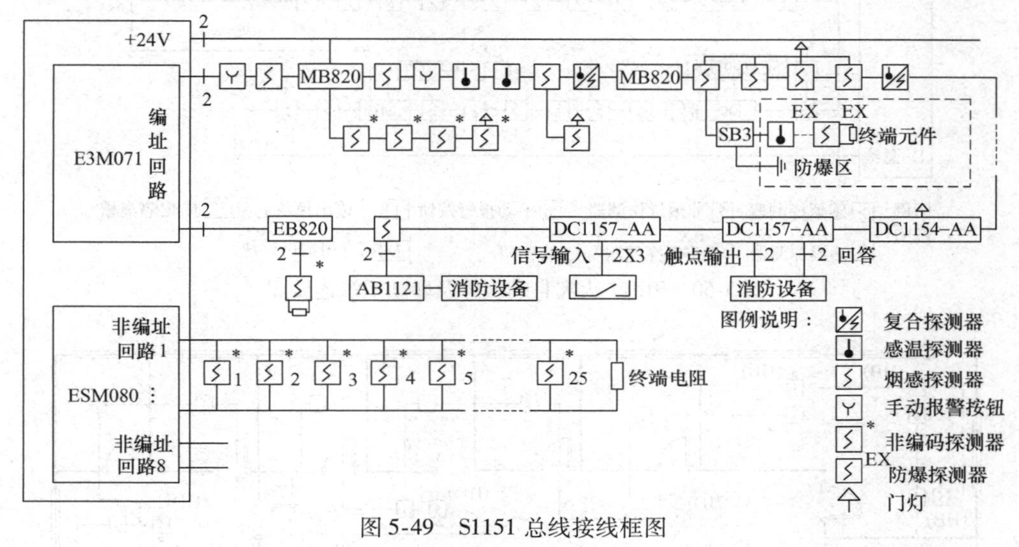

图5-49　S1151总线接线框图

1）布线系统灵活，采用二总线环形布线。但在特殊情况下，如改造工程，可以采用非环形布线方式。

2）具有自适应编址能力，无需手动设置地址，从而没有混淆探测器的危险。

3）自动隔离故障，每个现场部件中均设有短路隔离功能，且探测回路采用环行二总线，发生短路时，短路点被自动隔开，确保系统完全正常运行。

4）全中文显示及菜单操作，事故和操作数据资料自动存储记忆，可供随时查阅。系统设定不同的操作级别，各级人员都有自己的操作范围。

5）联动方式灵活可靠，联动设备可通过总线模块联动，也可通过控制器以多线形式对重要设备进行联动。

6）具有应急操作功能，系统中控制器和功能卡均采用双CPU技术，在主CPU故障的情况下仍能确保正确火灾报警功能，系统可靠性高。

7）系统根据需要可进行扩展，在总地址容量范围内可扩展回路数，方便了工程设计、施工与运行管理。为了满足工程的实际需要，还可以进行灭火扩展、输入/输出扩展、网络扩展、火灾显示盘扩展等功能扩展。

8）系统可接入计算机平面图形管理系统（即CRT系统），实现图形化操作和管理，还可将本系的信息提供给其他系统，如楼宇自动化系统等，也可将其他系统的信息引至本系统中。

现给出S1511火灾自动报警及联动系统部分应用实例，连线图见图5-50，平面图见图5-51，系统图见图5-52所示。

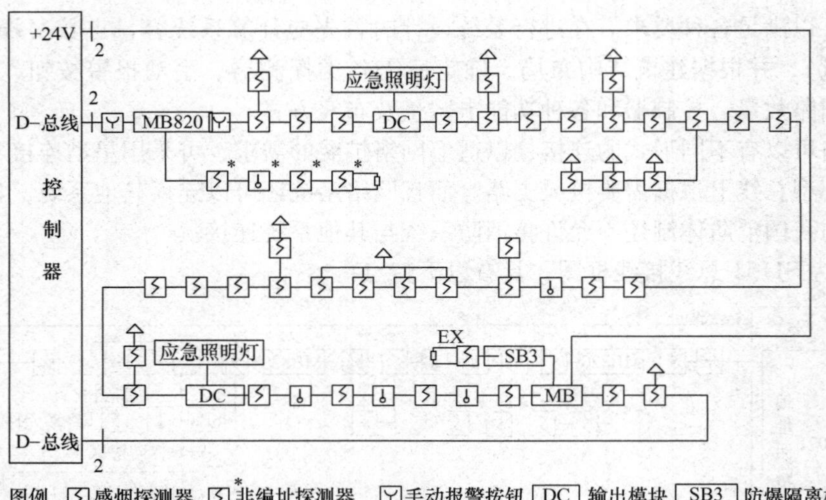

图 5-50 S1511 火灾自动报警及联动系统连线图

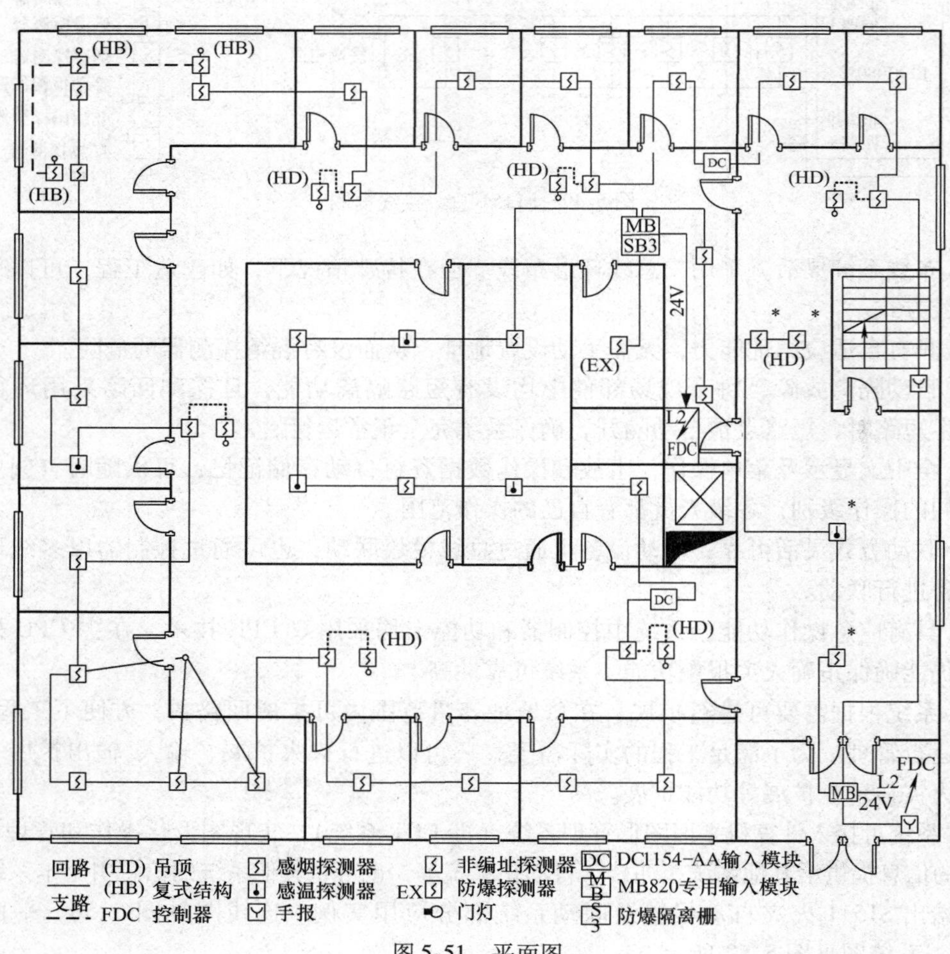

图 5-51 平面图

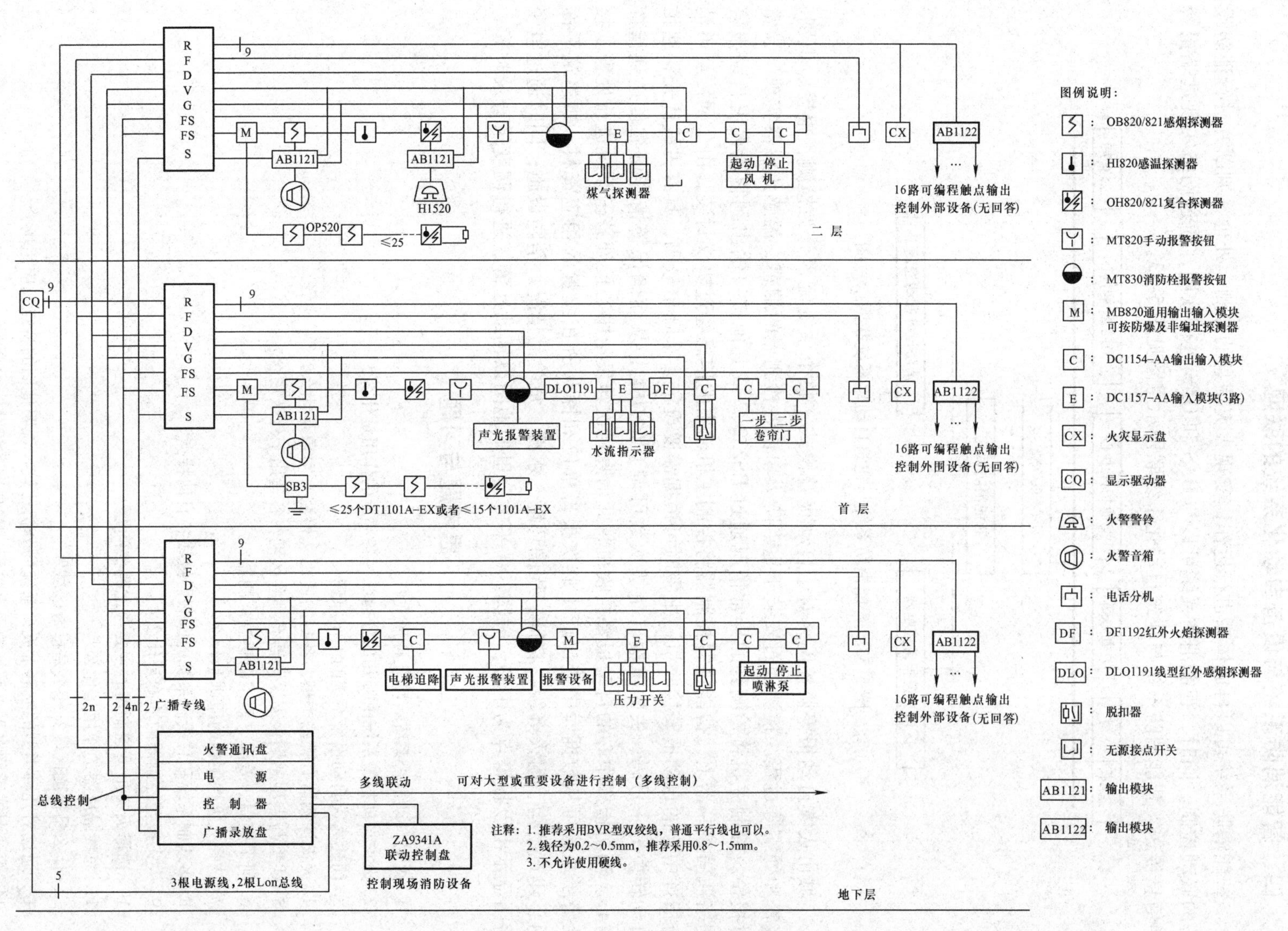

图5-52　火灾自动报警及联动系统图

四、智能消防系统与设备自动化系统的联网

智能消防系统可以自成体系进行运作，实现火灾信息的探测、处理、判断并进行消防设备的联动控制。同时，智能消防系统可以与 BAS 和 OAS 进行联网，通过网络实现远端报警和信息传送。智能消防系统与建筑自动化系统联网示意图见图 5-53。

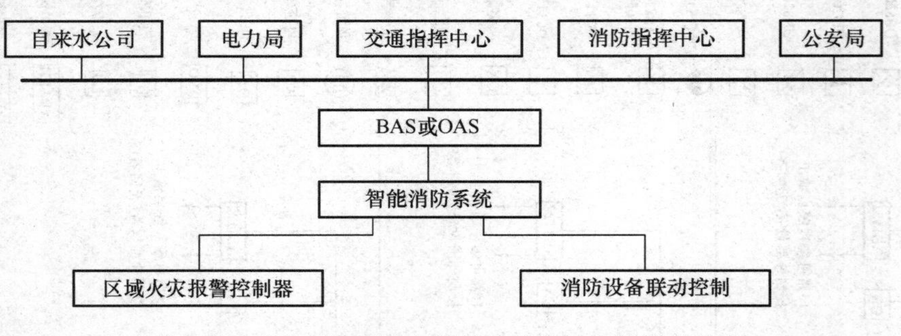

图 5-53　智能消防系统与建筑自动化系统联网示意图

城市火灾自动报警监控网络对于自动报警模式，整个系统流程分为检测、报警、识别、接警和处警等过程。检测通过安装于重点防火单位各检测点的烟感、温感传感器实现，异常时报警。控制主机将检测到的异常情况通过 RS232 口或其他接口输出到智能火灾自动报警网络通信控制器上，智能报警控制器将控制主机输出的信息经过协议封装，由公网传至市消防指挥中心的自动报警接收机。报警时可根据需要设定多个呼出号码，具有占线优先，遇忙自动转拨另一号码、失败重拨（重拨次数可调）的功能，从而确保警情能可靠传送到指挥中心。消防指挥中心的自动报警接收机将此信息再次转发给中心接处警子系统进行处警。接处警子系统可从数据库中查出产生此次报警单位和探头所在位置的相应资料，如建筑平面图、建筑结构、耐火等级、特征、周围环境、水源、危险品情况、消防设施；同时通过电子地图显示出以报警点为中心，方圆约一平方公里的地图以辅助处警、进行调度录音录时等。

思考题与习题

1. 火灾自动报警系统有哪几种形式？
2. 火灾自动报警系统由哪几部分构成？各部分的作用是什么？
3. 简述火灾自动报警系统的工作原理。
4. 火灾探测器有哪些类型？各自的使用（检测）对象是什么？
5. 线型与点型感烟火灾探测器有哪些区别？各适用于什么场合？
6. 何谓定温、差温、差定温感温探测器？
7. 选择火灾探测器的原则是什么？
8. 多线制系统和总线制系统的探测器接线各有何特点？
9. 火灾报警控制器的功能是什么？
10. 选择火灾报警控制器时主要考虑哪些问题？
11. 总线隔离器的作用是什么？
12. 什么是探测区域？什么是报警区域？
13. 通过对几种类型的喷洒水灭火系统的分析比较，说明他们的特点及应用场合。
14. 简述湿式喷洒水灭火系统的灭火过程，并画出系统结构示意图。

15. 简述二氧化碳（CO_2）灭火系统的构成特点及应用场合。

16. 简述二氧化碳灭火系统的灭火原理及灭火过程。

17. 简述卤代烷全淹没系统的灭火原理及灭火过程。

18. 简述烟烙尽全淹没系统的灭火原理及灭火过程。

19. 消防设备供电有何要求？

20. 防火卷帘为什么分为两步下放？自动下放的第一、二步指令由谁发出，第一、二步下放的停止指令由谁发出？

21. 智能探测器的特点是什么？

22. 模拟量火灾报警控制器的特点是什么？

第六章　消防联动控制设计

消防联动控制设计包括：消防电源、配电线路及电器装置、消防电源设计，供电负荷等级确定，消防用电设备的配电线路选择及敷设方式、备用电源性能要求及启动方式，火灾自动报警系统和消防控制室设计，火灾探测器、报警控制器、手动报警按钮、控制台（柜）等设备的选择。火灾报警与消防控制关系框图见图6-1。

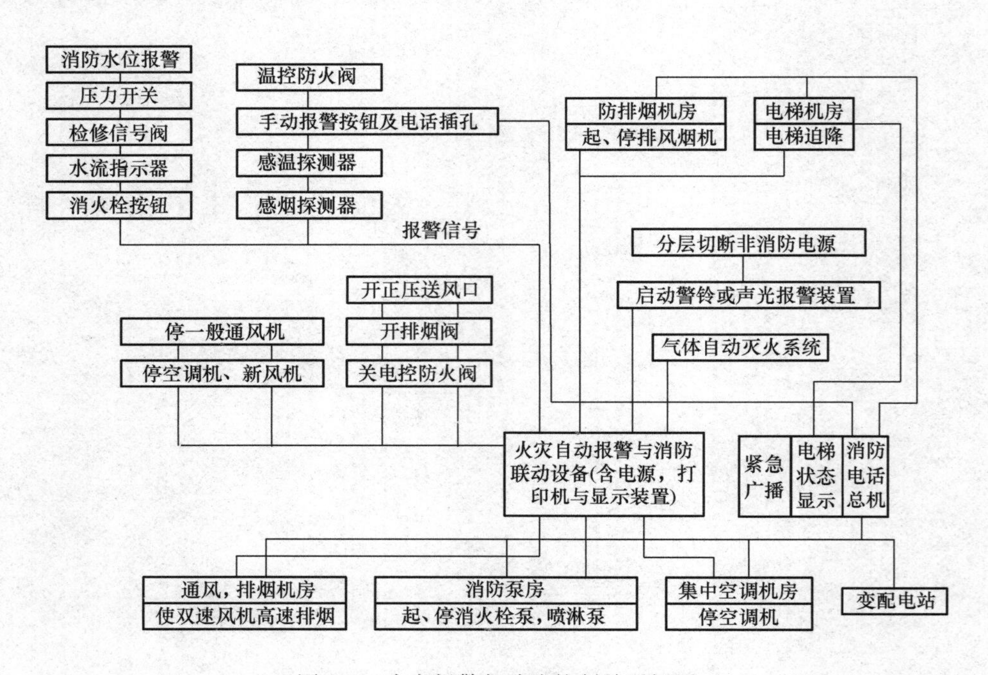

图6-1　火灾报警与消防控制关系框图

第一节　消防联动控制系统概述

消防联动控制系统是火灾自动报警系统中的一个重要组成部分。通常包括消防联动控制器、消防控制室图形显示装置、传输设备、消防电气控制装置（防火卷帘控制器、气体灭火控制器等）、消防设备应急电源、消防电动装置、消防联动模块、消火栓按钮、消防应急广播设备、消防电话等设备和组件。

消防联动控制设备的构成框图见图6-2。

一、消防联动控制器

消防联动控制器是消防联动控制设备的核心组件。它通过接收火灾报警控制器发出的火灾报警信息，按预设逻辑对自动消防设备实现联动控制和状态监视。消防联动控制器可直接发出控制信号，通过驱动装置控制现场的受控设备。对于控制逻辑复杂，在消防联动控制器上不便实现直接控制的情况，通过消防电气控制装置（如防火卷帘控制器、气体灭火控制器等）间接控制受控设备。

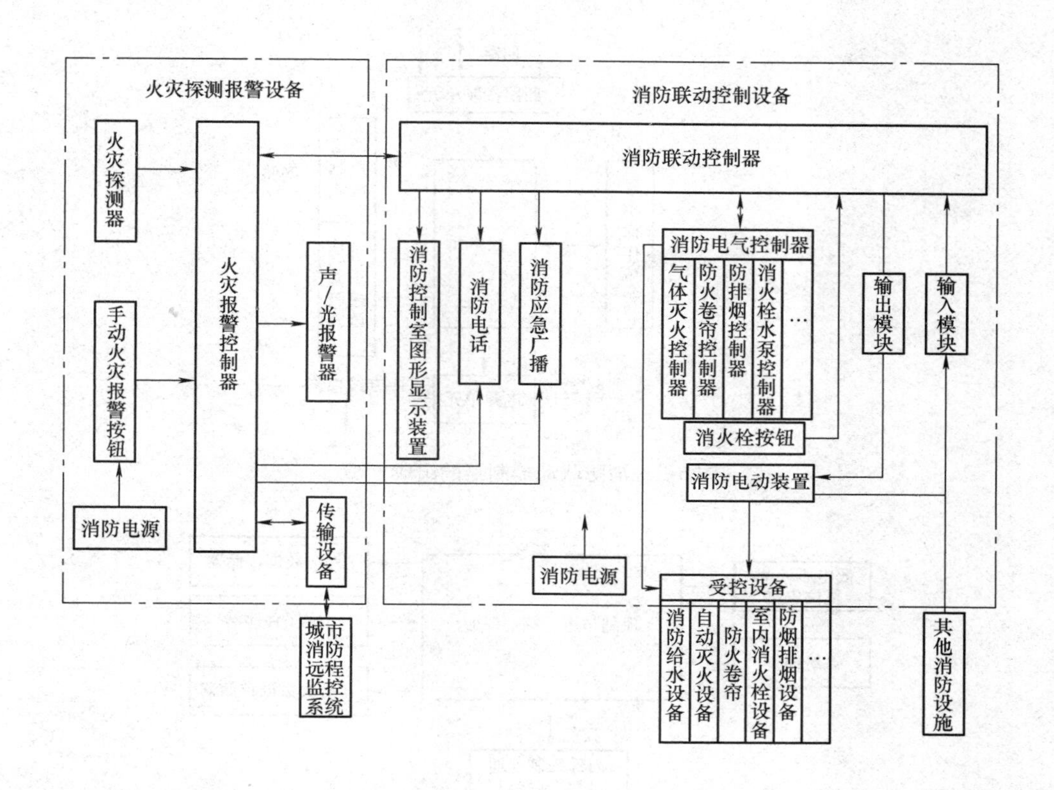

图 6-2　消防联动控制设备的构成框图

消防联动控制器的组成框图见图 6-3。

消防联动控制器的主控单元在系统程序的控制下，向回路控制单元发出对回路连接的消防联动模块等现场设备的巡检和/或动作执行指令，回路控制单元对来自主控单元的任务指令进行解释和调制，并通过现场回路发送出去；各种现场设备回馈的信息通过回路控制单元的解调、转化和预处理，按照接口规约反馈到主控单元；主控单元应用其特定软件对通信控制单元、回路控制单元和直接手动控制单元反馈信息进行分析和判别，识别消防联动模块、专线设备和回路网络的各种状态，接收连接火灾报警控制器发出的火灾报警信号，经确认后，生成报警、联动信息和异常事件的指示和记录，各项联动控制任务通过相应的功能单元执行。对消防联动控制器实施操作时，可通过显示操作单元，输入操作指令，显示操作单元对输入的操作指令进行编译，并将确认有效的指令信息，传送给主控单元，由主控单元进行分析和处理，并向各功能单元发出相关的任务操作指令，完成对系统信息的查询和操作的执行。

1. 主控单元

主控单元是消防联动控制器的基本部分，见图6-4。主控单元主要用于对消防联动控制器的其他单元的控制和管理，以及将消防联动控制器主机的其他电路部分整合成一个有机整体，使各个部分协调统一工作，并集中处理消防联动控制器的信息。

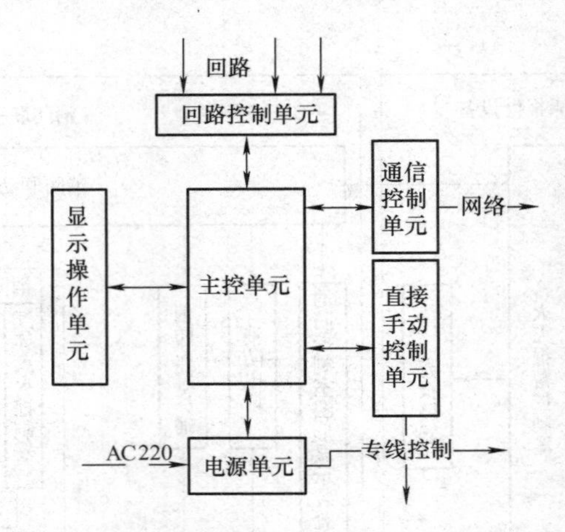

图6-3 消防联动控制器的组成框图

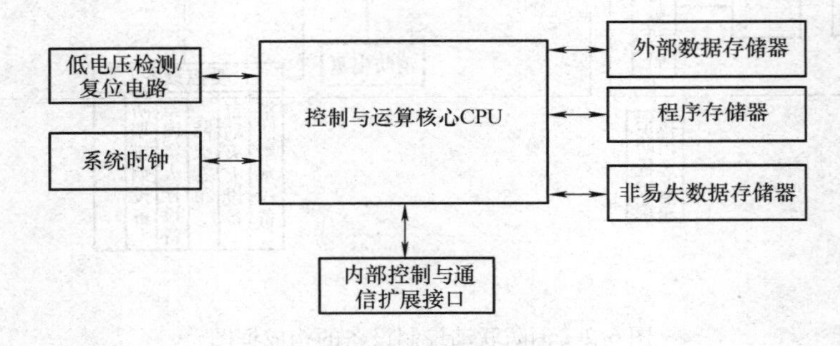

图6-4 主控单元的组成框图

2. 回路控制单元

回路控制单元是由内部通信接口、回路控制管理部分、驱动保护电路和故障检测电路等组成，用于与主控单元通信，将主控单元发来的控制信号发送至各单元。回路控制单元是消防联动控制器与消防联动模块的接口单元，完成消防联动控制器与现场装置信息交互任务及回路短路、断路和模块的故障状态监测与控制。

3. 显示操作单元

显示操作单元是由内部通信接口、交互管理控制部分和显示操作扩展部分、显示屏、指示灯、键盘、打印机和音响等组成，用于键盘信号的采样，将键盘信号通过通信单元传递给主控单元，主控单元对采样信号分析判断后发出相应的控制、查询、设置、自检等指令。同时，主控单元将从回路控制单元、直接手动控制单元、电源部分采样来的信息通过显示操作单元显示。显示操作单元部件是消防联动控制器与操作人员进行人机交互的界面。消防联动控制器的多样化，最直观地表现在人机交互的多样化上。基于不同技术构建的人机交互界面，其外观、内部结构多种多样。通常的信息显示输出方式有声光指示、中文文本显示和辅助的图形图像显示等。信息输入通常利用开关、按钮按键、键盘、鼠标、触摸屏等完成。

4. 直接手动控制单元

直接手动控制单元由内部通信接口、指示电路、控制保护电路、键盘或操作按键、直接手动控制管理等部分组成，接受手动操作指令，通过多线制连接线或模块直接控制受控设备，并接收设备的状态信息。该控制方式与主控电路部分相对独立，但主控部分可接收和显示受控设备及控制输出的状态。直接手动控制单元即使在主控单元功能失效的情况下，仍然可实现消防联动控制器对消防水泵、防烟和排烟风机等少数重要消防设备的状态进行监视和控制。

5. 通信控制单元

通信控制单元由内部通信接口、通信管理控制和网络驱动保护及线路故障检测等部分组成，用于与主控单元通信，将主控单元发来的命令、内部信息或所带设备外部信息通过通信控制单元发送给联网的火灾报警控制器或监控设备。同时，通过通信控制单元接收网络上传输的网络信息，将其通过通信管理控制部件发送给主控单元，并且通过通信管理控制部件管理整个网络通信。在构建本地化局域网时，通常采用的通信接口技术规约有 RS232/RS485，CAN、LonWorks、Profibus 等现场总线或工业以太网等。在构建远程报警监控网络时，通常需要连接专用通信设备作为接入中继，将通信控制单元的输出信息发送到公共电话网或因特网上。

6. 电源单元

消防联动控制器的电源单元是控制器的供电保证环节，包括主电源和备用电源，用于为消防联动控制器主机部分、外部模块及部分受控设备供电。电源部分具有主电源和备用电源自动转换装置，能指示主、备电源的工作状态。主电源容量能保证控制器在有关技术标准规定的最大负载条件下，连续工作 8h 以上。备用电源容量能保证控制器在监视状态下工作 8h 后，在有关技术标准规定的最大负载条件下工作 30min。所以，对于大容量的控制器，其电源输出功率要求相应较大。目前，消防联动控制器的电源设计一般采用线性调节稳压电路（线性电源）和开关型稳压电路（开关电源）两种。线性电源的主要特点是：采用工频变压器对交流电压进行初步降压，功率器件再进行线性稳压，功率器件工作在放大状态。线性电源稳定度高、精度好、成本较低，但效率低、笨重、体积较大，适用于中、小功率和对电性能指标要求比较高的场合。开关电源的主要特点是：功率器件工作在开关状态，由于开关频率较高（几十至几百千赫），甩掉了工频变压器及低频滤波电感器，从而减小了整机体积重量，提高了工作效率。目前，开关型稳压电源由于转换效率高、输出功率大，已被广泛应用于大容量的消防联动控制器中，并逐渐成为消防联动控制器的首选电源。

二、消防联动模块

消防联动模块是用于消防联动控制器与其所连接的受控设备之间信号传输、转换的一种器件，包括消防联动中继模块、消防联动输入模块、消防联动输出模块和消防联动输入/输出模块，它是消防联动控制设备完成对受控消防设备联动控制功能所需的一种辅助器件。

1. 中继模块

消防联动中继模块是由信号整形、滤波稳压和信号放大过电流保护电路等部分组成，用于对消防联动控制系统内部各种电信号进行远距离传输和放大驱动。该模块分为总线型和非总线型两种。总线型中继模块主要作用是增加联动总线的负载能力，提高消防联动控制系统的可靠性。

消防联动中继模块的工作原理是：当联动总线负载过重或线路过长时，一般在总线的适当位置设置总线中继模块，将弱信号放大到标准状态，增加总线的负载能力。

2. 输入模块

消防联动输入模块是由无极性转换电路、滤波整形、编码信号变换电路、主控电路、指示灯电路、信号隔离变换电路等部分组成，用于把消防联动控制器所连接的消防设备、器件的工作状态信号输入相应的消防联动控制器。该模块一般与消防联动控制器相连。

消防联动输入模块的工作原理是：自动灭火设备、防排烟设备、防火门窗、防火卷帘、水流指示器、消火栓、压力开关等消防设备、器件在监视状态时，其内部继电器处于常开状态；当处于启动工作状态时，继电器由常开转变为常闭状态。消防联动输入模块内部的信号隔离变换电路将上述消防设备、器件的工作状态转换为电信号，传给消防联动输入模块的主控电路。主控电路一般通过分析与判断，确认消防设备的工作状态，同时通过信号总线上传给相应的消防联动控制器。

3. 输出模块

消防联动输出模块用于将消防联动控制器的控制信号传输给其连接的消防设备、器件。该模块分为总线型和非总线型两种，一般与消防联动控制器相连。

消防联动输出模块的工作原理是：当消防联动控制设备发出启动信号后，根据预置逻辑，通过总线将联动控制信号输送到消防联动输出模块，启动需要联动的消防设备、器件，如消防水泵、防排烟阀、送风阀、防火卷帘门、风机、警铃等。总线型消防联动输出模块的组成和工作原理框图见图6-5。

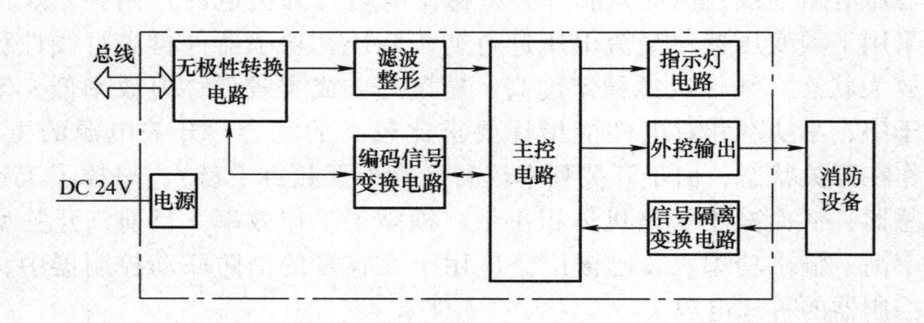

图6-5 总线型消防联动输出模块的组成和工作原理框图

4. 输入/输出模块

消防联动输入/输出模块是指兼有输入模块功能和输出模块功能的消防联动模块。

消防联动控制系统模拟图见图6-6。

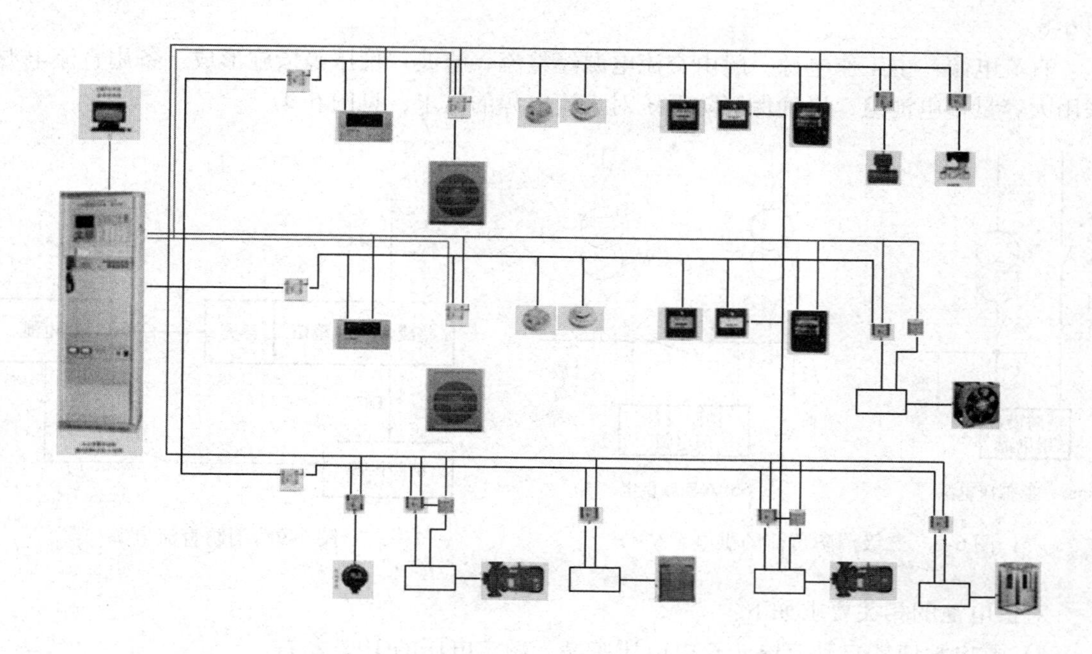

图6-6　消防联动控制系统模拟图

三、消防供电系统形式

规范规定：一类高层建筑应按一级负荷要求供电，二类高层建筑应按二级负荷要求供电。

一级消防负荷的供电要求由两个电源供电，两个电源的要求应符合下列条件之一：

1）两个电源无联系。

2）两个电源间有联系，但符合下列各要求：①发生任何一种故障时，两个电源的任何部分应不致同时受到损坏；②发生任何一种故障且主保护装置动作正常时，有一个电源不中断供电，并且在发生任何一种故障且主保护装置失灵以致两电源均中断供电后，应有人值班完成各种必要操作，迅速恢复一个电源供电。

具备下列条件之一的供电，可视为一级负荷：

1）电源来自两个不同的发电厂。

2）电源来自两个不同的区域变电站（电压在35kV及35kV以上）。

3）其中一个电源来自区域变电站，另一个为自备发电设备（应设有自动启动装置，并能在30s内供电）。一级消防电力供电系统见图6-7。

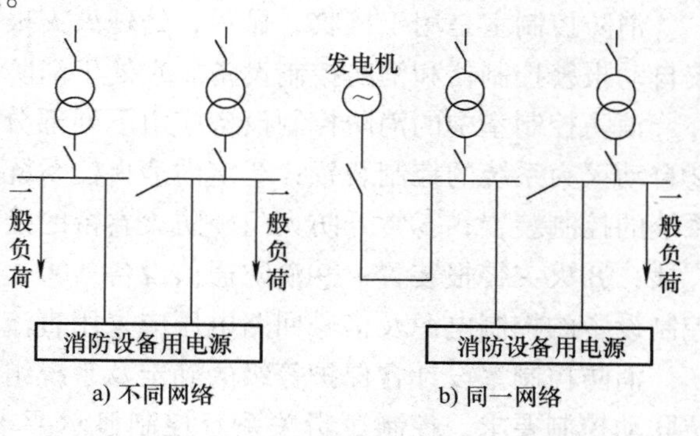

图6-7　一级消防电力供电系统

二级消防负荷的供电系统要求由同一电网的双回路供电，形成一主一备的供电方式，见图6-8。

直流电源：主工作电源一般由交流电源经整流、滤波、稳压等措施形成。备用直流电源采用大容量蓄电池组，以确保消防系统对直流电源的需求，见图6-9。

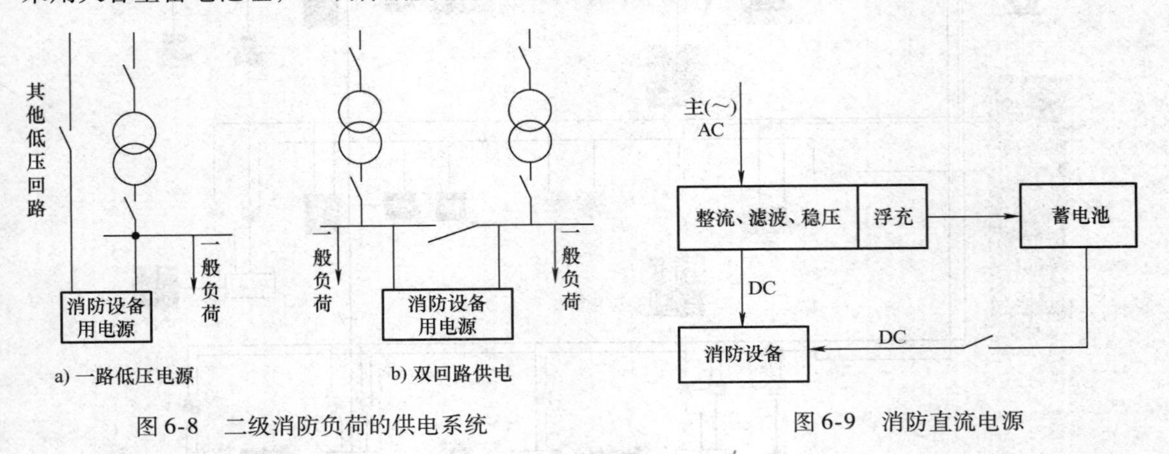

图6-8 二级消防负荷的供电系统

图6-9 消防直流电源

对蓄电池的相关要求如下：

1）蓄电池应能自动充电，充电电压应高于额定电压的10%左右。

2）蓄电池应设有防止过充电设备。

3）蓄电池应设有自动与手动且易于稳定地进行均等充电的装置，但如果设备稳定性能正常，可不受此限制。

4）自蓄电池引至火灾监控系统的消防设备线路应设开关及过电流保护装置。

5）对蓄电池输出的电压及电流应设电压表及电流表进行监视。

6）环境温度在0～40℃时，蓄电池应能保持正常工作状态。

第二节 消防联动系统设计

一、消防控制室的设计

消防控制室是用于接收、显示、处理火灾报警信号，控制有关消防设施的房间，设有火灾自动报警控制器和消防控制设备。它处于消防中枢位置，因此又称为消防中心。

消防控制室中的消防控制设备应由下列部分或全部控制装置组成：①火灾报警控制器；②自动灭火系统的控制装置；③室内消火栓系统的控制装置；④防烟、排烟系统及空调通风系统的控制装置；⑤常开防火门、防火卷帘的控制装置；⑥电梯回降控制装置；⑦火灾应急广播；⑧火灾警报装置；⑨消防通信设备；⑩火灾应急照明与疏散指示标志。规范规定消防控制设备的控制电源及信号回路电压应采用直流24V。

消防控制室设计含保护等级的确定及系统组成，消防控制室位置的确定，火灾报警与消防联动控制要求，控制逻辑关系及控制显示要求，火灾应急广播、火灾警报装置及消防通信，消防主电源、备用电源供给方式，接地及接地电阻要求，应急照明的联动控制方式。

1. 消防控制室的设置

为了使消防控制室能在火灾预防、火灾补救及人员、物资疏散时确实发挥作用，并能在火灾时坚持工作，故对消防控制室的设置位置、建筑结构、耐火等级、室内照明、通风空调、电源供给及接触地保护等方面均应有明确的要求。

为了保证消防控制室内人员能在火灾时坚持工作不受火灾威胁，《建筑设计防火规范》要求：消防控制室最好独立设置，耐火等级不应低于二级，当必须设置在建筑物内部时，宜设在建筑物内底层或地下一层，详见表6-1。

表6-1　消防控制室设计要求

规范名称	设置位置	隔墙	楼板	隔墙上的门
《建筑设计防火规范》	底层或地下一层	2h	1.0h	乙级防火门
《高层民用建筑设计防火规范》	底层或地下一层	2h	1.5h	乙级防火门
《人民防空工程设计防火规范》	地下一层	3h	2h	甲级防火门

控制室设计要求如下：

1）消防控制室的门应向疏散方向开启，且入口处应设置明显的标志。

2）消防控制室的送、回风管在其穿墙处应设防火阀。

3）消防控制室内严禁与其无关的电气线路及管路穿过。

4）消防控制室周围不应布置电磁场干扰较强及其他影响消防控制设备工作的设备用房。

2. 消防控制室消防控制设备的布置

消防控制室的消防控制设备、值班、维修人员都要占有一定的空间。为便于设计和使用，又不致造成浪费，《火灾自动报警系统设计规范》第2、5、6条对消防控制室设备的布置做出了明确规定。

1）设备面盘前的操作距离：单列布置时应不小于1.5m；双列布置时应不小于2m。

2）在值班人员经常工作的一面，设备面盘至墙的距离应不小于3m。

3）设备面盘后的维修距离应不小于1m。

4）设备面盘的排列长度大于4m时，其两端应设置宽度不小于1m的通道。

5）集中火灾报警控制器或火灾报警控制器安装在墙上时，其底边距地面高度宜为1.3～1.5m，其靠近门轴的侧面距墙应不小于0.5m，正面操作距离应不小于1.2m。

3. 消防控制室的控制功能

消防控制室作为消防设备监视及操作中枢，主要功能包括：①室内消火栓系统的控制显示；②自动喷洒灭火系统的控制显示；③泡沫、干粉、灭火系统的控制显示；④二氧化碳等管网灭火系统的控制显示；⑤电动防火门、防火卷帘的控制显示；⑥防排烟设备及电动防火阀的控制显示；⑦通风、空调的电源切除控制；⑧电梯系统的监控；⑨火灾事故广播设备的控制；⑩消防通信及电源保障等。

按照《自动喷水灭火系统设计规范》的要求，最好显示监测以下6个方面：①系统的控制阀开启状态；②消防水泵电源供应和工作情况；③水池、水箱的水位；④干式喷水灭火系统的最高和最低气温；⑤预作用喷水灭火系统的最低气压；⑥报释阀和水流指示器的动作情况。同时，要求在消防控制室实行集中监控。规定消防控制室的控制设备应设置自动喷水灭火系统启、停装置（包括消防水泵等），并显示管道阀、水流报警阀及水流指示器的工作状态，显示水泵的工作及故障状态。

4. 消防控制室的接地电阻

消防控制室的接地电阻要求：①专用接地电阻值应小于4Ω；②共用接地时，接地电阻值应小于1Ω。专用接地示意图见图6-10，共用接地示意图见图6-11。

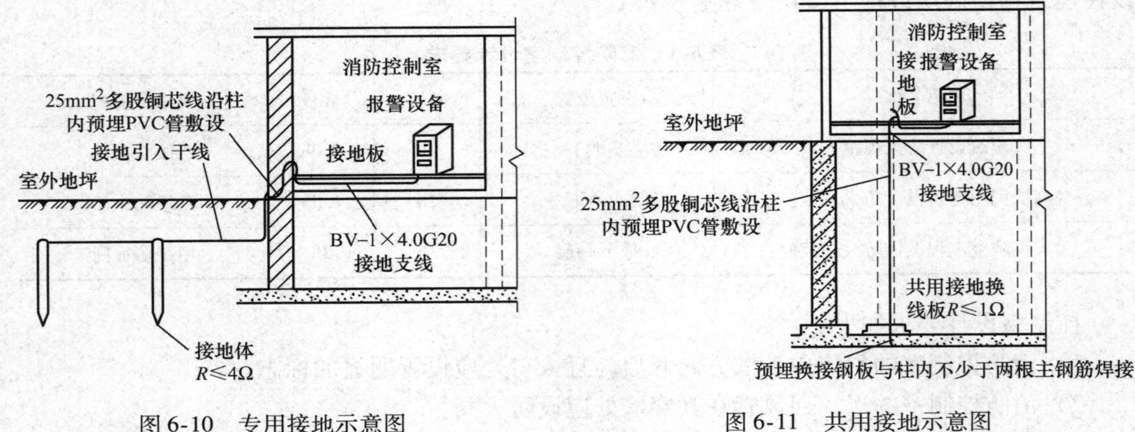

图6-10　专用接地示意图　　图6-11　共用接地示意图

二、消防联动控制系统设计

现代建筑中，根据工程规模、使用性质、火灾扑救难易程度的不同，设置了消火栓系统、排烟送风系统、防火卷帘、事故广播等各种消防设施、设备，它们都要依靠火灾自动报警系统的联动控制系统发出动作指令才能发挥各自作用。因此，做好消防联动控制系统设计，对确保消防工程的可靠性和人员生命财产安全至关重要。消防联动控制系统的设计要求见表6-2。

表6-2　消防联动控制系统的设计要求

<table>
<tr><th colspan="2">消 防 设 备</th><th>火灾确认后联动要求</th></tr>
<tr><td colspan="2">火灾报警装置应急广播</td><td>1. 二层及以上楼层起火，应先接通着火层及相邻上下层
2. 首层起火，应先接通本层、二层及全部地下层
3. 地下室，应先接通地下各层及首层
4. 含多个防火分区的单层建筑，应先接通着火的防火分区</td></tr>
<tr><td colspan="2">非消防电源箱</td><td>有关部位全部切断</td></tr>
<tr><td colspan="2">消防应急照明灯及紧急疏散标志灯</td><td>有关部位全部点亮</td></tr>
<tr><td colspan="2">室内消火栓系统水喷淋系统</td><td>1. 控制系统启停
2. 显示消防水泵的工作状态
3. 显示消火栓按钮位置
4. 显示水流指示器，报警阀，安全信号阀的工作状态</td></tr>
<tr><td rowspan="2">其他灭火系统</td><td>管网气体灭火系统</td><td>1. 显示系统的自动、手动工作状态
2. 在报警，喷射各阶段发出相应声光报警并显示防护区域报警状态
3. 在延时阶段，自动关闭本部位防火门窗和防火阀，停止通风空调系统并显示工作状态</td></tr>
<tr><td>泡沫灭火系统
干粉灭火系统</td><td>1. 控制系统启停
2. 显示系统工作状态</td></tr>
</table>

（续）

消防设备		火灾确认后联动要求
其他防火设备	防火门	门任意一侧火灾，防火门自动关闭且关门信号反馈回消防控制室
	防火卷帘	1. 烟感报警，卷帘下降至楼面1.8m处 2. 温感报警，卷帘下降至底部 3. 防火分隔时：探测器报警后卷帘下降至底部
	防排烟设施空调通风设施	1. 停止有关部位空调送风，关闭防火阀并接收其反馈信号 2. 启动有关部位的防烟排烟风机、排烟阀等，并接收其反馈信号 3. 控制挡烟垂壁等防烟设施

1. 消火栓系统及其联动控制设计

发生火灾后，楼内灭火的水源来自消火栓系统，该系统在消防泵房内设两台互为备用的消防泵，消防泵采用减压起动方式，可在泵房、中央控制室、各层消火栓按钮三处控制。当火警发生时，击碎防护玻璃按动消火栓按钮，自动起动消防泵，在模拟盘上对应指示灯亮，水枪喷射出加压水柱进行灭火。

室内消防栓系统水泵起动方式的选择与建筑的规模和给水系统有关，以确保安全。消防泵联动控制原理框图见图6-12。

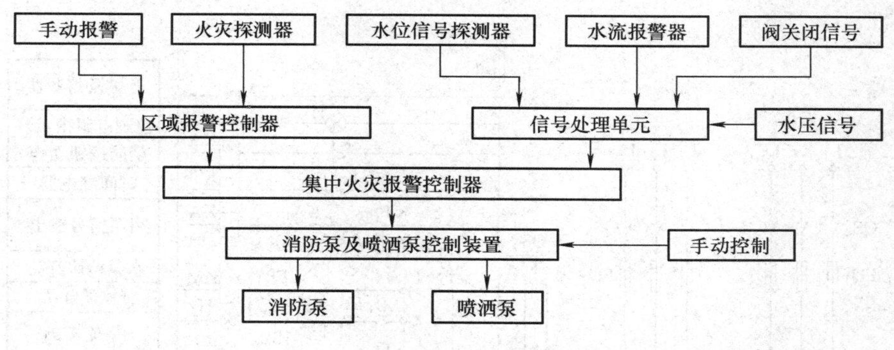

图6-12　消防泵联动控制原理框图

接收到火灾报警信号后，集中报警控制器联动控制消防泵起动，也可手动控制其起动。同时，水位信号反馈回控制器，作为下一步控制操作的依据之一。

按照规范规定，消防控制室对室内消火栓系统应有下列控制、显示功能：①控制消防水泵的起、停；②显示启泵按钮的位置；③显示消防水泵的工作、故障状态。

2. 消防泵电气控制设计

火灾监控系统中，消防泵有两种系统工作方式。

（1）当室内消火栓灭火系统与自动喷水灭火系统都有各自专用的供水水泵和配水管网时，消防泵一般都采用一工一备（一台工作，一台备用）工作方式。

（2）当室内消火栓灭火系统和自动喷水灭火系统各自有专用的配水管网，但供水水泵却共用时，消防泵一般采用多工一备（多台工作，一台备用）工作方式。

消防泵有四种启动方式：①消火栓按钮直启消火栓泵；②消防多线直启消火栓泵；③消防联动启泵；④手动启动。如果没有报警系统，则只有①、④两种。有报警系统，消火栓箱内的按钮接6根线，无报警系统，接4根线。

消火栓启动有三种：①消火栓按钮启动：消火栓按钮4根线到消火栓，2根启泵，2根返回信号至按钮；②消控中心直接启泵（手动），多线控制；③联动控制：消防报警信号在主机确认后，主机输出信号到消火栓泵对应模块（自动，不需要人去操作），然后启动消防泵。

消防泵电气控制主要是指火灾发生时对消火栓灭火系统所属消防水泵（恒压泵、加压泵等）的控制。

对消火栓泵的自动控制，应满足如下要求：

1）消防按钮必须选用打碎玻璃启动的按钮，为了便于平时对断线或接触不良进行监视和线路检测，消防按钮应采用串联接法。

2）消防按钮启动后，消火栓泵应自动起动投入运行，同时应在建筑物内部发出声光报警。在控制室的信号盘上也应有声光显示，并应能表明火灾地点和消防泵的运行状态。

3）为防止消防泵误起动时，使管网水压过高而导致管网爆裂，需加设管网压力监视保护，水压达到一定压力时，压力继电器动作，使消火栓泵停止运行。

4）消火栓工作泵发生故障需要强投时，应使备用泵自动投入运行，也可以手动强投。

5）泵房应设有检修用开关和起动、停止按钮，检修时，将检修开关接通，切断消火栓泵的控制回路以确保维修安全，并设有有关信号灯。

消防水泵的控制电路形式很多，图6-13所示的全电压起动的消火栓泵控制电路是其中常用的一种。

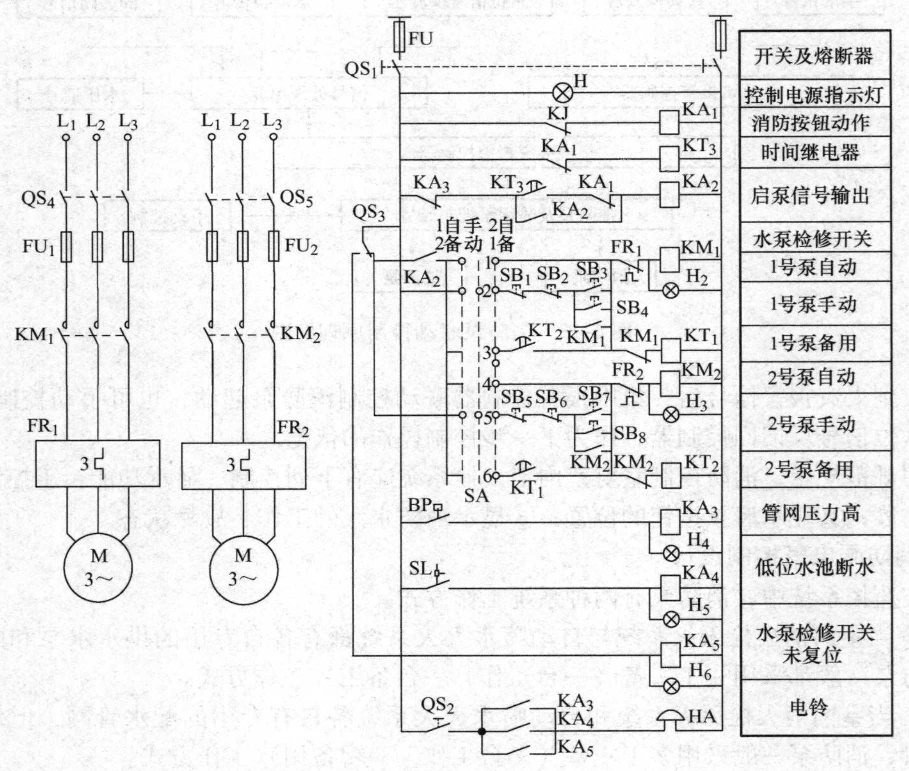

图6-13 全电压起动的消火栓泵控制电路

图中BP为管网压力继电器；SL为低位水池水位继电器；QS_3为检修开关，SA为转换开关。其工作原理如下：

1）1 号为工作泵，2 号为备用泵。将 QS_4、QS_5 合上，转换开关 SA 转至左位，即“1 自 2 备”，检修开关 QS_3 放在右位，电源开关 QS_1 合上，QS_2 合上，为启动做好准备。

下面就消防水泵的起、停控制进行详细介绍。

如某楼层出现火情，用小锤将该楼层的消防按钮玻璃击碎，其内部按钮因不受压而断开，给出报警和水泵启动信号，KJ 由闭合变为断开（KJ 是联动信号或消火栓按钮开关转换来的控制信号），使中间继电器 KA_1 线圈失电，时间继电器 KT_3 线圈通电，经延时 KT_3 常开触点闭合，使中间继电器 KA_2 线圈通电，接触器 KM_1 线因通电，消防泵电动机 M_1 起动运转，进行灭火，信号灯 H_2 亮。

如 1 号故障，2 号自动投入过程：出现火情时，设 KM_1 机械卡住，其触点不动作，使时间继电器 KT_1 线圈通电，经延时后 KT_1 触点闭合，使接触器 KM_2 线圈通电。2 号泵电机起动运转，信号灯 H_3 亮。

2）其他状态下的工作情况：如需手动强投时，将 SA 转至“手动”位置，按下 SB_3（SB_4），KM_1 通电动作，1 号泵电机运转。如需 2 号泵运转时，按 SB_5（SB_8）即可。

当管网压力过高时，压力继电器 BP 闭合，使中间继电器 KM_3 通电动作，信号灯 H_4 亮，警铃 HA 响。

当低位水池水位低于设定水位时，水位继电器 SL 闭合，中间继电器 KA_4 通电，同时信号灯 H_5 亮，警铃 HA 响。

当需要检修时，将 QS_3 至左位，中间继电器 KA_5 通电动作，同时信号灯 H_6 亮，警铃 HA 响。

消防水泵的远距离控制还可由消防控制中心发出主令控制信号控制消防水泵的起停，也可由在高位水箱消防出水管上安装的水流报警启动器控制消防水泵的起停。

目前有些地方采用了一备一用的变频消火栓泵控制电路，见图 6-14。

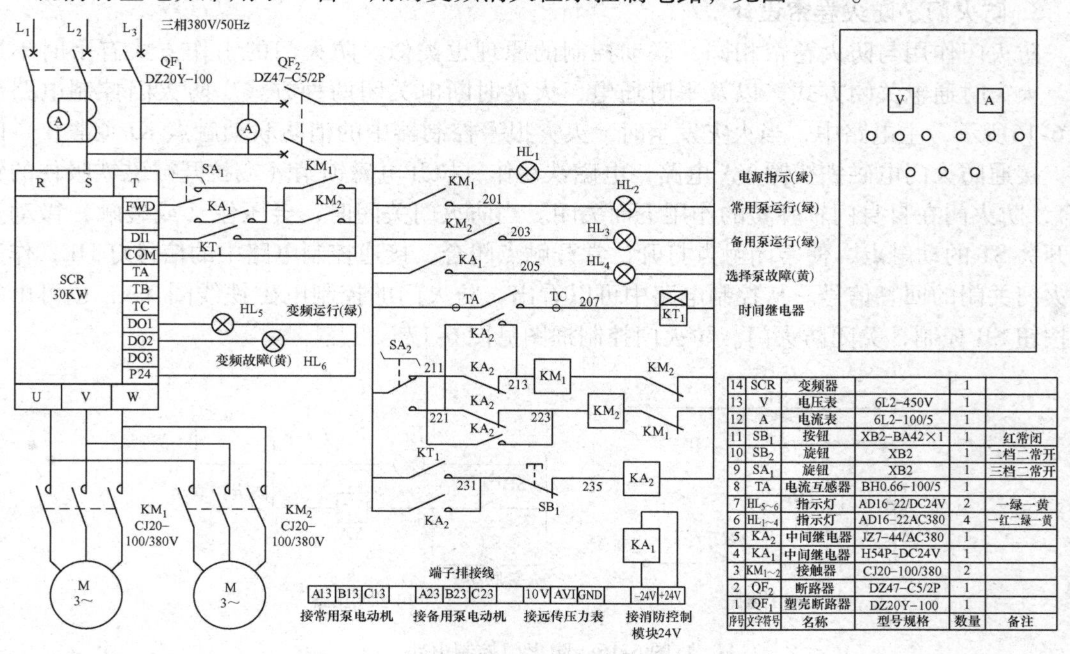

序号	文字符号	名称	型号规格	数量	备注
14	SCR	变频器		1	
13	V	电压表	6L2−450V	1	
12	A	电流表	6L2−100/5	1	
11	SB_1	按钮	XB2−BA42×1	1	红常闭
10	SB_2	旋钮	XB2	1	二档二常开
9	SA_1	旋钮	XB2	1	三档二常开
8	TA	电流互感器	BH0.66−100/5	1	
7	$HL_{5\sim6}$	指示灯	AD16−22/DC24V	2	一绿一黄
6	$HL_{1\sim4}$	指示灯	AD16−22AC380	4	一红二绿一黄
5	KA_2	中间继电器	JZ7−44/AC380	1	
4	KA_1	中间继电器	H54P−DC24V	1	
3	$KM_{1\sim2}$	接触器	CJ20−100/380	2	
2	QF_2	断路器	DZ47−C5/2P	1	
1	QF_1	塑壳断路器	DZ20Y−100	1	

图 6-14　一备一用的变频消火栓泵控制电路

在智能楼宇及建筑群体中，每座楼宇的喷水系统所用的泵一般为2～3台。采用两台泵时，平时管网中压力水来自高位水箱，当喷头喷水，管道里有消防水流动，使系统中的压力开关动作，向消防控制中心发出火警信号。此时，水泵的起动可由压力开关或来自消防控制中心的联动信号启动，向管网补充压力水。

采用4台消防泵的自动喷水系统也比较常见，其中两台为压力泵，两台为恒压泵。恒压泵也是一台工作一台备用，一般功率很小，在5kW左右，常与气压罐等配合使用，使消防管网中水压保持在一定范围之内。

多线联动辅助电源设置于泵房等现场，使用现场的AC 220V交流电源，输出DC 24V至火灾报警控制器机柜内多线联动控制板，每个多线联动控制板最多可挂接64路1807模块。当消防控制室电源出问题时，此辅助电源可保证多线联动手动控制的有效操作和多线控制模块1807的正常工作，其中DC 24V辅助电源线采用BV线，截面积≥2.5mm²。多线联动辅助电源接线图见图6-15。

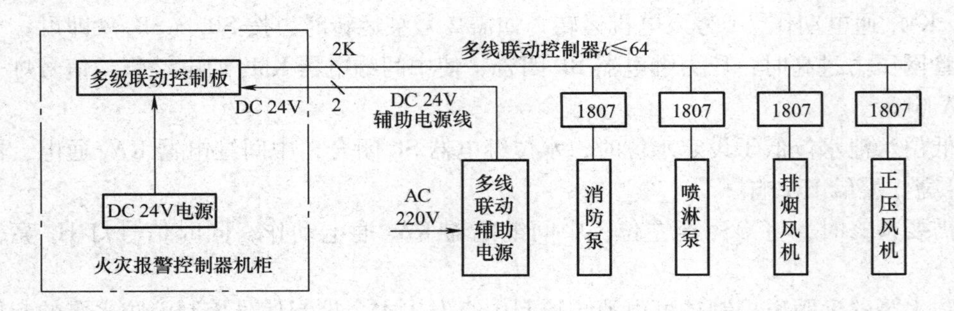

图6-15　多线联动辅助电源接线图

3. 防火门、防火卷帘设计

防火门作用与防火卷帘相同，联动控制的原理也类似。防火门的工作方式有平时不通电、火灾时通电关闭方式，以及平时通电、火灾时断电关闭两种方式。防火门控制电路如图6-16所示，主电路中，当火灾发生时，火灾报警控制器中的消防联动触点KJ（常开）闭合，接通防火门电磁铁线圈YA电路，电磁铁动作，拉开电磁锁销（或拉开被磁铁吸住的铁板），防火门在自身门轴弹簧的作用下而关闭。当防火门关闭时，会压住（或碰触）微动行程开关ST的动触点，使常闭触点打开，常开触点闭合，接通控制电路中的信号灯HL，作为防火门关闭的回答信号。从控制电路中可以看出，防火门的控制电磁铁线圈YA，也可由手动按钮SB控制，关闭防火门。防火门控制框图见图6-17。

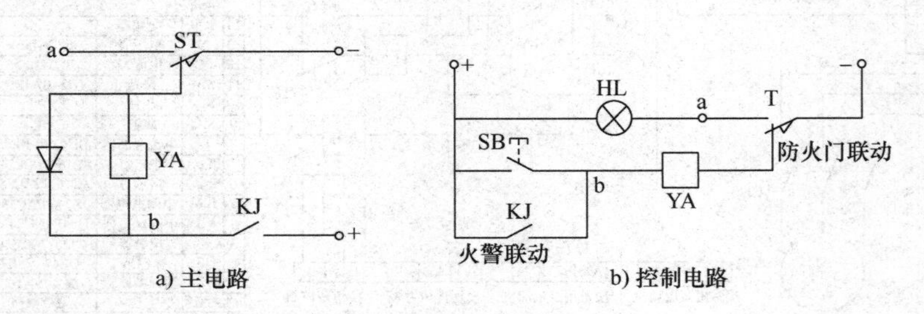

图6-16　防火门控制电路

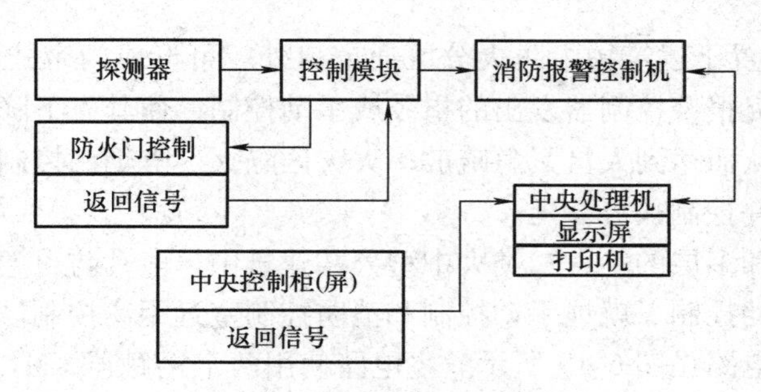

图 6-17　防火门控制框图

1）如果所要控制的对象是防火门时，首先要了解防火门的开关方式和开启状态。开关方式一般有两种：①防火门被永久磁铁吸住处于平时开启状态，火灾时可通过自动或手动将其关闭。自动控制时，由探测器或消防控制装置发来指令信号，使电磁线圈通电产生的吸力克服永久磁铁的吸着力，从而靠弹簧将门关闭；②防火门被电磁锁的固定销扣住，平时呈开启状，火灾时由探测器或消防控制装置发出指令信号使电磁销动作，锁扣被解开，防火门靠弹簧将门关闭。当防火门被人用手拉时也可使门关闭。

防火门按开启状态分为常闭防火门和常开防火门。常开防火门通常用于人流物流较多的疏散通道上。常闭的防火门由防火门扇、门框、闭门器、密封条等组成，双扇或多扇常闭防火门还装有顺序器。

2）火灾确认后，防火门、防火卷帘控制系统联动要求：①防火门任一侧火灾，防火门自动关闭且关门信号反馈回消防控制室；②防火卷帘控制系统中，烟感报警情况下，疏散通道上，卷帘下降至楼面 1.8m 处；③防火卷帘控制系统中，温感报警情况下，疏散通道上，卷帘下降到底；④防火分隔时，探测器报警后卷帘下降到底。

防火卷帘控制设计：电动防火卷帘在高层建筑中主要用于楼梯间或电梯前室隔断火源，保证人员能顺利从楼梯间逃生。在大中型商业建筑中，除上述作用外，还可作为防火分区隔墙使用，因此，它在建筑防火中起的作用非同小可。防火卷帘控制框图见图 6-18。

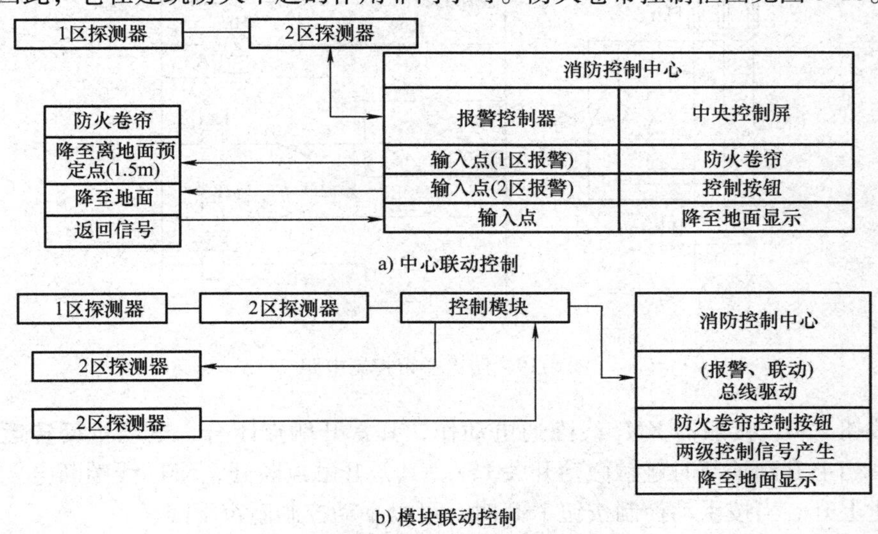

图 6-18　防火卷帘控制框图

防火卷帘通常设置于建筑物中防火分区通道口外，可形成门帘式防火隔离。火灾发生时，防火卷帘根据火灾报警控制器发出的指令或手动控制，使其先下降一部分，经一定延时后，卷帘降至地面，从而达到人员紧急疏散、火灾区隔火、隔烟、控制烟雾及燃烧过程可能产生的有毒气体扩散并控制火势蔓延。

在高层民用建筑和多层的一、二类大中型公共建筑中，电动防火卷帘门的控制一般应同时满足三种方式：自动控制、就地手动控制和消防控制室远距离控制。

防火卷帘的控制电路见图 6-19 所示。主电路使用两个接触器 KM_1 和 KM_2，分别控制卷帘电动机正转（卷帘下降）和反转（卷帘回升）。火灾时，来自火灾报警控制器的感烟联动常开触点 1KJ 自动闭合，中间继电器 KA 线圈通电动作，其常开触点闭合，指示灯 HL 及声响警报器 HA 发出声光报警。还可以利用 KA 的一个常开触点作为防火卷帘门动作的回答信号，返回给消防控制室，使相应的应答指示灯点亮（图中未画出）。利用 KA 的常开触点 KA 的闭合，接触器 KM_1 线圈通电动作，其常开触点闭合，电动机转动，带动卷帘下降，当卷帘下降碰触到行程开关 1ST 时，其常开触点闭合。卷帘继续下降到距地面 1.3m 处时，碰触到微动行程开关 2ST，其常开触点闭合（但时间继电器 KT 还没有通电），卷帘继续下降很快会碰触到微动行程开关 3ST，其常闭触点断开，中间继电器 KA 线圈断电，其常开触点打开，接触器 KM_1 线圈断电，电动机停转，卷帘停止下降，人员可以从卷帘下部疏散撤出。当来自火灾报警控制器的感温联动触点 2KJ 闭合时，时间继电器 KT 线圈通电延时动作，其常开触点闭合使接触器 KM_1 线圈通电，电动机转动，卷帘下降到位，碰触微动开关 4ST，其常闭触点断开，接触器 KM_1 线圈断电，电动机停转。如果选用的微动行程开关质量不好，动作不可靠，常会使卷帘门刹车失灵，甚至使卷帘运行出轨。

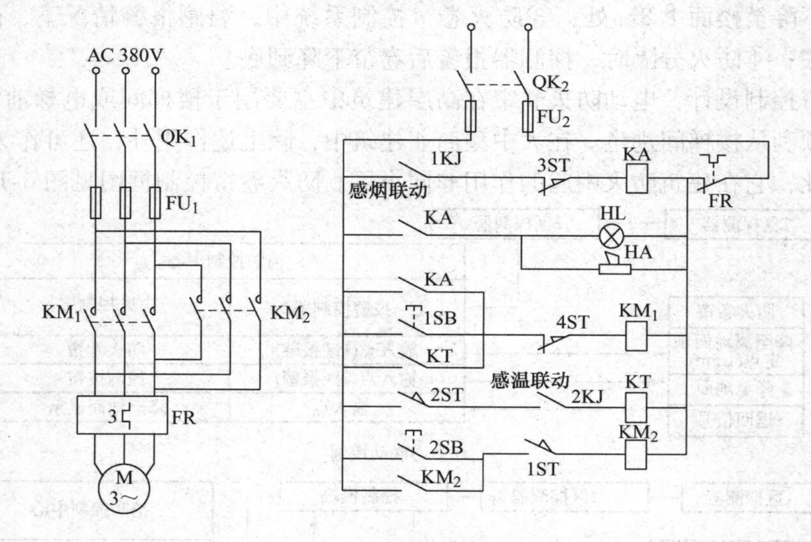

图 6-19　防火卷帘控制电路

按动按钮 2SB，接触器 KM_2 线圈通电动作，其常开触点闭合，电动机反转运行，带动卷帘上升，当上升到顶部时碰触微动开关 1ST，其常开触点断开，KM_2 线圈断电，电动机停转，门停止上升。当按手动控制按钮 1SB 时，可以手动控制卷帘下降。

图 6-20 为防火卷帘控制程序。图 6-21 为防火卷帘安装示意图。

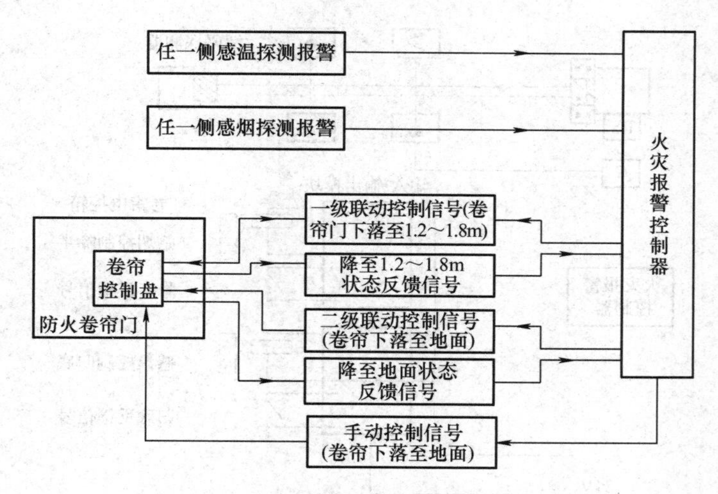

图 6-20　防火卷帘控制程序

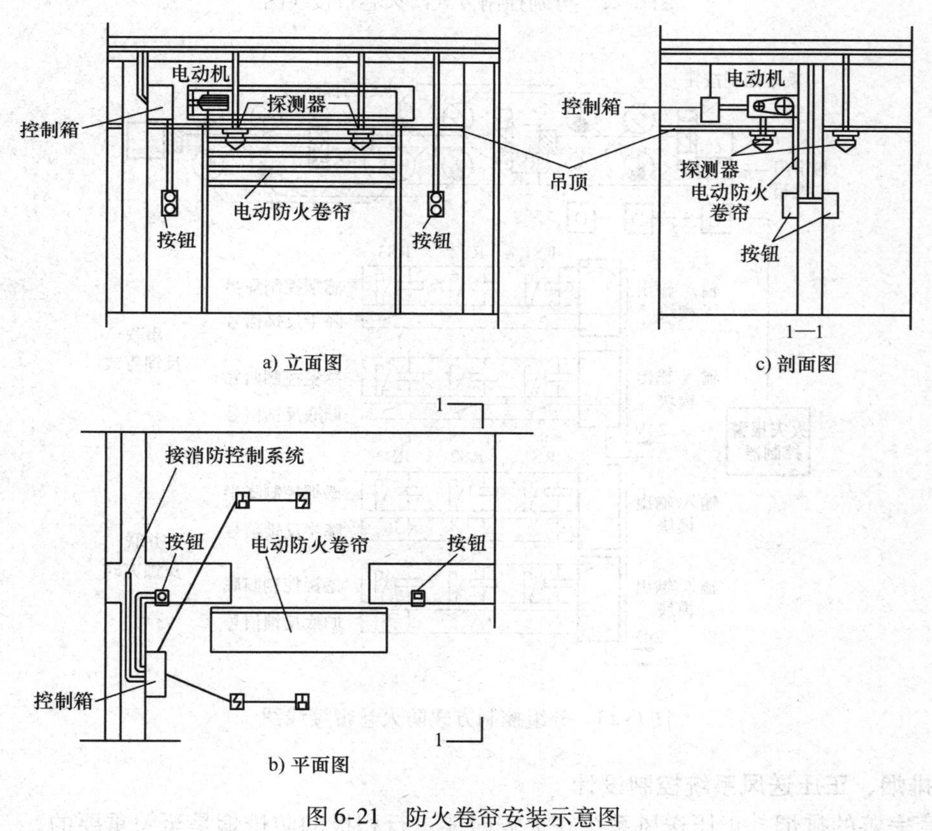

图 6-21　防火卷帘安装示意图

通常防火卷帘分散在建筑物各通道处，对防火卷帘可分别控制或分组控制，图 6-22 给出了分别控制方式防火卷帘接线方案，图 6-23 给出了分组控制方式防火卷帘接线方案。

在共享大厅、自动扶梯、商场等处，允许几个卷帘同时动作时，采用分组控制可大大减少控制模块和编码探测器的数量，进而减少投资；在无人穿越的共享大厅等处，卷帘可由感烟探测器分别控制一步降到底。

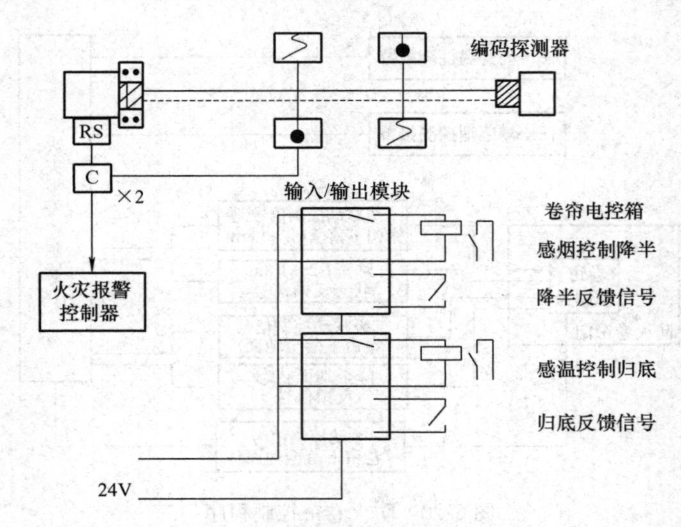

图 6-22 分别控制方式防火卷帘接线图

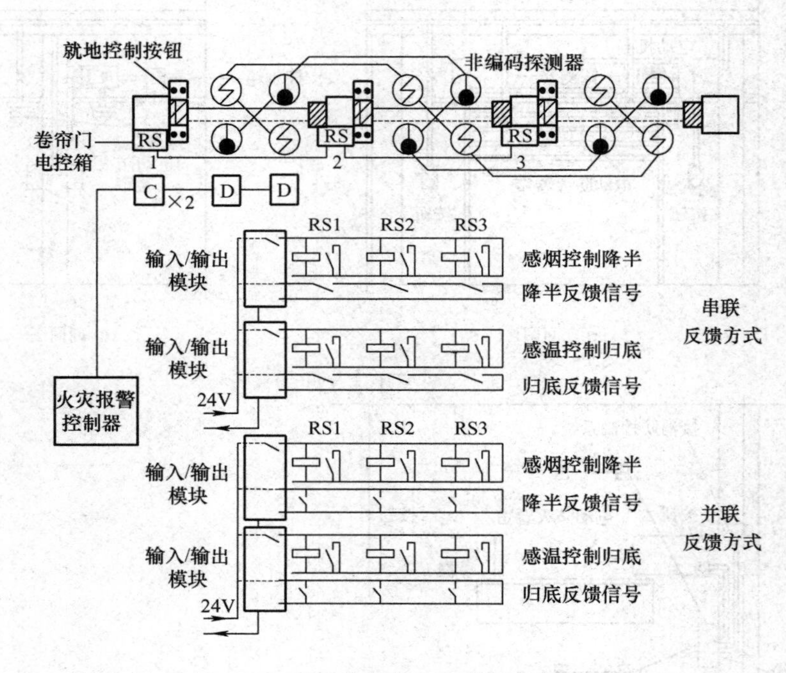

图 6-23 分组控制方式防火卷帘接线图

4. 排烟、正压送风系统控制设计

一套完善的排烟、正压送风系统在火灾时能进行积极的防排烟是至关重要的，一般高层建筑发生火灾时，用风机向建筑的内部的前室及楼梯间送风。在这些部位形成一个正压，使着火区中的烟气不能侵入到这些部位。同时也在走道设置机械排烟，既可防止烟气在整个建筑物内部蔓延，又能使火区中的烟气通过排烟口排到外面去。保证了人们有一条经过走道、前室、楼梯间疏散到外面的安全路线。排烟系统安装示意图见图 6-24，从该图中可以进一步清楚地看出排烟阀的安装位置和作用。从图中还可以明白地看到防火阀的安装位置和作用。在由空调控制的送风管道中安装的两个防烟防火阀，在火灾时，应该能自动关闭，停止送风。在回风管道回风口处安装的防烟防火阀，也应在火灾时能自动关闭。但在由排烟风机控制的排烟管道中安装的排烟防火阀，在火灾时则应打开排烟。在防火分区入口处安装的防火门，在火灾警报发出后应能自动关闭。排烟联动控制原理框图见图 6-25。

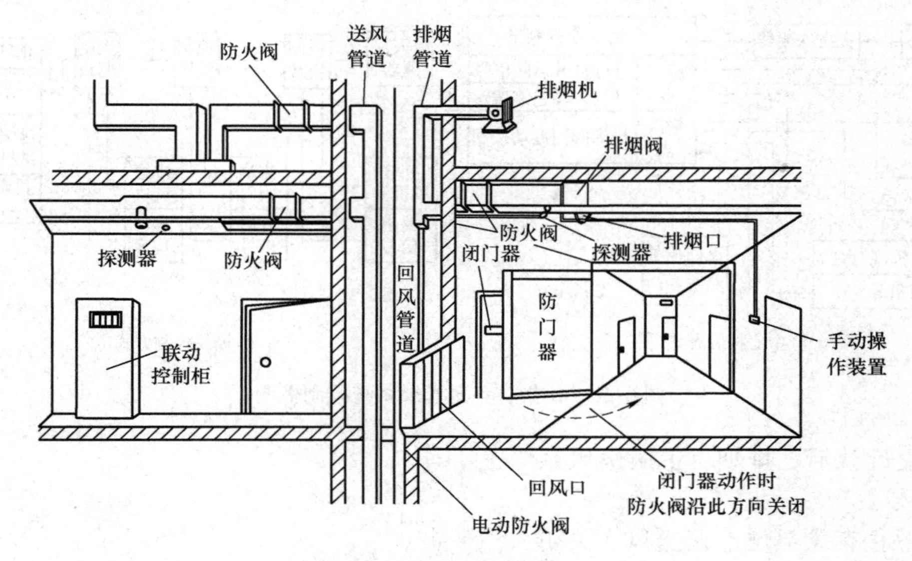

图 6-24　排烟系统安装示意图

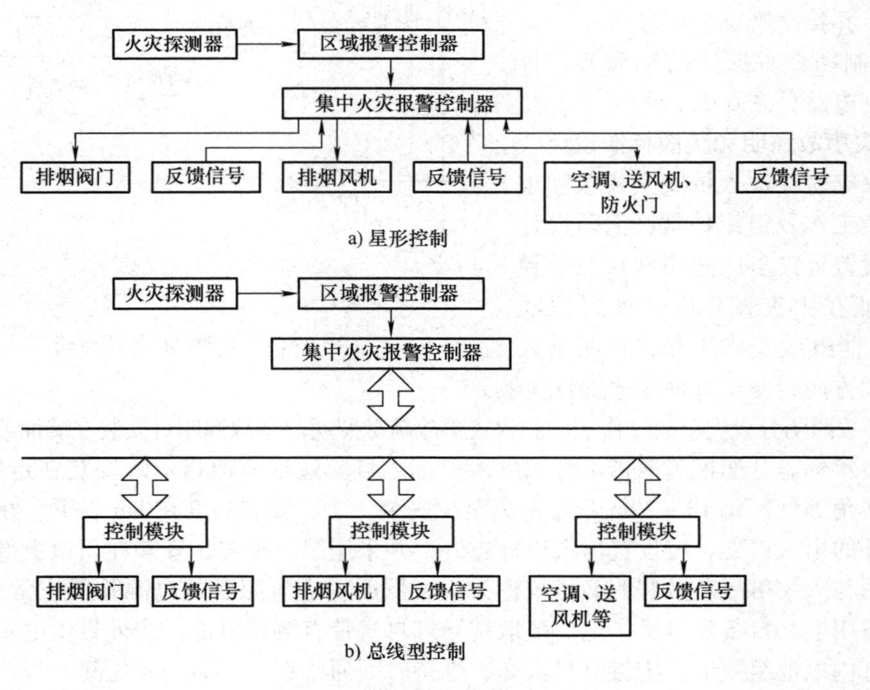

图 6-25　排烟联动控制原理框图

在设计中，为了使疏散楼梯处的安全出口处于保持无烟状态，通常在走道内天棚上的安全出口门的上方或靠近安全门的地方设置的防火门或其他疏散出口。因为火灾时，排烟口当工作时处于负压状态，它的下面始终聚集一团浓烟遮住安全出口，使人视线模糊。经过出口必受烟害，严重影响疏散。见图 6-26。

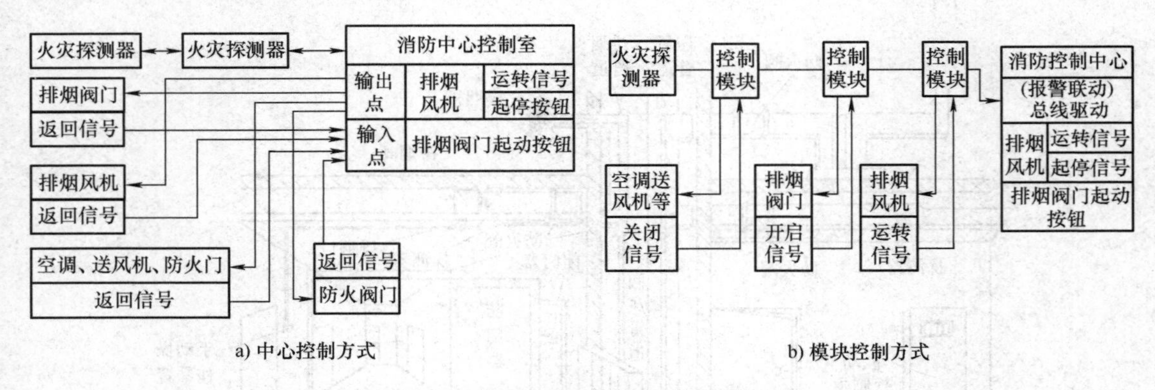

图 6-26 排烟、正压送风系统控制框图

火灾确认后，排烟、正压送风系统联动要求：

1）停止有关部位空调送风，关闭防火阀并接受其反馈信号；

2）启动有关部位的放烟排烟风机，排烟阀等，并接受其反馈信号；

3）控制挡烟垂壁等防烟设施。排烟风机控制电路见图 6-27。

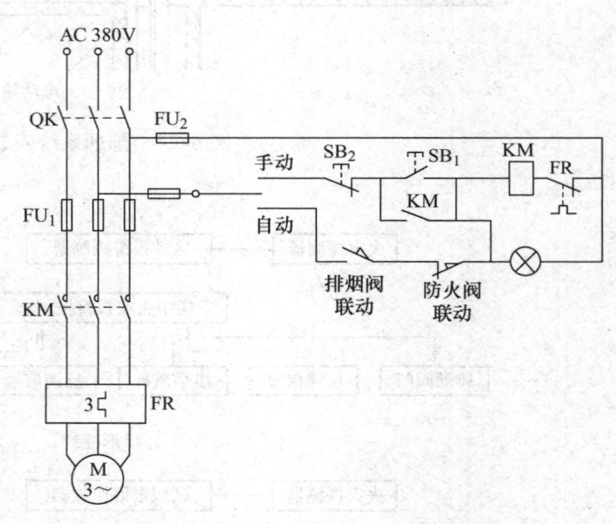

图 6-27 排烟风机控制电路

5. 火灾事故照明和疏散标准设计

为了火灾时保证人员安全疏散和重要房间继续工作及组织扑救，消防设计中应考虑设置火灾事故照明和疏散诱导指示，保证在火灾发生时，重要房间（或部位）能继续正常工作，指明出入口的位置和方向，便于有秩序地进行疏散。

火灾事故照明分火灾事故工作照明和火灾事故疏散照明。事故照明灯安装在墙面或顶棚上。

疏散指示标志分通道疏散指示灯和出入口标志灯。通道疏散指示灯安装在走廊、楼梯、通道及其转角等处，每 10 ~ 20m 步行距离至少安装一个，安装高度在 1m 以下。在通往楼梯或通向室外的出入口处，应设置出入口标志灯，并采用绿色标志，安装在门口上部。火灾事故工作照明与火灾事故疏散照明又可统称为应急照明。应急照明的电源除了正常市供电外，一般还有备用电、自备发电机供电。疏散诱导灯自身带有镉镍电池，当外界供电中断时，灯具仍可由灯内电池组放电，维持灯具点亮，维持时间通常在 3 ~ 120min 之间。

火灾确认后，火灾事故及紧急疏散标志灯有关部位要全部点亮。

疏散指示标志灯可用亮度表示。考虑到标志效果和清晰度是由亮度、图形、对比、均匀度、视看距离和安装位置等因素决定的，其图形和文字呈现的最低亮度不应小于 15cd/m^2，最高不大于 300cd/m^2，任何疏散指示标志上最低和最高亮度比在 1∶10 以内。为保证疏散指示标志灯在烟雾影响下，仍能使逃难者清楚辨认，我国规范要求的最大视看距离为 20m。

6. 消防广播设计

消防广播系统由扩音机、控制设备和扬声器等组成。扩音机设置于消防中心控制室或其他广播系统的机房内（在消防控制室能对其遥控启动），能在消防中心直接用话筒播音。扬声器按防火分区设置和分路，每个防火分区中的任何部位到最近一个扬声器的步行距离应不超过 25m。公共场所及走廊内扬声器功率不小于 3W。火灾时仅向着火层及相关层广播。火灾紧急广播线路，应单独敷设，并有耐热保护措施。当某一层的扬声器或配线短路、开路时，仅该路广播中断而不影响其他任何一路的广播。

火灾确认后，应及时向着火区发出火灾警报并通过广播指挥人员的疏散。为了避免人为的紧张，造成混乱而影响疏散，第一次警报和广播后，要根据火灾蔓延情况和需要进行疏散。在设计和操作火灾警报装置与火灾应急广播时应注意下列问题：

1）火灾警报器的鸣响与火灾应急广播应交替进行。

2）火灾警报器的鸣响与火灾应急广播应统一在消防控制室由值班主管发出指令。

3）值班人员应按疏散顺序和规定程序进行操作，规范对控制程度做出了以下明确规定：①二层及二层以上的楼房发生火灾，应先接通着火层及相邻的上、下层；②首层发生火灾，应先接通本层、二层及地下各层；③地下室发生火灾，应先接通地下各层及首层；④在含有多个防火分区的单层建筑中，应先接通着火的防火分区及其相邻的防火分区。

当火灾应急广播按照如图 6-28 所示方式与建筑物内其他广播音响系统合用扬声器时，一旦发生火灾，要求能在消防控制室采用背景广播与消防广播两种切换控制方式将火灾疏散层的扬声器和广播音响扩音机强制转入火灾事故广播状态。消防广播接线图见图 6-29。

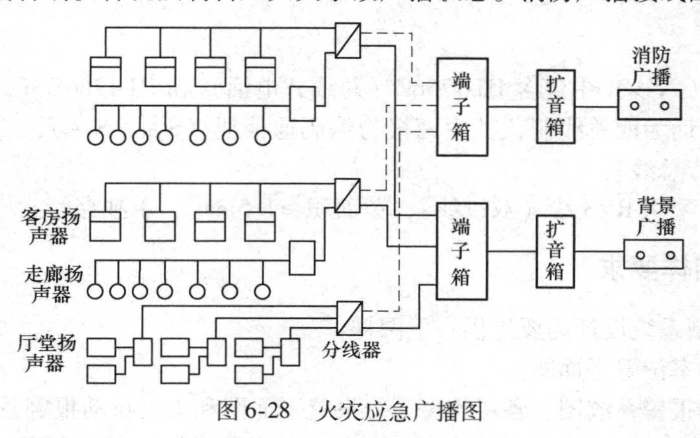

图 6-28　火灾应急广播图

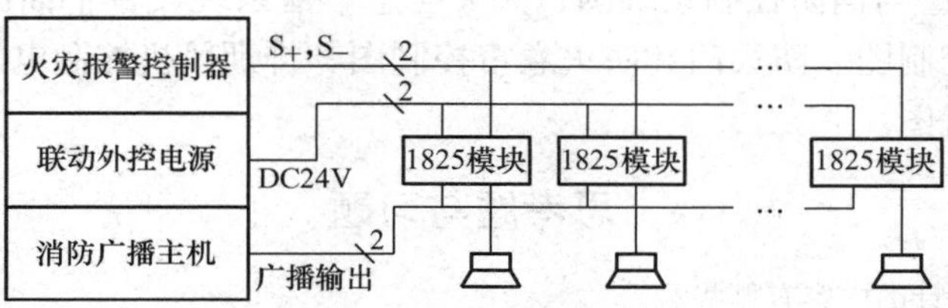

图 6-29　消防广播接线图

7. 火灾紧急通话系统设计

消防控制室应设置消防通信设备并符合下列规范要求；

1）消防控制室与消防泵房、主变配电室、通风排烟机房、电梯机房、区域报警控制器（或楼层显示器）及固定灭火系统操作装置处应设固定对讲电话。

2）启泵按钮、报警按钮处宜设置可与消防控制室对讲的电话塞孔。

3）消防控制室内应设置可向当地公安消防部门直接报警的外线电话。

火灾发生后，为了通报有关火灾情况及组织灭火，应该设置紧急通话系统。通常火灾紧急通话系统是与普通电话分开的独立系统，使消防控制室可直接能与火灾报警器的设置点及其他重要场所通话。

火灾紧急通话点一般设置在消火栓及区域显示屏的地方，在建筑物的主要场所及机房等处还应设置紧急通话插孔。紧急通话多采用集中式对讲电话，主机设在消防中心。消防电话接线图见图 6-30。

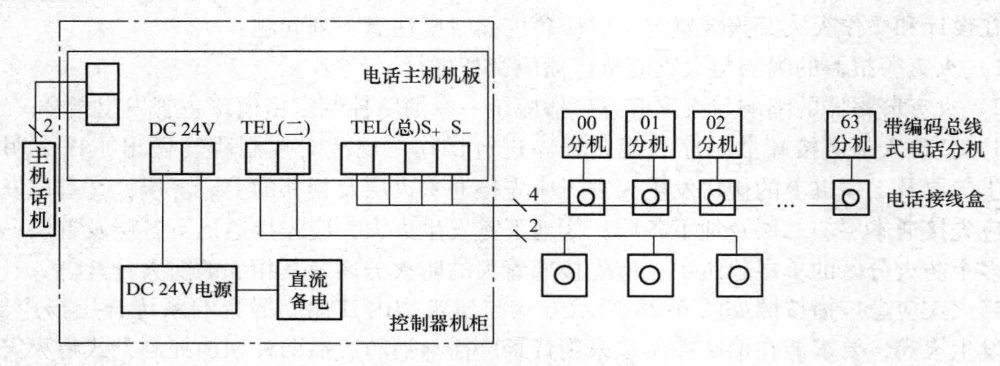

图 6-30　消防电话接线图

说明：

1）HJ-1756（六线）中包含 HJ-1756Z（总线式电话）和 HJ-1756E（二线式电话）。

2）总线式电话为四总线制，其中两根为编码通信线（S+，S-），二进制地址码，两根为电话线（TEL 总线）。

3）接线要求采用 RVS 线（双绞线），截面积≥1.5mm^2，单独穿管。

三、设计图样要求

消防联动控制系统设计需要提供一下图样：

1）消防控制室位置平面图。

2）火灾自动报警系统图、各层报警系统设置平面图和火灾自动报警系统接线图。

3）火灾自动报警与消防控制系统图、火灾应急广播系统设置平面图、火灾应急广播系统平面图、消防泵控制图、防火门和防火卷帘控制图、排烟风机控制电路图、消防电话接线图和水泵房平面布置图。

思考题与习题

1. 消防联动控制设计的内容有哪些？
2. 消防联动控制设计平面图、系统图应表示哪些内容？

参 考 文 献

[1] 李颖. 浅谈智能建筑楼宇自动控制系统 [J]. 中国科技信息，2009（6）：142－145.
[2] 汪光华. 智能安防：视频监控全面解析与实例分析 [M]. 北京：机械工业出版社，2012.
[3] 潘国辉. 安防天下 2：智能高清视频监控原理精解与最佳实践 [M]. 北京：清华大学出版社，2014.
[4] 于智洋. 浅析智能建筑中火灾自动报警系统的涉及 [J]. 江汉石油科技，2008（4）.
[5] 西刹子. 安防天下：智能网络视频监控技术详解与实践 [M]. 北京：清华大学出版社，2010.
[6] 雷玉堂. 安防 & 物联网：物联网智能安防系统实现方案 [M]. 北京：电子工业出版社，2014.
[7] 郑李明，徐鹤生. 建筑安全防范系统 [M]. 北京：高等教育出版社，2008.
[8] 黄民德，胡林芳，胡林. 建筑消防与安防技术 [M]. 天津：天津大学出版社，2013.
[9] 金文光，程国卿. 安防系统工程方案设计 [M]. 西安：西安电子科技大学出版社，2006.
[10] 孙萍，张淑敏. 建筑消防与安防 [M]. 北京：人民交通出版社，2007.
[11] 李博. 智能楼宇安防系统设计与施工 [M]. 北京：中国铁道出版社，2013.
[12] 汪海燕. 安防设备安装与系统调试 [M]. 武汉：华中科技大学出版社，2014.
[13] 周遐. 安防系统工程 [M]. 北京：机械工业出版社，2011.
[14] 刘超明. 现场总线控制系统本质安全的工程涉及 [J]. 石油化工自动化，2011（1）.
[15] 李正军. 现场总线与工业以太网及其应用技术 [M]. 北京：机械工业出版社，2011.
[16] 顾瑞婷，陈虹，朱菲菲，朱健. 智能配电网通信技术几个问题的探讨 [J]. 电力系统通信，2011（11）.
[17] 贾水库，等. 高校安全技术防范系统及发展趋势 [J]. 高校后勤研究，2011（1）.
[18] 李红. 论高校安全技术防范系统的构建 [J]. 未来与发展，2010（10）.
[19] 朱菲菲，陈虹，朱平. 智能化远传电能表的设计与应用 [J]. 工业控制计算机，2011（4）.
[20] 张雅丽. 充分发挥安防系统在预警与应急机制中的有效性 [J]. 中国安防产品信息，2006（3）.
[21] 杨柱勇. 社区安全防范系统设计建议 [J]. 智能建筑电气技术，2007，1（5）.
[22] 王海军. 小型场所安全防范技术的应用研究 [J]. 企业技术开发：学术版，2012，31（1）.
[23] 杜健. 浅析安防技术在天津港石化码头的应用. 2009 年第六届科技兴港论坛，2009.
[24] 张大桦，等. 博物馆的安全防范 [J]. 管理观察，2012（20）.
[25] 徐海峰. 基于工业以太网的数据采集方案实现 [J]. 微计算机信息，2008（4）.
[26] 许洪华. 现场总线与工业以太网技术 [M]. 北京：电子工业出版社，2007.
[27] 王平. 工业以太网技术 [M]. 北京：科学出版社，2007.
[28] 肖辉. 电气照明技术 [M]. 2 版. 北京：机械工业出版社，2009.
[29] 王婉，等. 安防产品在文博系统中的市场需求分析 [J]. 全国商情·理论研究，2010（1）.
[30] 胡涛，等. 红外微波探测器的原理及运用 [J]. 中国科技纵横，2010（20）.